刘大玮 主编

刘大玮 朱博伟 著

纺织文化遗产文献集成·亨集

薮内佐斗司 题

东华大学出版社
·上海·

图书在版编目（CIP）数据

纺织文化遗产文献集成. 亨集 / 刘大玮主编；刘大玮，朱博伟著. -- 上海：东华大学出版社，2025.7
ISBN 978-7-5669-2544-2

Ⅰ. TS1

中国国家版本馆 CIP 数据核字第 2025ZS4113 号

封面设计：周士琦
封面书法：赵　宏
策划编辑：陈　珂
责任编辑：范　榕

纺织文化遗产文献集成·亨集
FANGZHI WENHUA YICHAN WENXIAN JICHENG·HENGJI

主　编：刘大玮
著：刘大玮　朱博伟
出　版：东华大学出版社（上海市延安西路1882号　邮政编码：200051）
本社网址：dhupress.dhu.edu.cn
天猫旗舰店：http://dhdx.tmall.com
营销中心：021-62193056　62373056　62379558
印　刷：上海盛通时代印刷有限公司
开　本：787mm×1092mm　1/16
印　张：22
字　数：570千字
版　次：2025年7月第1版
印　次：2025年7月第1次印刷
书　号：ISBN 978-7-5669-2544-2
定　价：258.00元

国务院总理基金

"纺织考古与实验室清理保护"

项目支持

序

甲辰立夏，青年学子刘大玮和朱博伟将"亨集"书稿送来请我作序，我们坐在一起聊了很多。我在国博担任保管部文物组组长期间，接触了不少纺织文物，很多材料还是沈从文先生当年在历史博物馆任职时整理的。和李之檀先生共事的这些年，我们兴趣爱好相投，一起操持过三次大型的古代服饰展览，看到书稿，不禁想起过往种种。确实，做古代服饰研究，跟之檀先生比起来我是个"门外汉"，他真是把心思和功夫都扎根于文献、实物的比照研究中去的。

1983年春天，中国历史博物馆接到日本泛亚细亚文化交流中心邀约，筹备关于中国古代女性形象服饰的展览赴日展出。之檀先生以编绘《中国古代服饰研究》时搜集、整理和摹绘的大量古籍文献与图像资料为基础，初步完成了文物的遴选。1984年3月，"中国古代妇女服饰资料展览"在故宫端门东朝房举办，作为出境展览前收集各方意见的预展，共展出120件展品，其中文物原件41件。内容以考古材料和形象史料为主，兼及彩塑、木俑和服饰实物，呈现了历代妇女服饰的基本面貌和发展演变情况。由于历博领导决定不印门票、不办开幕式，博物馆就只印了一批邀请函寄给在京的美术院校、演出团体和研究机构。4月22日，我又在北京晚报发表《"中国古代妇女资料展览"侧记》的报道，没想到来人不少，据事后统计约莫有6万人次。同年7月，又赴青岛市博物馆做了巡展，效果也很好。

由于日方原因，原定的展览计划一再推迟，直至4年后的1987年，我们才接到正式邀请。馆里委派之檀先生和我分两批携"中国历代女性像展"赴日本展出。此次出访展品114件（组），文物原件达51件，涵盖帛画、壁画、画像砖、肖像画、木刻版画等形象史料；木俑、陶俑、服装、首饰等传世或出土实物；以及部分后人创作的间接材料。每一件展品的索查、考证、定名、摹绘和撰写文字说明都下了不少功夫，中日双方以此为基础联合出版了日文版《中国历代女性像展》一函两册。这些展品增强了观众对中国历史著名女性人物故事的了解。1987年7月至1988年2月间，我们接续完成东京、名古屋、仙台、静冈、冈山共五地联展。除了本地观众，还吸引了大量在日华侨、留学生参观，完成与东京古代东方博物馆、静冈富士美术馆、冈山市立东方美术馆等日本文博机构的合作，成为中日邦交正常化15周年两国友好的见证，相关活动也得到日本每日新闻社、中日新闻社、山阳新闻社等主流媒体的报道。

1995年夏秋之际，第四届世界妇女大会在北京召开，之檀先生向馆里建议配合大会在京开办"历代妇女形象服饰展览"。这次展览下的功夫很大，我们一同到库房点选了200多件文物，又按照历史时期，结合服饰与着装人物形象特征，完成内容的编排并绘制展览图例。可以说，这是之檀先生多年潜心研究中国古代服饰资料成果的一次整体呈现，我为本次展览撰写了新闻发布稿。展览开幕后，光明日报社、新华社的记者纷纷报道，中央美术学院、中央工艺美术学院还有北京服装学院的师生，以及纺织、服装公司和各界妇女代表到场参观。这个展览成为大会期间向世界妇女宣传中华女性文化的舞台。遗憾的是，展览筹备过程中形成的研究成果没能出版。所幸，之檀先生从1963年起协助沈先生编绘《中国古代服饰研究》时就开始整理，后经过三次展览筹备不断完善、积累所形成的《中国服饰文化文献参考目录》一书终于2001年得以付印。

　　确实，文献研究是个功夫活，主要是磨人、又耗时间。我听说之檀先生曾经给他们讲过课，社科院的纺织文化遗产研究实验室还是沈从文先生创立的，没想到兜兜转转又回到了我这个"局中人"身边。这次丛书的撰写运用到互联网资料库和计算机技术，不禁感叹真是赶上了好时候，如果当年的展览有这么好的条件，相信一定能做得更好。在交谈过程中了解到，本书是丛书的第二册，在第一册的基础上，丰富了文献的种类，并且已经开始应用到中国社会科学院大学和北京服装学院的专业教学中了，这是个好事情。沈先生那会儿就已经十分关注高等教育的发展，在政协提报的二十一条建议也多与人才培养有关，并切实为解决教材问题做了许多工作。之檀先生数次到北京服装学院授课，也是希望能为纺织文化遗产学科培养一批新生力量，让更多人投注到古代服饰研究中去，真正喜爱古代服饰文化。

　　就如徐悲鸿先生1939年2月11日在新加坡华人美术会上的发言所说："艺术有三大原则，即真善美是也。"服饰文化、纺织文化的学习、传承和创新，也必须沿着真、善、美的原则开花结果，奉献人民。

吕长生

中国国家博物馆　研究馆员

2025年5月

弁言

纺织文化遗产研究是以文物学为底层逻辑，综合考古学、纺织科学、艺术学等学科共同开展的系统性研究。它以纺织相关历史遗物、遗迹为主要研究对象，一方面，通过现场应急清理与实验室保护的技术手段，使其物质本体得以存续；另一方面，通过以物证史的研究方法，阐释其形成与发展的历史进程。由此，充分发挥纺织文化遗产的纽带作用，在探索未知、揭示本源的过程中，为弘扬中华优秀文化提供坚实支撑。

构建以历代服饰典章、会要、辞书、类书、笔记、专论、地理、字典、形象史料为主体的文献系统，是开展纺织文化遗产研究的基石。然古代典籍浩如烟海，不仅是先贤智慧的结晶，更蕴藏着后世学人求真、求精、求直、求新的治学理想，故历代增修、补注、考释、疏证者络绎不绝，虽为研究工作提供大量可供借鉴的一手资料，却也对使用者的文献修养提出较高要求，因此一套介绍古代典籍赓续跌宕过程的参考资料便显得尤为关键。

近三十年来，随着学界对纺织文化遗产研究的关注，相关文献系统的构建工作亦同步开展。以1994年李之檀先生《中国服饰文化参考文献目录》对古今中外经典服饰文存进行梳理为起点，后有郑嵘教授等人编《中国古代服饰文献图解》出版，形成整理、分析古代服饰史料及其研究成果的重要专论，而《纺织文化遗产文献集成》系列图书的形成，则是对现有成果的进一步提升。

本书作为该系列图书的第二卷，围绕先秦典籍、笔记、类书等内容展开。每案均采用"说书、说版、说事"的写作方式，对其文献成书背景、版本构成，以及与纺织文化遗产相关联的内容进行整理和记述，并收录了大量近代以来流失海外的珍贵传本。其目的在于，一方面，从版本学研究的方向入手，提升古代纺织文献涵盖的广度与深度；另一方面，遴选出其中具有代表性的文献版本，为学界开展相关研究提供可靠依据。

刘大玮

乙巳季夏于大德堂

凡例

一、本书是以介绍纺织文化遗产古籍文献为用的目录学著作，可作为纺织科学、文物学、考古学、服装服饰及相关文史专业学生文献修读的教材，亦是从事纺织考古与文物保护的文博机构、科研院所专业技术人员，以及广大服饰文化爱好者的参考用书。

二、本书秉承"凡读书最切要者，目录之学。目录明，方可读书；不明，终是乱读"之理念，完成古籍文献的整理。通过"说书、说版、说事"，就文献形成的背景、成书年代、版本构成、社会评价，及其与纺织文化相关的重点内容进行整理和记录，并以版本文献修读必要了解的学理和拓展资料一以贯之。

三、亨集为系列丛书第二册。所辑文献，上起先秦，下迄民国，共计一百种。内容涵盖先秦典籍、笔记、类书、专论、地理、举要、文学七项。各项之下所载条目，录成书朝代、作者、作品名称、刊刻时间（年代）、校注疏证者、汇编书目、出版者等信息。

四、本书收录文献版本年代清楚者，注明"某某年刻（刊）本"等，年代不清楚者，则只标明刻本朝代，如"明刻本""明写本"等。相同文献多个版本，以刊刻（或抄录）时间排列。遇佚文再辑，以重辑时间为准。以汉字标示的时间均为旧历，如康熙十八年。以阿拉伯数字标示则为公历，如公元1880年。

五、书中所录版本文献均为馆藏。国内有中国国家图书馆、上海图书馆、天津图书馆、浙江大学图书馆等来源。特别关注海外流失的珍贵古籍传本，来源有美国国会图书馆、日本国立国会图书馆、德国巴伐利亚州立图书馆、哈佛大学燕京图书馆、早稻田大学图书馆等。

六、本书所引古籍文献及相关著述原文，遇异体字、繁体字、俗体字时，皆从他本改用简体字，并做点校，以便省览。各条文末附参考文献，标明论著名及作者、刊物名和页码等信息。拓展资料涉及物名信息与人物小传，在首次出现时进行介绍，以供延展阅读。

七、本书主旨参阅沈从文先生在中国人民政治协商会议的报告凝练，在成书各阶段幸得孙机、李之檀、王亚蓉、周士琦等师者助，以此怡念。

八、全书所引文献共三百余种，因时间、篇幅等因素所限而未及者，致以为歉。

八	《南华真经》西晋郭象注宋刻本	28
九	《墨子》清黄丕烈校跋明嘉靖铜活字蓝印本	31
十	西汉董仲舒撰《春秋繁露》南宋嘉定四年胡槻于江西转运使司刻本	34
十一	东汉何休撰唐陆德明音义《春秋公羊经传解诂》南宋淳熙抚州公使库刻绍熙四年重修本	37
十二	西晋杜预注《春秋经传集解》南宋嘉定九年兴国军学刻本	40
十三	唐孔颖达撰《尚书正义》南宋浙刊单疏本	43
十四	北宋苏辙著《诗集传》南宋淳熙七年苏诩筠州公使库刻本	46

目录

壹 先秦典籍

一 《周易注疏》
三国魏王弼后晋韩康伯注唐孔颖达疏南宋浙东茶盐司本 ... 2

二 《论语注疏》
三国魏何晏集解宋邢昺疏南宋蜀刻大字本 ... 5

三 《管子》
南宋绍兴二十二年瞿源蔡潜道墨宝堂刊本 ... 9

四 《孟子注疏》
汉赵岐注宋孙奭疏1980年中华书局《十三经注疏》影印本 ... 13

五 《荀子》
西汉刘向编唐杨倞注南宋淳熙八年钱佃江西漕司刊本 ... 16

六 《战国策》
东汉高诱注南宋绍兴年间刻本 ... 20

七 战国吕不韦撰《吕氏春秋》
东汉高诱注元至正六年嘉兴路儒学刻本 ... 25

八 南朝宋刘义庆等著南朝梁刘孝标等注《世说新语》
南宋绍兴八年尊经阁文库藏本 …… 79

九 北魏杨衒之撰《洛阳伽蓝记》
明万历年间吴琯《增订古今逸史》辑校刻本 …… 82

十 唐道世撰《法苑珠林》
明万历十九年清凉山妙德禅院刻径山藏本 …… 85

十一 唐崔令钦撰《教坊记》
明万历年间吴琯《增订古今逸史》辑校刻本 …… 89

十二 唐封演撰《封氏闻见记》
清同治八年江山刘履芬钞本影印本 …… 91

十三 唐郑处海撰《明皇杂录》钱熙祚辑《守山阁丛书》
清光绪十五年石印本 …… 94

十四 唐刘餗撰《隋唐嘉话》
明万历年间李栻辑《历代小史》本 …… 96

十五 北宋宋敏求撰《春明退朝录》
明弘治十四年锡山华氏《百川学海》本 …… 98

贰 笔记

一 《山海经》
东晋郭璞注元至正二十五年曹善抄本 … 52

二 西汉刘安撰《淮南鸿烈解》
明刊朱墨套印茅坤批评本 … 56

三 东汉班固、刘珍等奉敕编撰《东观汉记》
清乾隆年间武英殿聚珍本 … 59

四 西晋皇甫谧撰《高士传》
明群玉堂本 … 64

五 西晋张华撰《博物志》
明天启年间唐氏快阁藏版本 … 68

六 东晋陆翙撰《邺中记》
清乾隆四十一年武英殿聚珍本 … 73

七 东晋葛洪撰《抱朴子》
内篇清金陵道署嘉庆十八年刻本
外篇清冶城山馆嘉庆二十四年刻本 … 76

二十四	南宋陈準撰《北风扬沙录》清顺治四年《说郛》宛委山堂本	122
二十五	南宋叶梦得撰《石林燕语》明正德元年杨武刻本	124
二十六	南宋洪皓撰《松漠纪闻》明正德年间顾元庆辑《顾氏文房小说》本	127
二十七	南宋王栐撰《燕翼诒谋录》明弘治十四年华珵刻《百川学海》本	131
二十八	南宋郑思肖撰《心史》明崇祯十二年本	132
二十九	南宋吴自牧撰《梦粱录》清乾隆二十五年东里龚雪江抄本	137
三十	南宋周密撰《齐东野语》明崇祯三年毛晋汲古阁刊《津逮秘书》本	139
三十一	南宋王楙撰《野客丛书》明正统七年钮氏世德楼抄本	142

十六　北宋毕仲询撰《幕府燕闲录》
　　　清顺治三年《说郛》本

十七　北宋庞元英撰《文昌杂录》
　　　清嘉庆十年秦川张氏照旷阁刊本

十八　北宋王辟之《渑水燕谈录》
　　　明万历年间会稽商氏刊本

十九　北宋朱彧撰《萍洲可谈》
　　　清道光二十四年金山钱氏《守山阁丛书》本

二十　北宋邵伯温著《邵氏闻见录》
　　　明崇祯三年毛晋汲古阁刊《津逮秘书》本

二十一　北宋庄绰撰《鸡肋编》
　　　　清初影元抄本

二十二　北宋张邦基撰《墨庄漫录》
　　　　明万历年间《稗海》丛书本

二十三　南宋陆游撰《老学庵笔记》
　　　　明崇祯年间汲古阁刊本

四十 明王世贞撰《觚不觚录》万历年间绣水沈氏尚白斋刻《宝颜堂秘笈》丛书本	167
四十一 明胡应麟撰《少室山房笔丛》万历三十四年吴勉学刊本	170
四十二 明屠隆撰《考槃余事》万历三十四年沈氏尚白斋刻本	172
四十三 明张瀚撰《松窗梦语》清王氏十万卷楼抄本	174
四十四 明侯侁升撰《秕言》万历二十四年刻本	176
四十五 明余继登撰《典故纪闻》万历年间王象乾刊本	179
四十六 明沈德符撰《万历野获编》清绿格钞本	182
四十七 明朱国祯《涌幢小品》天启二年刻本	188

三十二	元陶宗仪撰《南村辍耕录》 明成化十年戴珊刻本	145
三十三	明叶子奇撰《草木子》 嘉靖八年廖直显刻本	147
三十四	明陆容撰《菽园杂记》 清道光二十四年金山钱氏刻《守山阁丛书》本	149
三十五	明叶盛撰《水东日记》 嘉靖三十二年补刻本	152
三十六	明田汝成撰《炎徼纪闻》 万历四十五年阳美陈于廷刊《纪录汇编》本	154
三十七	明王世贞撰《宛委余编》 明万历五年《弇州山人四部稿》世经堂刊本	158
三十八	明王世贞撰《艺苑卮言》 万历五年《弇州山人四部稿》世经堂刊本	161
三十九	明李诩撰《戒庵老人漫笔》 清世德堂顺治五年本	164

叁 类书

一 南宋潘自牧撰《记纂渊海》
　1988年中华书局《宋刻本记纂渊海》影印本 …… 210

二 南宋祝穆撰《古今事文类聚》
　明万历年间安正书堂本 …… 213

三 明陈耀文撰《天中记》
　清光绪四年屠氏聪雨山房本 …… 216

四 明董斯张撰《广博物志》
　万历四十三年蒋氏高辉堂藏本 …… 219

五 明徐学聚编撰《国朝典汇》
　天启四年世修堂藏板 …… 222

六 明陈仁锡撰《潜确居类书》
　崇祯三年徐氏大观堂刻本 …… 225

四十八	明文震亨撰《长物志》 明末叶刊本	190
四十九	明刘若愚撰《酌中志》 清道光二十九年《海山仙馆丛书》本	192
五十	明谈迁撰《枣林杂俎》 清抄本	196
五十一	明蒋一葵撰《长安客话》 万历年间刻本	199
五十二	明顾起元撰《客座赘语》 万历四十六年刻本	201
五十三	明张岱著《夜航船》 清观术斋钞本	203
五十四	清李斗撰《扬州画舫录》 道光十九年自然盦刻本	206

四	元龙辅撰《女红余志》明崇祯年间毛氏汲古阁刊《诗词杂俎》本	248
五	明李时珍撰《本草纲目》万历二十一年金陵胡承龙刻本	249
六	明徐光启撰《农政全书》崇祯十二年平露堂刻本	252
七	清杨屾撰《豳风广义》1995年上海古籍出版社《续修四库全书》影印本	255
八	清任大椿撰《深衣释例》光绪十四年王先谦辑《皇清经解续编》南菁书院刻本	258
九	清任大椿撰《释缯》道光九年阮元辑《皇清经解》本	261
十	清丁佩撰《绣谱》道光八年十二梅花连理楼刻本	263
十一	清沈练撰《广蚕桑说》光绪二十三年刻本	266

肆 专论

一 北宋秦观撰《蚕书》
南宋乾道九年《淮海后集》刻本 …… 240

二 元费著撰《蜀锦谱》
清顺治四年《说郛》宛委山堂刻本 …… 242

三 元王祯撰《农书》
明嘉靖九年山东布政使司刻本 …… 245

七 清沈自南撰《艺林汇考》
康熙二年刻本 …… 229

八 清陈元龙撰《格致镜原》
雍正十三年海宁陈氏刻本 …… 232

九 清厉荃原辑关槐增纂《事物异名录》
乾隆五十三年刊本 …… 235

柒 文学

三 清黄宗羲撰《深衣考》
1986年台北"商务印书馆"《文渊阁四库全书》影印本

四 清江永撰《深衣考误》
道光九年阮元辑《皇清经解》本

五 清凌曙撰《仪礼礼服通释》
光绪十五年李盛铎撰《木犀轩丛书》本

一 南朝徐陵编选《玉台新咏》
明崇祯六年吴郡寒山赵均小宛堂刊本

二 南宋朱熹著《楚辞集注》
端平二年朱鉴刊本

三 清彭定求等奉敕撰《全唐诗》
康熙四十六年刊本

跋

参考文献

291
293
297
302
304
308
313
315

十二 清卫杰撰《蚕桑萃编》
光绪二十五年刻本　　　　　　269

十三 清王元綖撰《野蚕录》
1995年上海古籍出版社《续修四库全书》影印本　　　　　　271

伍 地理

一 西汉桑钦撰北魏郦道元注《水经注》
明万历时期吴琯校刊本　　　　　　276

二 唐李吉甫撰《元和郡县图志》
清光绪六年金陵书局本　　　　　　280

陆 举要

一 明董说撰《七国考》
清光绪十五年《守山阁刊丛书》影印本　　　　　　286

二 明阙名撰《天水冰山录》
清乾隆年间长塘鲍氏《知不足斋丛书》本　　　　　　288

壹 先秦典籍

一 《周易注疏》
三国魏王弼后晋韩康伯注唐孔颖达疏南宋浙东茶盐司本

《周易注疏》三国魏王弼后晋韩康伯注唐孔颖达疏南宋浙东茶盐司本，旧藏铁琴铜剑楼，今藏中国国家图书馆。《周易》刊刻年代较早，流传版本甚多，汉代有二：一是立于官学的今本《易》，一是民间流传的古本《易》。后经汉儒整理，两本几无差别。魏晋时期王弼撰《周易注》《周易略例》，王弼门人韩康伯续注《系辞》《说卦》《杂卦》《序卦》，形成"义理"易学，后世《易》注版本，多依王注，其宋本有二：一为建阳刻本；一为抚州公使库刻本。唐孔颖达《周易正义》采用王弼注本，其本最初只是单行，不与经、注合刻，后有南宋浙东茶盐司本，为注疏合刊之始，习称八行本，茶盐司刻本《周易注疏》，现存仅两部：一为本案，另一版本藏日本足利学校遗迹图书馆。唐李鼎祚《周易集解》采集子夏、孟喜、京房至伏曼容、孔颖达等三十余家之说，加以训解。宋儒以理学解《易》，其脉络依据王弼本，有房审权撰《周易义海》（今已散佚）、李衡辑《周易义海撮要》，有南宋乾道六年（公元1170年）刻本、程颐《易传》、朱熹《周易本义》等；八行本后有元刻明修本，附陆德明《音译》，习称十行本或建本，北京大学图书馆、开封图书馆、中国国家图书馆皆有收藏，清阮元《十三经注疏》即以建本为底本。元明清在前人基础上校勘研究《周易》者有元胡炳文《周易本义通释》（注释朱子《易本义》）；有明代胡珙补辑本，明来知德《周易集注》，有台北"中央图书馆"藏万历二十七年（公元1599年）梁山刊本、北京师范大学藏万历三十八年（公元1610年）张惟任虎林刊本；清卢文弨校《周易注疏》，清李道平撰《周易集解纂疏》，有中国国家图书馆藏获斋本、思贤书局本及三余草堂本。（图1-1、图1-2）

《周易》是儒家六经之一，誉为六经之首，《汉书·艺文志》中记载《周易》的形成是"人更三圣，世历三古"。相传，上古伏羲，留天地之象；中古周文王，演《易经》之道；近古孔子及弟子后学，注《易经》而成《易传》。其内容包括经、传两部分，六十四卦三百八十四爻，附卦辞、爻辞为经；《彖》上下、《象》上下、《系辞》上下、《文言》《序卦》《说卦》《杂卦》共十篇，合称"十翼"。西汉经传别行，后来才合而为一。汉儒言《易》，多取象占。三国魏王弼作注，始以义理说《易》，后晋韩康伯作注，至唐孔颖达作疏。

图1-1 内页·《周易注疏》三国魏王弼后晋韩康伯注唐孔颖达疏南宋浙东茶盐司本 中国国家图书馆藏

图1-2 序·《周易注疏》三国魏王弼后晋韩康伯注唐孔颖达疏南宋浙东茶盐司本 中国国家图书馆藏

就纺织文化遗产研究而言，《周易》对于卦象描写与解卦的文字记述中包含了先秦时期服装色彩使用、服装形制的发展、组成等内容，分布于全书各章。例如，下裳使用黄色的原因，"六五，黄裳元吉，《象》曰黄裳元吉，文在中也。《易·坤》注云：黄，中之色也。裳，下之饰也。元，善之长也。"由此可见，古人认为着黄裳有吉祥、通文理之美。

如，提及古代王者服制组成之一——朱绂，"九二：困于酒食，朱绂方来，利用享祀，征凶，无咎。《易·困》注云：朱绂，南方之物也。绂，祭服也。程颐传：朱绂，王者之服，蔽膝也。"

如，服装形制、礼制的由来及原因，"黄帝垂衣裳而天下治，盖取诸乾坤。《易·系辞》注云，垂衣裳以辨贵贱。疏曰：垂衣裳者，以前衣皮，其制短小，今衣丝麻布帛，所作衣裳，其制长大，故云垂衣裳也。乾坤则上下殊体，故云取诸乾坤也。"

"抚视《易》《书》《论语》三书，即觉此生不虚过。"

——北宋·苏东坡《答苏伯固三首》

"又《易》道广大，无所不包，旁及天文、地理、乐律、兵法、韵学、算术，以逮方外之炉火，皆可援《易》以为说，而好异者又援以入《易》，故《易》说愈繁。"

——《四库全书总目》

《周易》是中国传统文化的精髓，是中华民族智慧与文化的结晶，中国文化传统的基本精神内涵中的"天人合一""刚健自强"在书中皆有论述，如"天地交泰，后以裁成天地之道，辅相天地之宜，以左右民。（《象传》）"《系辞上》云："范围天地之化而不过，曲成万物而不遗。"《象传》云："天行健，君子以自强不息。"乾指天而言，天行即日月星辰的运行。日月星辰运行不已，从不间断，称之曰健，亦曰刚健。人应效法天之运行不已，而自强不息。自强即努力向上、积极进取，《系辞传》又论健云："夫，天下之至健也，德行恒易以知险。"天之至健在于能知险而克服之以达到恒易。所谓自强含有克服艰险而不断前进之意。《周易》在其流传发展过程中不断被解读学习，逐渐与中华民族文化精神融合，对中国几千年来的政治、经济、文化等各个领域都产生了深刻的影响。孔颖达在序文中言："夫易者，象也。爻者，效也。圣人有以仰观俯察，象天地而育群品，云行雨施效四时以生万物。"

在先民认识自然、理解自然的过程中，服装不仅承载着重要的文化意义，作为社会制度与习俗的体现工具，还发挥着其固有的物质功能。因此，服装自然而然出现在《周易》的篇章之中。书中有关纺织的记述，是考释先秦时期服装礼制的形成、丝毛布帛材料发展与应用、服装组成及其与祭祀风俗关系、服装色彩的使用与原因等内容的重要文献资料。

拓 展 资 料

孔颖达（公元574—648年），字冲远，冀州衡水人。唐朝经学家。八岁就学，曾从刘焯问学，日诵千言，熟读经传，善于辞章，隋大业初，选为"明经"，授河内郡博士，补太学助教。隋末大乱，孔颖达避地虎牢（今河南省荥阳汜水镇西北）。入唐，历任国子博士、国子司业、国子祭酒诸职。

铁琴铜剑楼，清代四大私家藏书楼之一，位于常熟市区以东古里镇。藏书楼建于清乾隆年间，已经有二百多年的历史，原名"恬裕斋"，创始人瞿绍基，瞿氏五代藏书楼主都淡泊名利，以藏书、读书为乐。瞿氏第二代、绍基之子瞿镛，对鼎彝古印兼收并蓄，在金石古物中，瞿氏尤为珍爱一台铁琴和一把铜剑，铁琴铜剑楼由此得名。楼主瞿氏数代藏书，绵延二百多年，给后人留下了一笔丰富的文化遗产。

王弼（公元226—249年），字辅嗣，山阳（今河南焦作）人。三国曹魏玄学家，魏晋玄学主要创始人之一。曾任尚书郎，文名盖世，其作品主要包括解读《老子》的《老子注》《老子指略》及解读《周易》思想的《周易注》《周易略例》四部。其中《老子指略》《周易略例》是王弼对《周易》所做的总体性分析的文章。

韩伯（公元332—380年），字康伯，颍川长社（今河南长葛西）人，东晋玄学家、训诂学家。韩伯幼年家中贫困，长大后清静平和善于思辨，用心于文艺。韩康伯补注《系辞传》《说卦传》《序卦传》《杂卦传》，撰成《周易注解》三卷，合王弼注六卷及《略例》一卷，共十卷。韩伯的注解是在王弼的基础上进行的，且摈落了郑玄的注解。

李鼎祚（生卒年不详），资州盘石（今四川资中）人。唐中期经学家。安史之乱中，唐玄宗逃往蜀地，李鼎祚进《平胡论》，后任为左拾遗。乾元元年（公元758年），奏以山川阔远，请割泸、普、渝、合、资、荣六州界，置昌州，以防夷乱。又曾辑梁元帝及陈乐产、唐吕才之书，以推演六壬五行，成《连珠明镜式经》10卷，又名《连珠集》，上之于朝。唐代宗践祚，献《周易集解》18卷，擢为秘书省著作郎，后官至殿中侍御史。

熊十力（公元1884—1968年），原名继智、升恒、定中，字子真、逸翁，晚年号漆园老人，湖北省黄冈（今团风）县上巴河镇张家湾人。中国著名哲学家、思想家，新儒家开山祖师，国学大师。与其三弟子（牟宗三、唐君毅、徐复观）和张君劢、梁漱溟、冯友兰、方东美被称为"新儒学八大家"。

参 考 文 献

[1]谷继明.《周易注疏》版本流变及阮刻《周易正义》补议[J].周易研究，2010（4）：39-47.
[2]张丽娟.今存宋刻《周易》经注本四种略说——兼论十行本《周易兼义》的经注文本来源[J].历史文献研究，2020（2）：22-33.
[3]吴伟.《周易集注》的早期版本[J].图书情报工作，2011，55（11）144-147.
[4]樊宁.卢文弨校《周易注疏》所据版本补考[J].中国典籍与文化，2021（3）：47-62.
[5]李小成.王弼《周易注》版本述略[J].兰台世界，2009（22）：54-55.
[6]林忠军.从战国楚简看通行《周易》版本的价值[J].周易研究，2004（3）：16-20.
[7]夏征农，等.辞海（缩印本）[M].上海：上海辞书出版社，2000.
[8]高怀民. 先秦易学史[M].桂林：广西师范大学出版社，2007.
[9]张岱年.中国文化的基本精神[J].党政论坛，2015（9）：94-95.

二 《论语注疏》
三国魏何晏集解宋邢昺疏南宋蜀刻大字本

《论语注疏》三国魏何晏集解宋邢昺疏南宋蜀刻大字本，附陆德明《释文》,为现存十卷本代表,不同于浙刻本、十行本、北监本等二十卷本,与唐石经、皇本等单疏本相合,提供了大量有价值异文,保存古貌,现藏于日本宫内厅书陵部。《论语》刊刻年代早,流传版本甚多,依照朝代更迭,考据秦汉时期版本有《古论》《齐论》《鲁论》,西汉末年安昌侯张禹"本受《鲁论》,兼讲《齐说》,善者从之,号曰《张侯论》,为世所贵"(何晏《论语集解序》)。东汉郑玄以《张侯论》为底本,参考《齐论》《古论》著《论语注》,即为其后《论语》通行版本。郑玄《论语注》十卷至北宋皆已亡佚,现可见版本有唐卷子本,清王谟、袁钧、孔广林等辑佚本;三国魏何晏"援老入儒"著《论语集解》十卷,最早的本子为敦煌文书中的卷子,传世最古版本为宋监本,今藏北京大学图书馆。此外,有"存六朝之遗"的日本正平十九年本,东京国立博物馆和大阪府立图书馆有藏,还有一些复本和钞本分散在其他地方。《论语集解》刻本主要为注疏合一的本子,有岳珂刻《论语集解附音义》一卷、廖荣中世䌽堂刻《论语集解义疏》一卷(与皇侃义疏合刊)等;南朝梁皇侃为《论语》作义疏,又称"皇本"以何晏《集解》为主,兼采老庄玄学,以阐发经义,至南宋亡佚。乾隆中期,浙商汪翼沧从日本购得《论语义疏》,由鲍廷博刻入《知不足斋丛书》。宋邢昺《论语注疏》在何晏《论语集解》基础上对经文和注文进行疏解,又称"邢疏本",代表了当时《论语》研究之最高水平,主要刻本分三大系统,一为南宋蜀刻大字十卷本,现藏日本宫内厅书陵部,堪称善本;二是南宋绍熙浙东庾司刻二十卷本《论语注疏解经》,现藏台北"故宫博物院";三是以元刻明修十行二十卷本《论语注疏解经》为代表,中国国家图书馆、台北"中央图书馆"均有藏,明嘉靖间闽中御史李元阳刻本、明万历间北京国子监刻本、明崇祯间毛晋汲古阁校刊本、清阮元十三经注疏本等均属于十行本系统。宋朱熹《论语集注》为《四书章句集注》的一部分,初刊于南宋淳熙四年(公元1177年),称南康定本;宋代以后,诸版本多承袭宋刻,其后版本举起大端有清刘宝楠作《论语正义》,近人程树德作《论语集释》、杨伯峻作《论语疏证》。(图1-3)

《论语》成书于战国时期,记载了孔子及其弟子的言行,以语录体为主,叙事体为辅,较为集中地体现了孔子及儒家学派的政治主张、伦理思想、道德观念、教育原则等。全书二十篇。四百九十二章,首创语录之体。南宋时,朱熹把它和《孟子》《大学》《中庸》合为"四书"。"刘向言《鲁论语》二十篇,皆孔子弟子记诸善言也"(何晏《论序》引);刘歆言"《论语》者,孔子应答弟子、时人及

图1-3 论语序·《论语注疏》魏何晏集解宋邢昺疏南宋蜀刻大字本 日本宫内厅书陵部藏

弟子相与言而接闻于夫子之语也"(《汉书·艺文志》),可见《论语》为孔子诸多弟子记录老师教诲的"笔记",而孔子学生极多,故《论语》作为最初的"笔记"形态出现时,有多种版本,现存可考者如《古论》《齐论》《鲁论》等。孔子去世后,《论语》被整合成书,后虽经秦始皇焚书,但仍有流传。《论语》之名,定于汉代,孔子旧宅壁中所藏《古论》已有《论语》之名,但也有《传》《论》《语》等不同称呼。

就纺织文化遗产研究而言,《论语》在记述孔子及其弟子言行主张中,多有涉及先秦时期服饰种类、服装用色及其使用场合、穿着时令等。有如,孔子通过描写大禹的饮食、衣着等来表现其"功德之盛美",倡导节俭,如"子曰,禹,吾无间然矣。菲饮食,而致孝乎鬼神;恶衣服,而致美乎黻冕(《论语·泰伯》)"。

如,孔子倡导节俭之风,赞成使用麻制帽子,以及易于制作的丝织品"纯"做衣服。在《论语·子罕》中提到"子曰:麻冕,礼也,今也纯,俭,吾从众。"注文:"孔安国曰:冕,缁布冠也。古者绩麻三十升布以为之。纯,丝也,丝易成,故从俭也。"对于缁布冠《仪礼·士冠礼》中多有记述,疏文可见。

如,记录了孔子衣食住行、生活习惯的乡党篇,其中关于服饰礼制的部分,涵盖了服装的颜色搭配、穿着场合及时令要求等多方面信息,有"君子不以绀緅饰,红紫,不以为亵服。当暑,袗絺绤,必表而出。缁衣,羔裘,素衣,麑裘,黄衣,狐裘。亵裘长,短右袂。必有寝衣,长一身有半。狐貉之厚以居。去丧,无所不佩。非帷裳,必杀之。羔裘玄冠不以吊。吉月,必朝服而朝。(《论语·乡党》)"这些细致入微的规定,共同构成了孔子时代服饰文化的丰富内涵。

《论语》内容涉及政治、教育、文学、哲学以及立身处世的道理等多方面。在记述孔子赞美先秦时期尧舜禹等圣王之德行功绩,倡导凡人伦理道德之"仁",社会政治范畴之"礼",认识方法论之"中庸"等文字记述中,常涉及先秦时期服装形制类别,如冠冕、祭服、服装用色及其时令搭配,如"红紫,不以为亵服""当暑,缜絺绤,必表而出",亦有服装材质如麻、丝、毛等原料及其所制服装,并以之使用来倡导节俭、仁义等思想主张,因而成为纺织文化遗产研究重要的参考资料。

拓 展 资 料

孔子(公元前551—前479年),子姓,孔氏,名丘,字仲尼,春秋时期鲁国陬邑(今山东曲阜)人,祖籍宋国栗邑(今河南省夏邑县)。父叔梁纥,母颜征在。中国古代思想家、政治家、教育家,儒家学派创始人。孔子曾带领部分弟子周游列国十三年,修订六经(《诗》《书》《礼》《乐》《易》《春秋》)。去世后,其弟子及再传弟子把孔子及其弟子的言行语录和思想记录下来,整理编成《论语》。该书被奉为儒家经典。春秋末期著名的思想家、政治家、教育家。孔子开创了私人讲学的风气,是儒家学派的创始人,其儒家思想对中国和世界都有深远的影响。

张禹(?—前5年),字子文,河内轵县(今河南济源)人。西汉时期丞相。从施雠学《易经》,从王阳、庸生习《论语》,起家本郡文学。甘露年间,诸儒荐为博士。初元年间,授太子《论语》,升任光禄大夫。河平四年(公元前25年),拜为丞相,封安昌侯。

皇侃(公元488—545年),一作皇偘,南朝梁吴郡(治所在今江苏苏州)人。南朝时儒学家、经学家。皇侃师事会稽贺玚,尽通其业,尤明三礼,《论语》《孝经》,俱作义疏或讲疏。曾任国子助教,听讲者常数百人。官至员外散骑侍郎。

陆德明(约公元550—630年),名元朗,字德明,苏州吴县(今江苏苏州)人。唐经学家,训诂学家,"秦王府十八学士"之一。撰《经典释文》,是研究中国文字、音韵及经籍版本、经学源流等的重要参考书。

邢昺(公元932—1010年),北宋经学家。字叔明。曹州济阴(今山东曹县西北)人。擢九经及第,官礼部尚书。所撰《论语正义》,讨论心性命理,为后来理学家所采纳。所撰《尔雅疏》及《孝经正义》,均收入《十三经注疏》。

朱熹(公元1130—1200年),字元晦,又字仲晦,号晦庵,晚称晦翁,谥文,世称朱文公。祖籍徽州婺源(今江西省婺源),出生于南剑州尤溪(今属福建省尤溪县)。宋朝著名的理学家、思想家、哲学家、教育家、诗人，闽学派的代表人物，儒学集大成者，世尊称为朱子。

徐复观（公元1903—1982年），湖北浠水人，新儒家学派的大家之一。主要著作有《中国人性论史》《两汉思想史》《中国思想史论集》《公孙龙子讲疏》《儒家政治思想与民主自由人权》《周官成立之时代及其思想性格》《中国经学史基础》《中国艺术精神》《石涛研究》《中国文学论集》等。

参 考 文 献

[1]高华平.《论语集解》的版本源流述略[J].中国典籍与文化，2008，（02）：4-10.
[2]沙志利.略论蜀大字本《论语注疏》的校勘价值[J].中国典籍与文化，2006，（01）：29-34.
[3]周昌梅.何晏《论语集解》版本考辨[J].古籍整理研究学刊，2005，（01）：77-82.
[4]郭沂.再论原始《论语》及其在西汉以前的流传[J].中国哲学史，1996，（04）：38-47.
[5]王铁.试论《论语》的结集与版本变迁诸问题[J].孔子研究，1989，（03）：58-65.
[6]黄立振.《论语》源流及其注释版本初探[J].孔子研究，1987，（02）：9-17.
[7]郝泽华.历代《论语》注释梳理与研究[J].赤峰学院学报（汉文哲学社会科学版），2016，37（08）.
[8]唐明贵.朱熹《论语集注》探研[J].中华文化论坛，2006（03）：116-121.
[9]李健胜.《论语》与现代中国[D].西安：陕西师范大学，2012.
[10]陈少明.《论语》的历史世界[J].中国社会科学，2010（03）：38-50+220-221.
[11]陈来.《论语》的德行伦理体系[J].清华大学学报（哲学社会科学版），2011，26（01）：127-145.

三 《管子》
南宋绍兴二十二年瞿源蔡潜道墨宝堂刊本

《管子》南宋绍兴二十二年（公元1152年）瞿源蔡潜道墨宝堂刊本，简称墨宝堂本，先后藏于黄丕烈、杨氏海源阁、大连图书馆，现藏俄罗斯国立图书馆。《管子》成书年代较早，起初以单篇形式流传，后经西汉刘向整编校订成八十六篇本，为最早定本。后整篇成卷有十八卷本（加序文为十九卷本），至唐代出现节选本和最早注本。节选本有魏征《管子治要》一卷和杜佑《管氏指略》二卷。最早注本的作者，《新唐书·艺文志》、吴兢《西斋书目》都著录为尹知章，至宋代著录为房玄龄，《四库全书总目》解释云："殆后人以知章人微，玄龄名重，改题之以炫俗耳。"《管子》原卷加入注文成三十卷，后经流传亡佚、补替，最终定为二十四卷。

可考宋刻本有杨忱本、张嵲校正本和墨宝堂本，杨忱本为最早注本，刊刻于北宋宋仁宗年间，已佚。南宋初年，张嵲保留杨忱本原貌，又经正误订讹、附其《读管子》于后，成张嵲校正本。此外，另有清光绪五年（公元1879年）张瑛有冶城山书房影刻本、1919年上海涵芬楼有《四部丛刊》影印本。与张嵲校正本同时期有南宋绍兴二十二年（公元1152年）瞿源蔡潜道墨宝堂刊本（即本案），之后本子几乎皆由张嵲校正本和墨宝堂本所出。元代《管子》刻本无存，今存明代《管子》版本众多，主要分有刘绩《管子补注》本和赵用贤《管韩合刻》本两大系统。刘绩《管子补注》为明代最早注本，以该本为基础有无注本、朱东光本、王芑孙跋本、手抄本等，赵用贤《管韩合刻》为明代影响最大刻本，始刊于万历十年（公元1582年），其后翻刻众多，如明万历吴勉学《二十子》本、清光绪二年（公元1876年）浙江书局《二十二子》本、民国十五年（公元1926年）中华书局《四部备要》本等。（图1–4）

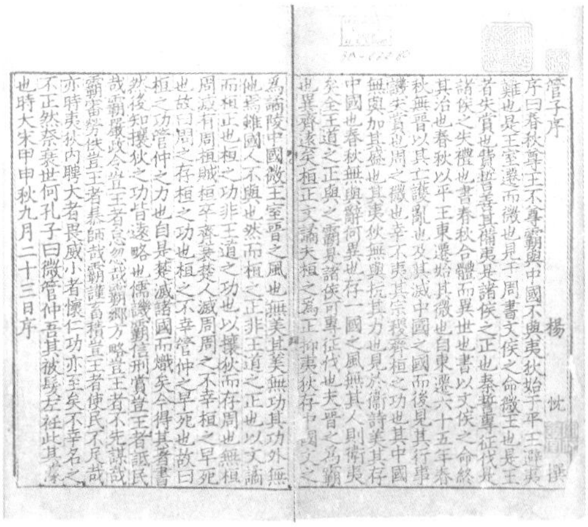
管子序 楊忱撰
序曰春秋尊王不尊霸與中國不與夷狄始于平王避戎
難也是王室遷而微也見于周書文侯之命微王也是王
者失賞也昔者孔子嘗喜其備夷是諸侯之正也恭敬尊征伐是
諸侯之失禮也書春秋合體而異世也書以文侯之命終
其治也春秋以平王東遷始其微也自東遷六十五年春
秋無晉以其工護亂也及其滅中國之國而後見其行事
護夷賞也周之微也幸不夷其宗稷齊桓之功也其中國
無與加其盛也其夷狄無與抗其力也見於衛詩美其存
中國也春秋無與辭何異也存一國之風無其人則衛夷
矣全王道之正與之霸是諸侯可專征伐也夫晉之為霸
也異齊遠矣桓正文譎夫桓之為王抑夷狄存中國文之
為譎陵中國微王室晉之風也無美其美無功其功外無
伯為雖國人不與也然而桓之正非王道之正也以文譎
而桓正也桓之功非王道之功也以攘狄而存周也無桓
周寂有周桓賊桓卒齊衰楚人滅周周之不幸桓之早死
也故曰周之存桓之功也桓之不幸管仲之早死也故曰
桓之功管仲之力也自是楚滅諸國而熾矣今得其著書
然後知攘狄之功皆遠略也儒識霸信刑賞豈王者詆民
哉霸嚴政令豈王者忽忽哉霸鄉方略豈王者不先謀哉
霸富勞佚豈王者恭師哉霸謹畜積豈王者使民不足哉
亦時夷狄內聘大者畏威小者懷仁功亦至矣不幸名之
不正然奈衰世何孔子曰微管仲吾其被髮左衽此其序
也時大宋甲申秋九月二十三日序

图1–4 管子序·《管子》南宋绍兴瞿源蔡潜道墨宝堂刊本
俄罗斯国立图书馆藏

《管子》一书托名春秋时期齐国政治家、思想家管仲著，当今学者大多认为《管子》诸篇并非管仲一人所写，当与稷下学宫关系甚密，书中诸篇成文时间上至春秋下至战国，具体成书时间不详，但该书至迟于战国末年已广为流传。其主

要内容记录管仲及管仲学派的言行事迹,汇集了道法、儒经、兵农、阴阳等百家之学。罗根泽先生曾言:

"在先秦诸子,(《管子》)裒为巨帙,远非他书可及。《心术》《白心》,诠释道体,老、庄之书,未能远过;《法法》《明法》,究论法理,韩非《定法》《难势》,未敢多让;《牧民》《形势》《正世》《治国》,多政治之言;《轻重》诸篇,又为理财之语;阴阳则有《宙合》《侈靡》《四时》《五行》;用兵则有《七法》《兵法》《制分》;地理则有《地员》《弟子职》言礼;《水地》言医;其他诸篇,亦皆率有孤诣。各家学说,保存最多,诠发甚精,诚战国、秦、汉学术之宝也。"

就纺织文化遗产研究而言,该书记载管仲政治经济的改革主张等内容中,纺织作为小农经济的重要支柱,相关信息多出现于各篇之中。如《管子·立政》所载"度爵而制服,量禄而用财,饮食有量,衣服有制……虽有贤身贵体,毋其爵,不敢服其服……散民不敢服杂采,百工商贾不得服长鬈貂,刑余戮民不敢服絻……"这段文字清晰地反映出,在春秋时期,服装制度是一种强国政治的手段,旨在通过严格的服饰规定来维持国家统治稳定。服装种类、纹饰等多样性为以服装来区分阶级提供了条件,可见当时纺织业发展已有相当水平。

如《管子·五辅》提到"女以巧矣,而天下寒者,其悦在文绣。是故博带梨,大袂列,文绣染,刻镂削,雕琢采。"此文为提倡节俭爱民的主张,女工巧而平民仍受寒苦,其原因在于统治者"悦文绣"之奢华着装,由此可见春秋时的阶级差距。

如《管子·轻重甲》记载"阳春,蚕桑且至,请以给其口食筐曲之强。若此,则缣丝之籍去分而敛矣。"这里的"筐曲"(或作"筐薄"),都是养蚕使用的工具,也称蚕箔,一般用苇或竹篾编成,有养蚕人家自己编织或有专门编织售卖的店铺,由此亦可见当时纺织业发展水平。

"王者之法,莫备于周公,而善变周公之法者,莫精于管子。"

——明·赵用贤《管子·序》

齐桓公采用管仲诸多主张策略，成为"春秋五霸"之首，揭开了一个时代的序幕。《管子》一书从多个方面体现了管仲"善变周公之法"的精妙所在，其内容丰富，很大原因在于管仲所处的春秋时期，文化尚处于混沌未分的状态。诸子的分野与学派的确立，实际上是在春秋末至战国时期才逐渐显现，即《庄子·天下》篇所说的"道术将为天下裂""道术不一""各自为方"的局面。《汉书·艺文志》也说："诸子十家，其可观者九家而已。皆起于王道既微，诸侯力政，时君世主，好恶殊方。是以九家之术，蜂出并作，各引一端，崇其所善，以此弛说，取合诸侯。"故此战国诸子思想无不具有渗透性和兼容性。作为先秦典籍，内容亦难免涉及鬼神、荒诞之事，但大部分内容诚为治国安民、发展生产、平均社会财富等思想主张之体现，兼有唯物主义成分。书中纺织品相关内容多为礼制、生产、劝诫统治者节俭爱民等，涉及服装色彩、称谓、桑蚕养殖等信息，是研究先秦时期服饰文化的重要典籍。

拓 展 资 料

管仲（？—前645年），姬姓，管氏，名夷吾，字仲，亦称"敬仲"，通称为管子、管夷吾、管敬仲，颍上（今安徽省颍上县）人。齐国的政治家、军事家，与乐毅齐名，周穆王的后代，辅佐齐桓公进行内政外交的重大改革，使得齐国成为春秋第一霸主。

刘向（公元前77—前6年），原名刘更生，字子政，沛（今江苏沛县）人。汉皇族楚元王刘交（汉高祖刘邦异母弟）之玄孙，阳城侯刘德之子，经学家刘歆之父。汉朝宗室大臣，经学家、文学家、目录学家。

房玄龄（公元579—648年），名乔，字玄龄。以字行，其神道碑则作名玄龄。齐州临淄（今山东淄博）人。唐朝初年名相、凌烟阁二十四功臣之一。参与制定的《贞观律》，为后来的《永徽律》以及《唐律疏议》奠定了基础。房玄龄监修国史，主持编纂了《晋书》。他还参与了政府机构的调整，和官员的选拔任用。后世把房玄龄和杜如晦作为良相的典范。因为房玄龄善于谋划，杜如晦善于决断，所以史称其"房谋杜断"。李世民曾称赞其有"筹谋帷幄，定社稷之功"。

尹知章（？—718年），绛州翼城（今属山西）人，唐朝大臣，经学家。长安年间（公元701—704年），为定王府文学。神龙元年（公元705年），转太常博士，出为陆浑令，后弃官。唐睿宗即位后，拜礼部员外郎，转国子博士。后经马怀素奏引，就秘书省刊定经史。虽身居吏职，但未终止授徒，远近皆来受业。对贫困子弟，尽其家财以供养。

张嵲（公元1096—1148年），字巨山，襄阳（今湖北襄阳）人。徽宗宣和三年（公元1121年）上舍中第，调唐州方城尉，改房州司法参军，辟利州路安抚司干办公事。高宗绍兴五年（公元

1135年）召试，除秘书省正字。七年，迁校书郎、著作郎。八年，出为福建路转运判官。十年，兼实录院检讨、守起居舍人、兼侍讲、试中书舍人。升实录院同修撰，十一年，罢。起知衢州。十八年，提举江州太平兴国宫，献《绍兴中兴复古诗》以希进用。

刘绩（生卒年不详），明朝诗人。字孟熙，家有西江草堂，人称西江先生。山阴（今浙江绍兴）人。通经学，隐居不仕，教授乡里为生。家贫，转徙无常地，所至，署卖文榜于门，有所值则沽酒而饮。诗以雄健为长。著有《崇阳集》，未见传本。另有笔记《霏雪录》，今存。

赵用贤（公元1535—1596年），字汝师，号定宇，南直隶苏州府常熟县（今江苏省苏州市常熟市虞山街道）人，祖籍南直隶常州府江阴县（今江苏省无锡市江阴市），明朝中后期大臣、藏书家。专修《大明会典》，纂《玉牒》。印刻《五经》《管子》《韩子》《玉海》等书，后人视为善本。

杨氏海源阁，位于山东省聊城市光岳楼南万寿观街路北杨氏宅院内，是清末四大藏书楼之一和清末北方第一藏书楼。海源阁始建于清道光二十年（公元1840年），由聊城进士杨以增所建，取《学记》"先河后海"语，题匾"海源阁"悬之。历经四代人悉心相守，总计藏书四千余种，二十二万余卷，其中宋元珍本逾万卷。

罗根泽（公元1900—1960年），字雨亭，直隶深县（今河北深州市）人，著名古典文学研究专家。1925年考入河北大学中文系，1927年入清华国学研究院，读"诸子科"，指导导师为梁启超先生，梁先生去世后，改由陈寅恪先生指导。同年入燕京大学国学研究所，师从冯友兰先生，读"中国哲学"。

参 考 文 献

[1]池万兴.《管子》研究[D].兰州：西北师范大学，2003.
[2]巩日国.《管子》版本述略[J].管子学刊，2002，（03）：11-19.
[3]郭浩，齐亚洲.《管子》流传、定本考论[J].山东图书馆学刊，2022，（05）：113-118.
[4]四库全书总目[M].北京：中华书局，1965：847-849.
[5]彭浩.楚人的纺织与服饰[M].武汉：湖北教育出版社，1996：8.
[6].刘骏.《管子》中手工业的考古学观察[J].文物鉴定与鉴赏，2023，（14）：122-125.

四 《孟子注疏》

汉赵岐注宋孙奭疏1980年中华书局《十三经注疏》影印本

《孟子注疏》汉赵岐注宋孙奭疏1980年中华书局《十三经注疏》影印本。

《孟子》版本类型有三：白文本、注释本、注疏本。一为白文本，指无注文的《孟子》原文本，有宋刻递修本《孟子》，宋刻石经《孟子》，元刻本《孟子》二卷，清人贾汉复补刻唐石经《孟子》七卷。二为注释本，包括赵岐《孟子章句》和朱熹的《孟子集注》，其版本繁多。《孟子章句》后世又多称为《孟子赵注》，是《孟子》主要版本之一。为《孟子》作注始于汉代，注者包括刘向、刘熙、郑玄、程曾、高诱等人，赵岐《孟子章句》是汉代《孟子》注本的仅存成果，也是今人能看到的最早一部完整注本。《孟子赵注》版本有三：一是经注本系统，即《孟子》经文与赵岐注的合本，包括宋元本如蜀大字本、巾箱本、小字本、岳氏本、世彩堂本；明清刻本、抄本皆有。二是与伪孙奭疏相结合的注疏本系统，包括如宋刻元修本、宋刻元明递修本、元刻明修本、明丛书堂抄本、清章氏式训堂抄本等。三是晚起于清代焦循《孟子正义》的新注疏本系统。朱熹《孟子集注》又与《大学》《中庸》《论语》注本合为《四书章句集注》，在各个朝代都被大量翻刻，现常见的是中华书局以清嘉庆吴英父子校本为底本，参校清仿宋大字本而出版的《四书章句集注》。三为注疏本，注是指赵岐的注释，疏是指宋代以来人的疏解，如宋代学人以孙奭名义撰写的《孟子注疏》，有中华书局影印的《十三经注疏》本（即本案）；宋人蔡模的《孟子集疏》，有《通志堂经解》本；清代焦循的《孟子正义》，有原世界书局出版的《诸子集成》本，以及中华书局《诸子集成》本。（图1-5）

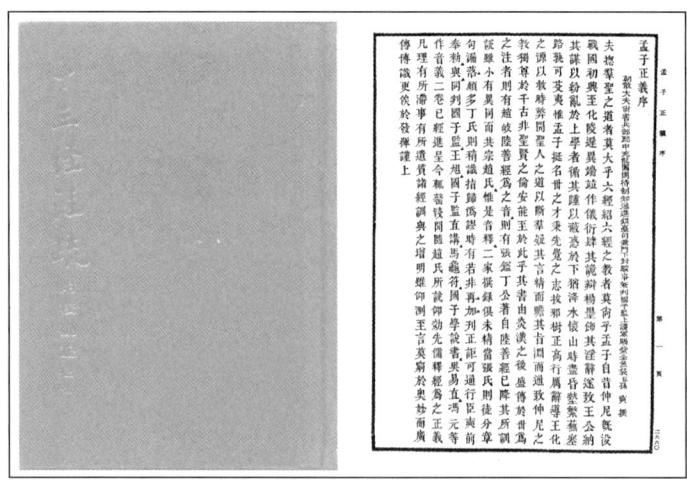

图1-5 书影序言·《孟子注疏》汉赵岐注宋孙奭疏
1980年中华书局《十三经注疏》影印本

《孟子》成书于战国时期，属儒家经典著作。全书共七篇，是战国时期孟子及其弟子万章等的言论汇编，记录了孟子的治国思想、政治策略和政治行动，其学说出发点为性善论，主张德治。其中关于纺织品的相关记载分布于全书各章，例如，“子服尧之服，诵尧之言，行尧之行，是尧而已矣；子服桀之服，诵桀之言，行桀之行，是桀而已矣。”

如，“不受于褐宽博，亦不受于万乘之君”，按赵岐注“褐宽博”即为“褐夫”，代指身份低下的人，“褐”，粗布也，以服饰来代指身份。

又如，“布帛长短同，则贾相若；麻缕丝絮轻重同，则贾相若”以布帛、麻缕丝絮作比来论述经济主张，从侧面反映了战国时期纺织业的发展。

就纺织文化遗产研究而言，《孟子》在记述孟子宣扬“民本思想”“性善论”等思想主张的对话事件中，记载了战国时期关于纺织品生产、服装种类、着装礼制等关键信息。例如“五亩之宅，树之以桑，五十者可以衣帛矣”等，是研究战国时期纺织品发展不可忽视的文献材料，对于研究战国时期纺织品在国家经济、政治、文化等领域所具有的意义与研究纺织品相关材料、形制、嬗变等过程均具有重要的参考价值。（图1-6）

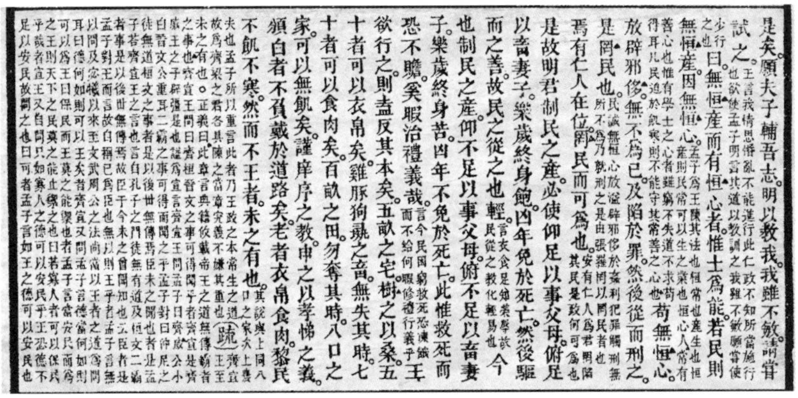

是矣。願夫子輔吾志，明以教我。我雖不敏，請嘗試之。王言我情思惛亂，不能進行此仁政，不知所當施行也。欲使孟子明言其道以教訓之，我雖不敏，願嘗使少行之也。曰：無恒產而有恒心者，惟士為能。若民則無恒產，因無恒心。孟子為王陳其法也。恒，常也。產，生也。恒產則民常可以生之業也。恒心，人常有善心也。惟有學士之心者，雖窮不失道，不求苟得耳。凡民迫於飢寒，則不能守其常善之心也。苟無恒心，放辟邪侈，無不為已。及陷於罪，然後從而刑之，是罔民也。民誠無恒心，放溢辟邪，侈於姦利，犯罪觸刑，無所不為，乃就刑之，是由張羅罔以罔民者也。焉有仁人在位，罔民而可為也？安有仁人為君，罔陷其民，是政何可為也。是故明君制民之產，必使仰足以事父母，俯足以畜妻子，樂歲終身飽，凶年免於死亡，然後驅而之善，故民之從之也輕。言衣食足，知榮辱，故民從之，教化輕易也。今也制民之產，仰不足以事父母，俯不足以畜妻子，樂歲終身苦，凶年不免於死亡。此惟救死而恐不贍，奚暇治禮義哉？言今民困窮，救死恐凍餓而不給，何暇修禮行義。王欲行之，則盍反其本矣。五畝之宅，樹之以桑，五十者可以衣帛矣。雞豚狗彘之畜，無失其時，七十者可以食肉矣。百畝之田，勿奪其時，八口之家可以無飢矣。謹庠序之教，申之以孝悌之義，頒白者不負戴於道路矣。老者衣帛食肉，黎民不飢不寒，然而不王者，未之有也。八口之家，次上農夫也。其說與上同。

图1-6 以衣食论仁政·《孟子注疏》汉赵岐注宋孙奭疏
1980年中华书局《十三经注疏》影印本

拓 展 资 料

孟子（约公元前372—前289年），名轲，字不详（子舆、子居等字表皆出自伪书，或后人杜撰），战国中期鲁国邹人（今山东邹城人）。著名的思想家、政治家、教育家，孔子学说的继承者，儒家的重要代表人物。他继承了孔子"仁"的思想并将其发展成为"仁政"思想,被称为"亚圣"。

赵岐(公元？—201年),字邠卿,字臺卿。京兆长陵县(今陕西咸阳市东北)人。东汉末年官员、经学家、画家。赵岐对《孟子》研究颇深,所撰《孟子章句》为《孟子》最早注本,释文通达,明白易晓,后经北宋孙奭疏,收入《十三经注疏》中,对后世有一定影响。

孙奭(公元962—1033年),字宗古,博州博平(今山东茌平西)。北宋时期大臣、经学家、教育家。他以经学成名,一生坚守儒家之道。著有《经典徽言》及《五经节解》《乐记图》《五服制度》等,是十三经注疏中《孟子注疏》中"疏"的完成者。

《十三经注疏》即指后人为了便于查阅《易》《诗》《书》(《尚书》)《周礼》《礼记》《仪礼》《左传》《公羊传》《穀梁传》《孝经》《论语》《尔雅》《孟子》的注和疏。南宋以后,开始合刻,明嘉靖、万历间都曾刊行。清乾隆初有武英殿本。其后清阮元据宋本重刊,并撰《十三经注疏校勘记》。

参 考 文 献

[1]陶禹琳.《孟子注疏解经》版本校勘研究[D].南京：南京师范大学,2020.
[2]李峻岫.试析八行本《孟子注疏解经》的版本价值[J].儒家典籍与思想研究,2013：133-147.
[3]陈志辉.阮元与《十三经注疏》[J].扬州大学学报(人文社会科学版),1997(04)：48-50.

五 《荀子》
西汉刘向编唐杨倞注南宋淳熙八年钱佃江西漕司刊本

《荀子》西汉刘向编唐杨倞注南宋淳熙八年钱佃江西漕司刊本,海源阁旧藏,1927年转藏大连图书馆,现藏于俄罗斯国立图书馆。《荀子》为战国末期荀子及其门人弟子所著,后经刘向整编成书,定为三十二篇,至唐代,经杨倞订正注解,有二十卷写本传世,及至宋代有刻本。最早刻本为北宋熙宁元年(公元1068年)吕夏卿国子监本,靖康之变后,原书雕版无存。至南宋,钱佃和唐仲友于淳熙八年(公元1181年)以国子监本为底本翻刻《荀子》。其中钱佃本《荀子》原书今藏俄罗斯国立图书馆,国内有南宋宁宗嘉定年间翻刻本和清士礼居摹抄本,皆藏中国国家图书馆。唐仲友台州公使库本在日本有金泽文库藏本,清光绪十年(公元1884年)黎庶昌据以影摹,刻入《古逸丛书》。除上述刻本,有《北京图书馆善本书目》所著录刻本有明黄之寀刻本《荀子》和宋刘辰翁等评、傅山批校《荀子注》（又名《荀子评注》）。杨倞注《纂图互注荀子》二十卷，有宋刻元明递修本，今藏中国国家图书馆，元代及明初翻刻有：赵子惠旧藏元刻明印本、李盛铎跋元刻明修本。明代丛刻本有嘉靖六年（公元1527年）芸窗书院刻《六子全书》本、顾春辑吴郡顾氏世德堂刻嘉靖十二年（公元1533年）《六子全书》本等。清代有姑苏王氏聚文堂刻《十子全书》本、光绪元年（公元1875年）湖北崇文书局刻《百家》本等。晚明至清代考辨、校注《荀子》贡献较多者，有卢文弨、高邮王氏父子（撰《荀子杂志》）、长沙王先谦（撰《荀子集解》）等。（图1-7）

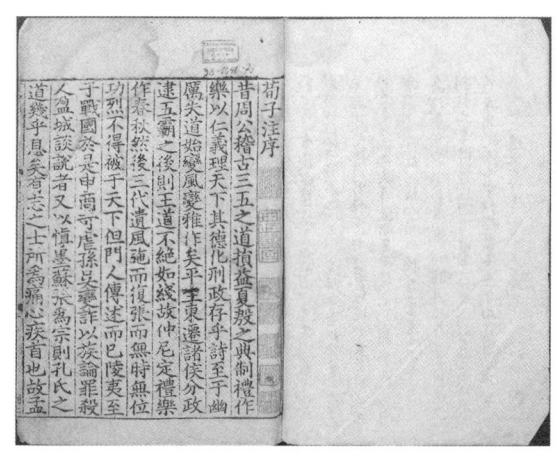

图1-7 荀子注序·《荀子》西汉刘向编唐杨倞注南宋淳熙八年钱佃江西漕司刊本 俄罗斯国立图书馆藏

《荀子》全书共二十卷，刘向整理时定为三十二篇。始于劝学篇，终于尧问篇，每卷末附考异，罗列他本异文。其内容可分为三类，一类是荀子亲手所著的二十二篇，一类是荀子弟子所记录的荀子言行，共五篇，一类是荀子及弟子所引用的材料，共五篇；前两类是研究荀子思想的直接材料，是《荀子》一书的主体。荀子生于战国末年，在继承孔子倡导仁义、礼乐、修身、治学等思想的基础之上吸收其他诸子百家的成果如法学、刑名之学等。《荀子》一书涉及极广，包括人性论、天人论、君臣礼制、社会道德、政治教育等。

就纺织文化遗产研究而言，《荀子》在引经据典论证荀子思想主张时，多涉及服饰形制、材料、纹饰、祭祀礼仪、丧葬制度等分布于全书各篇，是考释战国时期服饰文化发展的重要文献资料。如"赠人以言，重于金石珠玉；观人以言，美于黼黻文章。(《荀子·非相》)"注云：黼黻文章，皆色之美者，白与黑谓之黼，黑与青谓之黻，青与赤谓之文，赤与白谓之章。服装之"黼黻文章"与"金石珠玉"并列，也足见其价值。如"故天子袾裷衣冕，诸侯玄裷衣冕，大夫裨冕，士皮弁服。(《荀子·富国》)"所述即为服装形制内容。袾裷，即朱裷，画龙于衣谓之裷。文中天子与诸侯服装仅在"袾"与"玄"之颜色差异，而大夫与士则是在服装材料上有很大区别。

如"衣被则服五采，杂间色，重文绣，加饰之以珠玉。(《荀子·正论》)"五采即五色，间色指红紫之属。《礼记》曰："衣正色，裳间色。"多纹绣、饰珠玉，可见帝王服饰之华美。

如"黼衣黻裳者不茹荤，非口不能味也，服使然也。(《荀子·哀公》)"注云：黼衣黻裳，祭服也。该篇还记录了孔子所提"生今之世，志古之道；居今之俗，服古之服，舍此而为非者，不亦鲜乎"的观点，并认为"古之王者好生而恶杀"，着祭祀服装便"不茹荤"，反映的正是儒家对于贤者君王的主张要求。

> "自仲尼而后，孰为后圣？曰：冰精既绝，制作不绍，浸寻二百年，以踵相接者惟荀子卿足以称是。"
>
> ——章太炎《后圣》

荀学是由先秦子学到两汉经学的重要一环。荀子在《诗》《书》《礼》《乐》《春秋》五部经典的传授过程中都起到了重要作用。汉代著作如《礼记》《白虎通义》《汉书》也称引荀子诸多可见荀子的思想及著作在汉代得到了认可。荀子因其思想与孟子有出入（主张人性本恶，而非"性恶论"）而受宋、明儒者的抨击，后世也多因其"尊君"而将其视为封建统治的维护者。其实，荀子的性恶说仅为主张人性容易流向于恶，揆其初衷，实为"性无善无恶说"的拥护者，因人性易流于恶，故有《劝学》篇强调后天学习。"荀子生孟子之后，最为战国老师。太史公作传，诸子排名，独以孟子、荀卿相提并论。(清谢墉《荀子笺释序》)"至于荀子的尊君主张，实为其礼治思想的一个环节，自有其背景与理由，虽为李斯、韩非的老师，思想却并不相同。荀子所尊之君，是有相当的条件，荀子尊君之德，并非尊君之位，有一定的唯物主义思想，辩证看待问题。杨倞注本虽为最古，但书中难免疏漏错误，清末王先谦采集各家之说与清代学者训诂考订成就，刊成《荀子集解》（中华书局多次出版），可供考证。

拓展资料

荀子（约公元前313—前238年），名况，战国后期赵国人，时人尊称为荀卿，汉时避汉宣帝刘询讳称为孙卿。年五十，始游学于齐国，曾在齐国首都临淄（今山东淄博市）的稷下学宫任祭酒。因遭谗而适楚国，任兰陵（今山东苍山西南兰陵镇）令。以后失官家居，著书立说，死后葬于兰陵（兰陵县有荀子墓）。著名学者韩非、李斯均是他的学生。

杨倞（生卒年不详），唐宪宗年间弘农（今河南灵宝县南）人，杨汝士之子，大理评事。著《荀子注》一书，是现今流传《荀子》的最早注本。为唐宋八大家之一的韩愈的下属，韩愈为其父杨汝士的同僚，故杨倞生活年代约为唐穆宗时期。

钱佃（生卒年不详），字仲耕，常熟人。绍兴十五年（公元1145年）进士。曾任秘阁修撰，后出任江西等路转运使，为官颇有善政。淳熙八年（公元1181年），婺州水旱天灾相仍，钱佃尽心料理，救荒举措得力。同年，转为江西漕司官，政声不减。其所翻刻的《荀子》以元丰（宋神宗用的第二个年号）监本与二浙西蜀本参校，命工授梓，是《荀子》最早的合校本。

唐仲友（公元1135—1187年，一说公元1136—1188年），字与政，号说斋，学者称说斋先生，一称悦斋先生，婺州东阳（今属浙江）人，一说金华人。莒国公唐俭第21世孙，南宋侍御史唐尧封之子，中国南宋官员、学者。

卢文弨（公元1717—1795年），字召弓，一作绍弓，号矶渔，又号檠斋，抱经，晚年更号弓父，人称抱经先生，清仁和（今浙江杭州）人。一说原籍余姚，迁居仁和（今杭州）。生于清圣祖康熙五十六年，卒于乾隆六十年，年七十九岁。

王先谦（公元1842年—1917年），字益吾，因宅名葵园，学人称为葵园先生。清末民初教育家、史学家、经学家、训诂学家、实业家。湖南长沙人。编有《皇清经解续编》《十朝东华录》《续古文辞类纂》等。著有《汉书补注》《后汉书集解》《荀子集解》《诗三家义集疏》等。诗文集有《虚受堂诗文集》。

章太炎（公元1869—1936年），浙江余杭人。原名学乘，字枚叔，后易名为炳麟。因反清意识浓厚，慕顾绛（顾炎武）的为人行事而改名为绛，号太炎。世人常称之为"太炎先生"。早年又号"膏兰室主人""刘子骏私淑弟子"等，后自认"民国遗民"。清末民初民主革命家、思想家，研究范围涉及小学、历史、哲学、政治、朴学等，著述甚丰。

参考文献

[1]关永礼.宋本《荀子》弥足珍[J].书屋，2020（11）：72-76.

[2]肖新祺.河北古代儒家《荀子》版本著录考[J].文物春秋，1991，（03）：39-40.

[3]康廷山.读《荀子版本源流考》劄记[J].中华文史论丛，2016，（03）：373-385+409.

[4]刘明,王承海.宋本《荀子》刊刻考略[J].图书馆杂志,2012,31(04):87-91+66.
[5]闫宁.日藏狩谷望之过录宋台州本《荀子》考述[J].诸子学刊,2017(02):210-219.
[6]刘君花.二十世纪后半期的荀学研究[D].北京:首都师范大学,2007.

六 《战国策》
东汉高诱注南宋绍兴年间刻本

《战国策》东汉高诱注南宋绍兴年间刻本,曾藏梁溪(今无锡)高姓藏书家手中,故又称"梁溪高氏本",明末钱谦益以重金购得,为"姚氏"续注本,今藏中国国家图书馆。《战国策》为西汉刘向编订的国别体史书,东汉高诱为其作注。经唐、五代的变乱,刘向古本部分和高诱注本逐渐阙佚,形成《战国策》佚文。后经曾巩等诸多学者着手复原,形成三十三篇复原今本《战国策》。此后,又有李格非、王觉、孙朴等续校今本《战国策》。北宋时有孙朴校本、集贤院本、刘敞本、钱藻《战国策》东汉高诱注宋绍兴刻本、东坡本、苏颂本、孙固本、孙觉本等,其中以孙朴校本为善本;南宋初,姚宏以曾巩校定本、孙朴校本为基础,参校孙固本、晁以道本和《春秋后语》等,作《战国策续注》,补注校正480余处,重刻《战国策》。南宋时期"姚本"现存《战国策》有二:其一,绍兴年间初刻本,"梁溪高氏本",其二,为南宋重刻本,因该书曾为梁溪安姓藏书家收藏,故世称"梁溪安氏本"。此两本宋刻后为明末钱谦益以重金购得,现均藏中国国家图书馆。此外有剡川姚氏本《战国策》、清同治八年(公元1869年)湖北崇文书局重雕本和清光绪三年(公元1877年)永康胡氏退补斋重刻本,藏于嵊州市图书馆。清黄丕烈重刻"梁溪高氏本"于其《士礼居丛书》中,今藏美国国会图书馆。与姚宏同时期的鲍彪从历史学角度进行校注,编有"鲍本"。南宋后流行《战国策》版本皆为"姚本""鲍本"的翻刻、衍化和发展。元吴师道以鲍本为底本,以姚本参校,以吕祖谦《大事记》为纲领,著成吴本,援引多书加以辅证。此后,《战国策》版本主要分为"姚本"与"鲍本、吴本"两大系统。后者为元明至清代中期的通行本。清代后期"姚本"中兴,现在流传采用版本亦为"姚本"。(图1-8)

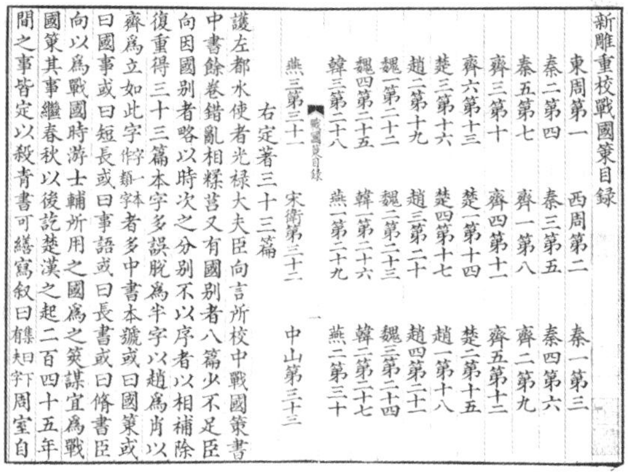

新雕重校戰國策目録
東周第一　西周第二　秦一第三
秦二第四　秦三第五　秦四第六
秦五第七　齊一第八　齊二第九
齊三第十　齊四第十一　齊五第十二
齊六第十三　楚一第十四　楚二第十五
楚三第十六　楚四第十七　趙一第十八
趙二第十九　趙三第二十　趙四第二十一
魏一第二十二　魏二第二十三　魏三第二十四
魏四第二十五　韓一第二十六　韓二第二十七
韓三第二十八　燕一第二十九　燕二第三十
燕三第三十一　宋衛第三十二　中山第三十三
戰國策目録　一
右定著三十三篇
護左都水使者光禄大夫臣向言所校中戰國策書中書餘卷錯亂相糅莒又有國別者八篇少不足臣向因國別者略以時次之分别不以序者以相補除復重得三十三篇本字多誤脫爲半字以趙爲肖以齊爲立如此字（字一本作類字）者多中書本號或曰國策或曰國事或曰短長或曰事語或曰長書或曰脩書臣向以爲戰國時游士輔所用之國爲之筴謀宜爲戰國策其事繼春秋以後訖楚漢之起二百四十五年間之事皆定以殺青書可繕寫叙曰（集曰下有知字）周室自

图1-8 目录·《战国策》东汉高诱注南宋绍兴年间刻本
中国国家图书馆藏

汉代高诱、北宋曾巩等人先后为《战国策》作注，姚宏将之保存在自己所校的书中。高诱注传到曾巩为《战国策》校补时，已经不全。在嵊州市图书馆馆藏清崇文书局重刻的姚氏本《战国策续注》中，凡标明“曾作”的，是曾巩本的异文；凡标明“钱”“苏”“刘”“集”的，分别为姚宏所得孙朴本中所记载的钱藻、苏颂、刘敞等人和集贤院本的异文或校语。凡标明“一作”“一本”“旧作”的，为姚宏参校本的异文；凡标明“续”或“续云”的，是姚宏的注文。除此之外，在第二至四卷、第六至十卷和第三十二、三十三卷中，凡不标姓氏或出处的注释，均为汉高诱原注。

《战国策》，又称《国策》，为西汉末刘向编订的国别体史书，原作者不明。资料年代大部分出于战国时代，包括策士的著作和史料的记载。原书有《国策》（并非今本《战国策》）《国事》《短长》《事语》《长书》《脩书》等不同名称。刘向筛选编撰后，按照国别，重新编排体例，定名为《战国策》。《战国策》全书共三十三卷，分十二国的“策”论。《战国策》在纺织品文化遗产研究的重要作用体现在该书中内容，包括在人物对话、史实记述中直接涉及或间接反映出的春秋战国时期纺织品的类别、价值，以及人物着装所代表的礼仪制度。如“革车百乘，锦绣千纯，白璧百双，黄金万镒”（《战国策·秦策》），“锦绣”价值与车、白璧、黄金并列，成为诸侯国间外交物品，可见战国时期高品质纺织品的价值。（图1-9）

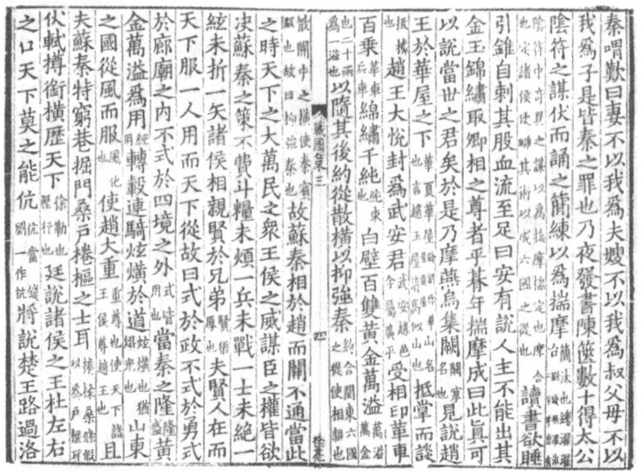
秦喟歎曰妻不以我爲夫嫂不以我爲叔父母不以
我爲子是皆秦之罪也乃夜發書陳篋數十得太公
陰符之謀伏而誦之簡練以爲揣摩
讀書欲睡
引錐自刺其股血流至足曰安有說人主不能出其
金玉錦繡取卿相之尊者乎朞年揣摩成曰此眞可
以說當世之君矣於是乃摩燕烏集闕見說趙
王於華屋之下抵掌而談
趙王大悅封爲武安君受相印革車
百乘綿繡千純白璧百雙黃金萬溢
以隨其後約從散橫以抑強秦
故蘇秦相於趙而關不通當此
之時天下之大萬民之衆王侯之威謀臣之權皆欲
決蘇秦之策不費斗糧未煩一兵未戰一士未絕一
絃未折一矢諸侯相親賢於兄弟夫賢人在而
天下服一人用而天下從故曰式於政不式於勇式
於廊廟之內不式於四境之外當秦之隆黃
金萬溢爲用轉轂連騎炫熿於道山東
之國從風而服使趙大重且
夫蘇秦特窮巷掘門桑戶棬樞之士耳
伏軾撙銜橫歷天下廷說諸侯之王杜左右
之口天下莫之能伉將說楚王路過洛

图1-9 “锦绣千纯”·《战国策》东汉高诱注南宋绍兴年间刻本
中国国家图书馆藏

如“异人至，不韦使楚服而见。王后悦其状，高其知，曰：‘吾楚人也。’（《战国策·秦策》）”在嬴异人（即秦庄襄王）认华阳夫人为母以谋王位的过程中，“楚服”起到了关键作用，唤起了华阳夫人对于楚地的归属感，也反映了战国时期不同国家服装存在地域性、文化性的差异。如“王曰：‘寡人非疑胡服也。愚者之笑，贤者戚焉。世有顺我者，则胡服之功未可知也。虽驱世以笑我，胡地中山吾必有之。’王遂胡服……（《战国策·赵策》）”记述了赵武灵王推行“胡服骑射”的军事改革，其中着“胡服”是改革的重要举措。

“六经，治世之文；《国策》，乱世之文，然有英伟气，非治世、衰世之文之比。”

——南宋·朱熹《朱子语类》

《战国策》收录了诸多诸侯国兴亡历程，记载了大量史实，书中不仅囊括了诸如苏秦、张仪等关键历史人物的言行举止与政见主张，还以鲜活的笔触描绘了那个时代的社会风貌，深刻揭露了政治斗争中的阴暗面以及贵族阶层所展现出的愚昧与贪婪。这部作品以其独特之处，与《诗经》《尚书》《楚辞》等经典文献相映成趣，展现出别样的风貌与价值。

刘向在奏录皇上时所写的《战国策书录》中详细概括了当时整理《战国策》的情况：

"所校中《战国策》书、中书余卷，错乱相糅舛。又有国别者八篇，少不足。臣向因国别者，略以时次之，分别不以序者以相补。除重复，得三十三篇。本字多误脱为半字，以'赵'为'肖'，以'齐'为'立'，如此字者多。中书本号，或曰《国策》。或曰《国事》，或曰《短长》，或曰《事语》，或曰《长书》，或曰《修书》。臣向以为，战国时游士辅所用之国，为之策谋，宜为《战国策》。其事继春秋以后，讫楚汉之起，二百四十五年间之事皆定以杀青，书可缮写。"

由此可知《战国策》成书的过程极为漫长，其书内容是战国时期的谋士们对当时纵横家的策谋、各国间的外交等事的记录，在诸子百家寻求救世、处世之道，策士们寻求实现志向取得名利等等动机之下，各篇传抄以至西汉汇集成书，原文作者并非一人。《战国策》中不少事件广为人知，如围魏救赵、三家分晋等，司马迁著《史记》中战国历史多有考据《战国策》，其本身生动地展现了当时社会礼制崩坏的过程，"士"在国家外交中举足轻重的地位以及贵族阶级或骄奢或残暴或无信等现象。值得注意的是这些记载史料之中确有夸大虚构部分，但并不影响《战国策》的史学价值。就纺织文化遗产研究而言，书中诸多史实记载描述了当时各诸侯国纺织品的发展情况，是研究春秋战国时期服装文化、纺织技术、纺织品种类及其价值、各诸侯国服装演变过程的重要的考证文献。

拓展资料

刘向（约公元前77—前6年），原名刘更生，字子政，西汉末年经学家、目录学家、文学家。沛县（今属江苏）人。曾奉命领校秘书，撰《别录》，其后以《别录》为基础，撰成《七略》，这是中国最早的目录学著作。治《春秋穀梁传》。著《九叹》等辞赋三十三篇，大多亡佚。今存《新序》《说苑》《列女传》等书，《五经通义》有清人马国翰辑本。

姚宏（公元1088—1146年），字令声，一字伯声，号宛委散人。宋徽宗宣和中在上庠。南渡后，初任监杭州税，调知衢州江山县。秦桧以宿怨陷之死，有《校注战国策》。

高诱（生卒年不详），东汉涿郡涿县（今河北涿州市）人。少受学于同县卢植。高诱于建安十年（公元205年）任司空掾，旋任东郡濮阳（今属河北）令，后迁监河东。所著有《孟子章句》（今佚）《孝经注》（今佚）《战国策注》（今残）及《淮南子注》（今与许慎注相杂）《吕氏春秋注》等。

曾巩（公元1019—1083年），字子固，世称南丰先生。建昌军南丰（今属江西）人。北宋史学家、政治家、散文家。唐宋八大家之一。后人亦以其与欧阳修并称为"欧曾"。有《元丰类稿》。另《隆平集》也题为其作。

鲍彪（生卒年不详），字文虎，龙泉（今属浙江）人（也有一说为缙云壶镇人）。南宋宋高宗建炎二年（公元1128年）进士。南宋绍兴二十六年（公元1156年），以大学博士累迁司封员外郎（明成化《处州府志》卷一三）。有《战国策注》十卷等。事见清道光《缙云县志》卷。

吴师道（公元1283—1344年），字正传，婺州兰溪（今属浙江）人。元代文学家、文论家、学者。曾采兰溪历代人物言行可为后世取法者，撰《敬乡录》。又采金华一郡人物言行撰《敬乡后录》。此外，著作有《战国策校注》《吴礼部集》二十卷及附录一卷、《易杂说》二卷、《书杂说》六卷、《诗杂说》二卷、《春秋胡氏传附正》十二卷以及《兰阴山房类稿》等，均被《四库全书总目》收录。

钱谦益（公元1582—1664年），字受之，号牧斋，晚号蒙叟、东涧遗老、绛云老人。常熟（今属江苏）人。明末清初诗坛的盟主之一。明万历进士。历官至礼部侍郎。天启时参修《神宗实录》。崇祯末筑绛云楼为藏书之所。南明弘光时官礼部尚书。入清后，以礼部侍郎兼管秘书院事，充《明史》馆副总裁。

黄丕烈（公元1763—1825年），字绍武，号荛圃，又号复翁、佞宋主人等。江苏吴县（今苏州）人，清代藏书家、目录学家。黄丕烈自幼酷爱读书，博学多闻。他从二十多岁开始藏书，一生收藏了近200部宋版书，上千种元明刻本以及大量旧抄本，其藏书之精、之多，堪称当时东南之冠。他固独爱宋版书，自号"佞宋主人"，并辟"百宋一廛"考藏宋版书。有藏书室士礼居、陶陶室"读规书斋"等。

参 考 文 献

[1]俞慧君,高月英,卢芹娟.姚宏《剡川姚氏本战国策》版本流传述略[J].图书馆理论与实践,2015,8.

[2]郑威.论《战国策》版本系统与嬗变源流[J].河南科技学院学报,2021,41（01）：66-71.

[3]赵耿昊.《战国策》成书过程中非游士因素考[J].科学·经济·社会,2019,37（04）：113-118.

[4]孙家洲.《战国策》记事年限与作者考析[J].中国人民大学学报,1993（05）：107-113.

[5]宋志英.《战国策》研究文献辑刊[M].北京：国家图书馆出版社,2008.

[6]（西汉）刘向.战国策笺证[M].范祥雍,笺证,范邦谨,协校.上海：上海古籍出版社,2011.

[7]刘悦,闻卓.《战国策》的成因及文献价值综述[J].古籍整理研究学刊,2005（04）：18-22.

七 战国吕不韦撰《吕氏春秋》
东汉高诱注元至正六年嘉兴路儒学刻本

战国吕不韦撰《吕氏春秋》东汉高诱注元至正六年嘉兴路儒学刻本，今藏上海图书馆。《吕氏春秋》成书于秦王政八年（公元前239年），为先秦典籍中唯一一部可以确定成书时间的著作，因其成书年代较早，故单行本传世甚稀，多以评本、校注本或选本流传。主要有班固注本、卢植注本、高诱注本。班固《汉书·艺文志》，曾记为《吕氏春秋》作注，是可征的最早注本；卢植《吕氏春秋训解》，可考高诱《吕氏春秋·序略》云："复依先师旧训，辄乃为之解焉。"另《淮南子注·叙》载："自诱之少，从故侍中同县卢君（卢植），受其句读，诵举大义。"但班固、卢植注本皆散佚。高诱注《吕氏春秋》为后世主要参考注本，世传最早为北宋余杭镂本，现存最早刻本为元至正六年（公元1346年）嘉兴路儒学刻本（刘贞刊本，即本案）。高诱在注释《吕氏春秋》时，"以为大出诸子之右""故复依先师旧训"，为之作注。《四库提要》："自汉以来，注者惟高诱一家，训诂简质""予引证颠舛之处"多考证他书，"皆不蹈注家附会之失"，由此可见高诱注本之珍贵，《中华再造善本》据此本影印出版。

该书明刊善本众多，但大多源出于元刊。明嘉靖七年（公元1528年）许宗鲁刊本，藏中国国家图书馆；明万历七年（公元1579年）张登云刊蓝印本，藏中国国家图书馆、中国科学院图书馆、北京大学图书馆；明万历七年（公元1579年）维扬刊本，藏中国国家图书馆、中国科学院图书馆、台北"中央研究院"。其余明刊还有：隆庆间（公元1567—1572年）宋邦乂刊本、万历二十四年（公元1596年）刘如宠刊本、万历二十五年（公元1597年）吴学刊本、万历三十三年（公元1605年）汪一鸾刊本、万历四十八年（公元1620年）凌稚隆刊本、天启七年（公元1627年）朱梦龙刊本和南亭李鸣春刊本等。清代刊本承袭明刊，主要有：清乾隆五十三年（公元1788年）毕沅校正本，北京大学图书馆、中国国家图书馆等有藏；此外还有清乾隆五十三年（公元1788年）灵岩山馆经训堂丛书本、《四库全书》钞本。（图1-10）

《吕氏春秋》又称《吕览》（"不韦迁蜀，世传《吕览》"），由战国末期吕不韦及其门人集体编纂而成。据《史记·吕不韦列传》"秦相吕不韦辑智略之士……

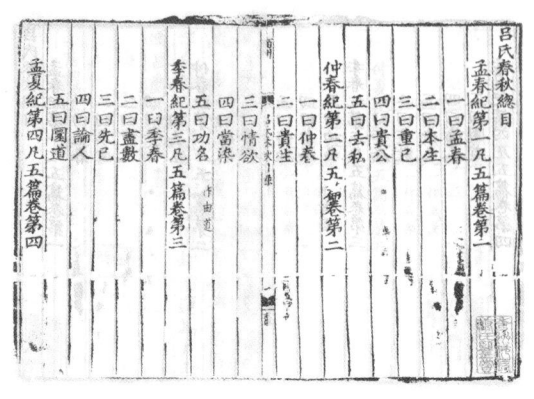

图1-10 吕氏春秋序·战国吕不韦撰《吕氏春秋》东汉高诱注
元至正六年嘉兴路儒学刻本 上海图书馆藏

乃使其客，人人著所闻，集论以为八览、六论、十二纪，二十余万言。"此书内容广博，结构严谨。其中，书中八览以人为中心，基本上属于察览人情之作，围绕人的价值观念、人际关系、个人修养展开；六论以人的行为以及事理为主题，包含了人的行为尺度、处事准则、情境条件以及地利等方面。十二纪按照月令编写，文章内容按照春生、夏长、秋杀、冬藏的自然变化逻辑排列。该书撮取诸家之说，以道家思想、儒家学说为主，兼收名、法、墨、农和阴阳等各家所长。刘向《六艺略》和班固《汉书·艺文志》将此书列入杂家学派。

其文广收诸家，多有服饰文化相关内容，如搭配、种类、形制、材质等信息分布于各章。书中记载在谷雨时节"后妃斋戒，亲东乡躬桑（《吕氏春秋·三月纪》）"，高诱对此注解道："王者亲耕，故后妃亲桑也"，反映了农业社会中男耕女织为国家根本，正如《诗经·葛覃》所述即为女子治桑，称"后妃之本"。此外，书中还巧妙地运用实例来阐释哲理，以集腋成裘之实例来论证"用众"的重要性："天下无粹白之狐，而有粹白之裘，取之众白也。（《吕氏春秋·用众》）"；书中还提及掌管衣服的官职"司服"："乃命司服，具饬衣裳，文绣有常，制有小大，度有短长，衣服有量，必循其故，冠带有常。"高诱注："司服，主衣服之官。"并且服装的纹饰、长短、冠带等皆有制度。

"总晚周诸子之精英，荟先秦百家之眇义。"

——许维遹《吕氏春秋集释·自序》

《四库全书总目提要》:"是书较诸子之言独为醇正,大抵以儒为主,而参以道家、墨家,故多引六籍之文与孔子、曾子之言。"可见该书作为先秦时期最后一部大型综合性著作,兼收并蓄,细大不指,是先秦思想文化的一次系统整理、汇集和总结。书中所记服饰相关内容众多,除上文所列还包括各个节气王者祭祀所穿服装色彩、五色之由来、养蚕缫丝、染色以及服装材料种类等,为考释先秦时期纺织发展情况提供了重要文献资料。

拓展资料

吕不韦(?—前235年),卫国濮阳(今河南濮阳西南)人。一说阳翟(今河南禹州)人。战国末年商人、政治家、思想家。其登秦相位后,模仿战国四公子,招致天下志士,食客多达三千人,令食客把自己所学所闻著写成书,汇集而成《吕氏春秋》。

班固(公元32—92年),字孟坚,扶风安陵(今陕西咸阳东北)人。东汉大臣、史学家、文学家,与司马迁并称"班马"。班固一生著述颇丰。作为史学家,修撰《汉书》,是"前四史"之一;作为辞赋家,是"汉赋四大家"之一,《两都赋》开创了京都赋的范例,列入《文选》第一篇;作为经学理论家,所编《白虎通义》集当时经学之大成,将谶纬神学理论化、法典化。

卢植(?—192年),字子干,涿郡涿县(今河北省涿州市)人。东汉末年名臣、经学家。为人刚直,文武兼备,曹操称赞他"名著海内,学为儒宗,士之楷模,国之桢干也"。卢植身后,范阳卢氏也成为魏晋隋唐的大族。著有《尚书章句》《三礼解诂》等,今皆佚失。

许维遹(公元1902—1951年),号骏斋,山东威海荣成市石岛镇大鱼岛村人。著名语言文字学家、古籍研究专家。1931年毕业于北京大学中文系,任教于清华大学。1932年开始编撰《吕氏春秋集释》一书,1933年被列入清华大学古籍丛刊印行。冯友兰评价"使后之读此书者,得不劳而尽食以前学者整理此书之果,其利物之功宏矣。诚文信侯之功臣,高诱、毕沅之畏友,而孙诒让、王先谦诸人之劲敌也。"

参 考 文 献

[1]王启才.明代《吕氏春秋》版本文献爬梳与辑补[J].阜阳师范大学学报(社会科学版),2020(06):64-68.

[2]俞林波.元刊《吕氏春秋》考述[J].船山学刊,2013(04):121-123.

[3]徐丽华.《吕氏春秋》文献学研究述评[J].牡丹江师范学院学报(哲学社会科学版),2012(06):53-56.

[4]高小瑜.《吕氏春秋》研究三十年[J].绥化学院学报,2010,30(06):81-83.

[5]马辉芬.《吕氏春秋》注文版本及著录情况[J].图书馆理论与实践,2008(06):62-64.

[6]徐志林.《吕氏春秋》高诱注研究[D].合肥:安徽大学,2003.

八 《南华真经》
西晋郭象注宋刻本

《南华真经》西晋郭象注宋刻本，此书原为黄丕烈旧藏，现藏法国国家图书馆。庄子又称"南华真人"，其书《庄子》又名《南华真经》。清代著名藏书家黄丕烈"百宋一廛"曾经收藏此种宋版并作跋记详述版式及收藏情况："《庄子》郭象注者，宋刻本有二，一为小读书堆所藏，板刻稍狭，字画稍方，相传以之为北宋本（即宋刻巾箱大字本）；一即本案，予所藏者也。"

《庄子》重要注释版本及刻本有西晋郭象注《庄子》三十三篇、唐陆德明《庄子音义》，有《庄子郭象注》宋刻巾箱大字本十卷，附《释文》唐陆德明音义，为现存最早的《庄子注》本，此外另有唐成玄英《南华真经注疏》，该本有清光绪古逸丛书本，现藏天津图书馆；宋林希逸撰《庄子口义》，有宋刻黑口本、明施观民校明刻本等；宋褚伯秀撰《南华真经义海纂微》有明正统中刻《道藏》本等，不分卷；明焦竑《庄子翼》，有明万历十年（公元1582年）秣陵王元贞刻本、清乾隆三十年（公元1765年）《四库全书》本等，为七卷；清末郭庆藩《庄子集释》；清王夫之《庄子通》，有清同治《船山遗书》本等；宣颖《南华经解》，有清康熙六十年（公元1721年）刻本等；郭庆藩《庄子集释》，有清光绪湖南长沙思贤讲舍刻本、清上海扫叶山房石印本、1961年中华书局排印本；当代有王叔岷《庄子校诠》。（图1-11）

图1-11 序·《南华真经》西晋郭象注宋刻本 法国国家图书馆藏

壹 先秦典籍

《庄子》(《南华真经》)一书约成书于先秦时期,反映了庄子的批判哲学、艺术、美学、审美观、政治观点和社会思想等多方面内容,是战国中后期庄子及其后学所著道家学说的总结。其书与《老子》《周易》合称"三玄"。原有内篇七篇、外篇二十八篇、杂篇十四篇、解说三篇,共计五十二篇,十余万言。郭象删减后分内篇、外篇、杂篇三部分,存三十三篇,其中内篇七篇、外篇十五篇、杂篇十一篇。该书包罗万象,对宇宙生成论、人与自然的关系、生命价值、批判哲学等都有详尽的论述。

就纺织文化遗产研究而言,书中有许多论及服饰文化的内容,诸如《庄子·骈拇篇》所言:"是故骈与明者,乱五色,淫文章,青黄黼黻之煌煌非乎?"这里的"五色""青黄黼黻"即当时服饰正色以及两种纹样,彰显了古代纺织技艺的高超与审美追求。同时,《庄子·马蹄篇》提到:"彼民有常性,织而衣,耕而食,是谓同德。"可见当时织衣与耕种处于同等地位。此外,《庄子·天运篇》中的,"盛以箧衍,巾以文绣。"记述祭祀用品在使用之前用竹箱盛、锦缎披盖。《庄子·至乐篇》中"褚小者不可以怀大,绠短者不可以汲深。"以服装来论述为人道理,告诫人们需要根据情况做决定,即小的囊袋装不下大东西,短的绳子汲不到深处的水。《庄子·天运篇》中另一则寓言"今取猨狙而衣以周公之服,彼必龁啮挽裂,尽去而后慊。"以"周公之服"不适合于"猨狙"来说明因时制宜、因物制宜的重要性。

> "庄子者,其书虽为不经,实天下所不可无者。郭子玄谓其不经而为百家之冠,此语甚公。然此书不可不读,亦最难读。东坡一生文字,只从此悟入。大藏经五百四十函,皆自此中细绎出。"
> ——南宋·林希逸《庄子口义》

> "数韵调绝伦,实诸子所不及。"
> ——明·杨慎《庄子解》

《庄子》(《南华真经》)全书以"寓言""重言""卮言"为主要表现形式,继承老子学说又发展了新说。全书以博物审美与批判思维为特色,在叙事说理的文字记述中包含了服装色彩礼制、平民生活生产、祭祀等与纺织品相关的信息，是考据先秦时期纺织品发展情况的重要文献资料。

拓展资料

庄子（约公元前369—前286年），庄氏，名周，一说字子休，约与孟子同时，宋国蒙人，曾任漆园吏，为中国战国中期著名思想家、哲学家、文学家，是道家学派的代表人物，老子思想的继承和发展者，后世将他与老子并称为"老庄"。

郭象（约公元252—312年），字子玄，河南洛阳人。西晋时期的哲学家、玄学家。郭象年少有才理，尤喜老庄之学，善清谈，平日闲居在家。早年曾担任司徒掾，历官黄门侍郎、豫州牧长史、太傅主簿等，与太尉王衍素有交游。著有《庄子注》一书，把《庄子》的比喻、隐喻变成推理和论证。此外，他还撰有《论语体略》等，今已亡佚。

陆德明（约公元550—630年），名元朗，字德明，苏州吴县（今江苏省苏州市）人。唐朝大儒、经学家、训诂学家，"秦王府十八学士"之一。贞观初年，迁国子博士，受封吴县男。贞观四年（公元630年）去世，获赠齐州刺史。代表作《周易注》《周易兼义》《易释文》。

成玄英（生卒年不详），字子实，陕州灵宝县（今河南省灵宝市）人。唐朝时期杰出的道家学者、道家理论家。他对老庄之学颇有研究，继承了先秦两汉老庄学与魏晋玄学，通过理论分析建立了完整的哲学体系，致力于文理的注疏。著述有《周易流演》《度人经注疏》《道德经开题序诀义疏》《道德真经义疏》《道德经注》《庄子疏》等，但这些著作大多亡佚于宋末元初。另有《度人经注》，于陈景元《度人经集注》中可见其梗概。

林希逸（公元1193—1271年）字肃翁，号竹溪，又号鬳斋，今福清（今属福建）人，南宋理学家。置身儒学，参引释道，著有《老子鬳斋口义》《庄子鬳斋口义》《列子鬳斋口义》。

杨慎（公元1488—1559年），字用修，初号月溪、升庵，又号逸史氏、博南山人、洞天真逸、滇南戍史、金马碧鸡老兵等，四川新都（今成都市新都区）人，祖籍庐陵（今江西省吉安市）。明代文学家、学者、官员，明代三大才子之首，东阁大学士杨廷和之子。

杨守敬（公元1839—1915年）谱名开科，榜名恺，更名守敬，字惺吾，号邻苏老人。湖北省宜都人。清末历史地理学家、金石文字学家、目录版本学家。

黎庶昌（公元1837—1897年）字莼斋，贵州遵义人。清末外交家、散文家。论文推衍曾国藩之说，尊崇桐城派。著有《拙尊园丛稿》《西洋杂志》等。在日本期间，搜罗宋元旧籍，刻成《古逸丛书》。今人有辑校本《黎庶昌全集》。

参 考 文 献

[1]卢贤中.《庄子》的注本与版本[J].文献，1996（04）：246-251.
[2]冯达文.道家与中国传统的文化批判精神[J].中国哲学史，1993（03）：26-30.

九 《墨子》
清黄丕烈校跋明嘉靖铜活字蓝印本

《墨子》清黄丕烈校跋明嘉靖铜活字蓝印本（明嘉靖三十一年福建芝城铜活字蓝印本），经清著名藏书家黄丕烈校并跋，原藏山东聊城杨氏海源阁，后归姑苏潘博山，今存中国国家图书馆。该本为可找到的最早版本之一，明后版本多以此为底本。

汉代中期以后，墨学由"天下显学"沦为民间私学，《墨子》流传即趋于式微。从文献记载和地下考古看，《墨子》版本可分有九：西汉末刘向刘歆校勘先秦竹书本、西汉卷书本、魏晋分章本、隋唐写本、宋刊本、明《道藏》本、明嘉靖本、清经训堂本和《墨子间诂》本。明代以前各重要版本绝大多数已佚不传；明《道藏》本及以下各重要版本多保存完好。

张宇初校刻明《道藏》本据宋本校刻，由于《道藏》本刊刻者忠实于原著，一字不易，从而使《道藏》本成为后世最重要的《墨子》校勘依据，该本原藏北京白云观，今藏中国国家图书馆。明嘉靖本有二：一为蓝印本（即本案），为陆稳于嘉靖三十一年据明《道藏》本刻印（蓝印本"卷九终"下有《道藏》本"沛八"字样）；二为癸丑唐刻本，为唐尧臣于嘉靖三十二年据蓝印本刊刻，清《四部丛刊》即选用此本，今存中国国家图书馆。明代嘉靖本以后的刻本多据嘉靖本刊刻，有：茅坤万历九年刊行《墨子》，今存江西省图书馆和温州市图书馆；童思泉涵春楼刊本，今藏中国国家图书馆；郎兆玉刻本万历四十七年刊行，今存上海图书馆。清毕沅《墨子注》乾隆经训堂本以《道藏》本为底本，辅以唐尧臣本，互校而成，该本《墨子》在国内完整保存了16种刊刻本，其中最重要的是：王念孙批校本，今存上海图书馆；黄丕烈批校本，今存山东省图书馆；顾广圻批校本，今存杭州图书馆；孙诒让批校本，今存北京大学图书馆。清孙诒让《墨子间诂》本有二：一为光绪乙未活字本，现仅存一卷，残卷存于浙江瑞安县玉海楼；二为宣统庚戌重订本，今存上海图书馆。（图1-12）

《墨子》是先秦墨家学派的著作总集，主要由墨子及其弟子、再传弟子编纂而成。全书共十五卷，存五十三篇，着重阐述墨家的认识论和逻辑思想，还包含许多自然科学的内容。该书亦是战国时期的哲学著作，是研究墨子思想的直接

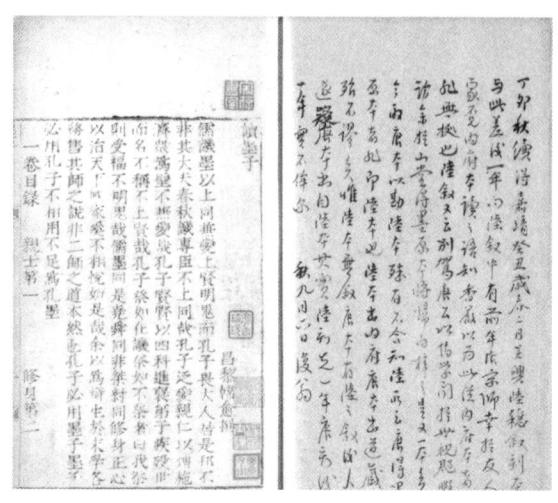

图1-12　唐韩愈《读墨子》·《墨子》清黄丕烈校跋明嘉靖铜活字蓝印本　中国国家图书馆藏

材料。其中《经上》《经下》《经说上》《经说下》《大取》《小取》6篇，是后期墨家的著作。也有人认为《经上》《经下》两篇是墨子的著作。墨子的基本主张包括兼爱互利，崇尚劳动；反对以强欺弱，主张兼爱、非攻；反对儒家礼乐，主张节葬、节用；反对世卿世禄，主张尚贤、尚同。墨子晚年，儒墨齐名，战国时期虽有诸子百家，但"儒墨显学"则是百家之首。

《墨子》在阐述认识论和逻辑思想的文字记述中包含了服装材料、染色、起源等内容，这些内容散布于全书不同章节。例如，书中对狐裘价值有所论述，并阐释了"集腋成裘"之来由，"千镒之裘，非一狐之白也。"（《墨子·亲士》）

如书中通过染丝比喻为人立国道理，"子墨子言，见染丝者而叹曰：染于苍则苍，染于黄则黄。所入者变，其色亦变；五入必，而已则为五色矣。故染不可不慎也！"（《墨子·所染》）

关于服装起源，书中提到"古之民，未知为衣服时，衣皮带茭，冬则不轻而温，夏则不轻而清。圣王以为不中人之情，故作诲妇人治丝。……丝麻捆布绢，以为民衣，为衣服之法。冬则练帛之中，足以为轻且暖，谨此则止。故圣人之为衣服，适身体，和肌肤，而足矣。"（《墨子·辞过》）

在讨论治理国家、论功名贤德时，墨子提出"故翟以为虽不耕而食饥，不织而衣寒，功贤于耕而食之、织而衣之者也。故翟以为虽不耕织乎，而功贤于耕织也。"（《墨子·鲁问》）

"墨子在自然学上的成就，绝不低于古希腊的科学家和哲学家，甚至高于他们。他个人的成就，就等于整个希腊。"

——杨向奎《墨经数理研究》

《墨子》一书博大精深，在中国思想史的长河中有着举足轻重的地位，凝聚了广大劳动人民的智慧精华。书中关于纺织品的记载，对于研究先秦时期纺织品在经济、政治等领域代表的文化内涵以及服饰材料、形制的嬗变过程均具有重要的文献价值。

拓 展 资 料

墨子（约公元前468年—前376年），名翟，春秋末期战国之际宋国人，一说鲁国人。中国古代思想家、教育家、科学家、军事家，墨家学派创始人和主要代表人物。墨子是墨家学说的创立者，提出了"兼爱""非攻""尚贤""尚同""天志""明鬼""非命""非乐""节葬""节用"等观点。墨家在先秦时期影响很大，与儒家并称"显学"。战国时期的百家争鸣，有"非儒即墨"之称。墨子死后，墨家分为多个学派。墨子弟子根据墨子生平事迹的史料，收集其语录，编成了《墨子》一书。

韩愈（公元768—824年），字退之，河南河阳（今河南孟州南）人，唐朝中期官员、文学家、思想家、政治家、教育家。韩愈鄙六朝骈体文风，推崇古体散文，其文质朴无华，气势雄健，"文起八代之衰""集八代之成"，开古文运动先河。后人尊他为"唐宋八大家"之首，亦有"文章巨公"和"百代文宗"之名；又与柳宗元并称"韩柳"。

杨向奎（公元1910—2000年），字拱宸，河北丰润人（今唐山市丰润区）。曾任山东大学教授、中国社科院研究员。史学家、经学家、教育家。著有《西汉经学与政治》《中国古代社会与古代思想研究》《中国古代史论》《大一统与儒家思想》等。

参 考 文 献

[1]张炳林.略说《墨子》重要版本的传承关系[J].山东图书馆季刊,2005(02):119-122.
[2]黄跃先.墨子墨家墨者《墨子》[J].西部皮革,2016,38(4):218.

十 西汉董仲舒撰《春秋繁露》
南宋嘉定四年胡榘于江西转运使司刻本

汉董仲舒撰《春秋繁露》南宋嘉定四年（公元1211年）江西转运使司刻本，此本为南宋楼钥于宋宁宗嘉定三年（公元1210年）整理，共八十二篇，亦称"楼钥本"，为现存最早刻本，今藏中国国家图书馆，该本亦存于明《永乐大典》。此外今存明代《春秋繁露》刻本有：明朝正德十一年（公元1516年）锡山华坚兰雪堂铜活字印本，今藏中国国家图书馆；明嘉靖三十三年（公元1554年）刻本，中国国家图书馆、美国国会图书馆有藏；明天启五年（公元1625年）王道焜刻本，现藏于中国科学院大学图书馆、中国国家博物馆。清代刻本有：乾隆年间排印的武英殿聚珍本《春秋繁露》，该本较完整地保存了《永乐大典》本的原貌；清卢文弨校本《春秋繁露》，以武英殿聚珍本为底本，并参以明嘉靖周采刻本，有清乾隆间抱经堂刻本、清孙诒让批本，皆藏于浙江大学；凌曙注本，亦以武英殿聚珍本为底本，并参以明王道焜刻本，此本有清嘉庆二十年（公元1815年）刻本和手稿本，分别藏于浙江大学、上海图书馆。清代苏舆兼取卢、凌二家，撰有《春秋繁露义证》十七卷，有清宣统元年（公元1909年）刻本，藏于浙江大学以及宣统二年（公元1910年）刻本，藏于中国国家图书馆。（图1-13）

图1-13 春秋繁露序·西汉董仲舒撰《春秋繁露》南宋嘉定四年江右计台刻本 中国国家图书馆藏

《春秋繁露》原称"董仲舒百二十三篇"，汉代时并未有统一的书名。后人集董子文成书，以《吕氏春秋》《晏子春秋》为例，署名《董子春秋》。由于首篇名为

《蕃露》，便将其连起来结合，称之为《春秋繁露》。此后，首篇便无篇名，抄写者就将首篇第一个词"楚庄王"作为篇名，而《蕃露》篇名从此消失，又《周礼·大司乐》贾公彦疏："繁多润露；仲舒为《春秋》作义，润益处多。"《玉海》亦载："董仲舒《春秋繁露》以属辞比事，有连贯之象焉。"该本《春秋繁露》，共分十七卷、八十二篇，其中"卷第十：第三十九篇、第四十篇，卷第十二：第五十四篇"等三篇阙漏，剩七十九篇，其中言《春秋》及与之相关者占十分之六七、言阴阳天道者占十分之三四。

《春秋繁露》在表述董仲舒政治主张、哲学思想等文字中，对先秦时期服饰礼制的由来、五色与五行的关系、桑麻种植等多有描述。如：

"天地之生万物也以养人，故其可适者以养身体，其可威者以为容服，礼之所为兴也。剑之在左，青龙之象也；刀之在右，白虎之象也；韨之在前，赤鸟之象也；冠之在首，玄武之象也。四者，人之盛饰也。"（《春秋繁露·服制像》）

再如，董仲舒强调了农业生产的重要性：

"秉耒躬耕，采桑亲蚕，垦草殖谷，开辟以足衣食，所以奉地本也。"（《春秋繁露·立元神》）

此外，还讨论了服饰的颜色和纹饰：

"凡衣裳之生也，为盖形暖身也。然而染五采、饰文章者，非以为益肌肤血气之情也，将以贵贵尊贤，而明别上下之伦，使教亟行，使化易成，为治为之也……古者天子衣文，诸侯不以燕，大夫以禄亦不以燕，庶人衣缦，此其大略也。"（《春秋繁露·度制》）

> "江都《繁露》，虽以说经为主，然其究天人相与之故，衍微言大义之传，实可为西汉学统之代表。"
>
> ——梁启超《中国古代学术思想变迁史》

《春秋》学著作中除左氏、公羊、穀梁"三传"外，《春秋繁露》为影响深远者之一。董仲舒少时有"三年不窥园"的典故，遍读儒家、道家、阴阳家、法家等各家书籍，汉景帝时为博士，讲授《春秋公羊》，并以《春秋公羊》为依据，将周代以来的宗教天道观、阴阳五行等学说结合，吸收诸子百家思想，建立了一个新的思想体系，提出"大一统"的思想，其《天人三策》有言："《春秋》大一统者，天地之常经，古今之通谊也。"《春秋繁露》包含了他对当时社会一系列哲学、政治、社会、历史问题所作出的较为系统的回答。董仲舒的思想主张对后世影响极深，司马光说"吾爱董仲舒"，朱熹称其为"纯儒"，并把他的"正谊""明道"写入学规。董仲舒的文章在总结前人政治制度、思想伦理时，包含有服务于当时统治者需要的"再创造"，如在《五行对》中首先提出"五行莫贵于土"，土克水，而秦为水德，为汉朝的统治地位在"五行"思想上正名，各章中多包括先秦及汉代服饰制度、用色、祭祀礼仪等信息，是研究汉代以前服饰文化的重要文献。

拓 展 资 料

董仲舒（公元前179—前104年），广川（今河北景县西南）人，西汉儒学今文经学大师。著有《春秋繁露》《董子文集》等。元光元年（公元前134年），汉武帝下诏征求治国之策，董仲舒上《举贤良对策》，主张教化民众，唯贤是举，提出"天人感应""大一统"之说，并进言"诸不在六艺之科，孔子之术者，皆绝其道，勿使并进，罢黜百家，独尊儒术。"

楼钥（公元1137—1213年），字大防，旧字启伯，号攻媿主人，明州鄞县（今浙江宁波）人，楼璩第三子。南宋大臣、文学家、政治家、理学家。楼钥立朝直言敢谏，论奏以"援据该洽、义理条达"著称。博通群书，识古文奇字，精通音律，为学多究实用。著述今存《范文正公年谱》《攻媿集》等。

凌曙（公元1775—1829年）字晓楼，一字子昇，清江苏江都（今扬州）人。性好学，初为香作佣役，旋充塾师，曾受业于包世臣。后入京为阮元校辑《经郭》，得见群书。撰有《春秋公羊礼疏》《春秋繁露注》。

苏舆（公元1873—1914年），字嘉瑞，号厚庵，清湖南平江人。王先谦得意门生。光绪进士，改庶吉士。著有《春秋繁露义证》《自怡室诗存》等。

参 考 文 献

[1] 马睿.董仲舒《春秋繁露》研究[D].济南：山东师范大学，2008.

[2] 崔涛.现存《春秋繁露》单行本版本考略[J].华中科技大学学报（社会科学版），2004（03）：95-98.

[3] （汉）董仲舒.春秋繁露[M].张世亮，钟肇鹏，周桂钿，译注.北京：中华书局，2011.

十一 东汉何休撰唐陆德明音义《春秋公羊经传解诂》
南宋淳熙抚州公使库刻绍熙四年重修本

东汉何休撰唐陆德明音义《春秋公羊经传解诂》宋淳熙抚州公使库刻绍熙四年重修本，曾藏于毛氏汲古阁、清张元济涵芬楼等，今藏于中国国家图书馆。《春秋公羊传》主要以白文本、经注本、经注附释文本、单疏本以及注疏合刻本的形式流传。相传该书为战国公羊高所著，班固《汉书·艺文志》著录《公羊传》十一卷，今存有宋刻白文本，不分卷，藏于中国国家图书馆。是书单疏本在宋代流传有二：一为北宋国子监本，一为南宋覆刻北宋监本。东汉何休《春秋公羊经传解诂》十一卷与唐陆德明《春秋公羊释文》一卷合刻，即为经注附释文本，有宋淳熙抚州公使库刻绍熙四年（公元1193年）重修本，为官刻善本，今存一本，藏于中国国家图书馆；坊刻有宋余仁仲本存世，将陆德明《春秋公羊释文》散刻入经注文中，有宋绍熙二年（公元1191年）余仁仲万卷堂刻本，今存两部分别藏于中国国家图书馆、台北"故宫博物院"。此外《公羊传》版本有《春秋公羊疏》，存南宋残本一至七卷，于1928年刻入《嘉业堂丛书》，另有《春秋公羊疏》单疏抄本全本传世，今藏于日本蓬左文库。元代翻刻本、明代递修本底本为宋余仁仲本，如明李元阳本《十三经注疏》、明万历北监本《十三经注疏》、清嘉庆年间南昌府学刻《十三经注疏》等。（图1-14）

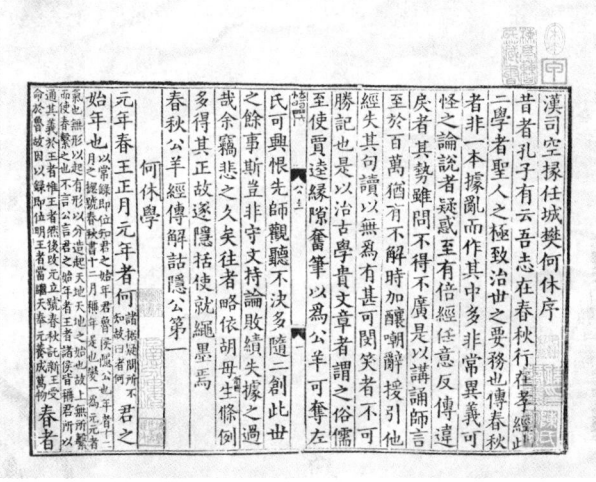

图1-14 序·东汉何休撰唐陆德明音义《春秋公羊经传解诂》
南宋淳熙抚州公使库刻绍熙四年重修本 中国国家图书馆藏

《春秋公羊传》又称《公羊传》，为儒家经典之一，专门阐释《春秋》，记录了鲁隐公元年到鲁哀公十四年的史实。其文言简意赅，含义深远，通常需要注释辅助才能更好地理解。随着时间的推移，出现了多部补充、解释《春秋》的书籍，代表性最高并流传至今称"春秋三传"，即《左传》《公羊传》《穀梁传》。《公羊传》为"三传"之一，按顺序逐条解释《春秋》经文，从隐公元年始，至哀公十四年止，解经的形式较为完整。据传《公羊传》为"子夏传与公羊高，高传与其子平，平传与其子地，地传与其子敢，敢传与其子寿。至汉景帝时，寿乃与其弟子齐人胡母子都著于竹帛。（东汉戴宏所述）"，可见其文起初为口传，后至汉代成书。至于《公羊传》的作者，班固《汉书·艺文志》笼统地称之为"公羊子"，颜师古则称之为"公羊高"，而《四库全书总目》署名为"公羊寿"，说法虽不统一，但确为公羊氏所出。

就纺织文化遗产研究而言，《公羊传》在解释《春秋》，何休又进一步解诂《公羊》时，其文章之中多有提及春秋战国时期诸侯服装礼制、祭祀用品、服装材料类别等信息。例如，在《春秋公羊经传解诂·隐公第一》中提到："丧事有赗。赗者，盖以马，以乘马束帛。车马曰赗，货财曰赙，衣被曰襚。"这一记载阐述的是周代礼制。其中，"赗""赙""襚"等都属于吊唁祭品。同时，还有对"束帛"的解释，即"束帛，谓玄三纁二，玄三法天，纁二法地"。

如《春秋公羊经传解诂·桓公第二》所载："士不及兹四者，则冬不裘、夏不葛。"这里的"四者"，指的是四时之祭。裘葛，御寒暑之美服。所述为礼制祭祀的着装要求，且"士有公事，不得及此四时祭者，则不敢美其衣服"。由此可见祭祀的重要性。又如记载："冬，公如齐纳币。"纳币即纳征。《礼》曰："主人受币，士受俪皮"是也。《礼》言纳征，《春秋》言纳币者，《春秋》质也。凡婚礼皆用雁，取其知时候。唯纳征用玄纁束帛俪皮。玄纁，取其顺天地也。俪皮者，鹿皮，所以重古也。古人穿衣着装，顺天法地，皆有讲究，同时统治者制定礼制来区分阶层。

"左氏善于礼，公羊善于谶，穀梁善于经。"

——郑玄《六艺论》

在《春秋》三传中，《左传》以阐述《春秋》的历史事实为主，《公羊传》与

《穀梁传》则是以解释《春秋》经文为主。《左传》重史，书中很多史实为《春秋》补充，不见于《春秋》，且兼有鬼神之事；《公羊传》发挥《春秋》褒贬，以解《春秋》之"微言大义"；《穀梁传》同样着重解经，但《公羊传》的历史思想比《穀梁传》更为丰富，其影响也更深远。"公羊学"于《公羊传》奠基、董仲舒《春秋繁露》构建理论框架、何休《解诂》总结完备。与重史实、重训诂的古文经学派相比较，公羊学说突出地具有三项基本特征：一为政治性，二为变易性，三为解释性。《公羊传》在解《春秋》之"微言大义"时，对《春秋》中所出现的服装礼制等相关信息进行了补充，何休《解诂》兼备对《礼记》等其他先秦典籍相关内容的引用，更加具有系统完备性，书中对于祭祀服装、周王室与诸侯国往来供奉布帛、古人上衣下裳用料之原因及其礼制内容皆有涉及，是研究春秋战国时期服饰文化的重要文献资料。

拓 展 资 料

公羊高（生卒年不详），旧题《春秋公羊传》的作者。战国时期齐国人。相传是子夏（卜商）的弟子，治《春秋》，传于公羊寿。

卜商（公元前507—前400年），姒姓，卜氏，名商，字子夏，南阳郡温邑（今河南温县黄庄镇卜杨门村）人。春秋末期思想家、教育家，名列"孔门七十二贤"和"孔门十哲"之一，尊称"卜子"。曾任莒父县令，提出"仕而优则学，学而优则仕"的思想，主张"做官取信于民，然后才能使民效劳"。孔子去世后，面对孔门丧乱，子夏前往魏国教学育人，收取李悝、吴起为弟子，被魏文侯尊为师傅。子夏不像颜回、曾参一样严守孔子之道，而是一位颇有经世倾向的思想家。他不再关注"克己复礼"，而是与时俱进的当世之政，提出一套延展儒家正统政治观点的政治及历史理论。周安王二年（公元前400年），去世，归葬于温县，从祀于孔庙，追封魏侯。

公羊学派是儒家经学中专门研究和传承《春秋公羊传》的一个学派，它属于今文经学内部最重要的一个分支学派。西汉景帝时期，立治《春秋》"公羊学"的博士胡毋生、董仲舒。汉武帝立五经博士，其中的《春秋》博士就是公羊学派。

何休（公元129—182年），字邵公，任城樊（今山东兖州西南）人。东汉经学家。何休为人质朴多智，精研六经，对"三坟五典，阴阳算术，河洛谶纬，莫不成诵"。口讷，不善讲说，门徒有问者，则用书面作答。诏拜郎中，因不合于自己的志愿，以病辞去。太傅陈蕃召请他参与政事。党锢事起，陈蕃被杀害，何休也遭禁锢。他闭门不出，用功十余年，作《春秋公羊传解诂》12卷。又注《孝经》《论语》等。另作《春秋汉议》13卷，以春秋大义，驳正汉朝政事600多条，"妙得公羊本意"。党禁解除，辟司徒，拜议郎，迁谏议大夫。

参 考 文 献

[1] 彭卉.两宋《春秋公羊传注疏》版本考[J].宁德师范学院学报（哲学社会科学版），2015（01）：83-88.

[2] 唐元.何休《春秋公羊解诂》的体例特色[J].大连海事大学学报（社会科学版），2013,12（04）：97-100.

[3] 陈其泰.春秋公羊学说体系的形成及其特征[J].山东大学学报（哲学社会科学版），2002（06）：15-21+56.

[4] 马志伟,金欣欣.《春秋公羊传》的核心思想与流传过程诸论[J].江汉大学学报（人文科学版），2011,30（06）：67-73.

[5] 陈恩林.《春秋》和《公羊传》的关系[J].史学史研究，1982（04）：35-45.

[6] 安仲全.《春秋公羊解诂》研究[D].济南：山东师范大学，2009.

[7] 刘国民.论《公羊传》对《春秋》的解释[J].湖北大学学报（哲学社会科学版），2005（03）：338-341.

[8] 王云路,徐曼曼.试论何休《春秋公羊传解诂》的语言学价值[J].语言研究，2011,31（02）：26-31.

十二 西晋杜预注《春秋经传集解》
南宋嘉定九年兴国军学刻本

西晋杜预注《春秋经传集解》南宋嘉定九年（公元1216年）兴国军学刻本，今藏日本宫内厅书陵部。杜注为现存最早的关于《春秋左氏传》的注解。现存刻本如下：（一）六朝写本（卷轴装），日本金泽文库、红叶山文库、皇宫御库次第庋藏；（二）宋嘉定九年兴国军学刻本，今藏日本宫内厅书陵部；（三）宋抚州公使库刻印本，分藏于中国国家图书馆、台北"故宫博物院"；（四）南宋余仁仲万卷堂刻本（附唐陆德明释文），现藏台北"中央图书馆"；（五）宋末元初相台岳氏刻本，现藏中国国家图书馆；（六）明嘉靖时期覆刻元相台岳氏刊本，前后有序，现藏不列颠哥伦比亚大学图书馆。此外版本如唐代孔颖达奉敕编撰的《春秋左传正义》，即是对杜预《春秋经传集解》加以疏解，有宋庆元六年（公元1200年）绍兴府刻宋元递修本，今藏中国国家图书馆。西晋杜预注，唐陆德明音义，唐孔颖达疏《春秋左传注疏》，有清乾隆四年（公元1739年）

武英殿刻印,今藏曲阜孔府;清同治十年(公元1871年)广东书局据武英殿本重刊本。(图1-15)

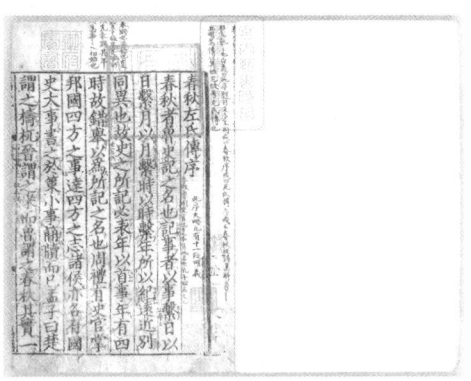

图1-15 序·西晋杜预注《春秋经传集解》
南宋嘉定九年兴国军学刻本 日本宫内厅书陵部藏

《春秋经传集解》,三十卷,在编排上沿袭马融、郑玄"分传附经"的先例,以时间为线索将《春秋》与《左传》加以裁切整合,成为经传注合行本,附经传识异,记叙范围起自鲁隐公元年,迄于鲁哀公二十七年,包括政治、战争、经济、文化等方面,较《春秋》而言年限有所延长。

就纺织文化遗产研究而言,在记述两百五十余年历史的文字中,服装形制称谓、礼制用度、材料种类等信息多有出现,分布于全书各章。例如,在《春秋经传集解·桓公第二》中提到:

"衮冕黻珽,带裳幅舄,衡紞纮綖,昭其度也;藻率鞞鞛,鞶厉游缨,昭其数也;火龙黼黻,昭其文也。"

"注曰:衮,画衣也;冕,冠也;黻,韦韠以蔽膝也;珽,玉笏也,若今吏之持簿。带,革带也,衣下曰裳;幅,若今行滕者;舄,複履。衡,维持冠者。紞,冠之垂者。纮,缨从下而上者。綖,冠上覆。"

这里解释了东周祭祀礼服的穿着制度,强调了"尊卑各有制度"。而服装的配饰数量、纹饰的颜色也用来别尊卑、明贵贱。此外,《春秋经传集解·文上第八》提到:

"公子遂如齐，纳币。"

"传曰：礼也。僖公丧终，此年十一月，则纳币在十二月也。士昏，六礼其一，纳采纳徵，始有玄纁束帛，诸侯则谓之纳币。"

这段记载说明了公子遂前往齐国进行纳币的礼仪。纳纁，即纳徵，是古代婚礼中的一个环节，属于六礼之一。在士人的婚礼中，纳徵在纳吉之后，指的是男方以聘礼送给女家，其中包括了玄纁束帛。

《春秋经传集解·襄六第十九》提到：

"聘于郑，见子产，如旧相识，与之缟带，子产献纻衣焉。"

"注曰：大带也，吴地贵缟，郑地贵纻。"

记述的是公子札到郑国见子产互赠礼物之事，缟带即白绢大带，纻，也作"苎"，纻衣即麻织衣服。可见郑国、吴国纺织业发展之差异。

"专取丘明之传以释孔丘之经，所谓子应乎母，以胶投漆，虽欲勿合，其可离乎？今校先儒优劣，杜为甲矣，故晋宋传授，以至于今。"

——唐·孔颖达《春秋左传正义》

在杜预之前，《左传》的学者们未能阐释出优于《公》《穀》的《春秋》大义，杜预认为他们"大体转相祖述，进不成为错综经文以尽其变，退不守丘明之传。于丘明之传，有所不通，皆没而不说，而更肤引《公羊》《穀梁》，适足自乱"，于是杜预"专修丘明之传以释经"，提出《左传》在解经方面同样有"义例"可循，他特别注重对异于《公羊传》《穀梁传》的《春秋》学体系的构建，在撰写《春秋左氏经传集解》前专成《春秋释例》一书，通过划分"旧例""变例"，着重阐发了《左传》所蕴含之各例及其褒贬含义。在经传注文中充分体现义例，并设想出由周公始创，孔子传承并创新，最后由左丘明具体表述的《春秋》学传授系统，构建了完全不同于《公羊传》《穀梁传》的《春秋》学体系。从此，《左传》不仅得以与《公羊》《穀梁》鼎足而立，而且成为后世学者研究《春秋》的主要依据。

拓展资料

左丘明（生卒年不详），一说复姓左丘，名明；一说单姓左，名丘明。春秋时史学家。左丘明曾任鲁国太史，相传为解析《春秋》而作《左传》（又称《左氏春秋》），又作《国语》，作《国语》时已双目失明，两书记录了不少西周、春秋的重要史事，保存了具有很高价值的原始资料。由于史料翔实，文笔生动，引起了古今中外学者的爱好和研讨，被誉为"文宗史圣""经臣史祖"，孔子、司马迁均尊左丘明为"君子"。左丘明是中国传统史学的创始人，史学界推左丘明为中国史学的开山鼻祖，被誉为"百家文字之宗、万世古文之祖"。

服虔（生卒年不详），字子慎，河南荥阳（今河南省荥阳市）人。东汉经学家。出身清寒，进入太学受业，学习古文经学。举孝廉出身，历任高平县令，累迁九江太守，因故免官，世乱病卒。曾经注解《左传》，著有赋、碑、诔、书记、《连珠》《九愤》等。

杜预（公元222—284年），字元凯，京兆杜陵（今陕西西安东南）人，西晋时期著名的政治家、军事家和学者，灭吴统一战争的统帅之一。历任曹魏尚书郎、西晋河南尹、安西军司、秦州刺史、度支尚书、镇南大将军，官至司隶校尉。灭吴功成之后，耽思经籍，博学多通，多有建树，被誉为"杜武库"。著有《春秋左氏经传集解》及《春秋释例》等。太康五年闰十二月（公元285年初），杜预逝世，终年六十三岁，追赠征南大将军、开府仪同三司，谥成侯，为明朝之前唯一一个同时进入文庙和武庙之人。

参考文献

[1]郭彩萍,李金荣.《左传》的文本之争与文本流变[J].图书馆论坛,2020,40(06):128-135.

[2]任福禄.论《左传》的历史和文学价值——兼论其版本、注本[J].西藏民族学院学报（社会科学版）,1993(04):79-84.

[3]安敏.《春秋左传正义》研究[D].武汉:华中师范大学,2008.

[4]左丘明.左传[M].郭丹,程小青,李彬源,译注.北京:中华书局,2012.

十三 唐孔颖达撰《尚书正义》
南宋浙刊单疏本

唐孔颖达撰《尚书正义》南宋浙刊单疏本，现藏于日本宫内厅书陵部。所谓"单疏本"，是指将原文中需要疏解的部分列出，并不包括全文。该书北宋版本无存，现存南宋官版共两种，其一为两浙东路茶盐司刊本，当出绍兴前期亦称越刊八行本，现存中国国家图书馆；其二为单疏刊本，亦南宋前期官版，编刊时间稍晚于八行本，而更多保留北宋版体式。此版由日本称名寺僧人释圆种在南宋时带入日本，先后为金泽文库、圆觉寺归源院、红叶山文库旧藏，今藏于日本宫内厅书陵部。自秦始皇焚书坑儒以后，《尚书》再次出现是在西汉初的伏生版《今文尚书》中，近80年后，又出现在孔安国版的《古文尚书》。后在西晋永嘉年间战乱中，今文、古文本《尚书》散失殆尽。东晋初，豫章内史梅赜献其所藏《尚书》一部，包含《今文尚书》33篇，以及《古文尚书》25篇，随后流传至今。其间刊刻版本繁多，种类分为：单疏本、注疏本两种，主要有东汉郑玄撰《尚书注》，唐孔颖达撰《尚书正义》，宋蔡沈撰《书经集传》，清孙星衍撰《尚书今古文注疏》等。

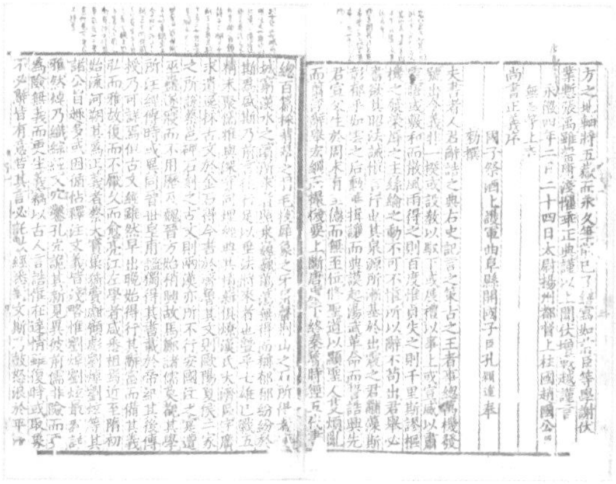

图1-16　序言·唐孔颖达撰《尚书正义》南宋浙刊单疏本
日本宫内厅书陵部藏

　　《尚书》先秦时书名为《书》，西汉始称《尚书》。《释名·释典艺》中对其记载为："《尚书》，尚，上也，以尧为上始而书其时事也。"《尚书》是中国最早的一部历史文献汇，记录了虞、夏、商、周时期，即中国古代原始社会末期和奴隶制社会时期的历史状况，故分为《虞书》《夏书》《商书》《周书》，其内容涉及政治、宗教、思想、哲学、艺术、法令、天文、地理、军事等诸多领域。《尚书》在记录虞、夏、商、周时期的人物事迹时，包含了当时纺织领域发展的情况，分布于全书各章。依据内容主要可分为服装礼制、服装材料色彩种类、纺织品祭祀供奉三类。例如，对丝织物的记载为："修五礼、五玉、三帛、二生、一死贽。"其中郑玄注"三帛"为："三帛所以荐玉也。受瑞玉者，以帛荐之。

帛必三者，高阳氏之后用赤缯，高辛氏之后用黑缯，其余诸侯皆用白缯。（《虞书·尧典》）"如，有关古代服饰形制色彩与纹样类别的记载："予欲观古人之象，日月星辰山龙华虫作会，宗彝藻火粉米黼黻绘绣，以五采彰施于五色作服，汝明。（《虞书·皋陶谟》）"又如，《夏书·禹贡》一文中记载了有关地区生产与进贡周王朝的内容："厥贡漆丝，厥篚织文。浮于济、漯，达于河。"可考释不同地区纺织品生产情况。值得注意的是，《尚书》所遭劫难颇多。清代段玉裁在《古文尚书撰异》提到："经惟《尚书》最尊，《尚书》之离厄最甚。秦之火，一也。汉博士之抑古文，二也。马、郑不注古文逸篇，三也。魏、晋之有伪古文，四也。唐《正义》不用马、郑，用伪孔，五也。天宝之改字，六也。宋开宝之改《释文》，七也。七者备而古文几亡矣。"自汉以来，《尚书》一直被视为中国封建社会的政治哲学经典，既是帝王的教科书，又是贵族子弟及士大夫必修的"大经大法"；就文学而言，《尚书》是中国古代散文形成的标志。秦汉以后，各个朝代的制诰、诏令、章奏之文，都受其影响。刘勰《文心雕龙》在论述"诏策""檄移""章表""奏启""议对""书记"等文体时，也都溯源到《尚书》。就纺织文化遗产研究而言，该书关于纺织品的记述，能够为考释先秦时期纺织品发展与应用的基本情况，提供重要的文献资料。

拓展资料

伏生（约公元前260—前161年），又名伏胜，字子贱。济南（治今山东章丘西北）人，曾为秦博士。秦时焚书，他于壁中藏《尚书》。汉初，仅存二十九篇，以教齐鲁之间。文帝时求能治《尚书》者，伏生以年九十余老不能行，文帝乃使晁错往受之。今文《尚书》学者，皆出其门下。

孔安国（公元前156—前74年），字子国，汉代鲁国人，孔丘后裔，孔滕（字子襄）之孙，孔忠字子贞之子。汉武帝时任博士，后为谏大夫，官至临淮太守。相传他曾得孔子住宅壁中所藏《古文尚书》，开古文尚书学派；但为后来学者所怀疑。又传他有《尚书孔氏传》，宋人开始怀疑，经明清学者考证，定为后人伪托。

孔颖达（公元574—648年），字冲远，冀州衡水人。孔安之子，孔子第三十二代孙。唐初十八学士之一，经学家、大儒、经学家、易学家。

《今文尚书》是用隶书写的，其原书没有完整的本子传下来，但它当时刻在《汉石经》里。现存《汉石经》残字八千余字，其中《尚书》近千字，分属二十三篇。此外汉人著作中引用的《尚书》文句亦可窥见《今文尚书》的略貌。

《古文尚书》用汉末所谓蝌蚪文字写的，也没有原本传下来，只保存一些字在《说文》的古文中。其全文原刻在《魏三体石经》里，现存残石2576字，其中尚书经文1147字，三体合计2793字，分属十七篇。

参考文献

[1] 刘起釪.《尚书》与群经版本综述[J].史学史研究, 1982（02）.
[2] 顾颉刚.《尚书》的版本源流与校勘[J].中国典籍与文化论丛, 1999: 1-46.
[3] 喻遂生.《尚书正义》点校札记[J].西南师范大学学报（人文社会科学版）, 2002: 150-154.
[4] 赵丰, 樊昌生, 钱小萍, 等.成是贝锦: 东周纺织织造技术研究[M].上海: 上海古籍出版社, 2012.

十四 北宋苏辙著《诗集传》
南宋淳熙七年苏诩筠州公使库刻本

北宋苏辙著《诗集传》南宋淳熙七年（公元1180年）苏诩筠州公使库刻本，现藏于中国国家图书馆。关于该书的撰作动机及经过，在苏辙自撰的《颍滨遗老传》中有所说明："子瞻以诗得罪，辙从坐，谪监筠州盐酒税，五年不得调。平生好读《诗》《春秋》，病先儒多失其旨，欲更为之传……功未及就，移知歙绩县，凡居筠、雷、循七年，居许六年。杜门复理旧学，于是《诗》《春秋传》《老子解》《古史》四书皆成。尝抚卷而叹，自谓得圣贤之遗意，缮书而藏之。"《诗集传》存在一书多名的现象，曾有《诗说》《诗解》《诗传》等名称。该书版刻系统可分为两个系统，一是二十卷本的宋刻本，一是十九卷本的明刻本。两种刻本内容上并无本质区别，区别只在于明刻本将卷十一《祈父之什》和卷十二《小旻之什》合为一卷。由宋刻本的二十卷变为十九卷。现今留存《诗集传》宋代版本有三：其一即南宋孝宗淳熙七年（公元1180年），苏辙曾孙苏诩在筠州公使库所刊刻。题名为《诗集传》，此本是现存唯一最早以《诗集传》命名的本子。其二为宋高宗绍兴二十一年（公元1151年）晁公武的《郡斋读书志》刊本，其三为宋理宗时期陈振孙《直斋书录解题》刊本。明代版本有明万历二十五年（公元1597年），焦竑编，毕氏刻《两苏经解》本，全书十九卷，书名题为《颍滨先生诗集传》；明万历三十九年（公元1611年），焦竑编，顾氏刻《两苏经解》本，书名、卷数与万历二十五年毕氏刻本同。清代有乾隆年间文渊阁《四库全书》本等。

《诗集传》是宋代文学家苏辙研究《诗经》的著作。全书共二十卷，分国风八卷,小雅七卷,大雅三卷,周颂一卷,鲁颂、商颂合一卷。《诗经》收集了西周初年至春秋中叶的诗歌,共305篇,反映了周初至周晚期约五百年间的社会面貌。经孔子删定,并教习弟子,后大行天下,流传于世。至汉武帝时,《诗经》被儒家奉为经典,五经之一。汉代《诗经》学分为《齐诗》《鲁诗》《韩诗》《毛诗》四家,后仅《毛诗》独传于世。至唐代,《毛传》和《郑笺》成为官方承认的《诗经》注释依据,受到后世推崇。

苏辙版《诗集传》不仅在体例上首创"诗传合一"的结构模式,为朱熹《诗集传》的编撰提供了重要参考,还在注释理念上确立了"以道释诗""以理制情"的义理诠释方向,强调诗的教化功能和道德价值,奠定了理学化诗学的理论基础。苏辙在注诗过程中敢于突破毛郑旧注,展现出强烈的主体意识和"自立解经"的精神,推动了注经风气从尊古向创新的转变。此外,他注重将文学与哲理相结合,强调"文道合一",使《诗经》的解读成为儒家政治与伦理思想的重要表达。这些做法不仅对朱熹产生深远影响,也使苏辙《诗集传》成为宋代理学诗学发展的关键节点,具有承前启后的重要学术地位。

值得注意的是,《诗经》在记述民风民俗、时政礼制的同时,对丝麻皮毛的生产区域、缫丝治麻工艺、纺织品相关风情民俗等亦有描写,如记述婚后女子归宁回家前采葛制衣、浣洗衣物的过程,有:

"葛之覃兮,施于中谷,维叶莫莫。是刈是濩,为絺为绤,服之无斁。言告师氏,言告言归。薄污我私,薄浣我衣。害浣害否,归宁父母。(《诗经·周南·葛覃》)"

还有,男子悼亡妻子时,睹衣思人,看到妻子曾为其缝制的衣裳,黄色里衬的绿色外衣和绿色下裳,不禁勾起了他对妻子的深深怀念。"绿兮衣兮,绿衣黄里。心之忧矣,曷维其已!绿兮衣兮,绿衣黄裳。心之忧矣,曷维其亡!(《诗经·邶风·绿衣》)"

《诗经·豳风·七月》记述农业农民一年的生产生活中所包括的妇女治桑麻、制衣服的时间与过程,"七月流火,八月萑苇。蚕月条桑,取彼斧斨。以伐远扬,猗彼女桑。七月鸣鵙,八月载绩。载玄载黄,我朱孔阳,为公子裳。"

《诗经·小雅·采菽》记述了诸侯觐见天子时所穿服饰："赤芾在股，邪幅在下。彼交匪纾，天子所予。"赤芾、邪幅为当时服装名称，后学者多引用此句进行服装考释，如"邪幅，如今行縢也。自束其胫，自足至膝，故曰在'在下'。（《郑笺》）"这不仅反映了当时的服饰文化，也体现了礼仪制度的严格性。

"现存先秦古籍，真赝杂糅，几乎无一书无问题；其真金美玉，字字可信者，《诗经》其首也。"

——梁启超《要籍解题及其读法》

"（《诗经》是）中国最古的诗选。"
"以性质言，风者，间巷之情诗；雅者，朝廷之乐歌；颂者，宗庙之乐歌也。"

——鲁迅《汉文学史纲要》

孔子曾概括《诗经》宗旨为"思无邪"，并教育弟子读《诗经》以作为立言、立行的标准。先秦诸子中，引用《诗经》者颇多，如孟子、荀子、墨子、庄子、韩非子等人在说理论证时，多引述《诗经》中的句子以增强说服力，如《荀子·劝学》："诗曰：嗟尔君子，无恒安息。靖恭尔位，好是正直。神之听之，介尔景福。"（出自《诗·小雅·小旻》）；"诗曰：尸鸠在桑，其子七兮。淑人君子，其仪一兮。其仪一兮，心如结兮。"（出自《诗·曹风·鸤鸠》）；"诗曰：匪交匪舒，天子所予。"（出自《诗·小雅·采菽》）。

《诗经》不仅是一部文学作品，它在纺织文化遗产研究方面也具有极高的价值。它在记述先秦诸地民俗风情、讽刺当政者昏庸乱政、赞美君臣德行等内容中，包含了当时纺丝织麻的过程、王公贵族穿着服饰之名称材质、服装价值及其社会功用等信息，是研究先秦时期纺织品发展情况、服装形制材料演变的重要文献资料。

拓 展 资 料

《诗经》，中国最早的一部诗歌总集，先秦时期称《诗》，又称《诗三百》或《三百篇》，它收集了自西周初年至春秋中叶大约五百多年的三百零五篇诗歌。据传由于孔子曾删定三千篇

《诗经》成三百篇，所以称之《诗三百》（《史记·孔子世家》），为儒家经典之一。秦始皇焚书坑儒，民间古籍遭劫，《诗经》至汉朝复兴。汉朝将《诗经》列于学官，多以《鲁诗》《毛诗》等称呼之，到了宋、元之后，《诗经》这一名称才确定下来，沿用至今。鲁人申培《鲁诗》亡于西晋，齐人辕固《齐诗》亡于曹魏，燕人韩婴《韩诗》亡于宋，因此今本《诗经》即由《毛诗》流传而来。内容分为风、雅、颂三部分，其中"风"是地方民歌，有十五国风，共一百六十首；"雅"主要是朝廷乐歌，分大雅和小雅，共一百零五篇；"颂"主要是宗庙乐歌，有四十首。表现手法主要是赋、比、兴。"赋"就是铺陈（敷陈其事而直言之也），"比"就是比喻（以彼物比此物也），"兴"就是启发（先言它物以引起所咏之词也）。《诗经》中思想和艺术价值最高的是民歌，"饥者歌其食，劳者歌其事"，《伐檀》《硕鼠》就是"风"的代表作。《诗经》对后代诗歌发展有深远的影响，成为我国古典文学现实主义传统的源头。

尹吉甫（生卒年不详），即"兮伯吉父"。西周宣王时大臣。兮氏，名甲，字伯吉父，"父"一作"甫"，"尹"为官名。伐狁有功，为卿士。乃《诗经》中极少数名字可考的作者之一。今本《诗经》中有《诗经·大雅·崧高》《诗经·大雅·烝民》亦为其作。遗物有"兮甲盘"。

毛亨（生卒年不详），秦末汉初学者。一说西汉鲁（郡治今山东曲阜）人；一说河间（郡治今河北献县东南）人。相传是古文诗学"毛诗学"的开创者。据说他学《诗》于荀子，而其诗学传自于子夏，曾作《毛诗故训传》，简称《毛传》，以授侄子毛苌，世人称之"大毛公"。创古文"毛诗学"。

毛苌（生卒年不详），西汉赵人（今河北省邯郸市鸡泽县），古文诗学"毛诗学"的传授者，世称"小毛公"。

郑玄（公元127—200年），字康成，北海高密（今山东省高密市）人，东汉经学家、儒家学者。郑玄毕生精于经术，其囊括大典，综合百家，遍注群经，使经学进入了一个"小统一时代"，其所注经书，共百万余言，世称"郑学"，其著作有《六艺论》《毛诗谱》《诫子书》等。

苏辙（公元1039—1112年），字子由，一字同叔，号东轩长老，晚号颍滨遗老。眉州眉山（今属四川省）人，嘉祐进士，官尚书右丞、门下侍郎。北宋时期官员、文学家、思想家。与父洵兄轼合称"三苏"，俱被列入"唐宋八大家"。代表作有《进策》《进论》《历代论》，著有《栾城集》。

参 考 文 献

[1] 赵振兴.宋代《诗经》版本述略[J].古汉语研究，1994.

[2] 郑小枚.论《诗经》版本形态的原始嬗变[J].中国韵文学刊，2010（02）：1-5.

[3] 夏传才.《诗经》研究史概要[M].北京：清华大学出版社，2007.

贰 笔记

一 《山海经》
东晋郭璞注元至正二十五年曹善抄本

东晋郭璞注《山海经》元至正二十五年（公元1365年）曹善抄本，共有四册，此本可以补充郭璞《山海经图赞》的原文，也可校正尤袤本以来《山海经》版本的缺失，今藏台北"故宫博物院"。《山海经》成书年代较早，至郭璞作注以前，主要以简册形式收藏流布，后逐渐以传抄本替代。刊刻版本可考至北宋成都府学宫本和元祐二年（公元1087年）刻本，尤袤《遂初堂书目》地理类载有秘阁本、池州本等。存最早刻本为南宋淳熙七年（公元1180年）池阳郡斋刻本，尤袤主持刊刻，故称尤袤本或宋本，今藏中国国家图书馆。元代有元末曹善抄本，其所据版本不详，大概是尤袤校书时所能见到的"别本"，时代或在尤袤本之前，今藏台北"故宫博物院"。明清版本较多，《山海经》明嘉靖刻本、《山海经传》国子监明成化四年（公元1468年）刊本、明吴宽抄本、《山海经》康熙项絪群玉书堂刻本、《山海经》乾隆黄晟槐荫草堂刻本，皆藏中国国家图书馆。现今流传较广的《山海经》版本有《四部丛刊》本和《二十二子》本等。除郭璞注本外，有明代刘会孟《评山海经》、杨慎《山海经补注》、王崇庆《山海经释义》等。（图2-1）

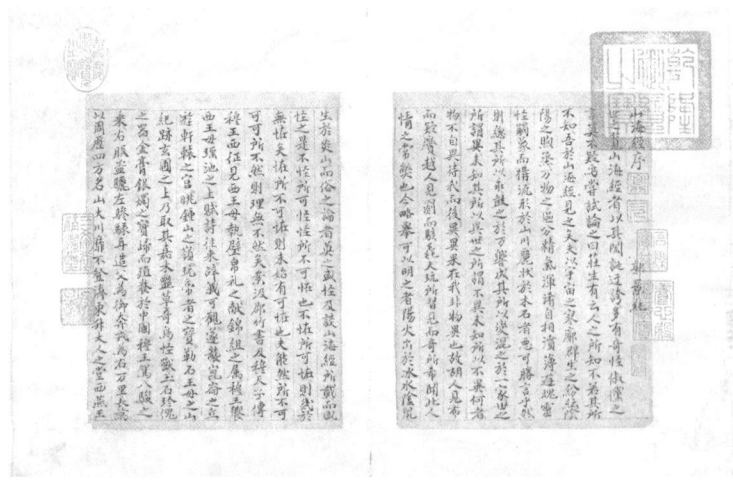

图2-1 山海经序·东晋郭璞注《山海经》元至正二十五年曹善抄本 台北"故宫博物院"藏

贰 笔记

《山海经》成书年代一般认为是在战国至西汉初,作者尚无定论,西汉刘歆在其《上山海经表》中认为其作者为上古治水的大禹、伯益。《吴越春秋》中记载:"(禹)巡行四渎,与益、夔共谋,行到名山大泽,招其神而问之:山川脉理金玉所有,鸟兽昆虫之类,及八方之民族,殊国异域,土地里数,使益疏而记之,故名之曰《山海经》。"清朝毕沅认为《山经》是大禹、伯益创作,《海外经》《海内经》为秦人所作,《大荒经》则在刘秀修订时产生。近代学者刘师培则认为《山海经》的作者是战国时期的邹衍。

《山海经》全书十八卷,其中"山经"五卷,"海经"八卷,"大荒经"四卷,"海内经"一卷,据统计,全书记载山名五千三百多处,水名二百五十余条,动物一百二十余种,植物五十余种以及邦国山水的地理、风土物产等信息。因其内容多元性,历代对其诠释角度各异:起初性质多归为地理书(《汉书》至《新唐书》),之后又兼以巫卜星象、五行角度对其研究,至明清,因小说盛行,该书又兼有"古今语怪之祖""小说之最古"的评价,近代学者研究角度多样,因此有"上古时期的百科全书"之称。

就纺织文化遗产研究而言,《山海经》诸卷中记录风土物产等信息,涉及服饰材料来源、桑麻植物分布等。如"其名曰鹿蜀,佩之宜子孙。""其名曰猼訑,佩之不畏"等。郭璞注解:"佩,谓带其皮毛。《墨子·辞过》中提到:"古之民未知为衣服时,衣皮带茭。"在治麻缫丝之前,古人常以动物皮毛着装,其动机多被理解为保暖御寒,文中"佩之宜子孙""佩之不畏"等,对于古人来说也是一种着装动机。(图2-2)

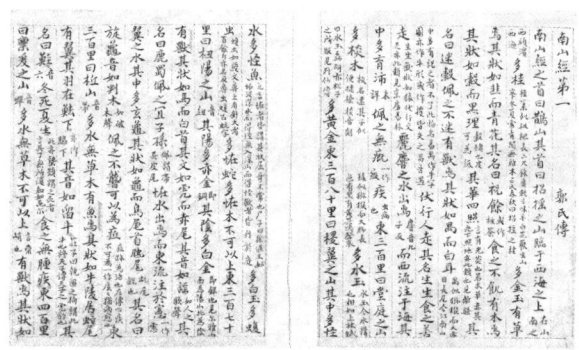

图2-2 "佩之宜子孙"·东晋郭璞注《山海经》 元至正二十五年曹善抄本 台北"故宫博物院"藏

《山海经·西山经》中提到"黄帝乃取峚山之玉荣，而投之钟山之阳。瑾瑜之玉为良，坚粟精密，浊泽有而光。五色发作，以和柔刚。天德鬼神，是食是飨；君子服之，以御不祥。"郭璞注解："玉，所以祈祭者也，盖言能感鬼神动天地。""君子服之，以御不祥"则是玉的另一个作用，《礼记·玉藻》中提到："君子无故，玉不去身"，印证了玉是先秦时期重要的文化元素，可作礼器、配饰等，体现了"以和柔刚"的君子品性。正如郭璞注解所言："言玉总九德也。"反映出先秦的"玉文化"。

《山海经·东山经》中提到"南四百里，曰姑儿山，其上多漆，下多桑柘。"这里的桑即桑树；柘，是桑树的一种，嫩叶可养幼蚕，木汁可染赤黄色。《山海经》所载诸山物产，有金属矿藏、良石美玉等，植物花草类记载中多见"桑"，可见先秦时期桑树分布多而广，作者有意记之，足见其功用价值，是古代先民重视农业桑织的表现。

"非特史地之权舆，亦乃神话之渊府。"

——袁珂《山海经校注·序》

《山海经》与《易经》《黄帝内经》并称为上古三大奇书，内容涵盖了上古地理、天文、历史、神话、气象、动物、植物、矿藏、医药、宗教等方面的诸多内容，诸如地理、物产等物质文化可以说是上古先民认识世界、探索世界的劳动成果和总结，而散布全书的神话传说中半人半兽的妖怪、神仙则是上古先民精神世界的投射，反映了他们对世界的理解、期盼和崇拜。此外，追求长生也是古代先民的愿望，《海内经》有不死之山，《大荒南经》有不死之国，西王母有不死之药，昆仑山上有不死的神树等，长生求仙亦为研究先秦文化的一条重要线索。《山海经》一书不仅包含许多神话故事，而且其中提及了很多物产品类、地理名称等仍可考证，还涵盖了桑麻植物、玉石染料等资料，是研究先秦时期物质文化的重要典籍。

拓 展 资 料

禹，姒姓，夏后氏，名文命，上古时期夏后氏首领，夏朝开国君王，历史治水名人，史称大禹、戎禹、神禹。鲧的儿子，母为有莘氏之女修己。夏代建立者，后人称为夏禹，成为上古时代传说与伏羲、黄帝比肩的贤圣帝王。他最卓著的功绩，就是历来被传颂的治理滔天洪水，又划定九州、奠定夏朝，后人尊称为"大禹"。

伯益，一作伯翳，也称大费。嬴姓，一说"姬姓"。大业之子。因协助禹治水有功，故受舜赐姓嬴，并将姚姓之女许配他为妻。禹死后，禹子启自继王位，他与启争斗，为启所杀。一说由于他推让，启被选继位。

邹衍（约公元前305—前240年），有"谈天衍"之称，战国末期齐国人（今山东省淄博），五行创始人，战国时期哲学家、阴阳家代表人物、学者、思想家。

刘歆（?—23年），字子骏，原名更生。西汉沛（今江苏沛县）人。高祖弟楚元王（刘交）四世孙，刘向之子。汉代经学家、目录学家，曾任黄门郎、中垒校尉。

郭璞（公元276—324年），字景纯，河东郡闻喜县（今山西省闻喜县）人，东晋时期学者、文学家、训诂学家，建平太守郭瑗之子。郭璞曾注释《周易》《山海经》《穆天子传》《方言》和《楚辞》等古籍。代表作有《游仙诗》十四首和《江赋》。所著《尔雅注》《尔雅音》《尔雅图》《尔雅图赞》，集尔雅学之大成。一生的诗文著作多达百卷以上，以《游仙诗》为主要代表，现仅存14首，是中国游仙诗体的鼻祖。

尤袤（公元1127—1194年），字延之，号遂初居士，晚号乐溪、木石老逸民，常州无锡（今江苏省无锡市）人。南宋著名诗人、大臣、藏书家。博学多识，藏书丰富。诗学江西派，风格平淡，与杨万里、范成大、陆游齐名，称"中兴四大家"，亦作"南宋四大家"。清人辑有《梁溪遗稿》。其藏书目录有《遂初堂书目》。

曹善（生卒年不详），江苏华亭人，字世良，号樗散生，有诗名，处世刚正，不合于时。明太祖时，宋濂荐于朝，累征不起，苦志临池，初学钟繇，行草学二王，与兄世长、兄子恭，具有书名，一时称为东吴三曹。

刘师培（公元1884—1919年），字申叔，号左盦，汉族，江苏扬州仪征人，经学家。刘贵曾之子，刘文淇曾孙。著有《左盦集》八卷、《左盦外集》二十卷、《左盦诗录》四卷、《词录》一卷。

袁珂（公元1916—2001年），作家、神话学家，四川新都（今成都市新都区）人。四川省社会科学院研究员、中国神话学会会长。长期从事中国古代神话研究，对古代神话资料的搜集、考证、注疏做了大量的工作。著有《中国古代神话》《山海经校注》《中国神话传说词典》等。

参 考 文 献

[1]王米雪.《山海经》版本研究[D].武汉：长江大学，2020.
[2]衣淑艳.郭璞《山海经注》研究[D].长春：东北师范大学，2013.
[3]徐非.《山海经》神话分类及其文化意蕴探析[D].延边：延边大学，2011.
[4]张步天.简论《山海经》吴宽抄本[J].湖南城市学院学报，2008（02）：9-11.
[5]刘思亮.从元代曹善抄本《山海经》看今本中存在的问题[J].文史，2021：165-181.
[6]鹿忆鹿.《山海经》的再发现——曹善抄本的文献价值考述[J].故宫学术季刊，2022.

二 西汉刘安撰《淮南鸿烈解》
明刊朱墨套印茅坤批评本

西汉刘安撰《淮南鸿烈解》明刊朱墨套印茅坤批评本，该本为茅一桂据道藏本校订，茅坤朱字整理点评本，现藏于哈佛大学图书馆。《淮南子》，又名《鸿烈》《淮南》《内书》《刘安子》《淮南鸿烈》，其版本流传较多，可分为二十一卷、二十八卷与节选本。现存最早版本为二十一卷北宋小字本，名为《淮南鸿烈解》。宋本在两宋时期多为藏书家收藏，元明时期渐成孤本（北宋小字本），先后收藏于曹寅、黄丕烈等人手中，1929年被日本人购得，藏于大连图书馆，后因战乱佚失，清代刘履芬曾据此影抄一部，后收藏上海商务印书馆的涵芬楼。1920年商务印书馆据此抄本重印，收入《四部丛刊》初编。宋刊外，存世版本以明刊为先，其中二十八卷以《道藏》本为优，《道藏》本为已知明刊最早本，将《原道》《俶真》《天文》《地形》《时则》《主术》《氾论》七篇各分上下卷，使全书变为二十八卷。另有王溥刊本、中立四子集本、王鏊刊本、王元宾校梓本；二十一卷有茅一桂订本。今日本早稻田大学藏有日本宽文四年（公元1664年）茅坤批评本。中国国家图书馆藏有汪一鸾订本，书前附高诱序、汪一鸾《重刻淮南鸿烈解》及许国《刻淮南鸿烈解序》。二十子本源于明万历年间新安吴勉学刊《二十子全书》，全书由吴勉学编辑并校刊，现藏于日本国立公文书馆。节选本有二十九子品汇释评本、诸子汇涵本。因流传宋本为孤本，且长时间为藏书家所藏，而明道藏本为公认佳本，故清代以后，刻本多以明刊为底本，有清俞樾撰《淮南子内篇评议》、清庄逵吉校《淮南子校本》、清王念孙撰《淮南子内篇杂志》等。（图2-3）

《淮南鸿烈》，亦称《淮南子》，由西汉淮南王刘安召集门客苏非、李尚、伍被等集体撰写，成书于汉武帝建元二年（公元前139年），其著录共分为内篇二十一篇、中篇八篇、外篇三十三篇，内篇论道，中篇养生，外篇杂说。该书以道家思想为指导，吸收诸子百家学说，是战国至汉初黄老之学理论体系的代表作。在阐明哲理时，书中旁涉奇物异类、鬼神灵怪，保存了一部分神话材料，像"女娲补天""后羿射日""共工怒触不周山""嫦娥奔月""塞翁失马"等。

就纺织文化遗产研究而言，《淮南子》记述了毛皮、丝麻纺织品出产地及其原因，"原道训"中记载"匈奴出秽裘，于越生葛絺，各生所急，以备燥湿，各因

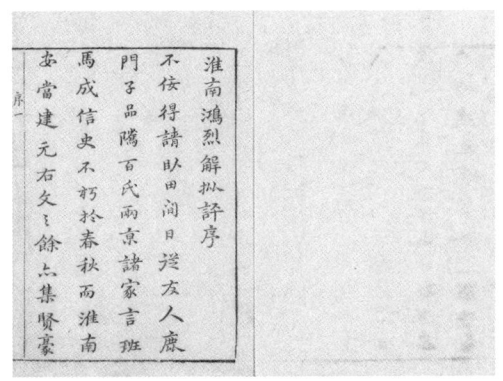

图2-3 序·西汉刘安撰《淮南鸿烈解》明刊朱墨套印茅坤批评本 哈佛大学图书馆藏

所处,以御寒暑,并得其宜,物便其所。"

《淮南子·缪称训》里提到"故管子文锦也,虽丑登庙;子产练染也,美而不尊。"把管子和子产比作两种不同的面料,侧面反映了两种面料的不同特性以及战国后期纺织业的发展。

《淮南子·齐俗训》中还提到:"有诡文繁绣,弱緆罗纨,必有菅屩跐蹻、短褐不完者。"以贵族百姓穿着之差异,来说明社会阶层的分化。此外,书中以染丝来比喻礼俗对于人性塑造的影响,"夫素之质白,染之以涅则黑,缣之性黄,染之以丹则赤。人之性无邪,久湛于俗则易。"

"《淮南鸿烈》为西汉道家言之渊府,其书博大而有条贯,汉人著述中第一流也。"

——梁启超《中国近三百年学术史》

"道家集古代思想的大成,而淮南书又集道家的大成。"

——胡适《淮南王书》

《淮南子》是对先秦百家之学一次大规模的融合与反思。它第一次系统地提出了宇宙生成论,反映了汉代道家的天人之学,它以唯物的发展的眼光考察历史,得出了许多朴素的接近于唯物史的观点,并提出了一系列治国安邦的经济政策,总结了先秦科学思想与科技成果,涵盖天文、地理、物理、化学、农学、医学、养生学、军事等许多领域。就纺织文化遗产研究而言，其论述主张分析事物时所记述的服装材料产地、价值高低、纹饰演变等内容，对于研究先秦时期纺织品在国家经济、政治、文化等领域以及服饰材料、形制、嬗变过程均具有重要的文献价值。

拓 展 资 料

刘安（公元前179—前122年），淮南国寿春（今安徽寿县）人，淮南王刘长之子，汉高祖刘邦之孙，袭封为淮南王。西汉文学家、道学家、思想家。其曾奉汉武帝之命著《离骚传》，为最早解读《离骚》的著作。曾"招致宾客方术之士数千人"，集体编写了《鸿烈》（后称该书为《淮南鸿烈》或《淮南子》）一书，该书既有史料价值又有文学价值。

茅坤（公元1512—1601年），字顺甫，号鹿门，归安（今浙江省湖州）人。明末将领茅元仪的祖父。南京工部都水司主事茅国缙的父亲。明文学家、藏书家。曾编选《史记钞》《唐宋八大家文钞》《欧阳史钞》，即其为问之宗旨。有《白华楼藏稿》《玉芝山房稿》《茅鹿门先生文集》。今人有校点本《茅坤集》。

《道藏》，道教经籍的总集，包括周秦以下道家子书及汉魏六朝以来道教经典，是按照一定的编纂意图、收集范围和组织结构，将许多经典编排起来的大型道教丛书。现存之《道藏》是明代版本，于永乐四年（公元1406年）开始编纂，结束于正统十年（公元1445年），由武当山第四十三代天师张宇初主编，其弟张宇清继续编纂，校正增补，于正统十年由邵以正校订付印，共计5305卷。后世以刊板年号称其书为《正统道藏》。《正统道藏》成书之后，明英宗、宪宗、世宗朝曾多次印刷，并颁赐天下道观。后经战乱及年久未修，很多道观中的藏本缺失严重，而北京、上海、青岛、成都等地却尚有残存者。20世纪以来，陆续有人影印《正统道藏》，故《正统道藏》本《淮南子》出现了多样的版本形式。最先的是1923年10月，赵尔巽、康有为、梁启超等人发起重印明道藏。此次重印，即以北京白云观藏本为底本，由上海涵芬楼影印，至1926年4月完工。此次影印，对道观所藏本的缺失部分未加弥补，基本保持了《正统道藏》的原貌。2004年由中国道教协会、中国社会科学院世界宗教研究所编纂出版《中华道藏》，凡四十九册，以明版《道藏》为底本，吸收和收编了《道藏》以外的道书与近代道教研究学术成果。

梁启超（公元1873—1929年），字卓如，一字任甫，号任公，又号饮冰室主人、饮冰子、哀时客、中国之新民、自由斋主人。广东新会（今江门市新会区）人。清朝光绪年间举人，中国近代维新派领袖、学者。有《饮冰室合集》，今辑有《梁启超全集》。

参 考 文 献

[1]李秀华.《淮南子》北宋本流传考辨[J].文献，2019：103-116.

[2]陈功文.明刊《淮南子》版本考[J].岳阳职业技术学院学报,2015:98-103.
[3]杨栋,曹书杰.二十世纪《淮南子》研究[J].古籍整理研究学刊,2008:78-88.
[4]漆子扬.刘安与《淮南子》[D].兰州:西北师范大学,2005.
[5]吴小洪,陈功文.《正统道藏》本《淮南子》考论[J].周口师范学院学报,2018:17-20+50.

三 东汉班固、刘珍等奉敕编撰《东观汉记》
清乾隆年间武英殿聚珍本

东汉班固、刘珍等撰《东观汉记》清乾隆年间武英殿聚珍本,现藏于天津图书馆,中国国家图书馆亦有同版收藏。该书为东汉一代国史,初撰于东汉明帝时,因明帝思念先帝中兴功业不可无记,遂命班固与陈宗、尹敏、孟异共撰《世祖本纪》。班固等又撰功臣、平林、公孙述、隗嚣等事迹,作列传、载记二十八篇。安帝时,刘珍等两度奉诏续撰纪、表、名臣、节士、外戚等传,书始名《汉记》。桓帝时,又命边韶等作《孝穆、孝崇二皇及顺烈皇后传》《安恩阁后传》《儒林传》《百官表》《宦者传》。此时,《汉记》已有一百十四篇之数。后又由伏无忌主持,补修《诸王表》《王子表》《功臣表》《恩泽侯表》《南单于传》《西羌传》《地理志》,于是诸体始全。至灵帝时,命蔡邕等两度主持撰作《朝会》《车服》《律历》诸志,并续作纪传。汉末丧乱,蔡邕被诛,《汉记》修撰之事,遂告终结。该书从刘珍起,由于写作地点从南宫迁移至东观,故称其为《东观汉记》。该书与《史记》《汉书》并称"三史",人多习诵。据《隋书·经籍志》著录,本书一百四十三卷。《旧唐书·经籍志》著录为一百二十七卷,已有部分散佚。入宋时,据《宋史·艺文志》著录为八卷,已散佚殆尽。元、明之际已亡失殆尽。清代姚之骃曾辑文八卷,所据之书限于《续汉书》十志刘昭注、《后汉书》李贤注,《北堂书钞》《艺文类聚》《初学记》五书,遗漏很多。至乾隆时修《四库全书》,馆臣以姚辑本为基础,参以《永乐大典》诸韵所载,又旁考其他各书,补其阙失,辑出二十四卷,其中包括帝纪三卷,年表一卷、志一卷、列传十七卷、载记一卷、佚文一卷,刊入《武英殿聚珍丛书》。此辑本相较姚辑本更完备,但仍有一些脱漏,如《稽瑞》《开元占经》《事类赋》《记纂渊海》等书所引的部分条目没有采入。由于辑者使用的《北堂书钞》是陈禹谟的篡改本,所以被陈禹谟删去的《东观汉记》条目，该辑本也没有收录。现存世版本有，清乾隆年间《四库全书》本、清乾隆年间武英殿聚珍本（即本案）、清乾隆六十年（公元1795年）《扫叶山房》刻本、清道光十年（公元1830年）重修本、清光绪二十五年（公元1899年）重刻本、2008年中华书局吴树平辑录《东观汉记校注》二十二卷本等。（图2-4）

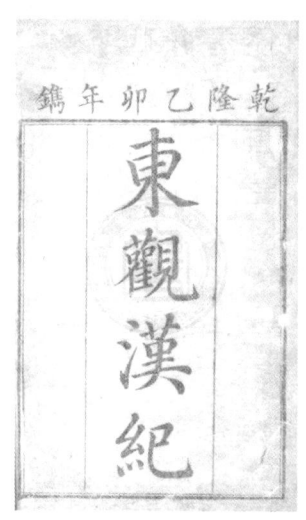

图2-4 书影·东汉班固、刘珍等奉敕编撰《东观汉记》
清乾隆年间武英殿聚珍本 天津图书馆藏

《东观汉记》作为我国第一部官修史书，记述从东汉开国皇帝刘秀到东汉末灵帝时期的历史。据《隋书·经籍志》著录原书共有一百四十三卷，包括本纪、表、志、列传、载记等。其以"纪"载天子生平事迹和军国大事，以"表"列诸王、王子侯、功臣、恩泽侯和百官的简况，以"志"纪律历、礼、乐、郊祀、天文、地理、朝会、车服等，以"传"和"载记"述各种历史人物及匈奴、筰都夷、西羌等少数民族的活动。内容涉及了皇帝、军国大事、皇后和诸王事迹，朝廷大臣和其他历史人物的活动，少数民族概况，典章制度、天象记录、行政区划的沿革变化、山川、名人墓地、职官的设置和变化，王、侯、功臣的简要情况等，还涉及东汉一朝的政治、经济、文化、民族关系、制度、天文、地理等，内容十分丰富。

就纺织文化遗产研究而言，该书卷五《车服志》中有关于服饰的记载，但在其余章节也有对服饰的部分记载。《车服志》记载了皇帝礼服图案、形制、纺织工艺等，以及武冠形制、介帻、圭的颜色、尺寸等。例如，对皇帝礼服的记载：

"陛下以圣明奉遵,以礼服龙衮,祭五帝。礼缺乐崩,久无祭天地冕服之制。案,尊事神祇,洁斋盛服,敬之至也。日月星辰,山龙华藻,天王衮冕十有二旒,以则天数;旗有龙章日月,以备其文。今祭明堂宗庙,圆以法天,方以则地,服以华文,象其物宜,以降神明,肃雍备思,博其类也。天地之祀,冕冠裳衣,宜如明堂之制。(案,司马彪《舆服志》:'汉承秦故,祀之服皆以袀玄,至显宗初服旒冕,衣裳文章,赤舄绚屦,以祠天地,其议实自东平发之。')"

对武冠的记载:

"武冠,俗谓之大冠。(案司马彪《舆服志》:'武冠,俗谓之大冠,环缨无蕤,以青系为绳,加双鹖尾,竖左右,亦名鹖冠。五中郎将、羽林左右监虎贲武骑皆冠之。')"

此条《海录碎事》卷五亦引,除案语外文字全同。

《东观汉记》一书的编撰工作在东观进行,东观作为东汉时期的中央档案馆和图书馆,为当时的编撰者提供了极其便利的条件,使编撰者能够汇编档案,编修史书,校正书籍,而且编者多为皇帝近臣,易于掌握第一手史料,为东汉史学研究提供了更为丰富、翔实、可信的原始材料。南朝刘勰在《文心雕龙》评价此书"后汉纪传,发源东观"。吴树平校注的最新版本《东观汉记校注》称:

"晚出的诸家专载东汉历史的纪传体史作,如三国吴谢承和晋薛莹、华峤、谢沈、袁山松,以及南朝宋范晔、梁萧子显的七家《后汉书》,晋司马彪的《续汉书》,张莹的《后汉南记》,无不取材于《东观汉记》。"

然而也有对该书的批判与指摘,例如《史通·忤时》篇记载:

"古之国史,皆出自一家,如鲁、汉之丘明、子长,晋、齐之董狐、南史,咸能立言不朽,藏诸名山。未闻藉以众功,方云绝笔。唯后汉东观,大集群儒,著述无主,条章靡立。由是伯度讥其不实,公理以为可焚,张、蔡二子纠之于当代,傅、范两家嗤之于后叶。"

伯度即东汉桓帝时的李法，曾经多次亢表言事。其言有曰："宦官太盛，椒房太重；史官记事，无实录之才，虚相褒述，必为后笑。"

三国时期孙吴士人华覈也对《东观汉记》有所指摘，他在《上皇帝疏救韦昭》中指出："昔班固作《汉书》，文辞典雅，后刘珍、刘毅等作《汉记》，远不及固，叙传尤劣。"华氏认为班固《汉书》与刘珍、刘毅等人纂集的《东观汉记》判若云泥，前者文辞典雅，后者叙传尤劣，二者不可同日而语。此外，还有晋初的傅玄对《东观汉记》前两次编纂成果也不甚满意，一则讥其"不足观"，再则哂其"益陋"。除却史实失真与文辞拙劣，《东观汉记》不同于《史记》《汉书》"以一个整体的形态面世"，该书在编修阶段就已经部分地传播与阅读。虽然这种流传方式在当时为该书奠定了一定的社会影响力，但也产生了不可弥合的弊端，即该书始终处于未能定型的散乱状态，其文本形态上的缺陷也是它难孚众望的原因之一。值得注意的是，根据《隋书·经籍志》所载，该书断限只是"起光武记注至灵帝"，与东汉国祚终于献帝的史实不符，无法承担载录东汉全部历史的使命。因此该书需与同时期史料、古籍结合使用。

拓 展 资 料

班固（公元32—92年），字孟坚，扶风安陵（今陕西咸阳东北）人，东汉著名史学家、文学家。班固出身儒学世家，其父班彪、伯父班嗣，皆为当时著名学者。班固一生著述颇丰，作为史学家，所著有《汉书》《白虎通义》等。

刘珍（？—126年）字秋孙，一名宝，南阳蔡阳人。永初中，为谒者仆射。永宁初，迁侍中、越骑校尉。延光末，拜宗正。永建初，转卫尉。

刘昭（生卒年不详）字宣卿，平原高唐（今山东禹城县西南）人。南朝梁史学家、文学家，为外兄江淹称赏。有《后汉书注》《幼童传》等。

刘勰（约公元465—约532年），字彦和，文学理论家、文学批评家，生于京口（今江苏镇江），祖籍山东莒县（今山东省莒县东莞镇大沈刘庄）。刘勰曾官县令、步兵校尉、宫中通事舍人，颇有清名，虽任多种官职，但其名不以官显，却以文彰。著有《文心雕龙》五十篇，是我国古代系统的文论名著。

《文心雕龙》为中国古代文学理论专著，刘勰著。原书二卷，隋时作十卷，凡五十篇。成书时间颇有争议，普遍以为刘勰三十多岁时所作。"文心"指"为文之用心"，"雕龙"取战国时驺奭长于口辩、被称为"雕龙奭"典故，指精细如雕龙纹一般进行研讨。合起来，"文心雕龙"等于是"文章写作精义"。书中反对追求形式之文风，强调艺术真实，为情而造文，要自然成对，不以繁缛为巧，不以深隐为奇，是中国现存最早自成系统之文学评论专著。

郦道元（约公元466或472—527年），北魏地理学家、散文家。字善长。范阳涿县（今河北涿州）人。官御史中尉，执法严峻。后为关右大使，撰有《水经注》。

《水经注》全书共40卷，依《水经》分为137条水道，以水为纲，详载各水发源与流向、各支流的分合，所涉及大小河流、湖泊、泉、渠等达1252条；并记述沿途地理环境、风土人情、历史典故等情形。所征引文献极为广博，又不乏作者实地考察的成果，因此具有很高的参考价值。

《续汉书》，西晋司马彪撰。原为纪、志、传共八十篇，《隋书·经籍志》及《旧唐书·经籍志》均作八十三卷：记述东汉光武帝至献帝约二百年史事，纪，传已佚，清汪文台有辑本五卷，收入《七家后汉书》。南朝梁刘昭为范晔《后汉书》作注时，以范书无志，乃取本书之八志三十卷以补之；北宋仁宗乾兴元年（公元1022年）合刊为一书，故得流传至今。

《稽瑞》是一部专聚一个门类的记事的小类书，所聚者都是书传中的休祥之事，起上古，迄六朝，编为四言韵语，而自注其出处。

《开元占经》，唐代瞿昙悉达撰写的一部天文学著作，全名为《大唐开元占经》。《开元占经》包含的内容非常丰富，不仅有对天文名词的解释、宇宙理论、日月及五星行度、二十八宿距度和甘氏、石氏、巫咸三家星宫名称、度数，还包括关于天文星象和各种物异等多方面的大量占语。

《事类赋》，子部类书类。北宋吴淑撰注。分十四部：天部三卷、岁时部二卷、地部三卷、宝货部二卷、乐部一卷、服用部三卷、什物部二卷、饮食部一卷、禽部二卷、兽部四卷、草木部、果部、鳞介部各二卷、虫部一卷。

参 考 文 献

[1]胡道静.简明古籍辞典[M].济南：齐鲁书社，1989：232.
[2]中国大百科全书总编辑委员会《中国历史》编辑委员会秦汉史编写组，中国大百科全书出版社编辑部.中国大百科全书中国历史秦汉史2[M].北京：中国大百科全书出版社，1986：33.
[3]张孟伦.中国史学史上[M].兰州：甘肃人民出版社，1982：185.
[4]白寿彝.中国通史第4卷中古时代秦汉时期上[M].上海：上海人民出版社，2004：15.
[5]祁承业.《东观汉记》研究[D].呼和浩特：内蒙古大学，2010.
[6]云根.中国历代文化名人诗传[M].长春：吉林文史出版社，2020：32.
[7]（清）严可均.全后汉文下[M].北京：商务印书馆，1999：571.
[8]胡守为，杨廷福.中国历史大辞典魏晋南北朝史[M].上海：上海辞书出版社，2000：289.
[9]上海辞书出版社文学鉴赏辞典编纂中心.古文鉴赏辞典魏晋南北朝[M].上海：上海辞书出版社，2021：684.

[10]袁媛.老北京述闻古都文脉[M].北京：北京出版社，2021：21.
[11]顾之川.新编语文教育术语手册[M].上海：上海交通大学出版社，2018：108.
[12]胡道静.中国古代的类书[M].上海：上海人民出版社，2020：204.
[13]赵桂芝.岱庙古籍[M].济南：山东画报出版社，1998：51.
[14]成运楼."三史"概念的产生及其内涵在唐代的重塑[J].史学理论研究，2022（03）：90-100+159.

四 西晋皇甫谧撰《高士传》

明群玉堂本

西晋皇甫谧撰《高士传》明群玉堂本，现藏于日本早稻田大学图书馆。成书时间尚未明确。其在史志目录、官修目录、私家目录等多部目录中均有著录，所属类别均为"史部"，但历代著书对皇甫谧《高士传》的卷次著录存在很大差异，《隋书·经籍志》《玉海》著录六卷。《崇文总目》《新唐书·艺文志》《郡斋读书志》《通志·艺文略》《直斋书录解题》《文献通考》等著录十卷，《旧唐书·经籍志》著录七卷，《百川书志》《澹生堂书目》《四库全书总目》《铁琴铜剑楼藏书目录》等著录三卷，《世善堂藏书目录》著录一卷。今存《高士传》多作上中下三卷，亦又分为上下两卷者，所载人物和条目次序与三卷本有别，另有一卷本，乃诸家辑佚之作。

目前现存全本有：明嘉靖三十一年（公元1552年）刻本，隆庆年间《古今逸史》本，群玉堂本（具体时间不详）（即本案）。清《秘书廿一种》本，顺治三年（公元1646年）《说郛》本、乾隆年间《四库全书》本。乾隆五十七年（公元1792年）《增订汉魏丛书》本、道光二十三年（公元1843年）《指海》本、光绪三年（公元1877年）《崇文书局》本。1914年商务印书馆《旧小说》本、1915年《雪堂丛刻》本、1918年《龙溪精舍丛书》本、1958年中华书局《全上古三代秦汉三国六朝文》本等。（图2-5）

《高士传》采尧、舜、夏、商、周、秦、汉、魏古今八代之士，计九十余人生平事迹。其立传的标准，在序中有所阐述，"史班之载，多所阙略。梁鸿颂逸民，苏顺科高士，或录屈节，杂而不纯。又近取秦汉，不及远古，夫思其人犹爱其树，

图2-5 封面·西晋皇甫谧撰《高士传》明群玉堂本
日本早稻田大学图书馆藏

况称其德而赞其事哉！谧采古今八代之士，身不屈于王公，名不耗于终始，自尧至魏，凡九十余人。虽执节若夷齐，去就若两龚，皆不录也。"书中内容多取材于《论语》《庄子》《韩非子》《左传》《战国策》《说苑》等，体现了皇甫谧个人对高士的认知，是高士类杂传的代表之作。（图2-6）

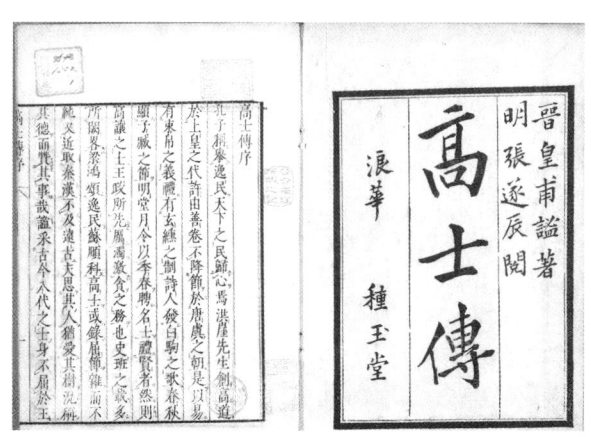

图2-6 序·西晋皇甫谧撰《高士传》明群玉堂本
日本早稻田大学图书馆藏

就纺织文化遗产研究而言，该书部分章节有对上古至魏晋时期服饰以及纺织品的记载，例如上卷《善卷》对服饰和纺织品材质的记载：

"今子盛为衣裳之服，以眩民目；繁调五音之声，以乱民耳；丕作《皇韶》

之乐，以愚民心。天下之乱，从此始矣。吾虽为之，其何益乎？予立于宇宙之中，冬衣皮毛，夏衣绨葛，春耕种，形足以劳动；秋收敛，身足以休食。"

下卷《梁鸿》中有对服饰和纺织品的记载：

"鸿曰：'吾欲裘褐之人，可与俱隐深山者尔！今乃衣绮缟，傅粉墨，岂鸿所愿哉？'妻曰：'以观夫子之志耳。妾自有隐居之服。'乃更为椎髻，着布衣，操作而前。鸿大喜曰：'此真梁鸿妻也，能奉我矣。'"

在高士类杂传兴盛的魏晋时代，皇甫谧《高士传》是为数不多得以保留的作品。该书对后世学者撰写此类杂传存在一定的影响，刘昫在《旧唐书·隐逸传》中论及此事曾言：

"前代贲丘园，招隐逸，所以重贞退之节，息贪竞之风。故蒙叟矫《让王》之篇，玄晏立高人之传，箕、颖之迹，粲然可观。而汉二龚之流，乃心王室，不事莽朝，忍渴盗泉，本非绝俗，甚可嘉也。皇甫谧、陶渊明慢世逃名，放情肆志，逍遥泉石，无意于出处之间，又其善也。"

另外，该书保存了大量的文献资料，如高士的文集、歌谣、帝王的诏书、文人书信、碑文、铭、诔等。这些内容也为文学、文体等方面的研究提供了重要的参考资料。

拓 展 资 料

皇甫谧（公元215—282年），字士安，自号玄晏先生。安定郡朝那县（今甘肃省灵台县）人，后徙居新安（今河南新安县）。曹魏、西晋两朝屡征不仕。少时游荡无度，后听叔母教诲，学于乡人，勤力不怠。其有高尚之志，并以著述为己任，先后创作了《帝王世纪》《高士传》《针灸甲乙经》等覆盖文史、历法、医学领域的典籍，还著有《逸士传》《列女传》《元晏先生集》等，为当世所重。

《隋书·经籍志》，中国古代史志目录，《隋书》十志之一。《隋书·经籍志》是贞观十年（公元636年）至显庆元年（公元656年）由魏徵等主持修纂的梁、陈、齐、周、隋五朝史志中的一种。主要参考隋代柳䛒的《隋大业正御书目录》和梁阮孝绪的《七录》编成。收录四部经传3100余部，36708卷。

《玉海》，南宋王应麟编。二百卷，辑录古今诗词文萃、历史故事、巨典鸿章、诸子百家，成语典故而成。后经重加整理编次，分天文、律历、地理、帝系、圣文、艺文、诏令、礼仪、车服、器用、郊祀、音乐、学校、选举、官制、兵制、朝贡、宫室、食货、兵捷、祥瑞共二十一门。其中学校三卷、选举五卷。征引材料多据宋代实录、国史、日历、会要等文献，采书引文必注书名，制作更改详记月日，为后世史志所未详。与《太平御览》《太平广记》《册府元龟》并称宋代四大类书。

《郡斋读书志》南宋晁公武撰，是我国现存最早私家书目，有四卷本和二十卷本。全书分四部，袁州本分四十三类，衢州本分四十五类。每部均有序文。是书编成于南宋绍兴二十一年（公元1151年）。传世有两种版本：宋淳祐十年（公元1250年）初刻于袁州宜春郡者，称袁州本，为四卷，有附志一卷，后志二卷、增订考异一卷，著录图书一千四百六十八部，宋淳祐九年（公元1249年）初刻于衢州者，称衢州本，二十卷，著录图书一千四百六十一部，原刻本已失传，清有重刻本。清末王先谦合校袁、衢两本为一本，依衢本定为二十卷，有光绪十年（公元1884年）长沙思贤精舍刻本。袁州本有故宫博物院影印宋本。

《通志·艺文略》南宋郑樵撰。此书为《通志》之二十略之一，成书于绍兴三十一年（公元1161年），是在其已撰《群书会记》的基础上增删合并而成，详于今而略于古，既记现存的著作，亦记历代散佚亡缺的著作。

《直斋书录解题》南宋陈振孙撰。著录历代典籍51180余卷，分为53类，并分别考订其内容得失，为宋代有名的提要目录。原本已失传，现在的通行本编成22卷，系清代纂修《四库全书》时从《永乐大典》中辑出。所著录之书，颇多亡佚，赖此目得知大概。

《百川书志》明代高儒编。体例仿晁公武《郡斋读书志》，书名之下有简明题解。凡二十卷。依四部分类法，分经史子集4目，下分子目93门。该目较大的特色在于"野史、外史、小史"三类，野史著录2种共304卷演义，外史著录59种共73卷戏曲文献，小史著录13种共46卷唱本、小说。其中对版本的记载，如《永乐大典》有内府刻本、《水浒传》有都察院刻本等，对版本学和文化史研究有参考价值。然而著录不全，分类庞杂。

《铁琴铜剑楼藏书目录》是集大成的私家藏书目录。目录历经瞿氏五代人编纂、整理，先后有多位学者协助编校，这在私家藏书目史上亦属少有，折射出私家藏书独特的文化景象。所收止于元人著述，明清著作未入目。目录按四部分类排次。卷一至卷七为经部、卷八至卷十二为史部、卷十三至卷十八为子部、卷十九至卷二十四为集部。

《善本书室藏书志》是清代丁丙撰一部私藏善本书目，成书于光绪二十七年（公元1901年）。《善本书室藏书志》共40卷，收书2600余部，仿《四库全书总目》部类序列，四部之下，分44大类65属，其中卷1—5为经部，有易类、书类、诗类、礼类（周礼、仪礼、礼记、三礼总义、通礼、杂礼)、春秋类、孝经类、五经总义、四书类、乐类、小学类(训诂、字书、韵书)十大类;卷6—14为史部,有正史类、编年类、纪事本末类、别史类、杂史类、诏令奏议类(诏令、奏议)、传记类(圣贤、名人、总录、杂录)、史抄类、载记类、时令类、地理类(宫殿疏、总志、都会郡县、河渠、边防、山川、古迹、杂记、游记、外记)、职官类(官制、官箴)、政书类(通制、典礼、邦计、法令、考工)、目录类(经籍、金石)、史评类15大类;卷15—22为子部,有儒家类、兵家类、法家类、农类、医家类、天文算法类(推步、算书)、术数类(数学、占候、相宅相墓、占卜、命书相书、阴阳五行)、艺术类(书画、琴谱、篆刻、杂技)、谱录类(器物、食谱、草木鸟兽虫鱼)、杂家类(杂学、杂考、杂说、杂品、杂纂、杂编)、类书类、小说类(杂事、异闻、琐语)、释家类、道家类计14大类;卷23—40为集部,有楚辞类、别集类、总集类、诗文评类、词典类(词集、词选、词话、南北曲、曲选、曲谱、曲韵)计5大类,每类下收书多者近百部,少者仅为1部。

《书目答问》,清张之洞撰。全书共5卷,收书2000余种。所收图书都经过精心选择,较注重收录清后期的学术著作和科技图书。按经、史、子、集、丛书5部分类编排,大类之下再设小类,同类书按时代先后排列。著录书名、作者姓名(当世作者只记"今人")、版本等。版本以当世习见为主。重要图书还撰有按语,指明阅读方法。书后附《国朝著述诸家姓名略》。

《八千卷楼书目》,清钱塘著名藏书家丁申、丁丙兄弟的藏书目录,是清代为数不多的普通本书目之一,其收书数量远远超过其他普通本书目。《八千卷楼书目(上中下)》是《清史稿·艺文志》的重要来源,在编写体例,丛书子目的著录等方面也很有特色。

《世善堂藏书目录》,明代陈第撰,2卷。目录分经、四书、子、史、集、各家6大类,下分63小类,各书著录书名、卷数、著者,间注版本。所录图书颇有后世稀见失传之本。有《知不足斋丛书》本。

参 考 文 献

[1] 安正发.皇甫谧《高士传》的叙事特征[J].广西社会科学,2008(12):153-156.
[2] 姜朝晖,雷恩海.《高士传》的产生背景及版本流传考述[J].语文知识,2007(03):11-17.
[3] 湛玉霞.皇甫谧《高士传》研究[D].重庆:重庆大学,2017.
[4] 丁红旗.皇甫谧《高士传》研究[D].郑州:河南大学,2005.

五 西晋张华撰《博物志》
明天启年间唐氏快阁藏版本

西晋张华撰《博物志》明天启年间唐氏快阁藏版本,现藏于哈佛大学燕京图书馆。成书时间尚不见记载,据王嘉《拾遗记》载:"张华,好观秘异图纬之部,捃采天下遗逸,自书契之始,考验神怪,及世间闾里所说,造《博物志》四百卷,奏于武帝。帝诏诘曰'卿才综万代,博识无伦,然记事采言,亦多浮妄,可更芟截浮疑,分为十卷。'"该书作为"博物"体的代表作品,张华在其开篇写明著书原因"余视《山海经》及《禹贡》《尔雅》《说文》地志,虽曰悉备,各有所不载者,作略说。"关于《博物志》的流传情况,最早记录见于《晋书·张华传》"华著《博物志》十卷,及文章并行于世。"此后在史志目录和私人目录中都有记载,《隋书·经籍志》子部杂家类记"《博物志》十卷,张华撰。"《唐书·经籍志》与《隋志》并无甚异,惟删其亡书而增张华《博物志》十卷,至此乃入子部小说类。南宋《通志·艺文略》杂家小说类中记"《博物志》十卷,张华撰。"《宋史·艺文志》将《博物志》归入子部杂家类记"张华《博物志》十卷。"明胡应麟《少室山房笔丛》将小说分六类:志怪、传奇、杂录、丛谈、辩证、箴规而将《博物志》列为杂俎。《四库全书总目》将小说分杂事、异闻、琐语三类,并将《博物志》列于小说家类琐语之属。目前《博物志》的版本,学者李剑国在《唐前志怪小说集释》中称"今本今天所能见到的版本有二类:一是常见的通行本,分三十九目,收在《古今逸史》《广汉魏丛书》《格致丛书》《稗海》《快阁丛书》《秘书廿一种》《增订汉魏丛书》《百子全书》等丛书中。一是黄丕烈刊《士礼居丛书》本(据黄氏云,此本系汲古阁影抄宋连江叶氏刻本),《指海》《龙溪精舍丛书》所收皆为士礼居刊本。"现存世版本有:明弘治年间贺泰刻本,明万历年间《格致丛书》本,明万历年间《古今逸史》本,明万历年间《稗海》本,明天启年间唐氏快阁藏版(即本案),清康熙年间《秘书廿一种》本,清乾隆年间《四库全书》本,清乾隆年间《增订汉魏丛书》本,清嘉庆年间《广汉魏丛书》本,清道光年间《士礼居丛书》本,清光绪元年(公元1875年)《百子全书》本,1980年中华书局排印本、1990年上海古籍出版社影印本、1991年上海古籍出版社影印本等。(图2-7)

该书参考《山海经》《尔雅》《河图括地象》等三十多种典籍,其内容以记载山川地理、飞禽走兽、草木虫鱼等为主,此外有杂考、杂说、杂物等非故事内容。《四库提要》称"是书原本散佚,后人掇取诸书所引《博物志》而杂采他说以足之,故证以诸书所引,或有不合。"

该书共十卷,分三十八类,卷一为地理略、地、山、水、山水总论、五方人

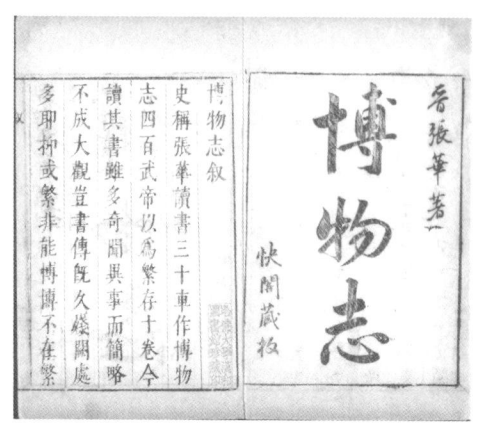

图2-7 书影·西晋张华撰《博物志》 明天启年间唐氏快阁藏版本 哈佛大学燕京图书馆藏

氏、物产；卷二为外国、异人、异俗、异产；卷三为奇异鸟兽虫鱼草木；卷四为物性、物理、物类、药物、药论、食忌、药术、戏术等；卷五为方士、服食；卷六为人名考、文籍考、地理考、典礼考、乐考、服饰考、器名考、物名考等；卷七为异闻；卷八为史补；卷九、卷十为杂说。《博物志》地理博物体的形式使该书内容无所不包，类似于当时的百科全书，其内容并不是纯知识性的介绍，还有较强的故事性、趣味性。此外，该书注重人物形象的塑造和故事情节的设置，书中的部分题材和内容都在后世有了很大的发展。

就纺织文化遗产研究而言，该书卷六记录了汉代玉佩、男子服饰材质以及冠饰。例如对玉佩的记载："汉末丧乱，绝无玉佩，始复作之。今之玉佩，受于王粲。"对男子服饰的记载："古者男子皆丝衣，有故乃素服。又有冠无帻，故虽凶事，皆着冠也。"对冠的记载："汉中兴，士人皆冠葛巾。建安中，魏武帝造白帢，于是遂废，唯二学书生犹着也。"

《博物志》的内容充分体现了地理博物志怪小说"博杂"的特点。胡应麟先生云"《博物》，《杜阳》之祖也。"侯忠义先生曾说："（《博物志》）不失为志怪小说中独具特点的一种体裁，对后世也很有影响，形成文言小说的一个流派。"陈文新先生说："魏晋南北朝的《博物志》《玄中记》《述异记》则是'博物'体志怪高峰期的作品，而以《博物志》成就较高。"李剑国先生则在《唐前志怪小说史》中这样评价道："《博物志》自然也有自己的特点，它虽多记地理博物，但并不限于山川动植、远国异名。一是记载了许多全无故事性的杂考杂说杂物，二是又记载了许多故事性很强的非地理博物性的传说。本来地理博物体志怪的小说特征就不及杂记体来得鲜明，再加上这第一点结果，是博则博矣，但大大削弱了它的小说性，丛脞芜杂，鸡零狗碎，几乎成了一盘大杂烩。"也有对该书的指摘，鲁迅先生说其："刺取古书，殊乏新意。"故而使其备受冷落。然不能全盘否定其史料价值，例如史注家往往使用《博物志》来注解正史，如三家注《史记》，刘昭《后汉书注》，裴松之注《三国志》等。此外，该书对后代影响较大，如宋李石《续博物志》、明游潜《博物志补》等，均仿此而作，可见该书影响非凡。

拓 展 资 料

张华（公元232—300年），字茂先，范阳方城（今河北固安）人。晋初任中书令，加散骑常侍。排除异议，力劝武帝定灭吴之计。以博洽著称，其诗委婉妍丽，《诗品》评为"儿女情多，风云气少"。也有感慨忧时之作。原有集，已散佚，明人辑有《张茂先集》，收入《汉魏六朝百三名家集》。另著有《博物志》。

王嘉（？—390年）字子年，东晋十六国时期陇西安阳（今甘肃秦安东北）人。系方士，初隐于东阳谷，后居终南山，弟子追随受业者数百人。著有笔记小说《拾遗记》等。

《拾遗记》又名《王子年拾遗记》。文言短篇志怪小说集。东晋王嘉撰，梁萧绮录。《四库全书总目提要》小说家类著录，十卷。前九卷全记上古至东晋的神话故事，历史轶闻，奇闻异事等，卷十专记名山。全书文字绮丽，辞藻丰茂，刘勰谓之"事丰奇伟，辞富膏腴"。对后世有较大影响，为"历代词人，取材不竭"。有明世德堂翻宋本、《古今逸史》本、《历代小史》本、《稗海》本、《汉魏丛书》本、《四库全书》本、1981年中华书局排印本、1991年上海古籍出版社影印本等。

《禹贡》，我国古代地理名著。《尚书·夏书》中的一篇。作者不详，著作时代也无定论。有人认为写于传说中的夏禹时代，也有人说作于商初，相距两千多年，近代多数学者认为约成书于战国时期。该书约1200字，由《九州》《导山》《导水》和《五服》四部分组成。《九州》将全国分为九州，假托为大禹治水以后的政区制度，实际上主要是依据河流、山脉、海洋等自然分界线来划分，带有自然区划思想的萌芽。各州就山岭、湖泽、土壤、植被、田赋、物产、贡品、矿产、手工业、交通、部族、五服等进行区域对比，是早期区域地理著作。《导山》专列山岳20余座，并归纳成几条自西向东的脉络。《导水》部分描述了九州境内35条河流。《五服》反映了作者大一统思想。《禹贡》的内容极为丰富，是我国最早一部具有很高科学价值的地理著作，对后世影响很大。历代研究校释者颇多，其中较著名的有宋代程大昌的《禹贡论》及《禹贡山川地理图》，傅寅的《禹贡说断》等。清代胡渭的《禹贡锥指》，是一部对历代的研究校释带有总结性的著作。

胡应麟(公元1551—1602年)字元瑞,号少室山人,别号石羊生,明代浙江省兰溪县城北隅人。在文献学、史学、诗学、小说及戏剧学方面都有突出成就,著有诗论专著《诗薮》,诗文集《少室山房集》,论学专著《少室山房笔丛》等。

《少室山房笔丛》,明代胡应麟撰,正集32卷,续集16卷,为作者考据论说汇编,凡收杂著16种。最有价值的为《经籍会通》,论述历代书籍存亡聚散之事及书籍版本得失、书坊纸张优劣,较它书详尽,为研究书籍发展史的重要参考书。

李剑国(公元1943—2025年),山西灵丘人。1967年毕业于南开大学中文系汉语言文学专业,1979年考入南开大学中文系,师从朱一玄、宁宗一先生攻读中国古代文学专业中国小说史方向研究生,1982年毕业,获文学硕士,留校任教。1991年被国务院学位办和国家教委评为"做出突出贡献的中国硕士生",事迹收入国务院学位办编《华夏沃土育英才》一书(1991年)。曾任南开大学中文系教授、中国古代文学专业与古典文献学专业的博士生导师。

《唐前志怪小说集释》,李剑国撰,唐前古小说,以志怪为主,其为文章渊薮,艺苑巨彩,唐代志怪小说承其余泽,于是大放异彩,而至历代诗文曲词,更采为典实养料。志怪小说之全书,大部分已散佚,散见于类书中,而此书勤求诸书,搜罗佚篇,慎重校勘,比较异同,条理源流,将唐前志怪按其发展时期分为三编:起源形成期与发展期先秦、两汉为第一编;鼎盛期魏晋为第二编;南北朝为第三编。在唐前百余种志怪书中,本书罗择佳制,采收卓然可观之作,共200余篇,在篇前作叙录,扼述该书时代、撰人、著录、版本、性质、特色等。对其文,校勘精审,对名物制度、史实遗闻,取原始资料,翔实注释。文后有附录,引录有关资料,阐述渊源演变、同书异文、同类传闻。

参 考 文 献

[1]姜彬.中国民间文学大辞典[M].上海:上海文艺出版社,1992:1075.

[2]白寿彝.中国通史第5卷中古时代三国两晋南北朝时期上[M].上海:上海人民出版社,1995:31.

[3]赵山林.大学生中国古典文学词典[M].广州:广东教育出版社,2003:250.

[4]周谷城,潘富恩.中国学术名著提要哲学卷[M].上海:复旦大学出版社,1992:256.

[5]赵红媛.《博物志》研究[D].长春:东北师范大学,2007.

[6]李芳.《博物志》研究[D].重庆:西南大学,2009.

[7]赵光勇.汉魏六朝乐府观止[M].西安:陕西人民教育出版社,2019:217.

[8]李宽余.天水大辞典[M].兰州:甘肃文化出版社,2020:557.

[9]白寿彝.中国通史3第3卷上古时代上[M].上海:上海人民出版社,2015:22.

[10]曾晓娟.都江堰文献集成历史文献卷文学卷[M].成都:巴蜀书社,2018:133.

六 东晋陆翙撰《邺中记》
清乾隆四十一年武英殿聚珍本

东晋陆翙撰《邺中记》清乾隆四十一年（公元1776年）武英殿聚珍本，现藏于日本龙谷大学图书馆。据《隋书·经籍志》记，该书为晋国助教陆翙所撰。原书已佚，其文散见于各书，较早见于隋人所撰类书；今较多收录于隋虞世南《北堂书钞》、唐欧阳询《艺文类聚》、唐徐坚《初学记》、北宋李昉《太平御览》、北宋乐史《太平寰宇记》等书。惟今存之佚文，颇有兼记高齐事迹者，当非翙书原文，《四库全书总目提要》撰"殆翙书二卷惟记石虎之事，后人稍摭《邺都故事》以补之，并为一卷"。今存《邺中记》辑本有数种，繁简非一，少者仅录数条，而以清初辑散见于《永乐大典》中者为最详，共录七十四条，其辑本"以石虎诸事为翙本书，其续入诸条……别以附录名焉"。现存版本有明钮氏世学楼抄本、清顺治三年（公元1646年）《说郛》本、清乾隆四十一年（公元1776年）武英殿聚珍本（即本案）、清乾隆时期《四库全书》本，清嘉庆年间《广汉魏丛书》本、清同治十三年（公元1874年）刻本、清光绪二十五年（公元1899年）刻本、1986年《景印文渊阁四库全书》本等。全书共一卷，记邺城（今河北临漳西）宫殿楼台苑囿，建都于曹魏、后赵之典章故实，以及当时都邑制度、宫殿建筑、室宇陈设、车舆服饰、生活用具、威仪礼俗、杂技乐舞、苑囿园艺等详而有征，且其有关经济及科技方面的记载，往往为他书所无。

就纺织文化遗产研究而言，该书记录了后赵时期的服饰、纺织品名称等。例如，对法服的记载：

"整法服，冠通天，佩玉玺，玄衣纁裳，画日月火龙，黼黻华盖粉米。寻改车服，着远游冠，前安金博山，蝉翼丹纱，里服大晓。行礼，公执圭，卿执羔，大夫执雁，士执雉，一如旧礼。充庭车马、金根、玉辂、革辂数十。案：此条与下三条俱见《太平御览》。"

对女伎服饰的记载：

"季龙又常以女伎一千人为卤簿，皆着紫纶巾，熟锦裤，金银镂带，五文织成鞋，游台上。案：此条见《说郛》。"

又如，对纺织品种类的记载：

"织锦署在中尚方。锦有大登高、小登高、大明光、小明光、大博山、小博山、大茱萸、小茱萸、大交龙、小交龙、蒲桃文锦、斑文锦、凤皇朱雀锦、韬文锦、桃核文锦，或青绨，或白绨，或黄绨，或绿绨，或紫绨，或蜀绨，工巧百数，不可尽名也。"

清代李光廷在《榕园丛书〈邺中记〉跋》中评价陆翙《邺中记》一卷时，谈到其"铺陈华侈，恐非实录，然《晋书·载记》于诸国之事既属寥寥，今所存崔鸿《十六国春秋》亦为残帙，考当日霸朝事业，不能不取于稗官。""书已近古，残膏剩馥，足资寒俭"。此外，清代梅雨田在《清芬堂丛书〈邺中记〉跋》以为"夫古襄国邺间一大都会也。霸伪诸君每窃据之。""载笔者为存其实信，足为多闻识助也"。周一良在《读〈邺中记〉》中认为"十六国中五胡或六夷等少数民族所建的政权的首都，有专书记载的，只有邺都一处。"目前仅有少数的十六国时期史料被保存下来，而该书所记当时宫殿、习俗及掌故等，含有未见于他书的资料，颇具学术价值；其中体现了后赵石虎时邺城建筑的形制、手工艺发展水平，是了解后赵政权史事的重要史料。

拓 展 资 料

日本龙谷大学图书馆，龙谷大学起源于宽永十六（公元1639年）年创建于西本愿寺内的"学寮"。图书馆也大致创建于同一时期，此后"学寮"发展成"学林"，大约从明历元年（公元1655年）开始，具备了图书馆的资料收集及提供的功能。

陆翙（生卒年不详），西晋末东晋初人。东晋国子助教，撰有《邺中记》（又名《石虎邺中记》）等书。

李光廷（公元1812—1880年），字著道，号恢垣。番禺化龙山门村人。清咸丰元年（公元

1851年）中举人，次年中进士，任吏部封验司主事，曾主讲禺山书院。著有《汉西域图考》《广元遗山年谱》《北程考实》《宛湄轩诗外集》《宛湄书屋文钞》等。

梅雨田（公元1869—1914年），京剧琴师，是著名的皮黄音乐演奏家，胡琴、笛子、鼓等，样样精通。梅兰芳伯父。祖籍江苏泰州，久居北京。

周一良（公元1913—2001年），字太初，安徽东至人，生于青岛，历史学家。参与主编《世界通史》，著有《魏晋南北朝史论集》《魏晋南北朝史札记》《东学党——朝鲜的反封建反帝斗争》《日本明治维新前后的农民运动》《关于明治维新的几个问题》《亚洲各国古代史》等。

《北堂书钞》，唐初虞世南编，现存较早的类书之一。北堂指隋秘书省的后堂。虞世南任隋秘书郎时，在北堂抄集群书，故取名《北堂书钞》。该书160卷，分19部852类，辑录隋以前的古籍资料，其中很多现已散佚，因而文献价值很高。《四库全书》所用版本为明常熟陈禹谟本，但陈本删改颇多，已尽失原貌。清代孙星衍，严可均等据影宋北校注，始得复原。所收多后世失传之书，可供辑佚。

《艺文类聚》，唐初欧阳询等奉敕撰，共一百卷。始修于武德五年（公元622年），至武德七年（公元624年）书成。全书分为46部，部下分目，共727个子目。每目下"事居于前，文列于后"，辑录经史百家等书中有关故事、解释、传说等资料以记事，摘抄有关诗文、赋颂、歌赞等文体句、段以为文，开创了"事文合编"的体例。该书引用了1431种唐以前文献，其中许多已亡佚，赖此书得以保存。有宋绍兴刊本，1959年中华书局影印出版。1965年，中华书局又以影印宋本作底本，取明本、校本与征引之书有传本者及宋前类书校勘断句出版，并附校记一千六百余条。

《太平御览》，宋代类书，为北宋李昉、李穆、徐铉等学者奉敕编纂，始于太平兴国二年（公元977年），成书于太平兴国八年（公元983年），采以群书类集之，凡分五十五部而编为千卷，所以初名为《太平总类》；书成之后，宋太宗日览三卷，一岁而读周，所以又更名为《太平御览》。全书以天、地、人、事、物为序，分成五十五部，"备天地万物之理，政教法度之原，理乱废兴之由，道德性命之奥"，可谓包罗古今万象。书中共引用古书一千六百九十种，保存了大量宋以前的文献资料，而其中十之七八已经散佚，这就使本书显得尤为珍贵，被称作辑佚工作的宝山。这次点校横排出版，采用简体字，选择最佳底本，合册编定目录，极大地方便了读者阅读和检查。

《太平寰宇记》，北宋乐史撰于雍熙末至端拱初期间，前一百七十一卷依宋初所置河南、关西、河东、河北、剑南西、剑南东、江南东、江南西、淮南、山南西、山南东、陇右、岭南等十三道，分述各州府之沿革、领县、州府境、四至八到、户口、风俗、姓氏、人物、土产及所属各县之概况、山川湖泽、古迹要塞等。幽云十六州虽未入宋版图，亦在叙次之列，以明恢复之志。十三道之外，又立"四夷"二十九卷，记述周边各族。

参 考 文 献

[1]夏征农.辞海中国古代史分册[M].上海：上海辞书出版社，1988：555.
[2]冯君实.《邺中记》辑补[J].古籍整理研究学刊，1985（02）：5-13+17.
[3]周一良.读《邺中记》[J].内蒙古社会科学，1983（04）：102-110.

七 东晋葛洪撰《抱朴子》

内篇清金陵道署嘉庆十八年刻本　外篇清冶城山馆嘉庆二十四年刻本

　　东晋葛洪撰《抱朴子》内篇清金陵道署嘉庆十八年刻本、外篇清冶城山馆嘉庆二十四年刻本，均藏于日本早稻田大学图书馆。据《抱朴子内篇序》言"故予所著子言黄白之事，名曰《内篇》。其余驳难通释，名曰《外篇》，大凡内外一百一十六篇。"《抱朴子外篇》《抱朴子内篇》著成之后，在流传过程中屡有损失，已非原佚。现存刻本外篇五十卷、内篇二十卷，共七十卷。其中《外篇》版本最早为明代正统年间《道藏》收录《抱朴子外篇》五十卷。另有，明钮氏世学楼抄本，清乾隆时期《四库全书》本，清冶城山馆嘉庆二十四年刻本，清光绪年间刻本等。内篇现存版本有：罗振玉整理敦煌石室六朝本《抱朴子》残卷（仅《畅玄》《论仙》《对俗》三篇）1923年刊行于《抱朴子校记》；辽宁图书馆藏宋绍兴二十二年（公元1152年）荣六郎刻本；明天启乙丑年（公元1625年）刊丛书《诸子汇函》，明正统年间叶盛菉竹堂抄本，迎翠轩抄本等，清乾隆时期《四库全书》本，光绪元年（公元1875年）《子书百家》本，光绪年间朱氏槐庐家塾本，嘉庆十八年（公元1813年）金陵道署本，苏州书坊刊《汉魏丛书》本，孙星衍《平津馆丛书》本等，今有1980年中华书局出版王明《抱朴子内篇校释》，该书以孙星衍本为基础，比对诸多存世《内篇》版本，形成最终定稿。殷甫在王明的基础上进一步校订《内篇》内容。此外还有2004年华夏出版张继禹主编《中华道藏》第二十五册辑录《内篇》。除对《内篇》文本的整体编订外，另有1989年，宋冶宏以清人孙星衍校平津馆本为范本，从中医名词及理论的视角，对《内篇》文本删讹定误；以及1998年，王家葵根据《证类本草》补正《内篇》中异文八条，佚文五条等。（图2-8）

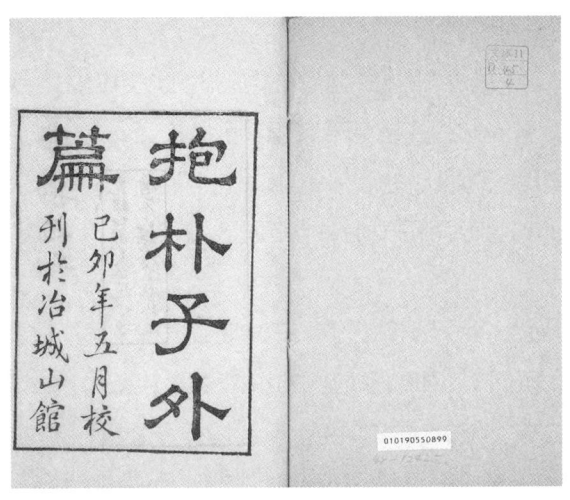

图2-8 外篇·东晋葛洪撰《抱朴子》外篇清冶城山馆嘉庆二十四年刻本 日本早稻田大学图书馆藏

该书总结了战国以来神仙家的理论,是研究我国晋代以前道教史及思想史的宝贵材料。据《抱朴子·外篇自叙》言:"其内篇言神仙方药、鬼怪变化、养生延年、禳邪却祸之事,属道家;其外篇言人间得失、世事臧否,属儒家。"《内篇》其内容可以具体概括为:论述宇宙本体、论证神仙的确实存在、论述金丹和仙药的制作方法及应用、讨论各种方术的学习应用、论述道经的各种书目,说明世人修炼的广泛性。《外篇》其内容可具体概括为:论人间得失,讥刺世俗,讲治民之法;评世事臧否,主张藏器待时,克己思君;论谏君主任贤能,爱民节欲,独掌权柄;论超俗出世,修身著书等。《抱朴子》将玄学与道教神学,方术与金丹、丹鼎与符、儒学与仙学统统纳为一体之中,从而确立了道教神仙理论体系,反映了魏晋时期的思想特色。此外《抱朴子》中强调人不能单纯地从修炼方术入手,人生的抱负也不能仅仅是遁隐山林,要想真正修炼成仙还要建功立业、修身齐家治国平天下。主张在现实社会生活中获得精神解脱和炼得肉体飞升,既做到立时济世,又得超凡入圣。如:"上士得道于三军,中士得道于都市,下士得道于山林。"他认为修炼既可以保德致长生,也可以治世致太平。

就纺织文化遗产研究而言,该书所记述的冠履衣服、发式佩戴等都与葛洪主张的"礼教"相关,符合礼教的规定即为美,否则即为丑,例如《外篇·讥惑》就表达了对"背礼判(叛)教"现象的批判:"丧乱以来,事物屡变,冠履衣服,袖袂财(裁)制,日月改易,无复一定。乍长乍短,一广一狭,忽高忽卑,或粗或细,所饰无常,以同为快。"

《外篇·嘉遁》在谈论"出处"问题之时,借赞许遁世之士而对"赴势公子"的讥嘲:"蹑履美于赤舄,缊袍丽于衮服;把樵安于杖钺,鸣条乐乎丝竹。"葛洪反对人们"肆神以逐物",过分热衷于对"美"的享乐,以致乐极忘返,陷于荒淫,从而耽误了其他更为重要的事业,但他并不否定美和艺术本身的价值和意义。

又如葛洪认为人们对于事物的审美感受或对美的看法是因人因时因地而异的,因而不能一概而论。如中原地区的汉人喜爱穿戴饰有文采的衣冠,而"被发之域,憎章甫之饰""故衮藻之粲焕,不能悦裸乡之目(《广譬篇》)。"

该书不仅对道、儒、墨、释等诸家兼收并蓄,而且赓续老庄哲学思想,构建了较为完备的道教理论体系,提出了"玄道"思想,展现了对传统道家思想的汲取与改造。而且书中涉猎了许多医学和药物学知识,强调灸法的使用,主张道士兼修医术,养生延年,修行养生之道。另外葛洪提倡文学创作要雕文饰辞,并主张德行与文章并重,所以书文在形式上采用骈偶句法,内容或散或骈,文章华美,语气自然流转,文意通晓顺畅,颇合魏晋文学形神兼备之尚,具有较高的文学价值。

拓 展 资 料

葛洪(公元281—341年),字稚川,自号抱朴子,丹阳句容(今江苏)人。葛玄从孙。东晋道教理论家、医学家、炼丹术家。他曾受封为关内侯,后隐居罗浮山炼丹。在山积年而卒。把道家术语附会到金丹、神仙的教理,使道教思想系统化、理论化,并和儒家名教纲常相结合。以神仙养生为内,以儒术应世为外。

孙星衍(公元1753—1818年),字渊如,号伯渊,别署芳茂山人、微隐。清代著名藏书家、目录学家、书法家、经学家。阳湖(今江苏武进)人,后迁居金陵。少年时与杨芳灿、洪亮吉、黄景仁以文学见长,袁枚称他为"天下奇才"。

罗振玉(公元1866—1940年),初名宝钰(振钰),字式如、叔蕴、叔言,号雪堂,晚号贞松老人、松翁。祖籍浙江省上虞县永丰乡,出生于江苏淮安。中国近代考古学家、古文字学家、金石学家、敦煌学家、目录学家、校勘学家、农学家、教育家。"甲骨四堂"之一。

参 考 文 献

[1]武锋.葛洪《抱朴子外篇》研究[D].上海:华东师范大学,2007.

[2]丁宏武.葛洪及其《抱朴子外篇》简论[D].兰州:西北师范大学,2003.
[3]龙泽黯.葛洪《抱朴子内篇》版本探究及相关研究评述[J].惠州学院学报,2023,43(04):49-58.
[4]游光中,黄代燮.中外诗学大辞典[M].成都:四川辞书出版社,2020:1056.
[5]施昌东.在美学研究的道路上[M].上海:复旦大学出版社,1984:186-191.

八 南朝宋刘义庆等著南朝梁刘孝标等注《世说新语》
南宋绍兴八年尊经阁文库藏本

南朝宋刘义庆等著南朝梁刘孝标等注《世说新语》南宋绍兴八年尊经阁文库藏本,现藏于日本国立国会图书馆。《世说新语》虽撰于南朝,然唐之前皆以抄本传世,且传本今已无存。该书在流传过程中曾出现过八卷、十卷、三卷、六卷等不同版本。《隋书·经籍志》《旧唐书·经籍志》《新唐书·经籍志》等著录为八卷,《崇文总目》《郡斋读书志》等著录为十卷,《直斋书录解题》《宋史·艺文志》著录为三卷,《孙氏祠堂书目》著录为六卷。该书门类从现有著录来看有三十六门、三十八门和三十九门等不同记载。今本三卷三十六门,为宋人晏殊删并。现存宋代刊本有董弅南宋高宗绍兴八年(公元1138年)尊经阁文库藏本,董弅南宋高宗绍兴年间宫内厅本,两者基本属于同版,印刷时间有先后之别,尊经阁本稍早于宫内厅本。宫内厅本有几十页的重刊页面,字体清晰劲利,属于南宋补刊,其余页面漫漶严重,而且缺少后两册的《叙录》《考异》《人名谱》各卷。明代《世说新语》空前盛行,保存至今的版本,约有二十六种之多。盛行的原因与王世贞、王世懋兄弟将何良俊《何氏语林》与刘义庆《世说新语》删并合刊有关。另外,凌瀛初、凌濛初兄弟刊行刘辰翁批点本、太仓王氏刊行李卓吾批点本也起到了不可忽视的作用,主要版本有正德四年(公元1509年)赵俊刻本,明嘉靖十四年(公元1535年)袁褧嘉趣堂刻本,嘉靖四十五年(公元1566年)太仓曹氏刻本,万历七年(公元1579年)管大勋刻本,万历九年(公元1581年)乔懋敬刻本,万历二十五年(公元1597年)赵氏野鹿园刻本,万历三十七年(公元1609年)周氏博古堂刻本等。清代刊行的《世说新语》相较宋明,做了部分校勘工作,订正了宋明刻本中的讹误,主要版本有康熙十五年(公元1676

年）玄德堂刊本，乾隆二十七年（公元1762年）江夏黄汝琳刊海宁陈氏慎刊堂藏本，道光八年（公元1828年）浦江周心如《纷欣阁丛书》三卷本，光绪三年（公元1877年）湖北崇文书局六卷本，光绪十七年（公元1891年）长沙王先谦思贤讲舍三卷本。1955年和1956年，北京文学古籍刊行社（今已并入人民文学出版社）影印出版日本影宋绍兴八年董善刻本与王利器藏本（卷前有王利器校记，后附残卷），1962年中华书局线装影印日本影印宋绍兴本等。（图2-9）

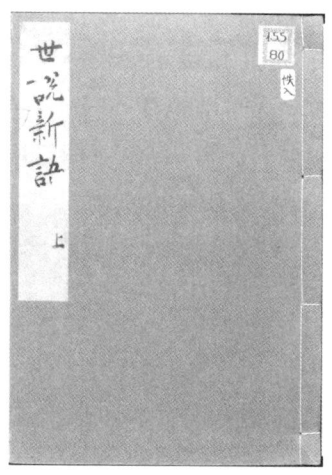

图2-9　封面·南朝宋刘义庆等著南朝梁刘孝标等注《世说新语》
南宋绍兴八年尊经阁文库藏本　日本国立国会图书馆藏

《世说新语》又名《世语》《世说》等，是我国最早的一部文言志人小说集。今传本皆作上、中、下三卷，按照时间顺序，以类相从，编撰成书。全书分为：德行、言语、政事、文学、方正、雅量、识鉴、赏誉、品藻、规箴、捷悟、夙惠、豪爽、容止、自新、企羡、伤逝、栖逸、贤媛、术解、巧艺、宠礼、任诞、简傲、排调、轻诋、假谲、黜免、俭啬、汰侈、忿狷、谗险、尤悔、纰漏、惑溺、仇隙三十六门，全书共一千多则，采集前代逸闻轶事，上至秦末，下至刘宋初年，而尤以魏晋最为详备，记录了当时贵族名士的言行风貌。其中，刘孝标等注的《世说新语》，曾引用经、史、子、集四部著作四百十四种，使许多古籍赖以传世。故此，该书久为治史者所重，甚至成为正史取材来源。刘知几在《史通·杂说》中曾言："皇家撰晋史，多取此书。"

其中，有关服饰的记载分布于全书各章，例如书中对葛巾的描述："弹棋始自魏宫内，用妆奁戏。文帝于此戏特妙，用手巾角拂之，无不中。有客自云能，帝使为之。客箸葛巾角，低头拂棋，妙逾于帝。"

对裤的描写："吏呵之曰：'鼓吏何独不易服？'衡便止。当武帝前，先脱裤，次脱余衣，裸身而立。徐徐乃著岑牟，次著单绞，后乃着裤。"

又如对服饰材质的描写："以帛绢制衣，作一岑牟，一单绞及小裤。"

就纺织文化遗产研究而言，该书描述了汉末至晋代士族阶层的服饰、材质等，是研究魏晋时期服饰文化和服饰历史的重要参考资料。就《世说新语》的文化价值、历史价值而言，宋代学者董弅在其跋中说："晋人雅尚清谈，唐初史臣修书，率意窜定，多非旧语，尚赖此书传后世。"清代刘熙载《艺概·文概》中说"文章蹊径好尚，自《庄》《列》出而一变，佛书入中国又一变，《世说新语》成书又一变。此诸书，人鲜不读，读鲜不嗜，往往与之俱化。"值得注意的是，书中有关时间的记载有混淆之处，如《言语·第二》"刘公幹以失敬罹罪。文帝问曰：'卿何不谨于文宪？'桢答曰：'臣诚庸短，亦由陛下纲目不疏。'按：诸书或云，桢被刑魏武之世，建安二十年病亡。后七年文帝乃即位。而谓桢得罪黄初之时，谬矣。"故在使用该书时，应多与同时期文献比较参考。

拓 展 资 料

刘义庆（公元403—444年），字季伯，彭城（今江苏徐州）人。南朝宋文学家。宋宗室，袭封临川王，曾任南兖州刺史、都督加开府仪同三司。著有《世说新语》等。

刘峻（公元462—521年），字孝标，平原（今属山东德州平原县）人。南朝梁学者兼文学家，以注释刘义庆等编撰的《世说新语》而著闻于世，其《世说新语》注引证丰富，为当时人所重视。

董弅（生卒年不详），字令升，南宋东平（今山东东平）人，绍兴七年知严州，著有《严州图经》等。

刘熙载（公元1813—1881年），字伯简、号融斋，晚号寤崖子，江苏兴化人。道光二十四年（公元1844年）进士，授翰林院编修，官至左春坊左中允、广东学政。晚年任上海龙门书院主讲，潜心学术研究。著有《古桐书屋札记》《昨非集》等。

《孙氏祠堂书目》，清孙星衍撰，全书总分为十二大类，十二大类为：经学、小学、诸子、天文、地理、医律、史学、金石、类书、词赋、书画、小说。

《纷欣阁丛书》，清周心如编辑，十三种，七十八卷。"纷欣阁"大约是编者书室名，因以为丛书名。所收十三种书为：宋朱熹《朱子周易参同契考异》，清许乃济、清王庆麟《左氏蒙求注》，宋朱熹《朱子阴符经考异》，汉桓宽《盐铁论》（附清张敦仁《盐铁论考证》），晋张华

《博物志》(附清周心如补遗),宋苏轼《东坡先生翰墨尺牍》,宋黄庭坚《山谷老人刀笔》,明杨慎《杨升庵先生异鱼图赞》,明黄衷《海语》,宋江休复《江邻几杂志》,清冯班《冯氏小集》,清冯班《钝吟集》,清冯班《游仙诗》。其中《盐铁论》后附考证一卷,较之他本为善;《东坡先生翰墨尺牍》与《山谷老人刀笔》收辑繁富,可为书翰之范本;其他各种则大抵为普通易见之书。

《艺概》,清刘熙载撰,系作者晚年著作,成书于同治十二年(公元1873年)。全书六卷。卷一《文概》,卷二《诗概》,卷三《赋概》,卷四《词曲概》,卷五《书概》(专论书法),卷六《经义概》,论治经及八股文写作。书中汇集了作者历年来论艺言论,全面反映了他的文艺观和具体主张。以"概"名书,盖取"举此以概乎彼,举少以概乎多",使人能"得其大意""触类引申""以明指要"。此论从崇道尊经观念出发,强调道是根本,文艺是道的外观。

参考文献

[1]周文英.中国逻辑史资料选汉至明卷[M].兰州:甘肃人民出版社,1991:188.
[2]李水海.中国小说大辞典先秦至南北朝卷[M].西安:陕西人民出版社,1994:638.
[3]姜彬.中国民间文学大辞典[M].上海:上海文艺出版社,1992:1077.
[4]胡道静.简明古籍辞典[M].济南:齐鲁书社,1989:260.
[5]王力.《世说新语》的小说价值及发现[D].郑州:河南大学,2009.
[6]张芳.《世说新语》史料价值研究[D].济南:山东大学,2015.
[7]齐慧源.《世说新语》的特殊服饰与魏晋服饰文化[J].徐州教育学院学报,2004(03):75-77.
[8]吕振宁.《世说新语》编撰体例与魏晋文化关系研究[D].广州:暨南大学,2010.
[9]周易.明清《世说新语》文献整理与研究[D].烟台:鲁东大学,2015.
[10]王晓岩.分类选注历代名人论方志[M].沈阳:辽宁大学出版社,1986:102.
[11]黄霖,蒋凡.中国古代文论选编下[M].上海:复旦大学出版社,2022:1065.
[12]游光中,黄代燮.中外诗学大辞典[M].成都:四川辞书出版社,2020:1161.

九 北魏杨衒之撰《洛阳伽蓝记》

明万历年间吴琯《增订古今逸史》辑校刻本

北魏杨衒之撰《洛阳伽蓝记》明万历年间吴琯《增订古今逸史》辑校刻本,现藏于哈佛大学燕京图书馆。《洛阳伽蓝记》始作于东魏孝静帝武定元年(公元543年),约至武定五年(公元547年)完成。其祖本已佚失,清缪荃孙所刻

《元河南志》卷三所记后魏城阙市里之文录自《洛阳伽蓝记》，据缪荃孙跋所云，该书盖袭自北宋宋敏求之旧志，此当为《洛阳伽蓝记》最早的北宋残本。元陶宗仪所辑《说郛》亦收《洛阳伽蓝记》，系节录本。明解缙主编《永乐大典》中有引及《洛阳伽蓝记》者三十四条，约于原书五分之三，《永乐大典》虽为明人所修，而所取之书大多为宋元相传之旧本，故此亦为明以前本。《洛阳伽蓝记》明清时期刻本很多，明本有明如隐堂刻本、万历年间吴琯《增订古今逸史》辑校刻本、万历年间何允中辑《汉魏丛书》本、崇祯绿君亭刻《津逮秘书》本等。清本有清初徐毓卿本、嘉庆十年（公元1805年）张海鹏照旷阁刻《学津讨原》本、嘉庆十六年（公元1811年）吴自忠真意堂丛书活字本、光绪二年（公元1876年）洛阳西华禅院刻本、道光十四年（公元1834年）吴若准集证本、光绪二十九年（公元1903年）李葆恂说剑斋刻本等。（图2-10）

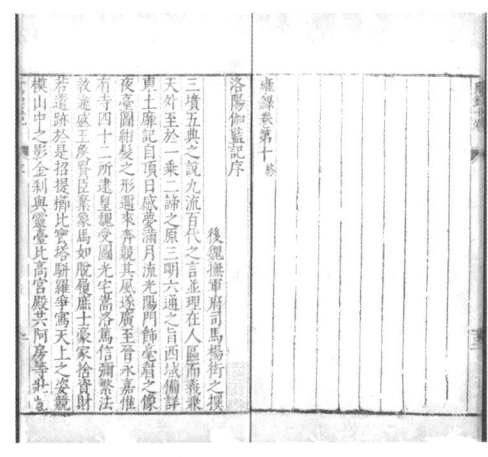

图2-10 序·北魏杨衒之撰《洛阳伽蓝记》明万历年间吴琯《增订古今逸史》辑校刻本 哈佛大学燕京图书馆藏

《洛阳伽蓝记》自序："先以城内为始，次及城外，表列门名，以记远近。凡为五篇。"后来著录，皆为五卷。这五卷是：城内、城东、城南、城西、城北。每卷以著名的佛寺为纲，共记永宁、建中、长秋、瑶光、景乐、胡统、景林、龙华、宗圣、庄严、宝光、白马等四十三寺，和宋云惠生使西域，以及京师建制与郭外诸寺状况，兼及有关的宫殿、邸宅、园林、佛塔、塑像以及有关人物的轶事掌故，甚至还有类似的志怪传说等。书中对纺织服饰的记载分散于全书各条，《洛阳伽蓝记》卷四"法云寺"条记载洛阳城中最富有的地方，民间号为王子坊，是那时皇宗居住的地方，对王公贵族的豪宅以及奢靡的生活做了描写：

"琛常会宗室，陈诸宝器。金瓶银瓮百余口，瓯、檠、盘、盒称是。自余酒器，有水晶钵、玛瑙琉璃碗、赤玉卮数十枚。作工奇妙，中土所无，皆从西域而来。又陈女乐及诸名马。复引诸王按行府库，锦罽珠玑，冰罗雾縠，充积其内。绣缬、绸绫、丝彩、越葛、钱绢等，不可胜数。"

对崔光的事迹记载为：

"国家殷富，库藏盈溢，钱绢露于廊者，不可校数。及太后赐百官负绢，任意自取，朝臣莫不称力而去。惟融与陈留侯李崇负绢过任，蹶倒伤踝。侍中崔光止取两匹，太后问：'侍中何少？'对曰：'臣有两手，唯堪两匹，所获多矣。'朝贵服其清廉。"

书中"愿会寺"条对神桑的记载，称其"直上五尺，枝条横，柯叶傍布，形如羽盖。复高五尺，又然。凡为五重，每重叶椹各异，京师道俗称之神桑。"

《洛阳伽蓝记》乃北魏史地著作，其书记载了北魏洛阳佛寺之兴衰，并由此展现了地理沿革、政治变迁、风俗民情等内容，对研究北魏时期的洛阳都城建制、佛寺建筑和历史古迹等具有十分重要的价值。又因其叙事隽永、文辞秀逸，在北朝文学史上也有着重要地位。《四库全书总目》称："其文秾丽秀逸，烦而不厌，可与郦道元《水经注》肩随。其兼叙尔朱荣等变乱之事，委曲详尽，足足与史传参证。"以"永宁寺"条为例，其叙北魏末年政治斗争约占全篇三分之二，笔触细腻，记载翔实，所载元颢与庄帝书，庄帝临终所赋五言诗等，可补正史之不足。值得注意的是，《洛阳伽蓝记》传世版本众多，然始乏善本，现存诸本皆有一定错字脱文，读时须参校各本。

拓 展 资 料

杨衒之（生卒年不详），杨或作阳，又误作羊。北平（今河北满城）人。北魏末任秘书监、奉朝请。东魏时任期城郡太守、抚军府司马。魏都洛阳之佛寺，甲于天下。永熙之乱，城郭为墟。衒之行役洛阳，感念舆废，因抚拾旧闻，追叙故绩，作《洛阳伽蓝记》。其事迹略见《洛阳伽蓝记自序》及《广弘明集·王臣滞惑篇》。

缪荃孙（公元1844—1919年），字炎之，又字筱珊，晚号艺风老人，江苏江阴申港镇缪家村人。清光绪年间进士，幼承家学，清光绪丙子（公元1876年）考中进士，曾任翰林院编修、清史馆总纂，并历主南菁、泺源、龙城、钟山等书院讲席，创办过江南图书馆和京师图书馆。著有《艺风堂藏书记》《艺风堂金石文字目》《艺风堂文集》等。

宋敏求（公元1019—1079年），字次道，赵州平棘（今河北省赵县）人。燕国公宋绶之子，北宋宝元二年（公元1039年）赐进士，宋仁宗朝历任馆阁校勘、集贤校理、知太平、亳州，累迁至工部郎中。宋英宗治平中，同修起居注、知制诰。宋神宗熙宁中，除史馆修撰、集贤院学士，加龙图阁直学士。元丰二年（公元1079年）去世，追赠礼部侍郎。编著有《唐大诏令集》，地方志《长安志》，考订详备。笔记《春明退朝录》，多记掌故时事，又补有唐武宗以下《六世实录》。

崔光（公元450—523年），本名孝伯，字长仁，东清河郡鄃县（今山东夏津县白马湖镇崔庄村）人。太和六年（公元482年），出任中书博士，转著作郎，跟随李彪共撰国史，迁给事黄门侍郎，参与撰修国书，被誉为"今日之文宗"。孝明帝时官至司徒。崇信佛教，能诗文。《全上古三代秦汉三国六朝文》存其文二十五篇。

参考文献

[1] 赵海霞.《洛阳伽蓝记》版本述评[J].华夏文化，2014（01）：53-55.

[2] 张翠萍，陈志伟.《洛阳伽蓝记》版本考释[J].图书馆学研究，2005（11）：92-95+91.

[3] 钟盛.从《洛阳伽蓝记》看北魏时期洛阳的经济发展状况[J].佳木斯大学社会科学学报，2004（01）：74-76.

[4] 罗晃潮.《洛阳伽蓝记》版本述考[J].文献，1986（01）：214-219+289.

十 唐道世撰《法苑珠林》
明万历十九年清凉山妙德禅院刻径山藏本

唐道世撰《法苑珠林》明万历十九年清凉山妙德禅院刻径山藏本，现藏于中国国家图书馆。《法苑珠林》成书于唐总章元年（公元668年），于宋代被编入大藏经中，此后在各朝代藏经中都为一百卷，唯明代《嘉兴藏》为一百二十卷。《嘉兴藏》又名《楞平寺版》《明本》或《径山藏》，由于其刻本多数都是在浙江余杭径山寺院中所刻，后又分散到嘉兴等地进行刻造而得名。相比一百卷本，一百二十卷本并未增加新的内容，只是在形式上进行了改动，将原本应该是一卷的内容拆分成为几卷。值得注意的是，一百二十卷本在行文上有着较多的错误。现今版本除本案外有明万历十九年（公元1591年）一百卷刻本、清顺治三年（公元1646年）《说郛》本、道光二十八年（公元1848年）虞山小石山房顾氏一百卷刻本、道光七年（公元1827年）一百卷刻本、道光年间江苏常熟蒋氏私刻《法苑珠林》一百卷本、光绪三年（公元1877年）常熟三峰寺释照尘一百卷刻本、宣统二年（公元1910年）一百卷刻本，1919年上海涵芬楼影印一百二十卷本等。（图2-11）

图2-11 卷首·唐道世撰《法苑珠林》明万历十九年清凉山妙德禅院刻径山藏本 中国国家图书馆藏

《法苑珠林》是我国佛教文献中极其珍贵的类书，探讨了佛教与中国古代文化之交融。《宋高僧传》称："由是搴文囿之菁华，嗅大义之瞻蔔。以类编录，号《法苑珠林》，总一百篇。"全书分一百卷，每一篇下有部，部下又有小部，共六百余目，约一百二十万余字。概述佛教思想、术语、法数等，博引诸经、律、论、纪、传等，其中有现今已不存之经典，又以内容之不同而分类，且其引文并非照经文抄录，而系录其要义，故使用较为便利。

就纺织文化遗产研究而言，该书卷四《三界篇·衣量部》、卷九《六道篇·衣食部》、卷十七《千佛篇·具服部》、卷四十七《法服篇》等都有对不同天神服饰、佛教修行者服饰的描写。例如《三界篇·诸天部》对天人衣着的描写：

> "问曰：诸天衣服云何？答曰：如经说，六欲界六天中皆服天衣，飞行自在。看之似衣，光色具足，不可以世间缯彩比之。色界诸天衣服，虽号天衣，衣如非衣，其犹光明，转胜转妙，不可名也。"

文中提到，六欲天中的天人都穿着天衣，可以自由飞行，衣服光彩夺目，无法与世间的衣物相比。而色界的天人，虽然也穿天衣，但其衣服的光明和美丽更胜一筹，难以用语言描述。

对六道篇衣食部修罗服饰的描写：

> "修罗衣食自然。冠缨衣服纯以七宝。鲜洁同天。"

在衣着方面，修罗的衣服非常奢华，由七宝制成，与天神的衣服相似，非常纯净而华丽。

又如对千佛篇具服部对袈裟的描写：

> "尔时，太子既剃发已，净居天复化作猎师之形。身着袈裟染色之衣，手执弓箭，见已语言：'汝能与我此之袈裟衣不？'我与汝迦尸迦衣，价值百千亿金。复为种种栴檀香等之所熏修。"

该篇讲述佛陀（释迦牟尼佛即太子）成道前的故事，在这个故事中，太子发已决心出家寻求解脱之路。在此过程中，净居天出现了。这位化作猎师的天神身穿袈裟，这是佛教僧侣的传统袍服，染色可能为了伪装或适应环境。他手持弓箭，符合他猎师的形象。净居天向太子提出一个交换：他愿意用一件极为珍贵和香气四溢的迦尸迦衣来交换太子的袈裟。迦尸迦衣是一种极其珍贵的衣服，据说价值百千亿金，经过各种栴檀香等香料的熏制，显得非常珍贵和香气扑鼻。接着，净居天说了一段偈语，这在佛教经典中是一种常见的表达方式，用以教化或传达重要的宗教信息。

《法苑珠林》不仅囊括了当时能够找到的各种佛教经典，还收录了数量繁多的外来佛教经典以及各种史书杂记，且均注明出处。在这些经典杂记之中，有许多早已不见原典,如《冥祥记》《西域志》《菩萨本行经》《佛本行经》等。此外,由于《法苑珠林》所征引的文献跨度时间较长,约从汉代到初唐,而且除了书面文献,其还收录了许多流传于民间的故事以及传说等,为研究汉代到初唐时期的社会文化提供了重要参考资料。同时亦为理解佛教在中国的适应和变迁提供了宝贵资料,对宗教和世俗思想方面具有重要价值。

拓展资料

释道世(生卒年不详),字玄恽,为唐代僧人。道世生而聪慧,于12岁时出家,在青龙寺(长安)跟随当时的律学大师智首学习律学,其后刻苦学习钻研。唐高宗显庆年间(公元656—661年),参与玄奘译场,后被召入西明寺,与道宣同传律宗。总章元年(公元668年)编纂《法苑珠林》一百卷,又著《诸经要集》等。

《嘉兴藏》,原为明末清初刻选的私版藏经。发起于明嘉靖末隆庆初。到万历七年(公元1579年)基本确定。万历十七年(公元1589年)在山西五台山开雕,一年内共刻500多卷。因五台山气候寒冷,万历二十年(公元1592年)迁到浙江余杭县的径山继续刊刻。后又分散在嘉兴、吴江、金坛等地募刻,到清康熙十五年(公元1676年)完工;由嘉兴楞严寺集中经版印刷流通。全藏分正藏、续藏和又续藏三个部分。正藏210函,完全按《永乐北藏》的编次复刻,千字文编次天字至史字,末附《永乐南藏》特有的5种,153卷。续藏95函,收入藏外典籍248种,约3800卷。又续藏47函,续收藏外典籍318种,约1800卷。康熙十六年(公元1677年)以后,抽去续藏5函、又续藏4函,收入内容也略有变动。计正藏210函,续藏90函,又续藏43函,2090部、逾12600余卷。该藏除了改变历来佛经沿用的摺装式装帧为轻便的线装书册式外,主要是在续藏和又续藏中收集了大量的藏外著述,内容包括疏释、忏仪、语录等。

参考文献

[1]李华伟.《法苑珠林》研究[D].天津:南开大学,2014.

[2]向雨飞.《法苑珠林》异文研究[D].昆明:云南师范大学,2021.

[3]吴福秀.论古代类书的思想史研究意义——以《法苑珠林》为中心[J].西南农业大学学报(社会科学版),2010,8(04):144-145.

十一 唐崔令钦撰《教坊记》
明万历年间吴琯《增订古今逸史》辑校刻本

唐崔令钦撰《教坊记》明万历年间吴琯《增订古今逸史》辑校刻本,现藏于哈佛大学燕京图书馆。《教坊记》自序中称李隆基为"玄宗",可知成书应于宝应元年(公元762年)之后。该书于南宋时期收入曹慥《类说》,明朝时有天启六年(公元1626年)岳钟秀刻本、嘉靖年间云间陆氏俨山书院《古今说海》本、万历吴琯《增订古今逸史》本(即本案)、崇祯金陵心远堂《续百川学海》本等。清朝时有顺治三年(公元1646年)《说郛》宛委山堂本、乾隆年间《四库全书》本、嘉庆年间仁和莲塘居士《唐代丛书》本等。至民国,又收入上海扫叶山房出版《五朝小说大观》和上海商务印书馆出版《丛书集成初编》。今有1956年文学古籍刊行社用宋刻补足明刻景印本,1969年中国戏曲出版社《中国古典戏曲论著集成》收录本,2000年上海古籍出版社"唐五代笔记小说大观"本等。(图2-12)

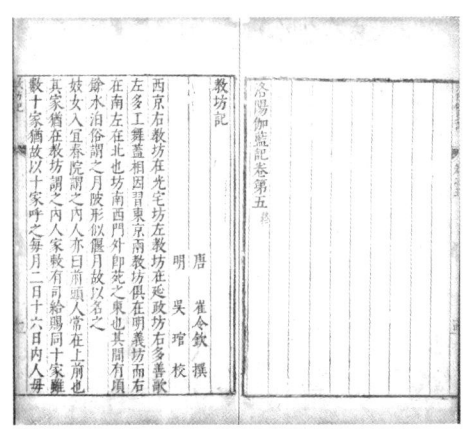

图2-12 《教坊记·序》唐崔令钦撰《教坊记》
明万历吴琯《增订古今逸史》辑校刻本 哈佛大学燕京图书馆藏

《教坊记》中主要记述了唐朝教坊这一音乐机构的组成、职能,还包括当时乐工和伶人的音乐生活以及宫廷音乐、舞蹈演出等内容。书中开始部分记录了乐伎的日常生活以及排练、演出等情况,中间列出了三百二十多首歌舞乐曲的名称，如《好郎君》《破阵乐》等。最后还记述了《兰陵王》《踏摇娘》《乌夜啼》《安公子》《春莺啭》的来源。书中简单介绍了伶人舞蹈时所穿的衣物：

"开元十一年，初制《圣寿乐》。令诸女衣五方色衣，以歌舞之。"

"《圣寿乐》舞，衣襟皆各绣一大窠，皆随其衣本色制纯缦衫，下才及带，若短汗衫者以笼之，所以藏绣窠也。舞人初出乐次，皆是缦衣。舞至第二叠相聚场中，即于众中从领上抽去笼衫，各内怀中。观众忽见众女咸文绣炳焕，莫不惊异。"

由此可知时下舞台上经常出现的"变装"技艺在唐朝就已经表现出很高的水平。

《教坊记》一书记述了唐开元时代教坊制度、艺人轶事，著录教坊曲名三百二十四，乐曲之内容及起源，保存了唐代乐曲的丰富资料，是研究唐代音乐、百戏的重要资料，对我国音乐史、戏剧史、词史等的研究有重要意义。四库馆臣评价该书："所记多开元中猥杂之事，故陈振孙讥其鄙俗。然其后记一篇，谆谆于声色之亡国，虽礼为尊讳，无一语显斥玄宗，而后历引汉成帝、高纬、陈叔宝、慕容熙，其言削切而著明。乃知令钦此书，本以示戒，非以示劝。《唐志》列之于经部乐类，固为失当，然其风旨有足取者。"清人周中孚也说："今观其书，凡十六条，其记曲名尤详，足有利于考证。后记一篇，反复推明声色之亡国，其垂戒至为深长，故书虽狠杂，而著书之本旨自正大也。"

拓 展 资 料

崔令钦（生卒年不详），博陵安平人（今河北安平）。开元时，官著作佐郎，历左金吾卫仓曹参军。至德时，迁仓部郎中，官至国子司业。今存所撰《教坊记》，卷首崔氏自序云："开元中，余为左金吾仓曹，武官十二三是坊中人。每请禄俸，每加记访问，尽为余说之。今中原有事，漂寓江表，追思旧游，不可复得，粗有所识，即复疏之，作《教坊记》。"

吴琯（公元1546—?年），字仲虚，号云中，新安（今安徽歙县）人。隆庆五年（公元1571年）进士，曾任婺源县知县六年，有政绩，任给事中。好辑刻古书。晚年定居新安，成为坊刻家，又创"西爽堂"，是当时刻书名坊，以刊刻丛书闻名。

周中孚（公元1768—1831年），字信之，别字郑堂，乌程（今湖州）人。清嘉庆元年（公元1796年）拔贡。曾就学阮元，入诂经精舍，参与修辑《经籍纂诂》，著《孝经集解》《逸周书注补正》《顾职方年谱》《词苑丛话》《子书考》《金石识小录》等，存者仅《郑堂札记》等。

参考文献

[1]罗锦雯.从《教坊记》看盛唐音乐文化[J].大众文艺,2021(21):85-87.
[2]姚继荣,姚忆雪.唐宋历史笔记论丛[M].北京:民族出版社,2016:(49-52).

十二 唐封演撰《封氏闻见记》
清同治八年江山刘履芬钞本影印本

唐封演撰《封氏闻见记》清同治八年江山刘履芬钞本影印本,现藏于中国国家图书馆。关于该书的成书时间尚未有明确记载。《封氏闻见记》最早出现在北宋《崇文总目》中,列入传记类:"《封氏闻见记》五卷,封演撰。"此后仁宗时欧阳修、宋祁编撰的《新唐书·艺文志》杂传记类、《秘书省续编到四库阙书目》小说类、《通志》卷六五《艺文略》三杂史类、《宋史·艺文志》小说类、《文献通考》也简单著录此书五卷,书名或作《封氏闻见记》。然南宋陈振孙《直斋书录解题》将其著为二卷。可知宋代有五卷、二卷两种版本。值得注意的是,宋曾慥《类说》中卷六亦收录《封氏闻见记》,但其所录条目命名方式与现通行本并不相同。

现《封氏闻见记》通行版本为十卷本,但这种十卷版本最早出现于何时,学界尚未有明确定论。最早关于十卷本的记载见于宋人周南《山房集》卷五《题跋》"《封氏见闻记》,唐德宗时吏部郎中封演撰,凡十卷。首篇《道教》,叙道君符应之诞……终于《侮谑》。"《山房集》《封氏闻见记》目录首篇为《道教》,末篇为《侮谑》与今本目录相同。有不同处,据《山房集》言,《封氏闻见记》有《儒术》篇,有"记广文馆本末"等内容,今本却称为《儒教》,相应内容已佚。元明两代关于《封氏闻见记》著录的文献资料不多,傅增湘《藏园群书经眼录》载有四种抄本,均为明代本,分别是:明蓝格写本,有"《封氏闻见记》十卷,版心有'雪晴斋抄'四字,有明朱良育记,并传钞元夏庭芝跋。"之言;明写本,有"《封氏闻见记》十卷,十行二十字,后有夏庭芝、朱良育跋、蒋子遵(杲)跋录后。"之言;明上党冯氏写本;旧抄本,有"《封氏闻见记》十卷,旧抄本,后有'隆庆戊辰借梁溪吴氏宋钞本录此并记'二行,有莫友芝、张啸山两跋。按:此书抄手不过乾隆。"之言。

另外，吴岫为《封氏闻见记》作跋文，明清抄本多传抄之，如清《雅雨堂丛书》本、《学海类编》本中也多有收录。乾隆五十七年（公元1792年）江都秦簧刻本、乾隆年间《四库全书》本、道光十年（公元1830年）江都秦恩复刻《石研斋四种本》、同治八年（公元1869年）江山刘履芬钞本（即本案）、1926年封宝桢刻本等刻本流传，此外还有如天一阁、莫吕亭、海源阁朱氏抄本等抄本流传。现今通行本为1933年中华书局出版有赵贞信校注《封氏闻见记》，赵贞信以《雅雨堂丛书》为底本，综合前人抄本、校本如《学津讨原》本、《学海类编》本、《畿辅丛书》本、将不同的丛书校本兼收，互相校勘；又参考了《说文解字》《唐六典》《唐会要》等典籍，在1933年出版《〈封氏闻见记〉校注》，而后参考岑仲勉先生《跋〈封氏闻见记〉（校注本）》一文，在对前文删繁就简的基础上，又于1958年在中华书局出版《〈封氏闻见记〉校注》一书，在2005年再版时又加入陶敏《〈封氏闻见记〉校注标点校勘拾遗》一文。

《封氏闻见记》即作者封演据所见所闻，详加整理，参考古籍，记录所成。今本十卷，前六卷述各种典章制度和民情风俗，多陈掌故，七、八卷记古迹与传说，最后二卷记当时士大夫遗事轶闻，嘉言善行。书中保存大量唐代史实掌故和语言文字等资料，源委详明。如其卷六《饮茶》一节，文虽简，内容却很丰富，涉及茶史、茶功、茶禅、茶俗、茶店、茶贸、茶事，凡六则，对唐代饮茶时尚形成的原因、经过和现状叙述尤详，为研究唐代茶学提供了珍贵史料。清代学者对此书评价甚高，《四库全书》馆臣称之："唐人小说，多涉荒怪，此书独语必征实"，卢见曾称赞此书"考据该洽，论辩详明"。

就纺织文化遗产研究而言，该书卷六记载了唐代巾幞，虽然其余各章也有对纺织技艺和部分服饰的记录，但篇幅不多。例如，对唐代帝王服饰颜色的记载：

> "自古帝王五运之次，凡二说：邹衍则以五行相胜为义，刘向则以五行相生为义。汉魏共遵刘说，国家承隋氏火运，故为土德。衣服尚黄，旗帜尚赤，常服赭赤也。赭黄，黄色之多赤者，或谓之柘木染，义无所取。"

对幞头的记载：

"近古用幅巾，周武帝裁出脚，后幞发，故俗谓之幞头。"

对巾子的记载：

"巾子制，顶皆方平，仗内即头小而圆锐，谓之内样。开元中，燕公张说，当朝，文伯冠服以儒者自处。元（玄）宗嫌其异己，赐内样巾子，长脚罗幞头。燕公服之入谢，元（玄）宗大悦。因此令内外官僚百姓并依此服。"

作为唐代笔记小说，《封氏闻见记》文学特质鲜明，旁征博引，文学色彩浓厚。《封氏闻见记》中的史料多为后人引用，如《唐语林》多有引自《封氏闻见记》条目，《汉语大词典》中有的义项解释亦是取自《封氏闻见记》等，书中部分史料也可补史之缺。另外，唐代笔记小说盛行，封演突破小说只记荒诞怪异主题，书中所记多为作者亲见，史料价值甚高，为后世研究唐代历史变迁与唐代时尚风俗提供了参考依据。但也正是因为小说体裁的限制，封演的记述中仍有许多不足之处，例如人物名称记述错误，该书所记的"李冲玄"，在《旧唐书》等正史资料中都是"李玄冲"。故此在使用该书时应多加考误。

拓 展 资 料

封演（生卒年不详），唐代史学家、文学家。渤海蓨县（今河北景县）人。天宝末进士。大历中任邢州刺史、屯田郎中，德宗时官至检校吏部郎中兼御史中丞，对饮茶风俗有研究。著有《封氏闻见记》等。

《秘书省续编到四库阙书目》，又名《宋秘书省续编到四库阙书目》，是宋代一部重要的书目著作。该书目共两卷，著录了自北宋元祐二年（公元1087年）至政和年间（公元1111—1117年）秘书省陆续访求补写的三千余部、一万余卷秘阁原阙之书。

《山房集》，宋周南（公元1159—1213年）撰，九卷。《直斋书录解题》称周氏有《山房集》二十卷，《后集》二十卷。原书明时佚，《四库全书》据《永乐大典》所录，重新编排为前集八卷、后稿一卷。

参 考 文 献

[1]李国萍.《封氏闻见记》研究[D].桂林：广西师范大学，2022.
[2]李晓丹.《封氏闻见记》史料价值考[D].长春：吉林大学，2006.

[3] 胡道静.简明古籍辞典[M].济南：齐鲁书社，1989：261.
[4] 刘雨婷.中国历代建筑典章制度下[M].上海：同济大学出版社，2010：117.
[5] 赵法新.中医文献学辞典[M].北京：中医古籍出版社，2000：257.

十三 唐郑处诲撰《明皇杂录》钱熙祚辑《守山阁丛书》
清光绪十五年石印本

唐郑处诲撰《明皇杂录》钱熙祚辑《守山阁丛书》清光绪十五年（公元1889年）石印本，现藏于上海图书馆。《明皇杂录》原本散佚，正文内容散见于其他书籍中，主要版本有清文渊阁《四库全书》本，此本的来源据《四库全书总目提要》称，是"兵部侍郎纪昀家藏本"。嘉庆年间，张海鹏的《墨海金壶》本对《明星杂录》进行了整理。此外，道光年间钱熙祚所辑《守山阁丛书》本《明皇杂录》，则在张海鹏《墨海金壶》本的基础上校订文字，补辑了散见于诸书的31条佚文。1994年中华书局出版了田廷柱点校整理本，也主要以《守山阁丛书》本为底本并参校他本而成，收入《历代史料笔记丛刊》之中，堪称目前通行的最善之本。此外，《明皇杂录》的版本还有民国间刊印的吴增祺编《旧小说乙集·唐》，该本的来源和依据已不可考，共辑录了《明皇杂录》17条，虽甚为简略，但所收条目和今传本比较起来颇有异同。（图2-12）

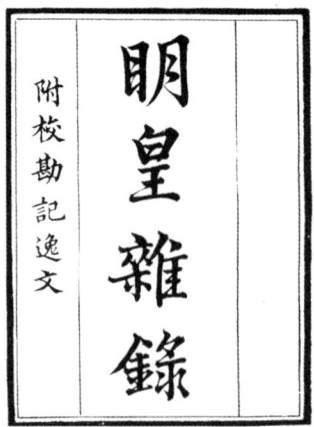

图2-12 书影·唐郑处诲撰《明皇杂录》钱熙祚辑《守山阁丛书》 清光绪十五年石印本 上海图书馆藏

《明皇杂录》是唐代笔记小说，全书共两卷，另补一卷，叙述了唐玄宗与文武百官、妃嫔侍从、梨园弟子、教坊乐工之间的故事。其中对于服饰相关记录分散于全书各章，例如，卷上部分记载：

"玄宗御勤政楼，大张乐，罗列百伎。时教坊有王大娘者，善戴百尺竿，竿上施木山，状瀛洲方丈，令小儿持绛节出入于其间，歌舞不辍。时刘晏以神童为秘书正字，年十岁，形状狞劣，而聪悟过人。玄宗召于楼上帘下，贵妃置于膝上，为施粉黛，与之巾栉。玄宗问晏曰：'卿为正字，正得几字？'晏曰：'天下字皆正，唯"朋"字未正得。'贵妃复令咏王大娘戴竿，晏应声曰：'楼前百戏竞争新，唯有长竿妙入神，谁谓绮罗翻有力，犹自嫌轻更著人。'玄宗与贵妃及诸嫔御，欢笑移时，声闻于外，因命牙笏及黄文袍以赐之。"

又如，卷下部分记载：

"金吾及四军兵士，未明陈仗，盛列旗帜，皆被黄金甲，衣短后绣袍。太常陈乐，卫尉张幕后。诸番酋长就食。府县教坊大陈山车、旱船、寻橦、走索、丸剑、角抵、戏马、斗鸡。又令宫女数百饰以珠翠，衣以锦绣，自帷中出，击雷鼓，为《破阵乐》《太平乐》《上元乐》。又列大象犀牛入场，或拜舞，动中音律。每正月望夜，又御勤政楼观作乐。贵臣戚里，官设看楼。夜阑，即遣宫女于楼前歌舞以娱之。"

值得注意的是，《明皇杂录》是研究盛唐历史的重要参考资料，但成书后，在流传过程中散佚严重，且整理本尚存辑而不全、辑而未辨、参校失当、沿袭前人之误等问题，尚需加以解决，故需与同时期文献结合使用，多加考证。

拓 展 资 料

郑处诲（生卒年不详），唐郑州荥阳人，宰相郑馀庆的孙子，字延美。至于其著述情况，《太平御览》卷六百一引《旧唐书·郑馀庆传》提到，郑处诲"方雅好古，且勤于著述，撰集至多。为校书郎时，撰次《明皇杂录》三篇，行于世。"现仅存《明皇杂录》一书；另有文《文宣王庙庭松记》和《郑处诲授郑薰礼部侍郎制》两篇，有目无词，已佚。

参 考 文 献

[1]陈洁.《明皇杂录》研究[D].长春：东北师范大学，2013.
[2]孙微，王新芳.《明皇杂录》佚文拾遗[J].中国典籍与文化，2011（03）：59-65.
[3]刘琪.从《明皇杂录》看唐代宫廷乐舞的盛衰[J].陇东学院学报，2019，30（03）：83-87.
[4]莫艳梅.《诸蕃志》：中西文化交流与海上丝绸之路的志书[J].中国地方志，2017（05）：52-58+64.

十四 唐刘餗撰《隋唐嘉话》

明万历年间李栻辑《历代小史》本

唐刘餗撰《隋唐嘉话》明万历年间李栻辑《历代小史》本，现藏于哈佛大学燕京图书馆。《隋唐嘉话》成书时间不详，今人程毅中认为："（其）书名，不见于两《唐书》，似乎出于宋人改题。"最早见于南宋曾慥辑《类说》，后有宋朱胜非辑《绀珠集》本，元陶宗仪辑《说郛》本，明正德年间顾元庆辑《阳山顾氏文房小说》本、本案、万历三十一年（公元1603年）朱东光刻本、崇祯年间阙名辑《五朝小说》本，清陈世熙辑《唐代丛书》本，1915年王文濡辑《说库》本等。（图2-13）

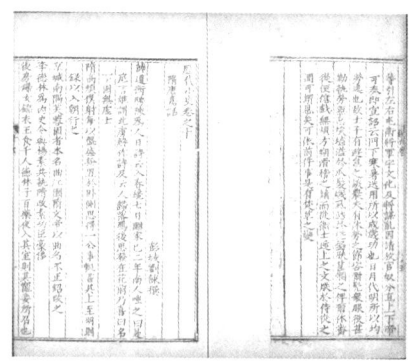

图2-13 《隋唐嘉话》·唐刘餗撰《隋唐嘉话》明万历年间李栻辑《历代小史》本 哈佛大学燕京图书馆藏

《隋唐嘉话》主要记载了南北朝至唐代开元年间朝廷君臣故事与文人轶

事，以隋末唐初朝廷时事为多，以记言为主，叙事为略。书中有关纺织服装的记载分布于各条，例如记载头饰：

"旧人皆服裹巾，至周武始为四脚，国初又加巾子焉。"

书中一些有关文学创作的轶事亦与服饰相关，例如：

"武后游龙门，命群官赋诗，先成者赏锦袍。左史东方虬既拜赐，坐未安，宋之问诗复成，文理兼美，左右莫不称善，乃就夺袍衣之。"

此即后世广为传播的文坛佳话，为后人概括为"夺袍""夺锦""夺锦才"等，成为后世文人常用的文学掌故。此外，书中还记录了诸多唐代礼仪制度的相关内容，如记载唐代朝服之制：

"旧官人所服，惟黄紫二色而已。贞观中，始令三品以上服紫，四品以上朱，六品七品绿，八品九品以青焉。"
"鱼袋之饰，惟金银二等。至武后乃改五品以铜。中宗反正，从旧。"
"每三月三日、九月九日赐王公以下射，中鹿赐为第一，院赐绫，其余布帛有差。"

《隋唐嘉话》所记载隋唐之际的轶事，由于不少片段带有传说色彩和虚构特点，对后世的文学创作特别是对元明清小说、戏剧创作产生较大影响，在古代小说发展史上占有一席之地。不容忽视的是，尽管书中内容不乏小说意味，但它首先应该是史料，作者自称"小说"，是为了从形式上区别于正式史籍的严格叙述，追求形式上的灵活自由，即采用笔记形式叙述"历史"。书中记载了有关典章制度、文化艺术、社会习俗、社会观念等多方面的重要内容，被唐宋文献广泛吸收和征引，具有重要的史料价值。

拓 展 资 料

刘餗（生卒年均不详），字鼎卿，徐州彭城（今江苏徐州）人。刘知几次子。进士及第，天宝初年，历官河南功曹参军、集贤院学士，兼修国史，官终右补阙。在《旧唐书》中有史料记载。

《类说》，宋曾慥编纂，全书共六十卷，专门录汉魏以来笔记小说，每书摘抄数条至数十条不等。《类说》引书虽然均系节录，但对原文不去改动，作者在南宋初年所能看到的许多书，今已亡佚不存，《类说》保存了部分佚文，弥足珍贵，因此本书具有相当高的文献价值。

《历代小史》，明代万历间李栻辑编纂，全书共一百零五卷，收前六朝至明代的野史、笔乘，略依所记史实先后编排，后列有关边疆和域外的杂著，共一百零六种。

参 考 文 献

[1]王增学.论《隋唐嘉话》的文学因素及对后世文学的影响[J].山东理工大学学报（社会科学版），2012，28（02）：36-39.

[2]崔兰海.唐代史料笔记研究[D].合肥：安徽大学，2013.

[3]姚继荣，姚忆雪.唐宋历史笔记论丛[M].北京：民族出版社，2016：52-55.

十五 北宋宋敏求撰《春明退朝录》

明弘治十四年锡山华氏《百川学海》本

北宋宋敏求撰《春明退朝录》明弘治十四年锡山华氏《百川学海》本，现藏于台北"国家图书馆"。据自述云"熙宁三年（公元1070年），予以谏议大夫奉朝请，每退食，观唐人洎本朝名辈撰著以补史遗者，因纂所闻见继之。先庐在春明里，题为《春明退朝录》云。"由此可知成书时间以及编撰目的。现存明代版本有弘治十四年（公元1501年）锡山华氏《百川学海》本（即本案）、嘉靖十五年（公元1536年）郑氏宗文堂《百川学海》本、绍兴六年（公元1136年）《类说》本、万历三十一年（公元1603年）《历代小史》本。清代版本有乾隆年间《四库全书》本、道光十一年《学海类编》本、《学津讨原》本、同治十三年（公元1874年）《反约篇》本、《畿辅丛书》本。近现代以来有1913年《榕园丛书》本、1936年《丛书集成初编》本、1975年台北新兴书局出版《笔记小说大观丛刊》本、1980年中华书局出版《唐宋史料笔记丛刊》本等。

《春明退朝录》全书共计上、中、下三卷，每卷之下分列笔记条目，数量不一。每条资料之前并无标题，记事详略不一。因是随手著录的笔记杂著，全书并无明确的编纂体例。每卷均涉及唐宋时期的官职、谥法、国家机构、礼仪等制度和朝臣文士的任职履历、封赠加官、诗话故事等资料,但并未对其加以分类整理,因而较为散乱。从文本的形式上来说,本书正文每条记录形式独立,首尾互不衔接。在一些关键词句后附有作者自作的小注,小注内容多为对主要条目内容的说明和补充,主要有人名、地名的解释,避讳用字的说明,引用文献的出处以及一些制度的简单演变过程。此外,书中史料来源广泛,例如官方文献、诸臣章奏、私家著述、杂著等。记载内容丰富,时间跨度较长,部分条目可增补史缺,参校正史,具有较高的史学价值和研究价值。

就纺织文化遗产研究而言,该书记述了唐代至宋代的部分服饰,但篇幅有限。例如,该书卷中有对壁画中天神服饰的记载:

"太宗时,建东太一官于苏邸,遂列十殿,而五福、君綦二太一处前殿,冠通天冠,服绛纱袍,余皆道服霓衣。天圣中,建西太一官,前殿处五福、君綦、大游三太一,亦用通天、绛纱之制,馀亦道冠霓衣。熙宁五年,建中太一官,内侍主塑像,乃请下礼院议十太一冠服。礼院乃具两状,一如东西二官之制,一请尽服通天、绛纱。"

如下卷记载官员赐服:

"李西枢宪成为知制诰,尚衣绯,出守荆南,召为学士,阁门举例赐金带,而不可加于绯衣,乃并赐三品服。太宗命制毬路笏带赐辅臣,后虽罢免亦服焉。赵文定罢参知政事,顷之,除景灵官副使,赐以御仙带。自后罢宰相仍服笏带,罢参枢皆止服御仙带。"

又如,下卷对宋代士大夫闲居时装束的描写:

"杜祁公休退,居南都,客至无不见,止服衫帽,尝曰:七十致政,可用高士服乎?"

《春明退朝录》一书在内容上所涉广博而又庞杂,既保存了丰富的政治制度史料，又有丰富的文人轶事、官职履历、社会风俗等方面的资料，正史中不载者可以补之，正史中误载者可以核之。《四库全书·子部十》"杂家类三"总目提要对此评价说："书中纪朝廷掌故，大都典确可据，盖宋氏为文献旧家，故所言足征，于考史者深有裨益焉。"

但是该书仍有不足之处，书中所记载的内容多为当朝现象，对其考证的内容却比较少。例如，上卷第32条"使相谥"：恭密，杨公崇勋。按《宋史·杨崇勋传》的记载："杨崇勋，字宝臣，蓟州人。卒。赠太尉，谥恭密，寻改谥恭毅。"《长编》庆历五年（公元1045年）记载："（庆历五年闰五月）庚戌，太子太保致仕杨崇勋卒。赠太尉，谥恭密。将葬，易其谥曰恭毅。"故此在使用该书时，应结合同时期文献对其来源进行考证。

拓 展 资 料

宋敏求（公元1019—1079年），字次道，赵州平棘（今河北赵县）人。宝元二年（公元1039年），召试学士院，赐进士及第，官至馆阁校勘、史馆修撰、龙图阁直学士、西京通判、度支判官、亳州知州、知制诰。他熟悉朝廷典故，预修过《新唐书》，编有《唐大诏令集》，另撰有唐武宗以下六代实录、《东京记》《长安志》《河南志》和《春明退朝录》。

《百川学海》，宋度宗咸淳九年（公元1273年）左圭辑刊的丛书。书名取于汉代学者扬雄《扬子法言》："百川学海而至于海"。该书分甲乙丙丁戊己庚辛壬癸10集，计100种、177卷。后由明代吴永续之，凡30集，至冯可宾又扩充10集。所收多系唐宋文人野史杂说之属。《百川学海》虽然成书晚于《儒学警悟》70余年，但因其流传较为广泛，影响远远超过《儒学警悟》。系中国刻印最早的丛书。

《反约篇》，清李光廷辑，该丛书著录汉唐至清代经、史、子、集类各种要籍，且多为名家注释本，有较高的文献价值。

《畿辅丛书》，清王灏辑刻。"畿辅"是清代直隶省的别称，包括今河北、北京、天津一带。王灏为配合纂修《畿辅通志》，穷搜博采，汇集河北省乡邦文献，把周秦至明清名贤遗著刊为丛书。张之洞、黄彭年等人也参加了搜集工作，延请钱恂等校勘，先刻出《采访畿辅先哲遗书目》，后设书局于保定，请王树柟、胡景桂等开雕，始于光绪五年（公元1879年），终于光绪十八年（公元1892年）。先刻成4部，共170种。又刻永年申氏、尹会一、颜元、李塨、孙奇逢、崔述之专集。书未刻成，王灏突然病故。所刻各书未整理成编，前后亦无王灏的序跋，遂未能印行。光绪二十年（公元1894年）礼部右侍郎李文田任会试考官时，曾抽印其中35种，后来武进人陶湘重新编订，附上总目，集资刊印成书。

参考文献

[1] 姚继荣,姚忆雪.唐宋历史笔记论丛[M].北京:民族出版社,2016:308.
[2] 李慧.宋敏求《春明退朝录》研究[J].闽西职业技术学院学报,2020,22(01):49-52.
[3] 史晓春.宋敏求《春明退朝录》研究[D].长春:东北师范大学,2019.

十六 北宋毕仲询撰《幕府燕闲录》
清顺治三年《说郛》本

北宋毕仲询撰《幕府燕闲录》清顺治三年《说郛》本,现藏于哈佛大学燕京图书馆。是书乃毕氏在元丰初年任岚州推官时燕闲所作,而推官在彼时掌一州军事、刑狱之职,故以《幕府燕闲录》为题成书。《郡斋读书志》《宋史·艺文志》等著录十卷,尽管原书已佚,但在流传过程中曾被屡屡征引,乃残存至今。《类说》删节13条、《绀珠集》引6条、《新编分门古今类事》收13条,其他诸如《苕溪渔隐丛话后集》《能改斋漫录》《诗林广记》等多有引录,去其重复,共38条。王河《宋代佚著辑考》辑录37条,但其中"福至心灵"与"逸马毙犬"两条材料误合为一条;"龙脚"与"幞头"两条分列实为同一材料的重复辑录。另外,《老学庵笔记》《诗人玉屑》和《三戌丛谭》中另辑出佚文3条。现存版本有:明《说郛》本、明《宋人百家小说本》,均为残本。(图2-14)

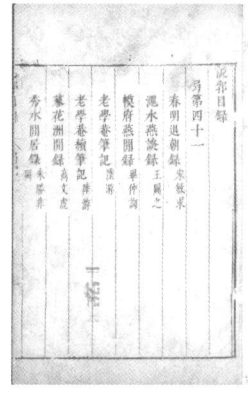

图2-14 目录·北宋毕仲询撰《幕府燕闲录》 清顺治三年《说郛》本 现藏于哈佛大学燕京图书馆

《郡斋读书志》《宋史·艺文志》将《幕府燕闲录》归为小说类,然就及见材料而言,所撰文字从时间来看,不独记当代之事,也有不少唐五代的记录,如:前引《诗人玉屑》云:"杜荀鹤诗鄙俚近俗,惟宫词为唐第一。"《事文类聚后集》卷三七《人愧猴》曰:"唐昭宗播迁,随驾伎艺人止有弄猴者。"曾慥《类说》卷一九《宰相权日轻》记载五代冯道"三入相,每不及前",都出自毕仲询《幕府燕闲录》,涵盖名物制度考证,以及士人对神祠态度,科举复核程序等,《郡斋读书志》称其"纂当代奇怪可喜之事为二十门",史料价值亦不可小视。

就纺织文化遗产研究而言,该书内容涉及幞头名称来历、形制、材质等方面。例如:

"古之幞头,自隋以前只是皂绢幕其首。唐马周始制四脚系于上,二脚垂于后,又加巾子,制度不一。武后时,赐臣下巾子,谓之武家样。又有高头巾子之名,明皇赐臣下内样巾子。又裴宽尝自制巾子,谓之仆射巾。自唐中叶以后谓诸帝改制,其垂二脚,或圆或阔,周丝弦为骨,梢翘矣。臣庶多效之,然亦不妨就枕。"

《幕府燕闲录》记录了北宋时期人物生平事迹、科举程序、制度名物源流等多方面的内容,反映了北宋前中期政治制度与社会风貌,且不少条目为毕仲询记载同时代人的诸多奇闻轶事,具有较高的可信度。通过对其中可考条目的分析,内容多与其他传世文献记载相契,另诸如杨砺等部分记载,甚至被吸纳入正史当中,完成了私人撰述到官方正史的过渡。值得注意的是,该书条目叙述中多含鬼神、因果报应等神秘色彩,所以在使用该书时应多注意分辨考误。

拓 展 资 料

毕仲询(生卒年不详),字景儒。元丰初年(1078年左右)曾为岚州推官。撰有《幕府燕闲录》十卷等。工于篆隶,与章友直、陈晞、文勋齐名。

《宋史·艺文志》,完成于元顺帝至正五年(公元1345年),是元代脱脱等奉敕撰修《宋史》的一部分,以宋代国史为稿本,是一部记载宋代官家藏书目的总书目。《宋史·艺文志》序文中说:"宋旧史,自太祖至宁宗,为书凡四,志艺文者,前后部帙,有亡增损,互有异同。今删其重复,合为一志。"《宋史·艺文志》著录宋代历朝典籍凡9800余部,119972卷,分为经、史、子、集四部44类。然而,《宋史·艺文志》在编纂过程中存在一些问题,如著录草率、书名和卷数错误、分类不当、重复著录等。《四库全书总目提要》批评其"纰漏颠倒，瑕隙百出"，认为其在各家正史艺文志中最为丛脞。尽管如此，《宋史·艺文志》仍然是现存宋代官府藏书最完整的目录，对研究宋史和宋代文献具有重要的参考价值。

《类说》，曾慥编。曾慥，字端伯，晋江（今福建泉州人）。《郡斋读书志》小说家类著录，60卷。书成于绍兴六年（公元1136年）。本书按书摘编旧籍，书末将出处未明者编为《诸集拾遗》，设立《拾遗类总》一目。多数系采自原书，共收书250种；少数摘书取自《绀珠集》，小标题也与之相同。自序称书中"集百家之说"，举凡杂史、传记、小说、笔记、道书、佛典、兵法、乐书、地志、农书、医书、相经、辞书、诗话、文论、书画以至茶酒、花香、文房四宝等，无不备载。所收文献上至先秦，下迄北宋，其中已失传者约在半数以上，故其辑佚作用十分重要，弥足珍贵；其他现存之书，也多可用本书进行校订、考据。然本书对原文删削较多，但未改窜一词，影响其文献价值。有明天启六年（公元1626年）岳钟秀刊本，《四库全书》本，1955年文学古籍刊行社影印岳钟秀刊本、1993年上海古籍出版社影印本等。

《绀珠集》，宋朱胜非撰。卷首钤盖有"翰林院典籍厅"关防，此书摘录古籍凡137种，体例与曾慥《类说》相近，而去取有所不同。此书卷首有绍兴七年（1137年）王宗哲序。虽然有学者质疑朱胜非是否为该书的真正编者，但《绀珠集》仍有重要的文献价值，所引用的古籍多为古本，可与现存版本相互参校。

《新编分门古今类事》，宋人编选的分类志怪小说集。全书共二十卷，分为十二类。书中所载，多是取材于历史书及唐宋野史、笔记小说中的神异故事等。但是本书采摘繁富，用书达一百六十多种。《四库全书总目提要》说："且其书成于南渡之初，中间所引，入《成都广记》《该闻录》《广德神异录》诸书，皆后世所不传，亦可以资博识之助也。"

《苕溪渔隐丛话》，南宋胡仔所编诗话集，分前后两集，前集60卷，后集40卷，共100卷。该书补《诗话总龟》之不足。"取元祐以来诸公诗话，及史传小说所载事实，可以发明诗句，及增益见闻者，纂为一集。"以人为主，按年代先后排列。引录资料繁富，脉络清晰；记事之外，兼重品评，间录己见，"一诗而二三其说者，则类次为一，间为折衷之；又因以余旧所闻见，为说以附益之。"

《能改斋漫录》，南宋吴曾撰，十八卷。是书成于高宗绍兴二十四至二十七年（公元1154—1157年）。书出不久即被禁毁，后又重刊流传。中华书局1960年以聚珍版为底本，参以他本校刊并附有校订辑录一卷，较为完善。是书乃笔记之一种，记叙内容十分丰富，计分事始、辨误、事实、沿袭、地理、议论、记诗、记事、记文、类对、方物、乐府、神仙、鬼怪十三类。主要是记载史实、辨析诗文典故、笺释名物制度等。书中保存了不少唐宋文学史料，有一定参考价值。

《诗林广记》，宋末元初蔡正孙编撰。又名《精选诗林广记》《名贤丛话诗林广记》等。分前后两集，各十卷。兼有诗选和诗话两种性质。自序云此书是为晚辈所编学诗的读本，成于元世祖至元二十六年（公元1289年）。前集选晋、唐诗人30人，后集选北宋诗人29人。全书凡选诗和附诗671首。入选诗人以名家、大家为主，选诗以脍炙人口有评述可记者为准。编者搜集有关的诗话等资料附在相关的作者和诗作后面，再附以模仿的或可以比照的诗作在有关的诗作后面。

《老学庵笔记》，南宋陆游撰，共10卷。大都记载遗闻轶事，考订诗文，间采民间传说，内容多为作者亲历、亲见、亲闻之事。

《诗人玉屑》，诗话集。南宋魏庆之编著。与北宋阮阅《诗话总龟》、南宋胡仔《苕溪渔隐丛话》齐名，并称为宋代三大诗话集。它采用辑录体形式，选录宋人诗话，分类编排，编录了两宋诸家论诗的短札和谈片。前两书大抵为北宋诗话，此书则着重于编录南宋诸家论诗之语，三书互相参证，约可见宋代诗话之全貌。今本为二十卷，一至十一卷论诗艺、体裁、格律及表现方法等，十二卷以下评论两汉以后的具体作家和作品。

参考文献

[1]朱丽芳,仝相卿.北宋《幕府燕闲录》散见史料辨析[J].广东社会科学,2017（03）:125-132.

[2]蒋祖怡,陈志椿.中国诗话辞典[M].北京:北京出版社,1996:237.

[3]石昌渝.中国古代小说总目文言卷[M].太原:山西教育出版社,2004:307.

[4]夏征农.辞海中国古代史分册[M].上海:上海辞书出版社,1988:559.

[5]蒋祖怡,陈志椿.中国诗话辞典[M].北京:北京出版社,1996:57.

[6]孔敏.唐代小说在明清时期的传播研究[M].北京:商务印书馆,2017:66.

[7]胡道静.简明古籍辞典[M].济南:齐鲁书社,1989:56.

[8]倪士毅.中国古代目录学史[M].杭州:杭州大学出版社,1998:183.

[9]西安市地方志编纂委员会.西安市志第6卷科教文卫[M].西安:西安出版社,2002:531.

[10]游光中,黄代燮.中外诗学大辞典[M].成都:四川辞书出版社,2020:1075.

十七 北宋庞元英撰《文昌杂录》

清嘉庆十年秦川张氏照旷阁刊本

北宋庞元英撰《文昌杂录》清嘉庆十年（公元1805年）秦川张氏照旷阁刊本，现藏于天津图书馆。《文昌杂录》始撰于庞元英于尚书省任主客郎中之时。自书成后，最早的刊本为宋刊本，已佚，后多以钞本流传。于晚明，收入《续百川学海》崇祯年间金陵心远堂刊本。顺治三年（公元1646年），收入《说郛续》两浙李氏宛委山堂刊本。至乾隆朝，编《四库全书》，收入"子部杂家类"，为编修朱筠家藏本；乾隆二十一年（公元1756年）又收入《雅雨堂丛书》德州卢氏刊本。嘉庆十年（公元1805年）收入《学津讨原》张氏照旷阁刊本（即本案）。至民国，收入《说库》和《丛书集成初编》，分别由上海文明书局、商务印书馆石印和排印，1985年，后者又由中华书局重印。1958年，收入《中国文学参考资料丛书》，由中华书局上海编辑所印行；2003年，又收入《全宋笔记》，由大象出版社排印，是为现在最通行的版本。（图2-15）

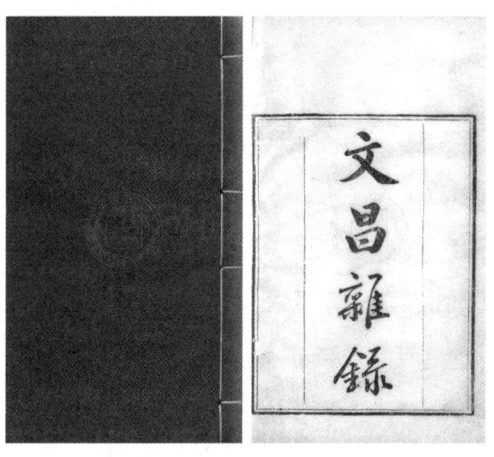

图2-15 北宋庞元英撰《文昌杂录》清嘉庆十年秦川张氏照旷阁刊本天津图书馆藏

《文昌杂录》为作者任尚书省主客郎中时撰写的一部笔记，是北宋笔记中的代表作之一，且时值元丰改制，书中对新制记载颇多，为反映北宋元丰官制改革的重要资料。其名"文昌"取自"文昌天府"之义，据《通典》载，尚书省为"文昌天府"，故以此为名书。书中内容庞杂，材料多来自作者亲身经历、古代史籍、他人转述等。虽叙事简略，但详于章表、奏敕及书檄，论及典章制度、风土民俗、诗文典故、文人轶事等。其正文共分六卷，末有补遗一卷，全文不以类分卷。

就纺织文化遗产研究而言，《文昌杂录》一书对服饰制度、服饰称谓等有部分记载，且分散于全书各章。如，对"袴褶服制"的记载为：

"《晋志》云：袴褶之制，未详所起，近世凡车驾亲戎、中外戒严服之。唐制：三品以上紫褶，五品以上绯褶，通用细绫；七品以上碧褶，通用小绫。《玉藻》云：䄡为，绗，音扃，引急也。帛为褶，袷也。"

如，对"鞓"的记载为：

"礼部林郎中言：昔见宋赐道，唐朝帝王带虽犀、玉，然皆黑鞓。五代始有红鞓，潞州明皇画像，黑鞓也。其大臣亦然。余昔通判滑州，见州衙设厅，东西有贾魏公祠堂，皆黑鞓玉带，不知红鞓起于何时也？"

鞓，又称鞓带，即皮质之带本身，唐代开始以布帛包裹，较为普及，上自帝王，下及士庶，常朝礼见均可用之。沿至晚唐五代时期，官庶以红鞓为尚。此后历代官服红带居多，黑鞓多用于低品级官员。

又如，北宋陕西岷州（今甘肃岷县）地近青藏高原东南边缘，为自关中往熙河的必经之地，夏日气候寒冷，与江南大异，作者特别留意记录了岷州的物候天气，其记载为：

"前年使熙河，五月二十六日至岷州界黑松林，寒甚，换绵衣、毛褐、絮帽乃可过。每岁四月七月，常大雪三二尺，至是林雪犹未消，非目睹未必信然也。"

从中亦可知当时人们御寒所着的冬衣材料。从史料价值来看，该书保存了大量的章表敕书，一方面记录了元丰五年至元丰八年作者在尚书省为官时的所见所闻，诸如元丰年间大制作、大典礼的改制过程，包括大诏令、衮冕仪制、阁门礼仪等，使我们可以从中了解元丰改制过程中官制、礼制、科举等更细微的变化，尤其是该书所载的典章制度可以与《资治通鉴长编》《宋史》等正史比较，相互纠谬补正；另一方面该书记录了部分官员的仕宦经历，可以补充《宋史》人物传。《四库全书总目》称："至朝廷典礼、百官拜除，记载时日之先后异同，多有可以证《宋史》之舛漏。"因此，这本书是研究宋代典章制度、地理民俗的珍贵文献。

拓 展 资 料

《续资治通鉴长编》,南宋李焘创作的编年体史书,为中国古代私家著述中卷帙最大的断代编年史。原本九百八十卷,今存五百二十卷。作者李焘(公元1115—1184年),字仁甫,号巽岩,四川眉州丹棱人,累迁州县官、实录院检讨官、修撰等。李焘仿司马光著《资治通鉴》体例,断自宋太祖赵匡胤建隆,迄于宋钦宗赵桓靖康,记北宋九朝事,定名《续资治通鉴长编》。

《宋史》,二十四史之一,收录于《四库全书》史部正史类。于元末至正三年(公元1343年)由丞相脱脱等撰。其中《本纪》四十七卷,《志》一百六十二卷,《表》三十二卷,《列传》二百五十五卷,共四百九十六卷,是中国二十四史中最庞大的一部史书。

参 考 文 献

[1]李欣.《文昌杂录》研究[D].保定:河北大学,2019.

[2]李欣.宋代笔记中的元丰官制记载研究——以《文昌杂录》为中心[J].洛阳理工学院学报(社会科学版),2018,33(05):67-73.

[3]李欣.《文昌杂录》所见入阁仪与北宋文德殿视朝仪研究[J].殷都学刊,2019,40(04):61-65.

[4]姚继荣,姚忆雪.唐宋历史笔记论丛[M].北京:民族出版社,2016.

十八 北宋王辟之《渑水燕谈录》
明万历年间会稽商氏刊本

北宋王辟之《渑水燕谈录》明万历年间会稽商氏刊本,现藏于台北"国家图书馆"。《渑水燕谈录》成书于绍圣二年(公元1095年),现存版本有明钮氏世学楼抄本,清乾隆三十七年至道光三年长塘鲍氏刻知不足斋最书本、本案、顺治三年(公元1646年)《说郛》宛委山堂本、乾隆年间《四库全书》本、清末刻本、中华书局1981年影印本等。

《渑水燕谈录》是宋代笔记小说的代表作品之一,全书分为十卷,所记大多为北宋开国(公元960年)至哲宗绍圣(公元1094年)之间一百四十余年之事,从"名臣、知人、忠孝、先兆、事志"等十七个角度记录了北宋王辟之在为官期间的所见所闻,内容丰富、条理清晰、结构明确。

就纺织文化遗产研究而言，该书有关纺织服饰内容较少，但其卷二《忠孝》记载了一些民间丧葬故事，涉及了许多与丧葬有关的词汇，如丛冢、墓次等墓葬词汇；缞绖、墨缞、苴麻等丧服词汇；承重、庐墓等服丧词汇。例如，对"缞绖"的记载为：

"范文正公知邠州，暇日率僚属登楼置酒，未举觞，见缞绖数人营理葬具者。公亟令询之，乃寓居士人卒于邠，将出殡近郊，赗敛棺椁，皆所未具。公怃然，即彻宴席，厚赒给之，使毕其事。"

"缞"即古代的丧服，用粗麻布制成，披于胸前。"绖"就是古代服丧期间结在头上或腰部的葛麻布带。"缞绖"就指整套丧服，后来由"丧服"的意思引申出"服丧"的义项，所以"缞绖"也指服丧。

如，对黑色丧服墨缞的使用记载为：

"自唐末用兵，文臣给舍以上，武臣刺史以上，丧父母者，急于国事，以义断哀，往往以墨缞从事。既泣哀，则莅事如故，号曰'起复'。"

可知古代制度，服丧有严格的时间限制，不能提前结束守丧。但如果国家有战事需要，则可以接受任命，为国征战，这期间穿"墨缞"以表继续服丧。该现象早在先秦时期就已经出现，如《春秋左氏传·襄公》的记载："公有姻丧。王鲋使宣子墨缞冒绖。"至唐宋时期对官吏守丧给予时间上的保障，根据守丧的期限与性质，分为解官和给假两类。为父母守丧允许解官服丧，除此之外，则给假服丧，不需要解官，保留官职，假满回任。

《渑水燕谈录》书中的前半部分如帝德、谠论、名臣、知人、奇节、忠孝、才识等篇记录了大量明君、贤臣的历史事迹，其官制、贡举、文儒等部分，准确翔实地记录了当时的官制、科举情况，为研究北宋官制和科举提供了大量真实的佐证；"歌咏""书画"部分，记录了大量诗人、书画家的创作经历和艺术理论，是研究宋代文学史、书画史时的重要参考文献。值得注意的是，在卷八《事志》中有我国对"瓦当"的最早记载"秦武公作羽阳宫，在凤翔、宝鸡县界，岁久不可究知其处。元祐六年正月，直县门之东百步，居民权氏浚池得古铜瓦五，皆破,独一瓦完,面径四寸四分,瓦面隐起四字,曰:'羽阳千岁'。"该书不仅为研究北宋官职、科举、艺术理论提供了重要参考,更对考释我国古代丧服制度有着重要意义。

拓 展 资 料

王辟之(公元1031—?年),字圣涂,齐州临淄(今山东省淄博市临淄区)人。北宋时期大臣。宋英宗治平四年(公元1067年),高中进士。宋哲宗元祐年间(公元1086—1094年),担任河东县(今山西省永济县)知县,曾"废撤淫祠之屋,作伯夷、叔齐庙",以"贵德尚贤"闻名,迁忠州刺史。绍圣四年(公元1097年),致仕还乡,著书立说,卒于家中。

参 考 文 献

[1]李健.王辟之《渑水燕谈录》研究[D].济南:山东师范大学,2015.
[2]王景东.《渑水燕谈录》丧葬词汇考释[J].西昌学院学报(社会科学版),2017,29(03):55-59+97.

十九 北宋朱彧撰《萍洲可谈》
清道光二十四年金山钱氏《守山阁丛书》本

北宋朱彧撰《萍洲可谈》清道光二十四年(公元1844年)金山钱氏《守山阁丛书》本,现藏于上海图书馆。《萍洲可谈》撰成于宣和元年(公元1119年),原书早佚,现存最早版本为宋左圭辑《百川学海》本,节录其中五十五条,元陶宗仪辑《说郛》本、明陈继儒辑《宝颜堂秘笈》本所录亦据此。清修《四库全书》时,从《永乐大典》中辑出大量佚文,参据《百川学海》《宝颜堂秘笈》二本,得一百八十余条,重编为三卷。后有清嘉庆年间海虞张海鹏《墨海金壶》本、道光二十四年(公元1844年)金山钱氏《守山阁丛书》本等。(图2-16)

《萍洲可谈》是记载宋代有关典章制度、风土民俗及海上交通贸易等的笔记体著作。全书分三卷,共一百八十余条。卷一记朝廷章典,卷二多记北宋末年广州藩坊、市舶司之事,卷三记有王安石、司马光、苏辙、黄庭坚、沈括等人的事迹,其中对苏轼记载尤详。书中有关纺织服装的记载分布于各条,例如卷一中对

图2-16 《萍洲可谈》·北宋朱彧撰《萍洲可谈》清道光二十四年（公元1844年）金山钱氏《守山阁丛书》本 上海图书馆藏

典制的记载为：

"寄禄官三品紫衣金鱼，五品绯衣银鱼……外任官或借衣色者不佩鱼，衔内称借色，有赐色者仍称赐色，转运使副、提点刑狱、知州军并借紫，本衣绿者止借绯，转运判官、通判州军并借绯。"

朱彧曾随其父在广州生活过一年，其书卷二可以看到北宋时期广州的风俗民情与海外贸易情况。例如书中记载女子服饰：

"广州杂俗，妇人强，男子弱。妇人十八九，戴乌丝髻，衣皂半臂，谓之游街背子。"

对抚州物产莲花纱的记载为：

"抚州莲花纱，都人以为暑衣，甚珍重。莲花寺尼凡四院造此纱，捻织之妙，外人不可传。一岁每院才织近百端，市供尚局并数当路，计之已不足用。寺外人家织者甚多，往往取以充数，都人买者亦自能别，寺外纱其价减寺内纱什二三。"

对海豹的记载为：

"海哥，盖海豹也，有斑文如豹而无尾，凡四足，前二足如手，后二足与尾相纽如一。登、莱傍海甚多，其皮染绿，可作鞍鞯。"

《萍洲可谈》所记多为朱彧随父宦游之见闻，该书篇幅不大，内容却极其丰富。值得注意的是，书中记北宋朝野杂事时，对元祐诸臣颇有微词，而对吕惠卿、舒亶等人则颇赞誉，其间的好恶多受其父朱服的影响。书中"舟师识地理，夜则观星，昼则观日，阴晦观指南针。"最早记录了中国商人在航海中使用指南针的具体活动过程，在中国古代科技史的研究中被广泛征引。所记在广州的见闻，如舶司、出海时间、习俗，海上航行情况，对外通商管理，商品交易细节等多个方面，记载甚为详细，反映了北宋港口贸易的辉煌成就，是研究北宋海外贸易与海上丝绸之路的重要资料，可补正史之不足。

拓 展 资 料

朱彧（生卒年不详），字无惑，湖州乌程（今浙江湖州）人，生卒年不详，仕履无考。晚年定居于湖北黄冈，购买了当地丁氏民田宅，称萍洲，自号"萍洲老圃"，本书则名《萍洲可谈》。祖朱临，官秘丞，著有《春秋私记》《春秋外记》。父朱服，《宋史》有传。

朱服（公元1048—？年），字行中，湖州乌程（今浙江湖州）人。熙宁六年（公元1073年）进士。累官国子司业、起居舍人，以直龙图阁知润州，徙泉州、婺州等地。哲宗朝，历官中书舍人、礼部侍郎。徽宗时，任集贤殿修撰，后知广州，黜知泉州，再贬蕲州安置，改兴国军以卒。《全宋词》存其词一首，《宋史》有传。

《宝颜堂秘笈》，明陈继儒辑刻的丛书。收录六朝以来笔记杂著、野史逸闻、艺术谱录二百二十九种，分正、续、广、普、汇、秘六集，所收多掌故琐言、艺术谱录之作。

《墨海金壶》，清代张海鹏辑刻的丛书。内容分经、史、子、集四部，凡一百一十七种，七百二十二卷。每辑一书皆有收录四库提要之介绍文，以方便阅览。书名出自晋人王嘉著《拾遗记》，《墨海金壶》多收《永乐大典》之书，有大量四库馆臣未收之书，不妄增改，后其书板毁于大火。

《守山阁丛书》，清代钱熙祚编辑的丛书。道光年间，钱熙祚得《墨海金壶》残版，又从浙江文澜阁《四库全书》中录出流传较少之书，增补删汰，辑成此书，命之为《守山阁丛书》。书名守山阁者，是辑者于秦山构建阁藏书，永与此山相守之意。

参 考 文 献

[1] 郑宇.朱彧及其笔记《萍洲可谈》研究[D].上海：华东师范大学，2006.
[2] 刘祖铭.从《萍洲可谈》看北宋的海外贸易[J].今古文创，2021（31）：44-46.
[3] 欧安年.《萍洲可谈》涉及的岭南海洋文化[J].广州大学学报（综合版），1999（01）：79-81.

二十 北宋邵伯温著《邵氏闻见录》
明崇祯三年毛晋汲古阁刊《津逮秘书》本

北宋邵伯温著《邵氏闻见录》明崇祯三年毛晋汲古阁刊《津逮秘书》本，现藏于哈佛大学燕京图书馆。《邵氏闻见录》成书于宋绍兴二年（公元1132年），另有清乾隆年间《四库全书》本、清嘉庆十年（公元1805年）《学津讨原》本。民国年间涵芬楼《宋元人说部书》本，由商务印书馆排印，后又收入《宋人小说》本和《丛书集成初编》本。1983年中华书局出版李建雄、刘德权校点本，是现行较好版本。（图2-17）

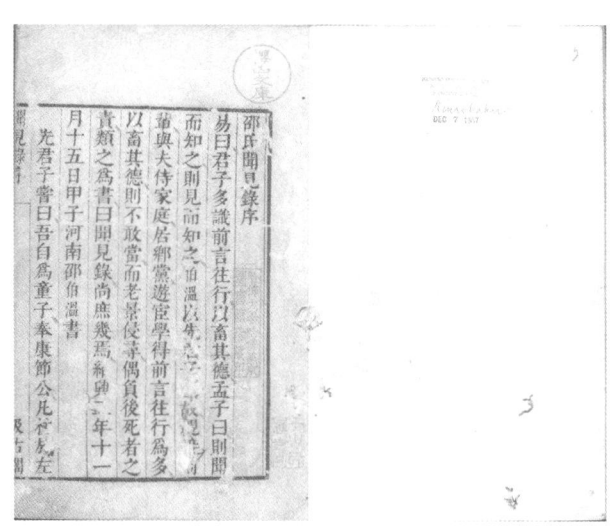

图2-17 序·北宋邵伯温著《邵氏闻见录》
明崇祯三年毛晋汲古阁刊《津逮秘书》本
哈佛大学燕京图书馆藏

> "《易》曰：君子多识前言往行，以畜其德。《孟子》曰：则闻而知之，则见而知之。伯温以先君子之故，亲接前辈，与夫侍家庭，居乡党，游宦学，得前言往行为多。以畜其德则不敢当，而老景侵寻，偶负后死者之责，类之为书，曰《闻见录》，尚庶几焉。"
>
> ——《邵氏闻见录·自序》

《邵氏闻见录》又称《河南邵氏闻见录》。全书共二十卷，其中卷一至卷十六记北宋一代故事，卷十七记杂事，卷十八至卷二十记父亲邵雍言行。因作者由北宋入南宋，其父邵雍系理学大师，故书中所记，往往用理学思想去理解宋初太平盛世之天经地义，并隐含对北宋覆亡的遗憾。如卷一以赵匡胤与韩通作对比，从人心所向表现赵匡胤登位前如何顺乎民心。并以杯酒释兵权，征伐江南和即位后的节俭，写其上应天命，下恤民情，安邦治国，井井有序。此外，书中记载北宋以来名人轶事，这些故事小说意味较强，对后代小说戏曲亦颇有影响。

该书内容博杂，对于纺织品的记载并不集中于某一卷，而是分散于全书各章。对服饰的记载主要着重于颜色、名称、服饰制度等。此外，还有部分对纺织品颜色和名称的记载。例如，第二卷对赐紫罗的记载：

> "帝忽来临观，久之，顾左右曰：'众僧各赐紫罗一匹。'"

如，卷八对服饰制度的描写：

> "元丰初召还，赴院供职，出判北京，特赐笏头球露金带，佩鱼，如两府之所服者。"

又如，卷十九对服饰名称的记载：

> "司马温公依《礼记》作深衣、冠簪、幅巾、缙带。每出，朝服乘马，用皮匣贮深衣随其后，入独乐园则衣之。"

《邵氏闻见录》属于私人笔记，在创作时没有形式体例的限制。故此题材广泛，自由灵活，包罗万象。此外，该书还记载了许多北宋文人的逸闻轶事，辑录了许多名家诗词、诗文作者、版本考订等方面的问题，为后人编订史书、补充史书的不足及纠正史书中的讹误提供了材料和佐证。就纺织文化遗产研究而言，该书是了解宋代服饰、纺织技艺的重要参考资料，但值得注意的是，该书基本由邵伯温凭借记忆写成，其史料准确性与真实性仍值得商榷。例如卷一十七条，真宗派遣曹利用前往契丹议和，订立澶渊之盟。《闻见录》载曹利用在动身前，寇准下达死令"若许过二十万金币，吾斩若矣"，记富弼知青州时则是"活饥民四十余万"。但据《宋史》与《续资治通鉴长编》记载这两处寇准所交代的最大纳币限度为三十万、富弼救活灾民之数为五十万。故在使用此书时须结合同时期史料，多加考证。

拓 展 资 料

邵伯温（公元1056—1134年），字子文。河南洛阳人。元祐间任大名府助教。徽宗时任果州知州、利州路转运副使。

《邵氏闻见后录》邵博撰，此书共三十卷。其书体例与《闻见录》大致相同，但内容更加广泛。其中或考证经史，或评骘诗文，或记载时事，旁及地理方言、民俗医药等，均有可采。另有些俳谐谑语，神怪故事等。有《津逮秘书》本、《学津讨原》本、《宋人小说》本等。中华书局1983年出版有刘德权、李剑雄点校本。书中收有《戏多髯》《牛不如鹿》等故事。

参 考 文 献

[1]祁连休,冯志华.中国民间故事通览5卷[M].石家庄：河北教育出版社,2021：347.
[2]石昌渝.中国古代小说总目文言卷[M].太原：山西教育出版社,2004：376.
[3]姚继荣,姚忆雪.唐宋历史笔记论丛[M].北京：民族出版社,2016：420.
[4]庄妤.《邵氏闻见录》史料价值研究[D].上海：上海师范大学,2015.

二十一 北宋庄绰撰《鸡肋编》
清初影元抄本

　　北宋庄绰撰《鸡肋编》清初影元抄本，现藏于中国国家图书馆。《鸡肋编》自序署绍兴三年（公元1133年），而书中记有绍兴九年（公元1139年）李光忤秦桧事，可见书成以后，续有所作。《鸡肋编》在宋代没有刊行，只有经贾似道点定并收入其《悦生随抄》的抄本，但是现存的《悦生随抄》已非完本，其中也不见《鸡肋编》的踪影。元代的影宋抄本今也不得见，明有穴砚斋抄本，现藏于中国国家图书馆。清有影元抄本、文澜阁影元抄本，清咸丰年间，胡珽以影元钞本校文澜阁本，将《鸡肋编》辑入《琳琅秘室丛书》。元陶宗仪所辑丛书《说郛》中有收录《鸡肋编》，但其仅采进原书不到五分之一的条目，无法展现原书全貌。

　　《鸡肋编》为史料性笔记，全书六万余字，分上中下三卷，共收三百余条笔记。诸如名物考辨、诗文评说、本草方书、岁时习俗、工艺制作、时局朝政、旧闻逸事等均有论述，涉及范围广泛，条目内容翔实。得益于庄绰的留心考察，书中记载了不少桑蚕生产方面的内容，较为完善地呈现了我国宋代蚕桑生产所积累的丰富经验，例如：

> "河间老卒云：蚕子最耐寒热。腊月八日或二十三日以新水浴过，至三月间，虽热而桑未可采，则以棉絮裹置深密处，则不生。欲令生，则出置风日中。每搥间用生地黄四两研汁洒桑叶饲之，则取丝多于其它。"

> "汉水鱼者，取蚕肠以作钓丝，云虽挂千斤亦不断。长只数寸，盖皆未吐之丝耳。南人养蚕室中，以炽火逼之，欲其早老而省食，此其丝细弱，不逮于北方也。"

　　宋代养蚕技术的进步，蚕桑业的发展，刺激了丝织业的发展，丝织技术进一步提高。从文中记载可以看出宋代丝织技术的精湛和丝织品的精美，例如：

> "定州织刻丝，不用大机，以熟色丝经于木桿上，随所欲作花草禽兽状，以小梭织纬时，先留其处方，方以杂色线缀于经纬之上，合以成文，若不相连，承空视之如雕镂之象，故名刻丝。如妇人一衣，终岁可就，虽作百花，使不

相类亦可,盖纬线非通梭所织也。单州成武县,织薄缣,修广合于官度,而重才百铢,望之如雾,著故浣之,亦不纰疏。鄢陵有一种绢,幅甚狭而光密,蚕出独早,旧尝端午充贡。泾州虽小儿皆能捻茸毛为线,织方胜花……邠、宁州出绵绸……苏州以黄草心织布,色白而细,几若罗縠。越州尼皆善织,谓之寺绫者,乃北方隔织耳,名著天下。婺州红边贡罗,东阳花罗,皆不减东北,但丝缕中细,不可与无极、临棣等比也。"

庄绰曾游宦襄阳、临泾、洪州、鄂州、南雄等多地,谓阅历丰富、见闻广博。每到一处,必注意考察民俗民风、验证古籍记载,记述先世旧闻和当代轶事。书中内容涉及名物考释、典章制度、历史琐闻等诸多方面,且多考证精审、翔实可信,具有一定水准的学识修养。《四库全书总目提要》称:"统观其书,可与后来周密《齐东野语》相埒,非《辍耕录》诸书所及也。"

就纺织文化遗产研究而言,《鸡肋编》是最早记录根据桑叶的生长情况来调整收蚁时间、以增丝为目的添食地黄、以苦荬菜代替桑叶养蚕等蚕桑技术的文献。书中对缂丝等纺织品的记载证明了宋代织造技术已有高度发展,还有不少正史和科技史未载的技术资料,是研究中国古代科学技术史、两宋史实的重要文献。

拓 展 资 料

庄绰(生卒年不详),字季裕,自署清源人。早年历摄襄阳尉、原州通判等。宋室南渡后,历任建昌军通判、江西安抚制置使司参谋官,官至朝奉大夫知鄂州、筠州。喜游历,足迹遍及大江南北,博物洽闻,学问颇有渊源,尤其对灸法有深入研究。著有《杜集援证》《筮法新仪》《膏肓俞穴法》等。

贾似道(公元1213—1275年),字师宪,台州天台(今属浙江)人。端平元年(公元1234年),以父荫为籍田令。依靠其姐贾贵妃,深受宋理宗所器重,官位一路平步青云,累官至太师、平章军国重事。著有《悦生堂随抄》《促织经》等。

《悦生随抄》一卷,南宋贾似道摘录宋史传稗官小说及历朝典章制度大臣论议,辑成是书。记洛阳园囿,如诗似画。余皆名人轶事,当代趣闻,短小精悍,多有佳作。

参 考 文 献

[1]黄世瑞.《鸡肋编》的科技史价值[J].中国科技史料,1996(02):13-20.
[2]付宗平.《鸡肋编》词汇研究[D].成都:四川大学,2008.

二十二 北宋张邦基撰《墨庄漫录》

明万历年间《稗海》丛书本

　　北宋张邦基撰《墨庄漫录》明万历年间《稗海》丛书本，现藏于台北"国家图书馆"。《墨庄漫录》约成书于南宋绍兴十八年（公元1148年）之后，初以抄本流传，宋元时期虽然未见该书的专门整理，但在文人学者中已有一定流传。如赵与时的《宾退录》、元陆友的《墨史》等书，都对《墨庄漫录》进行过称引，但均未标明出处。而元陶宗仪的《辍耕录》对该书存在三处称引，且明确标明出自《墨庄漫录》，这应该是最早对《墨庄漫录》进行明确称引的书籍。除此之外，这一时期的私家目录中尤袤的《遂初堂书目》记录有"张子贤墨庄冗录"，并把它归在了小说类之下，这应该是《墨庄漫录》在目录书中的最早著录。

　　该书现存最早版本为明抄本，有唐寅、陆师道校注和题跋，经傅增湘考证，定为明正德前写本，其母本曾被俞弁收藏，唐寅、陆师道先后借阅，发觉"其间鲁鱼甚多，百不能补其一二"，故对该书进行整理，即成为现今流传下来的版本，孔凡礼对该书点校时称之为"明正德本"，该书后来的版本基本源于此。另外傅增湘家中还藏有另一版明抄本，此本源出正德本，但已经不完全是正德本的原貌，《四部丛刊》三编《墨庄漫录》即据此本影印。万历年间商濬编著的《稗海》也把《墨庄漫录》收录其中（即本案），保存了该书的另一个比较早的版本，此本可取之处甚多，为后世诸家整理校勘该书时的重要校本。此外，该书在明代还有高瑞南抄本。《墨庄漫录》在明代的多家目录中均有著录，史志目录方面如焦竑的《国史经籍志》、私家目录如毛扆《汲古阁珍藏秘本书目》等。

　　清代对于《墨庄漫录》的整理大多基于明代流传下来的诸版本，钱曾收藏了此书，并对此书进行了少量的校勘，产生了本书的另一个版本——钱遵王本。劳格以《稗海》本为底本，以高瑞南本和钱遵王本为参校本，对《墨庄漫录》进行整理。清乾隆朝编《四库全书》，收入"子部杂家类"，称其为"库本"。近代以来收入《笔记小说大观》（上海进步书局）和《四部丛刊三编》《丛书集成初编》（商务印书馆石印、影印和排印）。今人孔凡礼以四部丛刊本为底本点校，2002年由中华书局印行，列入《唐宋笔记小说大观》，与王栐《燕翼诒谋录》合刊一册，是当下较为流行的通本。

《墨庄漫录》为随笔性质的笔记，内容丰富涉及范围广泛。作者平生喜藏书，有室曰"墨庄"，名故来于此。该书共十卷，所谓"漫"，即随时记录所见所闻所思所考，不受时间、地点和内容的限制，且未按照事件发生的时间顺序进行排列或归类，因此也导致了整部书的内容较为驳杂。

　　就纺织文化遗产研究而言，该书有关纺织品的记载较为分散，且多以服饰为载体，抒发情感。例如，作者通过记载乌巾的辗转经历，展示政治家王安石生活中的另一面。

　　"荆公退居金陵。蒋山学佛者，俗姓吴，日供洒扫，山下田家子也。一日风堕挂壁旧乌巾，吴举之，复置于壁。公适见之，谓曰：'乞汝，归遗父。'数日，公问：'幞头安在？'吴曰：'父，村老，无用，货于市中，尝卖得钱三百千，供父，感相公之赐也。'公叹息之，因呼一仆同吴以原价往赎，旦戒苟已转售，即不须访索。果以弊恶犹存，乃赎以归。公命取小刀自于巾脚刮磨，粲然黄金也。盖禁中所赐者，乃复遗吴。吴后潦倒，竟不能视发，以竹工居真州。政和丙申年，予尝令造竹器，亲说如此。时已年六十余，贫穷之甚，亦命也。"

　　作者通过描写王安石赏赐仆佣钱财衣物的周到细心，展现了他乐善好施、平易近人的形象。如，对毡帽的描述为：

　　"杜子美秦川诗云：'马娇珠汗落，胡舞白题斜。题或作蹄，莫晓白题之语……白题乃胡人之毡笠也'。子美所谓'胡舞白题斜'，胡人多为旋舞，笠之斜似乎谓此也。"

　　《墨庄漫录》内容涵盖广泛，举凡诗词考释，人物轶事，传奇故事，甚至草木植物，风土习俗，珍宝古玩均有涉及，为研究我国古代文学史、艺术史等提供了许多有价值的资料。值得注意的是，该书记载了从北宋神宗、哲宗、徽钦二宗及南宋高宗的一些社会现象，可以粗略看到两宋之交这一时期的制度、经济、生活等方面的情况，也记录了丰富的人物传记，可补正史之阙；此外该书收录了大量的诗文篇章，不仅可以补诗文集之不足，还由此保存了一些佚文，使其史料价值较高，皆可为研究这一时期服饰文化提供重要的参考资料。

拓展资料

张邦基（生卒年不详），字子贤，高邮人。史书无传，其生平散见于《墨庄漫录》以及个别宋人笔记、书目题跋之中。《四库全书总目》言"自称宣和癸卯在吴中见朱勔所采太湖鼋山石，又称绍兴十八年见赵不弃除侍郎，则南北宋间人也。"

唐寅（公元1470—1523年），初字伯虎，后更字子畏，号六如居士、桃花庵主、逃禅仙吏等。吴县（今江苏苏州）人。弘治十一年（公元1498年）举乡试第一，世称唐解元。会试时，因科场舞弊案牵连被革黜，遂漫游名山大川，后归居乡里，建桃花坞致力于绘画，自称"江南第一才子"。诗文书画皆很有名，尤善山水，兼精仕女、人物。其诗多写景咏物、题画感怀、闲情琐事，语多凄怨。与祝允明、文徵明、徐祯卿并称"吴中四才子"，又与沈周、文徵明、仇英合称"明四家"。著有《六如居士全集》等。

陆师道（公元1510—1573年），字子传，号元洲，更号五湖，别称五湖道人，人称五湖先生，长洲（今江苏苏州）人。嘉靖十七年（公元1538年）中进士。授工部主事，历迁礼部郎中。以养母回乡。拜于文徵明门下，自称弟子。诗文书画兼擅，人称其得"文氏四绝"。所画山水淡远类倪瓒，精丽者不减赵孟頫，代表作有《乔柯翠林图》等。书法秉承文徵明平和端稳风格，运笔能化激励为平静，无丝毫苟且，尤工小楷、古篆，全得颜真卿《麻姑仙坛记》法而以色泽润之，名噪一时。诗有唐人遗风。著有《五湖集》《左史子》《汉镌》等传世。

钱曾（公元1629—1701年），字遵王，常熟（今属江苏省）牧斋族孙，为牧斋注《初学》《有学》二集。承绛云楼余绪，家有藏书，撰《读书敏求记》，收藏家讲版本者不能出其范围。尝秋夜宿破山寺赋绝句十二首，牧斋甚赏之。著有《述古堂书目》《也是园书目》。

鲍廷博（公元1728—1814年），字以文，号渌饮，祖籍歙县长塘，随父寓居杭州，后定居于桐乡青镇。鲍廷博二十三岁中秀才，此后多次参加科举考试，均不第，遂闭门读书。鲍家世代经商，又热心文化事业，其家筑有知不足斋藏书楼。鲍廷博在祖上藏书的基础上，访书不懈，喜购秘籍，并广录先人后哲所遗手稿，因此家中所藏珍籍秘本甚多，成为当时的藏书大家。鲍廷博博览群书，对古籍真伪、版本优劣及收藏钞刊之经历知之尤详。翁广平称鲍廷博"生平酷嗜书籍，每一过目，即能记其某卷某页某讹字，有持书来问者，不待翻阅，见其板口，即曰此某氏板，某卷刊讹若干字，案之历历不爽"。洪亮吉曾把鲍廷博和黄丕烈并列为"鉴赏家"。

参考文献

[1] 邢祥熹.《墨庄漫录》研究[D].长春：东北师范大学，2016.

[2] 罗羽羚.《墨庄漫录》文学批评研究[D].广州：暨南大学，2018.

[3] 姚继荣，姚忆雪.唐宋历史笔记论丛[M].北京：民族出版社，2016：529.

二十三 南宋陆游撰《老学庵笔记》
明崇祯年间汲古阁刊本

南宋陆游撰《老学庵笔记》明崇祯年间汲古阁刊本，现藏于哈佛大学燕京图书馆。该书初刻于宋绍定元年（公元1228年），由其幼子陆子遹付梓，是为陆氏家刻本（已佚）。《宋史·艺文志》记为一卷，系刊刻之误。明有《稗海》本、汲古阁刊本（即本案）、《说郛》节编本、《津逮秘书》本据《稗海》本重刻，并以景宋本校勘之。清有《四库全书》本、《学津讨原》本、《丛书集成》本均以《津逮秘书》本复印。另有残宋本五卷、景宋本及据陆氏家刻本传钞之穴砚斋钞本。1919年商务印书馆以穴砚斋本为底本，校以《津逮秘书》诸本，刻入《宋元人说部》。1979年中华书局以《宋元人说部》本为底本，复校《津逮秘书》诸本，标点出版，并附所录《续笔记》佚文。1993年上海古籍出版社影印本、1997年中华书局排印本等。（图2-18）

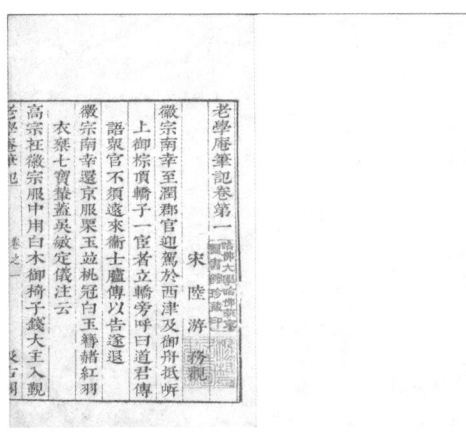

图2-18 卷一·南宋陆游撰《老学庵笔记》明崇祯年间汲古阁刊本 哈佛大学燕京图书馆藏。

《老学庵笔记》共十卷，续集二卷，此书为作者晚年退居家乡时所作，"老学庵"是其书斋名字。书中记南宋史事及名物、典章制度与各种轶闻遗事，也考订评论诗文。全书内容广泛，足备考证，行文隽洁，语意蕴藉，在宋人说部中堪称上乘。《四库全书总目提要》载："《宋史·艺文志》又载《山阴诗话》一卷，今其书不传，此编论诗诸条，颇足见游之宗旨，亦可补诗话之阙矣。"

该书对服饰的记载分散于全书各章，对服饰制度、颜色、材质等均有描写，但大多涉及官员、士大夫等阶层，对普通民众记载较少。例如，卷二对士大夫服饰的描写：

"先左丞平居，朝章之外，惟服衫帽。归乡，幕客来，亦必着帽与坐，延以酒食。伯祖中大夫公每赴官，或从其子出仕，必着帽，遍别邻曲。民家或留以酒，亦为尽欢，未尝遗一家也。其归亦然。"

对服饰颜色及佩鱼的描写：

"先太傅庆历中赐紫章服，赴阁门拜赐，乃涂金鱼袋也。岂官品有等差欤？"

又如，对服饰材质的描写：

"郭子仪三十年无缌麻服，人或疑其不然。安厚卿枢密逾二纪无功缌之戚，乃近岁事也。"

《老学庵笔记》记载了部分宋代史料，常为后世史籍所征引，如《宋史》卷八十九"夔州"一条的考证即根据《笔记》卷五一则等。就纺织文化遗产研究而言，该书从不同方面反映了宋代的服饰制度，是研究士大夫、官员等服饰制度的重要参考材料。但值得注意的是，该书部分内容与《宋史》不符，例如据《宋史》卷三百五十一《何执中传》载："会正宰相官名，转少傅，为太宰；又迁少师，封荣国公。"而笔记中却载，"何执中尝封庆国公矣"。故应与《宋史》典籍对照结合使用。

拓 展 资 料

陆游（公元1125—1210年），字务观，号放翁，山阴（今浙江绍兴）人。著有《剑南诗稿》《渭南文集》《南唐书》《老学庵笔记》《放翁词》《入蜀记》等。

《津逮秘书》，全书分十五集，每集四至十八种不等。各集内容相对集中，含有分类的意义。如第一集为诗经，第二集为易经，第五集为诗话，第六、七集为书画，第十二、十三集为题跋，余为笔记杂著、掌故琐记等。所收诸书，内容包括经学、史学、典章制度、志怪小说、诗话笔记、科学技术、书法、绘画、书跋等，汉唐以来之子史要籍则所收殊罕。

《四库全书总目提要》，清宫修目录。二百卷。永瑢、纪昀等编撰。乾隆四十六年（公元1781年）《四库全书》修成，纪昀等根据乾隆旨意，将编纂《四库全书》中所撰古籍提要汇编成书。该书初稿成于乾隆四十六年（公元1781年），乾隆五十四年（公元1789年）由武英殿刊行，所收图书三千四百六十一种，未收存目六千七百九十三种，每种均撰有提要。全书按经、史、子、集四部分四十四类编排。每部有总叙，各类有小序。复杂之类再细分子目。若干类与子目后还附述学术源流、相互关系、分类理由之案语。

参 考 文 献

[1]卢德平.中华文明大辞典[M].北京：海洋出版社，1992：957.

[2]胡道静.简明古籍辞典[M].济南：齐鲁书社，1989：268.

[3]倪士毅.中国古代目录学史[M].杭州：杭州大学出版社，1998：183.

[4]安树芬，彭诗琅.中华教育通史第9卷[M].北京：京华出版社，2010：1983.

[5]胡道静.简明古籍辞典[M].济南：齐鲁书社，1989：59.

[6]阮怡.《老学庵笔记》研究[D].成都：四川师范大学，2010.

二十四 南宋陈準撰《北风扬沙录》
清顺治四年《说郛》宛委山堂本

南宋陈準撰《北风扬沙录》清顺治四年（公元1647年）《说郛》宛委山堂本，现藏于哈佛大学燕京图书馆。《北风扬沙录》原书已佚，现存为《说郛》删节本，有明钮石溪世学楼抄本、本案、1927年张宗祥《说郛》涵芬楼本及1993年巴蜀书社出版《中国野史集成》影印本等。（图2-19）

《北风扬沙录》记述女真的历史，其本名朱里真，肃慎氏之后，因避辽兴宗耶律宗真之讳而改成女直。世居混同江水东，长白山鸭绿水之源，即《三国志》所载之挹娄，元魏之勿吉，唐之黑水靺鞨。原有七十二部落，后为契丹耶律阿保机所并。就内容而言，详述了女真人的生活环境、气候、习俗、衣食、物产以及社会的官制、兵制、法令等。例如：

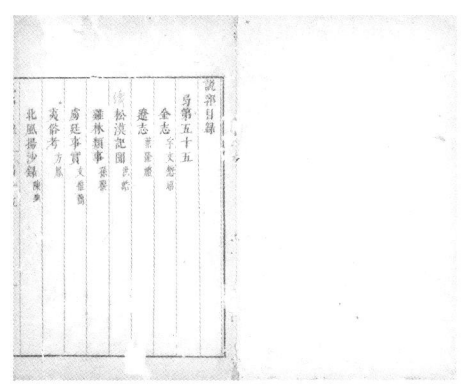

图2-19 《说郛》目录·南宋陈准撰《北风扬沙录》清顺治四年《说郛》宛委山堂本 哈佛大学燕京图书馆藏

"产名马、生金、大珠，颇事耕艺而不蚕桑，人多衣桦布。冬极寒，盛夏如中国十月时。屋绝高数丈，独开东南一扉，掩复以草绸缪之。环屋为土床，炽火其下，而寝食起居其上。衣厚毛为衣，非入屋不撤。衣屦稍薄，则堕指裂肤。"

此外，还记载于宋太祖建隆二年（公元961年）遣使献礼物的事件，颇具史料价值。

女真先民有辫发的习俗，辫发是女真的主要发式特征，例如书中记载："人皆辫发，与契丹异。耳垂金环，留脑后发，以色丝系之。"对女真服饰的记载为："富人用珠金为饰，男子亦衣红黄，与妇人无别。"

《北风扬沙录》留传至今的文字不过一千余字，但所记熟女真、生女真的情况十分详细，例如对曷苏馆女真来历的记载为："或曰三韩辰韩之后，姓拿氏……有七十二部落，不相统制。契丹阿保机乘唐衰，兴北方，吞诸番三十六，女真在其中。阿保机恐女真为患，诱豪右数千家，迁之辽阳之南而著籍焉，使不得与本国通，谓之合苏隶。"《三朝北盟会编》《文献通考》等文献皆沿袭此说，该书是了解女真族早期历史的重要文献资料。

拓 展 资 料

《说郛》，元陶宗仪辑。陶宗仪编成《说郛》后，抄本被数位松江文士收藏。七十年后，郁文博罢官归松江，借《说郛》细阅，觉得"是书搜集万事万物，备载无遗，有益后人。"但又发觉抄录者马虎潦草，字多讹缺，于是每日端坐"万卷楼"，逐一校勘，费时近十年，重新编成一百卷。明末清初，云南姚安人陶珽又对《说郛》加以增补，编成一百二十卷。又云集明代名家作品五百二十七种，编成《续说郛》四十六卷。1919年，教育部长傅增湘请张宗祥筹办京师图书馆，并兼主任。张宗祥先后费时六年校勘、抄录《说郛》。商务印书馆张元济得到消息，向张宗祥要去抄校本，以"涵芬楼"为名，于1927年11月出版。

《三朝北盟会编》，宋徐梦莘撰。全书二百五十卷，采编年体例。"三朝"，指宋徽宗赵佶、宋钦宗赵桓、宋高宗赵构三朝，该书会集了三朝有关宋金和战的多方面史料，按年月日标出事目，加以编排，故称为"北盟会编"。宋金和战是北宋末南宋年间头等大事，宋人据亲身经历或所闻所见记录成书者，不下数百家，但"各说异同，事有疑信"。徐梦莘将各家所记，以及这一时期的诏敕、制诰、书疏、奏议、传记、行实、碑志、文集、杂著等，凡是"事涉北盟者"，兼收并蓄，征引的文献达二百多种，对记述的异同和疑信，不加考辨。

参 考 文 献

[1]韩骏.《说郛》收书与陶宗仪小说观研究[D].昆明：云南大学，2019.

[2]谢静.敦煌石窟中蒙古族服饰研究之三——蒙元时期各少数民族服饰对蒙古族服饰的影响[J].艺术设计研究，2012（03）：46-48.

[3]包铭新.中国北方古代少数民族服饰研究4-5吐蕃卷党项、女真卷[M].上海：东华大学出版社，2013：221-222.

二十五 南宋叶梦得撰《石林燕语》
明正德元年杨武刻本

南宋叶梦得撰《石林燕语》明正德元年（公元1506年）杨武刻本，现藏于中国国家图书馆。据自序言，是书始撰于宣和五年（公元1123年），成书于南渡后的建炎中。除本案外，有宋嘉泰元年（公元1201年）俞氏刊本，明万历年间会稽商氏半埋堂刊《稗海》本，清顺治三年（公元1646年）两浙李氏宛委山堂刊《说郛续》本，乾隆年间《四库全书》本，咸丰三年（公元1853年）仁和胡氏木《琳琅秘室丛书》活字本，1984年中华书局据《琳琅秘室丛书》本为底本影印本等。
（图2-20）

《石林燕语》系宋代史料笔记丛书。全书十卷，记三百七十二条。录朝章国典、旧闻时事，朝野故事足以资考，以补史缺。内容涉及宋神宗、哲宗、徽宗、钦宗、高宗五朝典章礼制琐闻轶事，同时还记载诗文、词章、奏议、考释、典章制度、皇宫建制、风俗活动、名人轶事、考证纠谬、科举、职官、外交等方面的内容。

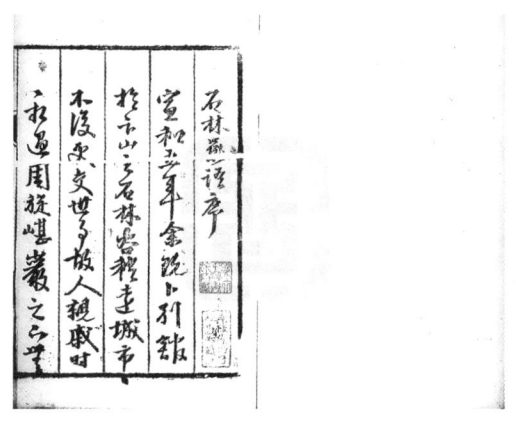

图2-20 序·南宋叶梦得撰《石林燕语》 明正德元年杨武刻本 中国国家图书馆藏

就纺织文化遗产研究而言，该书记载了幞头巾、裁帽、金带、皂带、通天冠、绛纱袍、衮冕、大裘、缁衣羔裘、黄衣狐裘、素衣麑裘、方团玉带、金鱼、玉鱼、小冠、额子、勒帛、绦、背子、裤衣、法冕、席帽、绯衣、绯绿白袍、皂衣白袍等纺织服饰名物。如，对幞头巾的记载为：

"旧制：幞头巾皆折而敛前。神宗尝谓近臣：'此制有承上之意。'绍圣后，始有改而偃后者，一时宗之，谓前为敛巾，遂不复用。此虽非古服，随时之好。然古者为冕，皆前俯而后仰，敛巾尚有遗意也。"

对金带的记载为：

"国朝亲王皆服金带，元丰中官制行，上欲宠嘉、岐二王，乃诏赐方团玉带，著为朝仪。先是乘舆玉带皆排方，故以方团别之。二王力辞，乞宝藏于家，而不服用，不许，乃请加佩金鱼，遂诏以玉鱼赐之，亲王玉带佩玉鱼，自此始。故事，玉带皆不许施于公服，然熙宁中，收复熙河，神宗特解所系带赐王荆公,且使服以人贺。荆公力辞,久之不从,上待服而后追班,不得已受诏,次日即释去。"

又如,对服色的记载为:

"国朝既以绯紫为章服,故官品未应得服者,虽燕服亦不得用紫,盖自唐以来旧矣。太平兴国中,李文正公昉尝举故事,请禁品官禄袍,举子白纻下不得服紫色衣。举人听服皂,公吏工商技术,通服皂白二色。至道中,弛其禁,今(按,指南宋初)胥吏宽衫与军伍窄衣,皆服紫,沿习之久,不知其非也。"

《石林燕语》是叶梦得现存笔记中内容最为丰富、广博的一种,既保存了丰富的政治制度史料,又有文人轶事、诗文作品、社会风俗等方面的资料。书中多处记载直接为后世修史者引用,如《文献通考》等史籍著作、笔记屡见引用,对补阙正史较有意义。其作为笔记小说,亦载有众多宋朝时人的奇闻轶事,为研究宋代文史提供了丰富的视角和资料。

拓 展 资 料

叶梦得(公元1077—1148年),字少蕴,号石林居士,苏州吴县人。绍圣四年(公元1097年)登进士第,历任翰林学士、户部尚书、江东安抚大使等官职。晚年隐居湖州弁山玲珑山石林,故号石林居士,所著诗文多以石林为名,如《石林燕语》《石林词》《石林诗话》等。

《文献通考》,简称《通考》,是宋元时代学者马端临编撰的一部典章制度史,全书凡三百四十八卷,计《田赋考》七卷、《钱币考》二卷、《户口考》二卷、《职役考》二卷、《征榷考》六卷、《市籴考》二卷、《土贡考》一卷、《国用考》五卷、《选举考》十二卷、《学校考》七卷、《职官考》二十一卷、《郊社考》二十三卷、《宗庙考》十五卷、《王礼考》二十二卷、《乐考》二十一卷、《兵考》十三卷、《刑考》十二卷、《经籍考》七十六卷、《帝系考》十卷、《封建考》十八卷、《象纬考》十七卷、《物异考》二十卷、《舆地考》九卷及《四裔考》二十五卷。此书以杜佑的《通典》作蓝本,所以《田赋》等十九考,皆依《通典》而重加离析;惟《经籍》《帝系》《封建》《象纬》《物异》五考,则广《通典》所未及。

参 考 文 献

[1]李甜甜.《石林燕语》研究[D].成都:四川师范大学,2020.
[2]方建新.关于《石林燕语》的成书时间[J].杭州大学学报(哲学社会科学版),1987(04):26-28.
[3]姚继荣,姚忆雪.唐宋历史笔记论丛[M].北京:中华书局,2016.

二十六 南宋洪皓撰《松漠纪闻》
明正德年间顾元庆辑《顾氏文房小说》本

　　南宋洪皓撰《松漠纪闻》明正德年间顾元庆辑《顾氏文房小说》本,现藏于中国国家图书馆。据该书补遗卷后的跋语"先忠宣《松漠纪闻》,伯兄镂板歙越。遵来守建业又刻之。"可知是书正续两卷是由洪皓长子洪适整理,并于绍兴丙子年(公元1156年)刻板成书。十七年后,乾道中洪皓次子洪遵又增添《补遗》十一事附于书后,刻板于建业。《松漠纪闻》祖本已失传,近人胡思敬在《豫章丛书》中收录了《松漠纪闻》并撰写校勘记一篇,校勘记后注明"元本极精工,初藏钱梦庐家,嗣归汪阆源,后又归丁松生,今存江南图书局。"但今未见此元本。明代刻书之风大盛,《松漠纪闻》被众多丛书收录,例如正德年间顾元庆辑《阳山顾氏文房小说》本(即本案)、明吴琯辑《古今逸史》本、明李栻辑《历代小史》本、明吴永辑《续百川学海》本等。后有清顺治四年(公元1647年)《说郛》宛委山堂本、清乾隆年间《四库全书》本、清张海鹏辑《学津讨原》本、清洪汝奎辑《洪氏晦木斋丛书》本、1923年胡思敬辑《豫章丛书》本、1935年商务印书馆出版《丛书集成初编》、1936年金毓黻辑《辽海丛书》本等。《顾氏文房小说》这一版本在《松漠纪闻》书后记有"长洲顾氏家藏宋板校行。"是明本系统中刊刻最早而且比较接近宋本原貌的版本。(图2-21)

　　《松漠纪闻》全文一万余字,分正卷三十一事,续卷二十七事,补遗十一事,凡六十九事。详细介绍了金国的山川地理、历史沿革、科举制度及社会风尚等。洪适在跋记《题松漠纪闻》中写道:

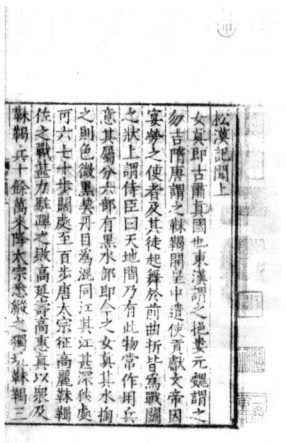

图2-21 《松漠纪闻·上》·南宋洪皓撰《松漠纪闻》明正德年间顾元庆辑《顾氏文房小说》本 中国国家图书馆藏

"先君衔使十五年,深陷穷漠,耳目所接,随笔纂录。闻孟公庾发箧汴都,危变归计,刱艾而火其书,秃节来归。因语言得罪柄臣,诸子佩三缄之戒,循陔侍膝,不敢以北方事置齿牙间。及南徙炎荒,视膳余日,稍亦谈及远事。凡不涉今日强弱利害者,因操牍记其一二。未几复有私史之禁,先君亦枕末疾,遂废不录。及柄臣盖棺,弛语言之律,而先君已赍恨泉下。鸠拾残稿,仅得数十事,反袂拭面,著为一编。"

该段文字详细记录了该书曲折复杂的成书过程。《松漠纪闻》在洪皓被拘留金国期间即已写成,只是为了顺利归宋,被迫焚毁了书稿。归国后,又为秦桧所嫉,接连被贬饶州、江州、濠州,因此"不敢以北方事置齿牙间",直到被安置英州,在不曾涉及今日强弱利害关系的前提下"操牍记其一二",后又遭遇"私史之禁",加上身患重疾,被迫搁笔。洪皓去世后,由其长子整理《松漠纪闻》正续两卷刻板成书,十七年后,其次子洪遵又增添《补遗》十一事,至此《松漠纪闻》完全成书。

文中对纺织服饰相关记载分散于全书各事,例如《松漠纪闻·上》中对回鹘的纺织物产记载为:

"帛有兜罗绵、毛叠毛狨、锦、注丝、熟绫、斜褐……又善结金线相瑟瑟为珥及巾环,织熟锦、熟绫、注丝、线罗等物,又以五色线织成袍,名曰'克丝',

甚华丽。又善捻金线别作一等,背织花树,用粉缴,经岁则不佳。"

对"后以物美恶杂贮毛连中"中的毛连介绍为:

"毛连以羊毛缉之,单其中,两头为袋,以毛绳或线封之。有甚粗者,有间以杂色毛者则轻细。"

对回鹘妇女的服饰记载为:

"妇人类男子,白皙,着青衣,如中国道服然,以薄青纱幂首而见其面。"

在《松漠纪闻·下》中,对金国科举制度作了详细记述,其中对科举赐服的记载为:

"分三甲,曰上甲、中甲、下甲……上甲皆赐绯,七年即至奉直大夫,谓之正郎……中、下甲服绿,例赐银带。"

对服饰的介绍为:

"北方苦寒,故多衣皮,虽得一鼠,亦褫皮藏去。妇人以羔皮帽为饰,至值十数千,敌三大羊之价,不贵貂鼠,以其见日及火,则剥落无色也。"

《松漠纪闻·补遗》中对纺织品的介绍为:

"耀毼褐色。泾毼白色。生丝为经,羊毛为纬,好而不耐。丰毼有白有褐最佳,驼毛毼出河西,有褐有白。"

《松漠纪闻》写作虽为"耳目所接,随笔纂录",但所记金国杂事,多属翔实足资考证者,在其问世之初就受到当时人们的重视,在研究金代北方少数民族时,都把《松漠纪闻》列为重要参考书。元人宇文懋昭的《大金国志》、叶隆礼的

《契丹国志》、元国史院编修的《金史》等书中都能看到《松漠纪闻》的影子。全书本着善恶必书、不虚美、不隐恶的原则，依据事实，恰如其分地褒贬史事人物，呈现出比肩正统史书的庄重样貌，《四库全书总目》评价道："皓所居冷山，去金上京会宁府才百里。又尝为陈王延教其子，故于金事言之颇详……盖以其身在金庭，故所纪虽真赝相参，究非凿空妄说者比也。"

就纺织文化遗产研究而言，书中所记女真、契丹、渤海、回鹘、盲骨子、嗢热之类国族杂事，包括纺织物产、民族服饰等内容，是研究金史与北方少数民族历史不可或缺的重要资料。

拓 展 资 料

洪皓（公元1088—1155年），字光弼，鄱阳人（今江西鄱阳）。宋徽宗政和进士。高宗建炎三年（公元1129年），奉命赴金，被羁留十余年。拒绝金人所授官职，屡次秘密派人返回南方，报告金国虚实，绍兴十二年（公元1142年）被释归宋，授徽猷阁直学士。屡向秦桧建言不可苟安于钱塘，为桧所忌，贬居英州九年，后徙袁州，至南雄州病卒，封太师魏国公，谥号忠宣。著有《鄱阳集》《松漠纪闻》等。

洪适（公元1117—1184年），字景伯，又字温伯、景温，号盘州，鄱阳人（今江西鄱阳），洪皓长子。与弟洪遵、洪迈先后同中博学鸿词科，有"三洪"之称。累官至尚书右仆射、同中书门下平章事兼枢密使，官至右丞相，封魏国公。在金石学方面造诣颇深，与欧阳修、赵明诚并称为宋代金石三大家。著有《隶释》《隶续》等。

洪遵（公元1120—1174年），字景严，号小隐，鄱阳人（今江西鄱阳），洪皓次子。绍兴十二年（公元1142年）与兄洪适同中博学宏词科，赐进士，后擢为秘书省正字，曾任资政殿学士。著有《泉志》《翰苑群书》《翰苑遗事》《谱双》《洪氏集验方》《金生指迷方》《洪文安公遗集》等。

胡思敬（公元1869—1922年），字漱唐，晚号退庐居士，江西新昌人（今宜丰）。光绪二十年（公元1894年）进士，选翰林院庶吉士，改吏部主事，后任辽沈道监察御史、广东道监察御史。一生著述较多，如《退庐疏稿》《驴背集》《戊戌履霜记》《九朝新语》《王船山读通鉴论辨正》等，后人编为《退庐全集》。

参 考 文 献

[1]周启澄,程文红.纺织科技史导论第2版[M].上海：东华大学出版社,2013：140.

[2]潘瑞国.《松漠纪闻》若干问题探讨[J].中国边疆民族研究,2009（00）：180-193+408.

[3]刘师健.由《松漠纪闻》看洪皓的思想与学术进退[J].天中学刊,2023,38（05）：116-124.

二十七 南宋王栐撰《燕翼诒谋录》

明弘治十四年华珵刻《百川学海》本

南宋王栐撰《燕翼诒谋录》明弘治十四年（公元1501年）华珵刻《百川学海》本，现藏于台北"国家图书馆"。《燕翼诒谋录》自南宋理宗宝庆三年（公元1227年）成书后即有刊刻，至明清时期流传日益广泛，主要有宋咸淳九年（公元1273年）左圭辑《百川学海》本、明弘治十四年（公元1501年）华珵刻《百川学海》本、明嘉靖十五年（公元1536年）郑氏宗文堂刻本、明万历十四年（1586年）刻《历代小史》本、明抄《说郛》本、明刻《唐宋丛书》本、清顺治四年（公元1647年）《说郛》宛委山堂本、清乾隆年间《四库全书》本、清嘉庆十年（公元1805年）张氏照旷阁刻《学津讨原》本等。

《燕翼诒谋录》一名源于《诗经·大雅·文王有声》中提到的"诒厥孙谋，以燕翼子"，郑玄注曰："诒，遗也。燕，安也。乃遗其后世之子孙以善谋，以安翼其子也。"意为宋初几代君主遗留给后世子孙治国理政的典章与谋略的辑录。《燕翼诒谋录》据宋朝、国史、实录、圣政、宝训等官书，主要记载了宋太祖建隆至仁宗嘉祐年间典制沿革与得失，详于职官、选举，兼及食货、兵刑、地理等项，全书共五卷，凡一百六十二条。书中对服饰制度、妇人装束等记载分散于全书各条，在卷一前后相邻且连续之条如"革带之制""臣庶许服紫袍"等还体现出服饰制度的沿革，如：

> "太平兴国七年正月，诏常参官银装鞍、丝绦，六品以下不得闹装，仍不得用刺绣金皮饰鞯。未仕者乌漆素鞍。则是一命以上皆可以银装鞍也。"
> "太平兴国七年诏曰：中外官并贡举人或于绯、绿、白袍者，私自以紫于衣服者，禁之。止许白袍或皂袍。至端拱二年，忽诏士庶皆许服紫，所在不得禁止。"

卷四"妇人冠梳"条对宋代独具特色的冠梳习俗有所描述，曰：

> "妇人冠梳旧制，妇人冠以漆纱为之，而加以饰，金银珠翠，采色装花，初无定制。仁宗时，宫中以白角改造冠并梳，冠之长至三尺，有等肩者，梳至一尺，议者以为妖。"

《燕翼诒谋录》自序中称其"无非考之国史、实录、宝训、圣政等书,凡稗官小说,悉弃不取,盖以前人为戒也",书中取材谨信,使得其文献辑佚、校勘价值等史料价值尤为突出。同时,由于资料来源涉及领域广泛,且内容翔实可采,故在历代史书的辑录和研究中被广泛征引。清虞山张海鹏《学津讨原》收录《燕翼诒谋录》并作跋,称:"发思古幽情,详述典章沿革,以稽世变,其用心诚深远矣。"该书对典章制度的设置沿革情况的记载详细具体,比如卷一"革带之制"条之记载,将旧制之革带先列于前,接着又阐述了国初之革带,使旧制与新制有了鲜明对比,彻底地记录了革带的沿革情况。然此书亦存在诸多谬误之处,尤在时间记载上与他书互异者甚多,因而在引用时值得多方考证商榷,以便充分发挥其史料价值。

拓 展 资 料

王栐(生卒年不详),字叔永,号求志老叟,自署称晋阳人,寓居山阴。其名氏不概见于他书,其叔父王蔺,曾于绍熙年间任知枢密院兼参知政事,《宋史》有传,称为无为(安徽庐江)人。

张海鹏(公元1775—1816年),字若云,一字子瑜,江苏常熟人。乾隆四十年(公元1775年)补博士弟子员,后三试不中,遂绝意名禄。笃志于坟典。搜集金元两代遗集,较为全面,藏书楼有"借月山房",刻书处为"传望楼",江南名藏书家钱曾、毛晋的藏书散出后,多为其收藏。学者黄廷鉴曾作有《藏书二友记》,记其二人藏书轶事。

参 考 文 献

[1]李欣.《燕翼诒谋录》版本价值之研究[J].法制与社会,2017(18):288-289.
[2]周宗迪.南宋王栐《燕翼诒谋录》研究[D].西安:陕西师范大学,2018.
[3]赵芬芬.论宋代"服妖"现象[D].杭州:浙江师范大学,2017.

二十八 南宋郑思肖撰《心史》
明崇祯十二年本

南宋郑思肖撰《心史》明崇祯十一年(公元1638年)本,现藏于中国国家图书馆。《心史》书成后以铁盒封函,埋在苏州承天寺院内井中,外封:"大宋世界无穷无极,《大宋铁函经》德祐九年佛生日封此书,出日一切皆吉。"内记:"大宋孤臣郑思肖百拜书。"明末崇祯十一年(公元1638年)冬,因承天寺僧偶然疏浚水井,《心史》才得以重见天日。是书发现后,为承天寺僧达始(君慧)所获,后流传版本主要有二,即张国维本(简称张本)与汪骏声本(简称汪本)。自书出井后,文从简得之于达始,随后陆嘉颖父子与文从简父子合钞之,至此钞本开始流传。陆嘉颖等初欲刻印此书,但苦于无资,于是其与文从简各写一篇跋文,在友人之间传观,以求募捐经费,此后又特请复社名流杨维斗题跋,以便"上诸名公",后又有张世伟、邱明瞻、华渚、许元浦等人都写了跋文,但经费问题仍未解决,便由诸生张劭与丘民瞻二人将钞本并诸题跋上呈之应天巡抚张国维,得其"捐俸绣梓",于崇祯十三年(公元1640年)正月刻成此书,故称张本。同年,新安汪骏声重刻本行世,为之汪本,由于与张本刊刻时间相近,坊间多有争议。

关于两本的不同,一是张本照原稿分为上下二卷,而汪本则据卷目析为七卷。二是张本原拟多附录,但今见除了十多篇跋文外只附录了一篇《卓行传》(见《姑苏志》),而汪本则辑附了元陶宗仪《南村辍耕录》、郑元祐《遂昌杂录》、明吴宽《姑苏卓行传》、文肇祉《虎丘山志》、陈继儒《白石樵真稿》、李诩《戒庵漫笔》等书中有关郑思肖的记载以及文徵明《题所南先生画兰》等。三是文字略有不同。然这些争议并未影响《心史》在明末清初的流传,特别是在"明遗民"间的广泛传抄。今有1991年上海古籍出版社陈福康点校版《郑思肖集》辑录。(图2-22)

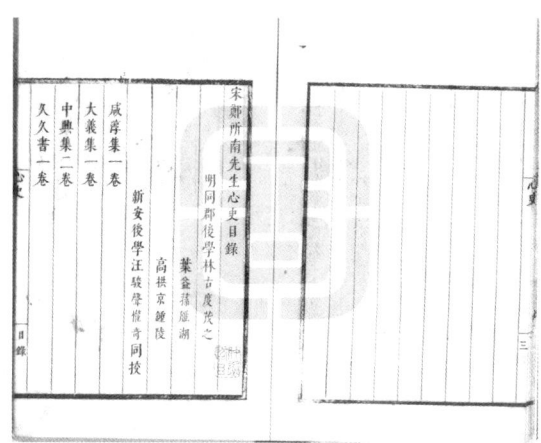

图2-22 目录·南宋郑思肖撰《心史》明崇祯十二年(公元1639年)本 中国国家图书馆藏

《心史》又被称为《铁函心史》或《井中心史》，其意在《后序》中解释道："所谓诗，所谓文实国事、世事、家事、身事、心事系焉"。书中内容为作者将其所著诗歌编订成《咸淳集》一卷、《大义集》一卷、《中兴集》两卷，并和《久久书》一卷、《杂文》一卷、《大义略叙》一卷之合钞，后又附《自序》等五篇，以及《疗病咒》一则。其中《咸淳集》一卷，是景定元年（公元1260年）至咸淳五年（公元1269年）之间郑思肖的诗歌创作，记录了郑思肖的忧国之心和当时宋元之间的战争。《大义集》一卷与《中兴集》二卷，是宋度宗咸淳八年（公元1272年）以后的作品，记述宋亡。散文部分题材广泛，主题集中显豁，如《自戒》《语戒》《久论》《犬德》等，为借以自况，抒发哲理；《书先君跋先著作叔翁行述后》《先君菊山翁传》等记述家世；《南风堂记》《三膜堂记》等，是以虚构中的堂名以寓志；《一愚说》《静净说》《呆懒道人凝云小隐一记》《梦游玉真峰餐梅花记》等，为反映神仙道教内容，用字简洁、想象奇特；《大义略叙》《文垂相叙》《欧阳梦桂忠妾柔柔传》《祭大宋忠臣文》《德裕谢太皇北狩攒宫议》等纪实性较强。

《咸淳集》一卷，《大义集》一卷，《中兴集》二卷，计诗二百五十首，杂文自两《盟檄》而下，凡四十篇，又前后自序五篇，总目之曰《心史》，毋乃僭乎？夫天下治，史在朝廷；天下乱，史寄匹夫。史也者，所以载治乱，辨得失，明正朔，定纲常也。不如是，公论卒不定，亦不得当史之名。史而匹夫，天下事大不幸矣。

我罹大变，心痰骨寒，力未昭于事功，笔已断其忠逆。所谓诗，所谓文，实国事、世事、家事、身事、心事系焉。大事未定，兵革方殷。凡闻语正大事，必疾走而去，不肯终听，畏祸相及，况此书耶？则其存不存，诚非可计，纸上语可废坏，心中誓不可磨灭。若剐、若斩、若碓、若锯等事。数尝熟思冥想，至苦至痛，庸试此心，卒不能以毫发紊我一定不易之天。孰知心之所以为心者，万万乎生死祸福，亦莫能及之；盖实无所变，实无所坏，本然至善纯正虚莹之天也。以是，敢誓曰《心史》。

且天地万化，悉自此心出。纵大于天地，亦不能违乎此心……既秉誓不变，决当有成，必然之理。我断断为大宋办中兴事，即所以报我父母大德，天理一本而已矣。敬沥血为语，发明《心史》之义，荐序于后云。

> 维大宋德祐辛巳岁季冬十有八日，三山郑思肖忆翁后叙。
>
> ——《心史·后序》

就纺织文化遗产研究而言，该书关于纺织服饰相关记载多为对元代蒙古族服饰的记载且内容分散于全书各章，如《大义集·绝句·其八》记："鬃笠毡靴搭護衣，金牌骏马走如飞。十三门里秋光冷，谁梦朝天喝道归。（行在十三门。搭護，胡衣名，金牌胡爵。）"描述了一位头戴鬃笠、身着搭護、足蹬毡靴的"胡将"。又如，《大义略序》记："鞑主剃三搭，辫发。三搭者，环剃去顶上一弯头发，留当前发，剪短散垂；却析两旁发，垂绾两髻，悬加左右肩衣袄上，日不浪儿。言左右垂髻，碍于回视，不能狼顾。或合辫为一，直拖垂衣背。"对元代蒙古族男子发式作以记载。此类种种，皆可为研究这一时期蒙古服饰文化提供重要的参考资料。

王夫之认为郑思肖《心史》堪与屈原《楚辞》媲美；顾炎武专门创作了《井中心史歌》并序，称"万古此心心此理"；黄宗羲赞曰："自有宇宙，只此忠义之心维持不坠"；梁启超则称："此书一日在天壤，则先生之精神与中国永无尽也"。该书最能体现郑思肖存国史意识的是收入《心史》的《大义略叙》，该文共一万六千字，是郑思肖贯彻其正统论书法的一部编年体的宋亡元兴史。至元十八年（公元1281年）至元十九年（公元1282年）间，元朝官方要修宋史的决定，是促使郑思肖下定决心修《大义略叙》的主要原因，他自述著述缘由时说："闻叛臣在彼，教忽必烈僭，俾南儒修纂大宋全史，且令州县采访今年事迹。又僭作鞑史。逆心私意，颠倒是非，痛屈痛屈，冤何由伸？此我《大义略叙》实不得不容不作。"这是一部按理学的纲常大义写成的宋亡元兴史，前半部分记述蒙古灭金及南宋覆亡过程，并分析了南宋灭亡的原因；后半部分介绍了元世祖至元二十一年（公元1284年）以前的蒙元历史，如蒙古族起源、大汗世系、朝廷政事、典章制度、社会风俗等，为研究这一时期历史提供了丰富的资料。

拓 展 资 料

郑思肖（公元1241—1318年），字忆翁，号所南，南宋诗人、画家。原籍福建连江，南宋淳化元年出生于临安（今杭州），十四岁，随父迁家吴门，自此定居姑苏。在宋末，郑思肖曾以太学生应博学鸿词试,未有任何官职。咸淳五年(公元1269年),他愤而上书,"叩阍上太皇太后、幼主疏,辞切直,忤当路,不报",满腔救国热忱遭到迫害,从此被迫隐姓埋名,暂停创作。宋亡后,郑思肖入元为遗民,隐痛遁世,改名为思肖,字忆翁,号所南,以示不忘故国,忠于赵宋。郑思肖疾呕时,嘱其友唐东屿曰:"思肖死矣,烦为书一牌,当云'大宋不忠不孝郑思肖'。"语讫而绝,享年七十八岁。其著有《心史》《一百二十图诗集》《郑所南先生文集》,还有一些佚诗佚文,已收入《郑思肖集·补遗》。

张国维(公元1595—1646年),字止庵,一字九一,号玉笥,东阳(今属浙江)人,明末抗清名臣。在刻《心史》前后他还刻了明末周谧撰著的兵书《将略标》和自撰水利学巨著《吴中水利全书》,支持刊刻了《农政全书》(徐光启著)和《皇明经世文编》等巨著,对文化事业的贡献颇丰。

文从简(公元1574—1648年),字彦可,号枕烟老人,南直隶苏州府长洲(今江苏苏州)人。大书画家文徵明曾孙,明末清初画家。

杨廷枢(公元1595—1647年),字维斗,号复庵,学者称皋里先生,南直隶苏州府长洲(今江苏苏州)人。明末抗清官员、学者。

林古度(公元1580—1666年),字茂之,号那子,别号乳山道士,福建福清人。明末清初诗人,寓居于江宁。工诗,少赋《挝鼓行》,为东海屠隆所知,与曹学佺友善。诗皆清绮婉丽,后与钟惺、谭元春游,诗格遂为一变。明亡,家产尽失,乃卜居于真珠桥南之陋巷窟门,以遗民自居,时人称为"东南硕魁"。贫甚,暑无蚊帱,冬夜睡败絮中。有人遗之帷帐,则举以易米。施闰章怜之,乃制纻帐,书绝句其上,属同志各题一诗以寄之。晚岁,与王士禛唱和于红桥平山堂间,名《流咸集》。古度所作诗,王士禛选为《林茂之诗选》二卷;又著有赋一卷,并《清史列传》行于世。

参 考 文 献

[1]卓洪艳.郑思肖《心史》研究[D].福州:福建师范大学,2008.

[2]山右历史文化研究院.山右丛书初编12[M].上海:上海古籍出版社,2014:114.

[3]何宗美.明末清初文人结社研究[M].上海:中华书局,2016:249-253.

[4]陈福康.井中奇书新考:郑思肖《心史》暨宋季明季爱国诗文研究[M].上海:上海外语教育出版社,2015.

[5]杨旭辉."独力难将汉鼎扶,孤忠欲向湘累吊"——苏州承天寺的"井中奇书"《心史》[J].古典文学知识,2015(06):131-137.

[6]陈福康.崇祯末《心史》刊刻经过及序跋者考[J].学术月刊,1998(12):79-86.

[7]王建美.史家意识与遗民心态——南宋遗民郑思肖及其《心史》[J].前沿,2013(06):145-146.

二十九 南宋吴自牧撰《梦粱录》
清乾隆二十五年东里龚雪江抄本

南宋吴自牧撰《梦粱录》清乾隆二十五年（公元1760年）东里龚雪江抄本，现藏于台北"国家图书馆"。《梦粱录》自序云："甲戌岁中秋日，钱塘吴自牧书。"可知其约成于南宋度宗咸淳十年（公元1274年）。书成后先以传抄流布，现存有明抄本、清初徐釚抄本、清初抄本（朱锡庚跋）、清抄本（杨守敬题款）、清抄本（邓邦述校）、清乾隆二十五年（公元1760年）东里龚雪江抄本（即本案）等。乾隆年间该书被收入《四库全书》，始有刊本行世，且多为丛本，如清乾隆年间鲍氏辑《知不足斋丛书》、清嘉庆十年（公元1805年）照旷阁张海鹏辑《学津讨原》、清光绪十六年（公元1890年）钱塘丁氏嘉惠堂刻《武林掌故丛编》等均有收录。

《梦粱录》是一部笔记体的杂记，描绘南宋都城临安（今浙江杭州）的城市风貌。全书共二十卷，卷一至卷六以岁时为序，记正月、立春、元宵、清明、端午、立秋、七夕、中秋、重九、立冬、除夜等节日，民间风俗，并记宫廷节日、礼仪、庆典、祭祀、贡举殿试等；卷七记杭州、桥道、禁城九厢坊巷；卷八至卷十记宫殿、宫观、朝廷机构、官舍府治、仓场库务；卷十一至十三记杭州山岩、岭洞、井泉、西湖、市镇、团行、夜市；卷十四记祠祭、神祠；卷十五记学校贡院、寺塔古墓；卷十六记各色铺肆；卷十七记历代人物、状元、后妃、列女；卷十八记民俗、户口、物产；卷十九记园囿、瓦舍、闲人；卷二十记妓乐、百戏伎艺、角抵、小说讲经史。书中对纺织服饰的记载分散于全书各篇，如在卷一"车驾诣景灵宫孟飨"条中记载了前往景灵宫行孟飨礼的官员服制：

"其亲从官皆顶毡头大帽，红缬锦团搭，戏狮子衫，镀金天王腰带，各执骨朵。文武官皆顶双卷脚幞头，红上大搭，天鹅结带，宽衫。辇官各双曲脚幞头，着红缬团花衫，镀金束带，殿前直顶两脚屈曲巾幞头。着结带，望仙花衫，跨弓剑乘马，一札鞍辔，执缨绋前导。"

卷十八所记杭州物产，其中丝织品极为丰富多彩：

"丝之品。绫，柿蒂、狗蹄。罗，花素、结罗、熟罗、线佳。锦，内司街坊以绒背为佳。克丝，花素二种。杜缂，又名起线。鹿胎，次名透背，皆花纹特起，色样织造不一。纻丝，染丝所织颜色者，有织金、闪褐、间道等类。纱，素纱、天净、三法暗花纱、栗地纱、茸纱。绢，官机、杜村唐绢，幅阔者密，画家多用之。绵，以临安、于潜，白而细密者佳。绸，有绵线织者，土人贵之。"

卷二十"嫁娶"条详细记述了临安婚俗，在两亲相见，新人中意后，男方要向女家送定礼，女家即于当日备回定礼：

"以紫罗及颜色缎匹，珠翠须掠，皂罗巾缎，金玉帕镮，七宝巾环，篋帕、鞋袜女工答之。更以元送茶饼果物，以四方回送羊酒，亦以一半回之。更以空酒樽一双，投入清水，盛四金鱼，以箸一双、葱两株，安于樽内，谓之回鱼箸。"

《梦粱录》叙南宋都城临安情况，举凡山川景物、节序风俗、公廨物产、市肆乐部。前六卷颇似《东京梦华录》，后十四卷共一百二十一条目，则有不少引自《咸淳临安志》，但在抄录过程中出现一些错字脱文。此外，《梦粱录》亦有诸多原创的条目，以此记载南宋临安百姓的日常生活，"百戏伎艺""小说讲经史"展示了城中五花八门的娱乐业，通过"茶肆""酒肆"的描述可以瞥见南宋饮食文化的发展，"嫁娶"条从"定帖""相亲""插钗""双缄"直到"下财礼""兜裹"，对彼时的婚俗娓娓道来。这些微观视角的细节刻画保存了大量南宋的社会风俗文化，为了解南宋的城市发展以及普通市民的日常生活，提供了极为丰富的史料，对研究南宋都市社会、风俗民情、文化娱乐具有重要参考价值。

拓 展 资 料

吴自牧（生卒年不详），临安府钱塘（今浙江杭州）人，其字号及生平事迹未见详载，其代表作《梦粱录》二十卷以"都城生活史"体例系统记载了南宋临安的城市风貌，涵盖市井百工、酒肆茶坊、节令风俗等内容。

《咸淳临安志》，临安，府名，治今浙江杭州。宋度宗咸淳时潜说友撰。以《乾道临安志》《淳祐临安志》为基础，旁搜博采，增补成书，共一百卷。前十五卷为行在所录，记载皇城及中央官署等。十六卷以下，分列疆域、山川、诏令、御制、秩官、官寺、文事、武备、风土、贡赋、人物、祠祀、寺观、园亭、古迹、冢墓、恤民、祥异、纪遗等门。体例完备，征材宏富，考辨精审，条理秩然。所绘皇城、京城、府署、浙江、西湖及府治、各县境、九县山川等地图颇为详明。

潜说友（公元1216—1288年），字君高，号赤璧子，处州缙云（今属浙江）人。南宋淳祐元年（公元1241年）进士，官至代理户部尚书，封缙云县开国男。任临安（今杭州）知府期间，重视疏浚西湖，修葺名胜，整修道路。主修《咸淳临安志》。

参考文献

[1]李雄飞.也谈《梦粱录》的作者及其成书时间[C]//宁波市天一阁博物院.《天一阁文丛》第十二辑.浙江古籍出版社，2015：5.
[2]曾洁.《梦粱录》与《咸淳临安志》[J].中国地方志，2012（05）：57-61+5.
[3]陈晶.《梦粱录》中南宋临安市井手工艺店铺分布考[J].新美术，2017，38（11）：24-29.

三十 南宋周密撰《齐东野语》
明崇祯三年毛晋汲古阁刊《津逮秘书》本

南宋周密撰《齐东野语》明崇祯三年毛晋汲古阁刊《津逮秘书》本，现藏于德国巴伐利亚图书馆。《齐东野语》版本主要分为：一卷本和二十卷本。一卷本有清陶宗仪辑宛委山堂《说郛》本、明《历代小史》本、《宋人百家小说》本等。二十卷本有元缪荃孙《艺风藏书记》本（已佚）、明武宗正德十年（公元1515年）耒阳胡文璧重刻本（已佚），涵芬楼《宋元人说部书》夏敬观据元刻明补本校本、明商维《稗海》重刻本、崇祯三年毛晋汲古阁刊《津逮秘书》本（即本案）、清《学津讨原》本、清乾隆年间《四库全书》本、1983年中华书局排印本、1987年华东师范大学出版社排印本、1990年上海书店影印本、1993年上海古籍出版社影印本、1997年中华书局排印本等。（图2-23）

《齐东野语》为周密在宋亡之后的专意之作，书名源自《孟子·万章上》："此非君子之言，齐东野人之语也。"齐东，即周密祖居处，以此名书，以示不忘本源，也隐有不忘南宋旧国之意。书前有作者自序，称书名系作者继父之志，身在吴而心不忘齐，实为怀念北宋之意。书中所记多为南宋史料，包括时政、琐闻、书画和诗词等。其来源或为祖上所传，或为作者见闻。记载史实多详核准确，议论也多有见地。如，张浚三战本末、绍熙内禅、诛杀韩侂胄、端平入洛等，皆是南

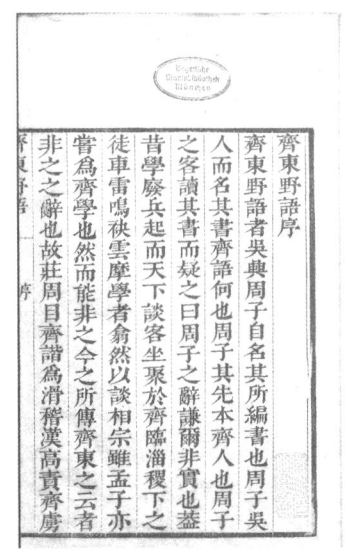

图2-23 序·南宋周密撰《齐东野语》明崇祯三年毛晋汲古阁刊《津逮秘书》本 德国巴伐利亚图书馆藏

宋史上重要事件,是书提供的记录弥足珍贵,故被赞为宋人说部书可考史实者。该书除载南宋史事之外,还有一些条目探讨古史、品藻诗文、记录金石等。其中有关纺织品类型、名称等记录,分散于全书各章。例如,卷一"汪端明"条有关于蜀灯笼锦的记载:

"会德寿宫市蜀灯笼锦,诏求之,不获。他日,上诣宫言其故,太上曰:比已得之。上问所从来,曰:汪应辰家物也。上还,即诏应辰与郡。"

如卷十"轻容方空"条对纱的记载:

"纱之至轻者,有所谓轻容,出唐《类苑》云:'轻容,无花薄纱也。'王建《宫词》云:'嫌罗不着爱轻容。'元微之有寄白乐天白轻容,乐天制而为衣。而诗中容字乃为流俗妄改为庸,又作榕,盖不知其所出。《元丰九域志》:越州岁贡轻容纱五匹,是也。"

又如卷十二"火浣布"条对火浣布的记载:

"南荒之外有火山，昼夜火然。其中有鼠重有百斤，毛长二尺余，细如丝，可作布。鼠常居火中，时出外，以水逐而沃之方死。取其毛缉织为布，或垢，浣以火，烧之则净。"

《齐东野语》书中部分逸事具有小说性质，不仅可为各门专史研究者提供研究资料，还对后代小说、戏曲颇有影响，为研究后世众多文体，如史籍、笔记、诗词话等提供了重要参考依据。《四库全书总目提要》云："然其志终不忘中原，故戴表元序其父之言'身虽居吴，心未尝一饭不在齐。'而密亦自署历山，书中又自署华不注山人。"周中孚也在《郑堂读书记》曾指出："其言，其事确，其询官名精，其订舆图审，其涉礼乐，词意亦极典赡。"但值得注意的是，该书部分内容与《宋史》不符，例如卷三"绍熙内禅"言："四年九月重阳节，以疾不过宫。宰执、侍从，两省百僚及诸生，皆有疏乞过宫。"此处，"重阳"之"阳"应为"明"误。《宋史·礼志》言："光宗以九月四日为重明节。"故此在使用该书时，应多加考证。

拓 展 资 料

周密（公元1232—1298年），字公瑾，号草窗。原籍济南，后为吴兴（今浙江湖州）人。宋末曾任义乌令等职，宋亡不仕。其词讲求格律，风格在姜夔、吴文英两家之间，与吴文英（梦窗）并称"二窗"。宋室覆亡之后多慨叹怀旧之作。并能诗文书画，谙熟宋代掌故。著有《草窗韵语》《蘋洲渔笛谱》《经传载异》《浩然斋雅谈》《台阁旧闻》《癸辛杂识》《澄怀录》《绝妙好词》《志雅堂杂钞》《云烟过眼录》等。

《历代小史》，一百零六卷。该书汇辑了古今著述一百零六种，主要有罗泌《路史》、王嘉《王子年拾遗记》、刘歆《西京杂记》、班固《汉武故事》、刘义庆《世说新语》、孙光宪《北梦琐言》、陈彭年《江南别录》、张唐英《蜀梼杌》、周必大《玉堂杂记》、钱惟演《钱氏私志》、王明清《挥麈录》、佚名撰《朝野佥言》、周密《齐东野语》、岳珂《桯史》、叶隆礼《辽志》、宇文懋昭《金志》、皇甫录《皇明记略》、陈洪谟《继世纪闻》等，每种各一卷，书前有李栻同年进士陈文烛序。该丛书所收诸书并非全属史部书，又多割裂不全，如《辽志》《金志》《松漠纪闻》等皆为节本。丛书前无范例，不言编辑之宗旨。《续修四库全书提要》评论说该书"较《古今逸史》，不如远甚，盖赵本武弁，请幕僚所为，漫无采择，即行付梓。此盖出于依附风雅者流，不足深责也"。今存善本为明万历年间刻本，有两种版式，分别藏于北京大学图书馆和美国国会图书馆。

《学津讨原》，清代张海鹏辑，系据毛晋《津逮秘书》加以增删，重新编订而成。共分二十集，收书一百七十三种。以经史百家、朝章典故，遗闻轶事为主，如《京氏易传》《尚书郑注》《大唐创业起居注》《洛阳伽蓝记》《齐民要术》《搜神记》等。

《郑堂读书记》，清代周中孚撰，正编71卷，补逸30卷。是书仿《四库全书总目提要》体例，分经、史、子、集四部，39类，收书四千余种。

参考文献

[1]李强,李斌,曹孟莎.《齐东野语》中的纺织考辨[J].丝绸,2017,54(09):80-86.
[2]额尔德木图.周密《齐东野语》研究[D].新乡：河南师范大学,2012.
[3]方勇.周密《齐东野语》研究[D].广州：广州大学,2011.
[4]李国强,傅伯言.赣文化通志[M].南昌：江西教育出版社,2004:482

三十一 南宋王楙撰《野客丛书》
明正统七年钮氏世德楼抄本

南宋王楙撰《野客丛书》明正统七年（公元1442年）钮氏世德楼抄本，现藏于中国国家图书馆。《野客丛书》书成后久无刊刻，一直以抄本流传，本案以降，有嘉靖四十一年（公元1562年）王楙十一世孙王谷祥刻本。于晚明，收入《宝颜堂秘笈》和《稗海》，有万历会稽商氏半垫堂刊本、绣水沈氏刊本。清代有《四库全书》本、《惜寸阴斋丛钞》本等。近代以来，有1987年中华书局《学术笔记丛刊》系列本等。（图2-24）

《野客丛书》为宋人王楙所撰读书笔记。作者在长期讲学中留心学问，每有心得，随笔而书，日积月累，七年里三易其稿，终有所成。所谓"野客"，即村野之人，多指隐者。由于作者自认行文议论狂僭，稽考也不免疏漏，故称野客以自谦之。全书分三十卷，共收笔记六百一十八条，条目编排并无定式，分卷亦没有按照规律编排。就内容而言，摘引群书，论证真伪，涉及国家制度、经史子集的考辨论述、社会礼俗、医学地理等方面。

就纺织文化遗产研究而言，该书有关纺织服饰的记载分布于全书各卷。如卷八记载了赤黄色为皇帝的专用色：

图2-24 卷首·南宋王楙撰《野客丛书》明正统七年钮氏世德楼抄本 中国国家图书馆藏

"自唐高祖武德初用隋制,天子常服黄袍,遂禁士庶不得服。而服黄有禁,自此始。至明皇天宝间,因韦韬奏'御案床褥望去紫用黄制',而臣下一切不得用黄矣。"

如卷十二对男子傅粉之风的记载:

"仆考《魏略》,晏自喜动静,粉白不去手,则知晏尝傅粉矣。《前汉·佞幸传》:籍孺、闳孺傅脂粉以婉媚幸上,此不足道也。东汉《李固传》,章曰:'大行在殡,路人掩涕。固独胡粉饰貌,搔头弄姿,盘旋偃仰,从容冶步,略无惨怛之心。'《颜氏家训》谓梁朝子弟,无不熏衣剔面、傅粉施朱。以此知古男子多傅粉者。"

如卷二十六对唐袍服用花绫的记载:

"唐人袍服用花绫。仆观白乐天《谢裴常侍赠鹞衔瑞草绯袍鱼袋》诗曰:'鱼缀白金随步跃,鹞衔红绶绕腰飞。'弟行简《赐章服》诗曰:'荣传锦帐花联萼,彩动绫袍雁趁行。'注:绯多以雁衔瑞莎为之。《喜刘苏州赐金紫》诗曰:'鱼佩葺鳞光照地,鹞衔瑞草势冲天。'《方镇诗》曰:'通犀排带胯,瑞草勒袍花。'白诗多言此。按,《唐会要》德宗诏:'顷来赐衣,文彩不常,非制也。今宜有定制，节度使宜以雕衔绶带，取其武毅，以靖封内。观察使宜以雁衔威仪，取其行列有序，牧人有威仪也。'威仪委瑞草也，《唐志》亦详。"

总的来说，《野客丛书》一方面通过作者所见所闻，向读者介绍典章制度、经史子集、风土人情，对了解宋代的社会情况有所助益。另一方面由于作者治学严谨，稽考细大不捐，往往为考证一事一人，甚至一字一音，都要结合经文、史传、碑刻、诗词以及他人观点，因此保留了大量的史料，留下了很多不见于他书的珍贵记录。四库馆臣誉为："位置于《梦溪笔谈》《缃素杂记》《容斋随笔》之间，无愧色也。"虽引证亦有过于琐细之处，而且间有舛差，终瑕不掩瑜，不失为宋人笔记之中颇具影响的一部著作，对后世的学术研究具有极高的参考价值。

拓 展 资 料

王楙（公元1151—1213年）字勉夫，号分定居士。祖籍福州福清（今福建省福清），自曾祖徙居平江，遂为长洲（今江苏省苏州）人。少孤，事母以孝闻。有志功名而不遂。及母殁，乃悉弃举业，杜门著述，居于"分定斋"，时人称为讲书君。尝以文谒见范成大，为之击节。宋宁宗嘉定六年卒，年六十三岁。著有《野客丛书》。

《缃素杂记》，又名《靖康缃素杂记》，为宋人黄朝英所作，是宋代笔记中的重要著作，也是研究宋代考据之学发展递变的第一手资料。

《容斋随笔》，南宋洪迈（公元1123—1202年）所撰的史料笔记。其与沈括的《梦溪笔谈》、王应麟的《困学纪闻》被称为宋代三大最有学术价值的笔记。

参 考 文 献

[1]姚铭.《野客丛书》研究[D].上海：上海师范大学，2013.
[2]郑明.《野客丛书》杂考[J].古籍整理研究学刊，1986（03）：45-50.
[3]邓萨.王楙《野客丛书》考据研究[D].广州：暨南大学，2015.

三十二 元陶宗仪撰《南村辍耕录》
明成化十年戴珊刻本

元陶宗仪撰《南村辍耕录》明成化十年（公元1474年）戴珊刻本，现藏于中国国家图书馆。《南村辍耕录》最迟从元至正四年（公元1344年）开始撰写，到至正二十六年（公元1366年）正式成书刊刻，历经二十余年。该书自刊行以来备受世人重视，不断传抄和重刻，元代刊本较为罕见，从一些书目中可见元代版本情况，如《台州经籍志》谓有"元至正丙午本"。又如清瞿镛编《铁琴铜剑楼藏书目录》载："《南村辍耕录》三十卷，元刊本。题'南村陶宗仪撰'，此至正丙午年所刻本。"明代版本比较复杂，主要有明初刻本、成化五年（公元1469年）华亭彭氏刻本、成化十年（公元1474年）戴珊刻本（即本案）、万历玉兰草堂刻本、万历六年（公元1578年）玉兰草堂刻徐球重修本、万历三十二年（公元1604年）玉兰草堂刻王圻重修本、万历年间李栻辑《历代小史》本、崇祯毛晋汲古阁刊《津逮秘书》本等。清代版本有清广文堂刻本、乾隆年间《四库全书》本、清光绪十一年（公元1885年）上海富瀛书局刻本、清抄本等。（图2-25）

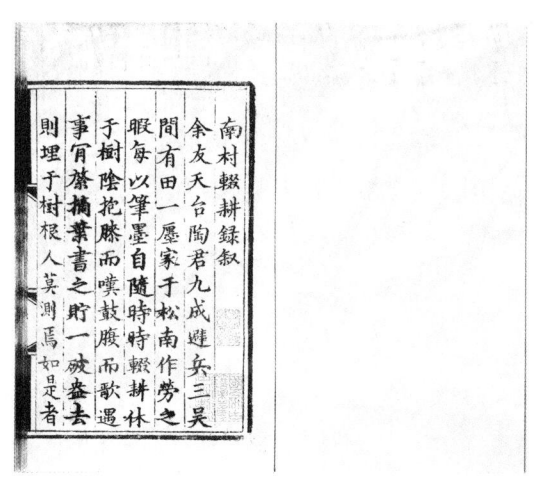

图2-25 《南村辍耕录·序》元陶宗仪撰《南村辍耕录》明成化十年戴珊刻本 中国国家图书馆藏

《南村辍耕录》共三十卷，三百八十二条，二十余万字，内容极其繁富："诸如天文、历算、地理、气象、灾异、历史文物、典章制度、掌故、宗教迷信、人情风俗以及小说戏剧、诗歌歌谣、书法绘画等，无所不载。"

《南村辍耕录》中不少条目涉及民族种类与其相关记载，有关少数民族风俗资料散存于一些条目中，卷八"志苗"条中记载苗族的服饰情况：

"喜着班斓衣。制衣，袖广狭修短与臂同，衣幅长不过膝。裤如袖，裙如衣。总名曰草裙、草裤。固胫以兽皮，曰护项。束腰以帛，两端悬尻后若尾状。无间晴雨，被毡毯，状绝类犬。"

此外，卷二十四"黄道婆"条，载黄道婆从崖州学习黎族纺织技术之史迹：

"国初时，有一妪名黄道婆者，自崖州来，乃教以做造捍弹纺织之具，至于错纱配色，综线挈花，各有其法，以故织成被褥带。其上折枝团凤棋局字样，粲然若写。"

《南村辍耕录》采前人笔记所载及同时代人著作，录亲身所见所闻，随手札记，积以成帙，汇编成书，保存了丰富的史料。特别是宋元两朝的典章制度、史事杂录、文物科技、民俗掌故等，还有小说、书画、戏剧等方面的记载。就纺织文化遗产研究而言，书中"黄道婆"一篇，是我国古代有关黄道婆纺织木棉、改革工具的最早记录。尽管该书存在一些诸如封建迷信及因果报应的记载，史料的讹误以及不注明征引文献等瑕疵，但《南村辍耕录》仍是研究元史的重要文献资料。

拓 展 资 料

陶宗仪（公元1316—？年），字九成，号南村，浙江台州黄岩人。元末明初文学家、史学家。自幼刻苦攻读，广览群书，学识渊博，工诗文，善书画。一生著述宏富，晚年好藏书，尤多精抄本，筑室名"南村草堂"。有《南村辍耕录》《南村诗集》《国风尊经》《书史会要》《淳化帖考》等著述。

参 考 文 献

[1]王娇.陶宗仪《南村辍耕录》之成书考[J].现代语文（文学研究），2011（04）：15-16.

[2]周启澄,程文红.纺织科技史导论第2版[M].上海:东华大学出版社,2013:140.
[3]夏征农.辞海中国古代史分册[M].上海:上海辞书出版社,1988:563.
[4]安作璋.中国古代史史料学[M].福建:福建人民出版社,1994:352.

三十三 明叶子奇撰《草木子》
嘉靖八年廖直显刻本

明叶子奇撰《草木子》嘉靖八年（公元1529年）廖直显刻本，现藏于中国国家图书馆。该书大约写成于洪武十一年（公元1378年），最早刊刻于正德十一年（公元1516年），系由其裔孙叶溥付梓刊行。主要刊刻版本有明正德十一年（公元1516年）叶溥刻本、明嘉靖八年（公元1529年）廖直显刻本、明嘉靖八年（公元1529年）廖直显刻本、明嘉靖二十二年（公元1543年）王宏刻本、明万历八年（公元1580年）林大黼重修本、明万历三十四年（公元1606年）林有麟刻本、明天启年间郎奎金堂策槛刻本、清乾隆二十七年（公元1762年）苏遇龙刻本、清同治十三年（公元1874年）刻本、清光绪元年（公元1875年）处州刻本、清光绪五年（公元1879年）叶氏居德堂刻本等。（图2-26）

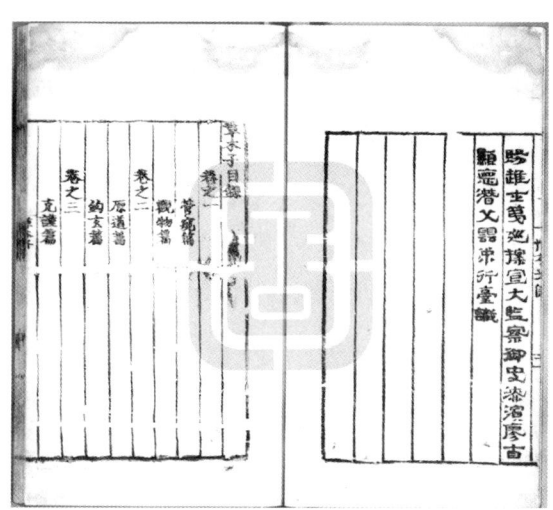

图2-26 目录·明叶子奇撰《草木子》嘉靖八年廖直显刻本
中国国家图书馆藏

《草木子》作为一部笔记小说集，原共二十二篇，后并为四卷八篇刊行，分为管窥篇，观物篇，原道篇，钩玄篇，克谨篇，杂制篇，谈薮篇，杂俎篇。其中杂制篇对元代服饰记载十分详细，文中先将历代服饰介绍一二，以此引出元代服饰，例如：

"蝉冠朱衣，汉制也；幞头大袍，隋制也。今用蝉冠朱衣，方心曲领，玉佩朱履，是革隋而用汉制也，此则公裳。纱帽圆领，唐服也，仕者用之；巾笠襕衫，宋服也；巾环襆领，金服也；帽子系腰，元服也；方巾圆领，明服也，庶民用之。"

对元代朝服的介绍为：

"朝服，一品二品用犀玉带、大团花紫罗袍，三品至五品用金带紫罗袍，六品七品用绯袍，八品九品用绿袍，皆以罗流。外授省札，则用襢褐，其幞头皂靴，自上至下皆同也。"

首服是元人服饰中不可缺少的元素，书中有记载：

"官民皆带帽，其檐或圆，或前圆后方，或楼子，盖兜鍪之遗制也。其发或辫，或打纱练椎，庶民则椎髻。衣服贵者用浑金线为纳失失，或腰线绣通神襕，然上下均可服，等威不甚辨也。"

《草木子》内容广泛，从天文律历，时政得失到兵荒灾辞书等都有涉及、对动植物的形态，也广为搜罗，仔细探讨，尤其是关于元朝的掌故和当时农民起义的史迹，有很多是他书所没有述及的。清初经史专家朱彝尊在《曝书亭集》中对《草木子》备极推崇，曰："其书稽上下之仪，星躔之轨，律历推步之验，阴阳五行生剋之运，海岳浸渎戌貊希有之物，鬼神伸屈之理，土石之变，鱼龙之怪，旁及释老之书而归于六籍，兼记时事得失，兵荒菑异。"

就纺织文化遗产研究而言，《草木子》中对元代服饰的记载详细，从官服到民间百姓服装均有详细描述，与正史相辅相成，"姑姑冠"在蒙古服饰中有着比较典型的意义,而《元史·舆服志》中并无记载。《草木子》中所记:"元朝后妃及大臣之正室皆带姑姑,衣大袍,其次即带皮帽。姑姑,高圆二尺许,用红色罗盖,唐金步摇冠之遗制也。"甚至可补正史之不足。《草木子》在元代风俗和政治制度方面的史料尤为珍贵,是研究元末明初史实的重要资料。

拓展资料

叶子奇(生卒年均不详),字世杰,号静斋,元末明初处州龙泉(今属浙江)人,元末明初著名学者,一度与刘基、宋濂齐名,明初做过巴陵县主簿。因讼事株连下狱,用瓦墨著书。著有《范通元理》《太玄本旨》《本草节要》《医书节要》等。

叶溥(生卒年均不详),字时用,因居住在留槎洲溪边,故号槎溪,龙泉城镇宫头村人。叶子奇裔孙,明孝宗弘治十八年(公元1505年)进士,官至从三品左布政。正德十一年(公元1516年)四月,刻印叶子奇《草木子》,著有诗人选集《槎溪集》,并于嘉靖四年(公元1525年)与里人贡生李溥合纂《龙泉县志》二十卷。

朱彝尊(公元1629—1709年),字锡鬯,号竹垞、金风亭长、醧舫、小长芦钓师,浙江秀水(今浙江省嘉兴市)人。朱彝尊早年为布衣,专注于古学,博览群书,客游南北,专事搜剔金石录。康熙十八年(公元1679年),参加博学鸿词科考试,授翰林院检讨,参修《明史》。康熙二十年(公元1681年),出典江南乡试,入直南书房。康熙三十一年(公元1692年),辞官回乡,专事著述。著有《经义考》《日下旧闻》《明诗综》《曝书亭集》等。

参考文献

[1]李国萍.《封氏闻见记》研究[D].桂林:广西师范大学,2022.
[2]李晓丹.《封氏闻见记》史料价值考[D].长春:吉林大学,2006.
[3]胡道静.简明古籍辞典[M].济南:齐鲁书社,1989:261.
[4]赵山林.大学生中国古典文学词典[M].广州:广东教育出版社,2003:255.
[5]刘雨婷.中国历代建筑典章制度下[M].上海:同济大学出版社,2010:117.
[6]赵法新.中医文献学辞典[M].北京:中医古籍出版社,2000:257.

三十四 明陆容撰《菽园杂记》
清道光二十四年金山钱氏刻《守山阁丛书》本

明陆容撰《菽园杂记》清道光二十四年(公元1844年)金山钱氏刻《守山阁

丛书》本，现藏于天津图书馆。明嘉靖年间陆仲粲、毛仲良校刻十五卷本始行于世，成为流传最广的版本。清乾隆年间，四库馆臣根据鲍士恭进呈的明嘉靖刻本删削成"四库本"。嘉庆二十二年（公元1817年），常熟张海鹏在编辑《墨海金壶丛书》时，即据文渊阁四库全书本刻成《菽园杂记》。道光初年，金山钱熙祚得张氏《墨海金壶丛书》残版，补订为《守山阁丛书》，《菽园杂记》亦在其中。从此，《墨海金壶丛书》本和《守山阁丛书》本便成为该书的通行版本。1937年商务印书馆曾据《墨海金壶丛书》本排印出版，并编入《丛书集成初编》。1985年中华书局又以《墨海金壶丛书》本为底本并据明嘉靖刻本及《守山阁丛书》本校勘出版了十五卷本。（图2-27）

《菽园杂记》为笔记杂说，全书内容极为广泛，举凡朝野故实、典章制度、名人轶事、经义考辨、名物方言、宗教卜医、谐谈怪谈、风土民情、工农之事等，几乎无所不包，且主要涉及明初以来的朝野政治、军事、经济和社会经济制度的变革状况，少量兼及前代。

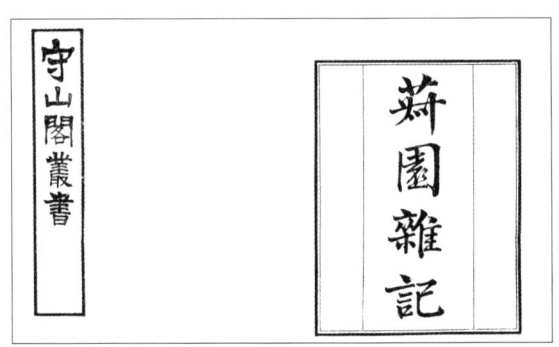

图2-27　卷首·明陆容撰《菽园杂记》清道光二十四年（公元1844年）金山钱氏刻《守山阁丛书》本　天津图书馆藏

就纺织文化遗产研究而言，该书有关纺织服饰记载较少，且多分散于全书各章。如，卷十对马尾裙的介绍为：

"马尾裙始于朝鲜国，流入京师，京师人买服之，未有能织者。初服者惟富商、贵公子、歌妓而已。以后武臣多服之，京师始有织卖者，于是无贵无贱，服者日盛。至成化末年，朝臣多服之者矣。大抵服者下体虚奢，取观美耳。阁老万公安冬夏不脱；宗伯周公洪谟重服二腰；年幼侯伯、驸马至有以弓弦贯其齐者。

大臣不服者惟黎吏侍淳一人而已。此服妖也，弘治初始有禁例。”（图2-28）

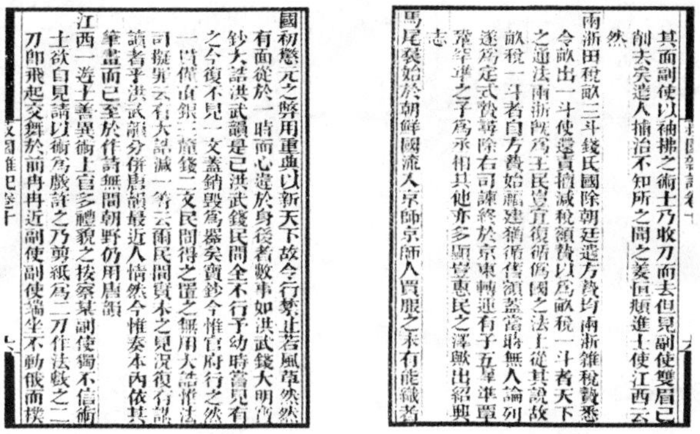
國初懲元之弊用重典以新天下故令行禁止若風草然然
有面從於一時而心違於身後者數事如洪武錢大明寶
鈔大誥洪武韻是已洪武錢民間全不行予幼時嘗見有
之今復不見一文蓋銷毀為器矣寶鈔今惟官府行之然
一貫僅直銀三釐錢二文民間得之置之無用大誥惟法
司擬罪云有大誥減一等云爾民間實未之見況復有誦
讀者乎洪武韻分併唐韻最近人情然今惟奏本內依其
筆畫而已至於作詩無間朝野仍用唐韻
江西一術士善異術上官多禮貌之按察某副使獨不信術
士欲自見請以術為戲許之乃剪紙為二刀作法戲之二
刀即飛起交舞於前冉冉近副使副使端坐不動俄而揆
菽園雜記卷十

其面副使以袖拂之術士乃收刀而去但見副使雙眉已
削去矣遣人捕治不知所之聞之姜恒頫進士使江西云
然
兩浙田稅畝三斗錢氏國除朝廷遣方賛均兩浙雜稅賛悉
令畝出一斗使還責擅減稅額賛以為畝稅一斗者天下
之通法兩浙既為王民豈宜復循偽國之法上從其說故
畝稅一斗者自方賛始福建猶循舊額蓋當時無人論列
遂為定式賛尋除右司諫終於京東轉運有子五皆舉進
士之子為丞相其他亦多顯宦豈惠民之澤歟出紹興
志
馬尾裙始於朝鮮國流入京師京師人買服之未有能織者

图2-28 马尾裙·明陆容撰《菽园杂记》清道光二十四年（公元1844年）金山钱氏刻《守山阁丛书》本 天津图书馆藏

如，卷八对只孙的记载为：

“直驾校尉著团花红绿衣，戴饰金漆帽，名曰只孙鹅帽。只孙，衣名，今人有称执金吾帽者，亦似是而非也。”

如，卷一对松江棉纺业所产三梭布的记载为：

“尝闻尚衣缝人云：‘上近体衣，俱松江三梭布所制。’本朝家法‘太庙红纻丝拜茵，立脚处乃红布。’其品节又如此。今富贵如此。家佻健子弟，乃有以纻丝绫段为裤者，暴殄过分，甚矣！”

值得注意的是，该书对明代朝野掌故叙述颇详，而且较少抄袭旧文，论史事、叙掌故、谈韵书、说文字，皆大多为自己的见解，可以与史书相互参证，旁及学术及杂事，多有考辨。其被明代名臣王鏊称为“明朝记事书第一”，《四库全书总目》云：“是编乃其札录之文，于明代朝野故实，叙述颇详，多可与史相考证。旁及诙谐杂事，皆并列简编。”

该书内容几乎涉及了明代社会生活的各方各面，跨越了从明太祖至明孝宗期间约一百余年的时间，较为集中于英宗、宪宗两朝的史事。但是，由于写作时间跨度较大，该书在体例上并未刻意做严格的区分。各卷条目记载的内容并没有按照其所发生的时序或相关事类来加以编排，同时在取材方面，作者囊括许多流传至今的文献资料，如其将亲眼所见的版刻、碑文、画作记录下来，作为直接的第一手资料，因而在体例上显得较为错间驳杂，故在使用时，需多加留意。

拓展资料

陆容（公元1436—1494年）字文量，号式斋，明太仓（今属江苏省）人。性至孝，嗜书籍，少与同邑张泰、陆钱齐名，时号"娄东三凤"。成化年间进士，授南京吏部主事，进兵部职方郎中，累迁浙江右参政，所至有政绩。后以忤权贵罢归。容有经世志，见闻博洽，家藏万卷皆手自雠勘，有《式斋先生文集》。

鲍士恭（约公元1750—？年），清藏书家。字志祖，号青溪，藏书家鲍廷博之子。祖籍安徽歙县，迁居浙江仁和（今杭州），后又迁居桐乡乌青镇（今桐乡市乌镇）。寓居浙江嘉兴。县诸生出身。其父"知不足斋"藏书楼，闻名一时。饱读所藏之书，恪尽职守，不敢懈怠，藏书日富。

参考文献

[1]戴小珏.陆容《菽园杂记》研究[D].上海：华东师范大学，2011.

[2]缪良云.中国衣经[M].上海：上海文艺出版社，2000.

[3]朱笛.服饰史探微[M].徐州：中国矿业大学出版社，2012.

三十五 明叶盛撰《水东日记》
嘉靖三十二年补刻本

明叶盛撰《水东日记》嘉靖三十二年（公元1553年）补刻本，现藏于中国国家图书馆。因书中记载诸多朝政秘辛及名臣轶事，且成书时许多当事人尚在世，故此书直至叶盛去世仍未传出，由其子秘藏。现存最早为明弘治年间常熟徐氏刻本，共三十八卷，缺后二卷。嘉靖三十二年（公元1553年），由叶盛玄孙恭焕以家藏本补刻后二卷，始足四十卷之数（即本案）。明末叶盛六世孙重华又复刻恭焕本。至康熙十九年（公元1680年），叶盛七世孙方蔚补刻重华本，又与他本校

期,最称普本。此外有丛书版本,但均为摘编,而非足本。现代有1980年中华书局魏中平点校本完备易见。(图2-29)

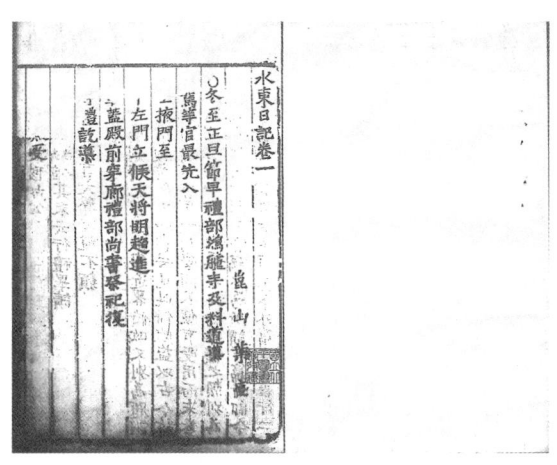

图2-29 卷一·明叶盛撰《水东日记》嘉靖三十二年补刻本 中国国家图书馆藏

《水东日记》为明代前期重要史料笔记之一。《千顷堂书目》《明史·艺文志》小说类著录,《国史经籍志》《四库全书总目》入子部杂家类。是书虽称为"日记",但并非按日月记事,实际上是作者平日的随手札记,不系以日月,也不按内容分类,后来刊刻者将每条记事拟出标题编成目录置于卷首。书中内容主要记述明代前期典章制度,兼及时人轶闻逸事,还有不少篇幅涉及宋、元文人学士的行事和诗文作品。

就纺织文化遗产研究而言,该书有关纺织服饰内容记载较少,且分布于全书各章。如卷二载朱晦庵易服色为:

"思陵已入土,寿皇所御衣冠,皆以大布,此为革去千古之弊;而百官俱用紫衫早带,乃王丞相以亲老为嫌,不肯素服,议者有'有君无臣'之讥。近日之论,乃鉴其失,然犹未能彷佛古制也。又记在长沙初奉讳时,方语从吏车帷当易紫以青,适未即出,而何漕已易之如所言矣。盖于心有不安,故不约而同也。此朱晦庵云。"

又如,卷二十三对银青金紫的记载为:

"欧阳文忠公云,汉以来有银青金紫之号。青紫,绶也;金银,其所佩印章,绶所以系印者也。后世官不佩印,此名虚设矣。隋唐以来,有随身鱼,而青紫为服色,所谓金紫者,乃服紫衣而佩金鱼尔。唐李宗闵谓崔能赐紫衣金印,曰金印,缪也。今世自以赐绯服鱼袋、赐紫金鱼袋结入官衔矣。今有阶至金紫光禄大夫者,遂于结衔去赐紫金鱼袋,皆流俗相承,不复讨正也。予尝于今容县拓得元次山小像,其衣腋垂一物,似鹿皮纹而长,盖即鱼袋也。"

值得注意的是,由于作者久居官场,见闻亦广,对于各项制度及其沿革利弊等言之甚详,《四库提要》称:"(叶)盛留心掌故,于朝廷旧典,考究最详。……是书记明代制度及一时遗文逸事,多可与史传相参。"该书不少篇幅是关于宋、元和明人的文章、诗词、书札、奏议等,部分为仅见或首见,可与史传相参,对后世学者校勘、辑佚诗文具有较高研究价值。

拓 展 资 料

叶盛(公元1420—1474年),字与中,号蜕庵。明代江苏昆山人。正统十三年(公元1448年)进士出身,初授兵科给事中。景泰间擢右参政,以敢言与林聪齐名。天顺二年(公元1458年)以右佥都御史巡抚两广,更定均徭法。成化三年(公元1467年)升任礼部右侍郎,成化八年(公元1472年)迁吏部左侍郎,成化十年(公元1474年)病逝,谥号"文庄"。著有《箓竹堂书目》《水东日记》等作品,是明代著名的政治家和文学家。

参 考 文 献

[1]李旭辉.《水东日记》文学史料价值研究[D].西安:西北大学,2022.
[2]石昌渝.中国古代小说总目文言卷[M].太原:山西教育出版社,2004.

三十六 明田汝成撰《炎徼纪闻》
万历四十五年阳羡陈于廷刊《纪录汇编》本

明田汝成撰《炎徼纪闻》万历四十五年(公元1617年)阳羡陈于廷刊《纪录

汇编》本，现藏于哈佛大学燕京图书馆。田汝成罢官还家后，对为官时期所著的《炎徼纪闻》进行修改整理并出版。关于本书的写作原因，作者在嘉靖三十七年（公元1558年）序是书说："余承乏藩臬者，十余年，而宦履所历，半涉炎徼。……自余涉炎徼，而所闻若干事，皆起于抚绥缺状，赏罚无章。不肖者，以墨守败绩；贤者，以避嫌邀名。二事殊辙而同敝。卒致干戈相寻，蔓延荼毒，下竭生民之膏血，上贻廷议之轸忧，良可叹也。间述所闻，著为此书。"史称其博学工古文，尤善叙述，"历官西南，诸晓先朝遗事，撰《炎徼纪闻》。"（见《明史》卷二八七）主要刊刻版本有明万历四十五年（公元1617年）阳羡陈于廷刊《纪录汇编》本（即本案）、明刻本、清嘉庆年间张海鹏辑《借月山房汇钞》本、道光四年（公元1824年）陈璜辑《泽古斋重抄》本、道光二十六年（公元1846年）钱氏《指海》本、1915年刘承幹辑《嘉业堂丛书》本等。（图2-30）

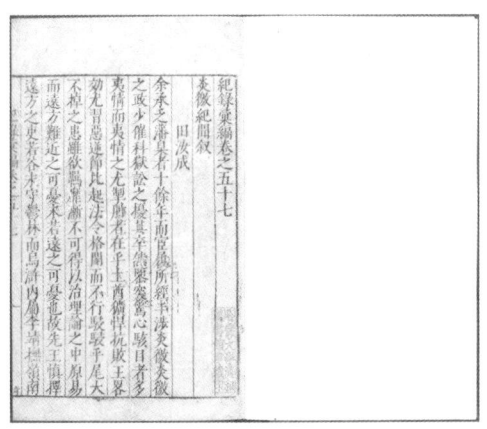

图2-30 《炎徼纪闻序》·明田汝成撰《炎徼纪闻》万历四十五年（公元1617年） 阳羡陈于廷刊《纪录汇编》本 哈佛大学燕京图书馆藏

《炎徼纪闻》是田汝成在西南地区任官期间所作手记，记明代西南地区少数民族事，"炎徼"泛指西南少数民族，故名。全书共四卷，卷一记广西田州府土官岑猛、归顺州土官岑璋、广西龙州土官族子赵楷、广西凭祥州土官庶子李寰、思明府土酋黄氏等五人事迹。卷二记述作者亲历的攻打大藤峡事。卷三记贵州宣慰使霭翠之妻奢香、霭翠之孙安贵荣、思州宣慰使田琛、播州宣慰使杨辉、贵州清平卫部苗阿溪、都匀府部苗阿向等六人事迹。卷四记述了云南简史、木邦宣慰司部落猛密和宣慰使孟养，还介绍了苗、罗罗、仡佬、龙家、冉家、猺人、僮人等各少数民族的渊源及风俗习惯。书中对纺织服饰的记载分散于全书各篇，例如卷一"岑璋"篇中对岑璋的穿着记载为："璋乃纶巾氅服，杂佩上首，挥尘尾逍遥。"

在卷四"蛮夷"篇中对西南地区少数民族服制多有介绍，例如对苗人服饰的记载为："斑衣左衽，或无衿袷，穷以纳首，别作两袂。""未娶者以银环饰耳，号曰马郎，婚则脱之。妇人杂海蚆、铜铃、药珠，结缨络为饰。"

对罗罗服饰的记载为："男子则薙髭而留髻，妇人束发缠以青带。"对罗罗部落头目的穿着记载为："其人深目长身，黑而白齿，椎结跣蹻，荷毡戴笠而行，腰束苇索，左肩拖羊皮一方，佩长刀箭箙。"

对犵家服饰的记载为："衣裳青色，妇人以青帛蒙髻，若冒絮之状，长裙细绩，多者二十余幅，拖腰以彩布一方，若绶，仍以青衣袭之。"

对龙家服饰的记载为："龙家与犵家同俗，而衣尚白，丧服则易之以青。妇人缁布作冠若马镫加髻，以笄束之。"

> "每篇各系以论，所载较史为详。前有汝成《自序》，称自涉炎徼，所闻诸事，皆起于抚绥阙状，赏罚无章，切中明代之弊。其论田州之事，归咎于王守仁之姑息；论黄之事，归咎于于谦之隐忍；亦持平之议，不蹈门户之见。史称汝成分守右江时，龙州土酋赵楷、凭祥州土酋李寰各弑主自立，与副使翁万达密讨诛之。努滩贼侯公丁为乱，断藤峡群贼与相应，汝成复偕万达设策诱擒公丁，而进兵讨峡贼，大破之。又与万达建善后七事，一方遂靖云云。则汝成于边地情形，得诸身历。是书据所见闻而记之，固与讲学迂儒贸贸而谈兵事者，迥乎殊矣。"
>
> ——《四库全书总目提要》

田汝成历官西南，书中所记载的事情大多为他亲身经历，且较正史详细，可补史料之不足。例如《明史》中对明政府初次平定都匀部苗阿向的记载十分简练，而《炎徼纪闻》中对凯口囤的地形、安万铨的攻打过程都有很详细的记载，对了解史料多有补益。由于政见上的分歧，田汝成在书中否认王守仁征岑猛等西南近时史事之功，对其有些许不公之论，在重视该书的文献价值时，也应该考虑因认知的局限性导致史实的失误之处。除此之外，该书是我国现存最早系统记载明代西南土司情况的历史文献,为研究明代对南方少数民族的历史提供了重要资料。

拓展资料

田汝成(公元1501—?年),字叔禾,别号豫阳,钱塘人。嘉靖进士。曾任南京刑部主事、礼部主事等职。因违忤帝意遭贬谪,后又擢为贵州佥事,再调任广西右参军,分守右江。迁福建提学副使。历官西南,谙晓先朝遗事,又于边地情形及土司实况,得诸亲历。后罢官归里,盘桓湖山之间,遍览浙西名胜。博学工文,著述良多,著有《炎徼纪闻》《武夷游咏》《西湖游览志》等。

王守仁(公元1472—1529年),字伯安,号阳明,又号乐山居士,浙江余姚人。弘治十二年(公元1499年)进士,历任刑部主事、贵州龙场驿丞、右佥都御史、两广总督等职,晚年官至南京兵部尚书、都察院左都御史。因平定宸濠之乱而被封为新建伯,隆庆年间追赠新建侯。谥文成,故后人又称王文成公。因他曾在贵阳修文阳明洞天居住,自号"阳明子",故被学者称为阳明先生,后世一般称王阳明。其学说世称阳明学,是明代影响最大的哲学思想,在中国、日本、朝鲜半岛都有重要而深远的影响。

陈于廷(公元1566—1635年),字孟谔,号中湛,又号湛如、定轩,明南直隶常州府宜兴县人。万历二十三年(公元1595年)进士,历官光山、唐山、秀水三县,征授御史,刚刚上任,便上疏批判大学士朱赓。尚书王纪被斥,陈于廷又上疏申救。历官吏部左侍郎,忤魏忠贤,斥为民。崇祯初年,起为南京右都御史,召拜左都御史,以拟罪援引,不合皇帝意思,削籍归里,家居二年卒。有《定轩存稿》。《明史》有传。

沈节甫(公元1533—1601年),字以安,号镜宇,乌程(今浙江湖州)人。明朝嘉靖三十八年(公元1559年)进士,官至工部左侍郎,卒赠右副都御史。天启初年(公元1621年),因其子沈䇒受到重用,追谥端靖。《明史》有传。辑有《纪录汇编》,是书采嘉靖以前诸家杂记,共二百十六卷。

参 考 文 献

[1]上官艳艳.田汝成与《炎徼纪闻》研究[J].中国边疆民族研究,2009(00):252-259+410.

[2]席克定.对《炎徼纪闻》一条记载的考订[J].民族研究,1983(02):63-65.

[3]吴永章.中国南方民族史志要籍题解[M].北京:民族出版社,1991:88-89.

[4]永瑢,纪昀.四库全书总目提要[M].周仁,等,整理.海口:海南出版社,1999:279-280.

[5](清)张廷玉等.明史15[M].长春:吉林人民出版社,2005:4849-4850.

三十七 明王世贞撰《宛委余编》
明万历五年《弇州山人四部稿》世经堂刊本

明王世贞撰《宛委余编》万历五年（公元1577年）《弇州山人四部稿》世经堂刊本，现藏于天津图书馆，重庆市图书馆、兰州文理学院图书馆等亦有同版收藏。《艺苑卮言》初刊于隆庆六年（公元1572年），王世贞将其中第六卷抽出的部分内容扩充成为《艺苑卮言别录》四卷，此后又经过扩充，形成《宛委余编》十九卷本独立成书，其体例亦发生变化，与《艺苑卮言》一起并列于《弇州山人四部稿》"说部"之中。主要刊刻版本有万历五年（公元1577年）《弇州山人四部稿》世经堂刊本（即本案），清顺治四年（公元1647年）《说郛》宛委山堂刻本，1985年中国书店据万历五年《弇州山人四部稿》为底本影印本。（图2-31）

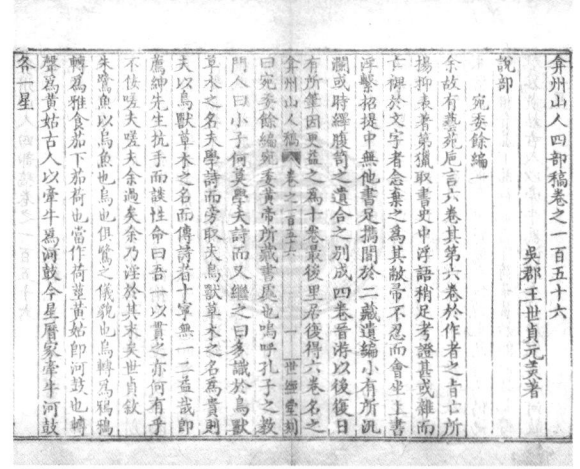

图2-31 卷首·明王世贞撰《宛委余编》万历五年《弇州山人四部稿》世经堂刊本 天津图书馆藏

王世贞释云："宛委，黄帝所藏书处也……夫学《诗》而旁取，夫鸟兽草木之名为贵。"借此表明《宛委余编》一书用途在于"多识鸟兽草木之名"，对学习、传播《诗经》颇有益处。是书内容以考证为主，涉及天文地理、名物制度、历史故事、奇闻趣事等古代文化生活的方方面面，不纯粹是前人的资料汇编，书中所涉鸟兽虫鱼、花草树木、楼宇服饰、官职名称、地名物品、历史典故、佛道掌故、季节气候等，作者或考证，或辨析，或解释，旁征博引。

就纺织文化遗产研究而言，《宛委余编》记载丰富社会生活知识，包罗万象。其第二篇有古今冠服演变，妇女画眉式样、梳髻式样等知识。如卷一百五十七记：

"唐明皇令画工画十眉图：一曰鸳鸯眉，又名八字眉；二曰小山眉，又名远山眉；三曰五岳眉；四曰三峰眉；五曰垂珠眉；六曰月棱眉，又名却月眉；七曰分梢眉；八曰涵烟眉；九曰拂云眉，又名横烟眉；十曰倒晕眉。"

"唐末点唇有燕支晕，名石榴娇、大红春、小红春、嫩吴香、半边乔、万金红、圣檀心、露珠儿、内家圆、天宫巧、洛儿殷、淡红心、猩猩晕、小猪龙、格双唐、眉花奴。"

如，卷一百五十七对"白帢"的记载：

"《尚书》：'八座三省侍郎，白帢低帻，础入披门。'又二宫直宦者，乌纱帢。士人宴居，皆着帢矣。王丞相白帢练布单衣，江左以后，白纱帽遂为人主之服，臣下不敢辄用。按《五行志·服妖》，傅玄议白帢，白乃军容，非国容也。干宝以为缟素凶丧之象。《南齐书》亦云白帢单衣，谓之素服。以举哀临丧者，又初作白帢，横缝其前，以别后，名之曰颜。永嘉间，稍去其缝，名无颜帢。"

如，卷一百五十七对"冠"的记载：

"今公侯伯所戴貂蝉冠制，按武冠，一名大冠，一名繁冠，一名建冠，一名笼冠，即古惠文冠，以其赵惠文所造也。亦云惠者，蟪也，其冠文轻细如蝉翼，故名，即今之笼巾也。汉侍中常侍则加金珰，附蝉为饰，插以貂毛黄金为竿。侍中插左，常侍插右。金取刚强，百炼不耗。蝉居高饮清，口在腋下。貂内竟悍而外柔缛，盖真貂也，故曰貂不足狗尾续。今则取丝绳屈曲而上有缨耳。今蝉有三等，国公玉，侯金，伯玳瑁。"

"今文臣冠即古进贤冠也。然古前高七寸，后高三寸，与今稍不同。今则后高而前低。梁制，人主始加元服五梁，三公及公侯三梁，卿大夫关内侯千石以上两梁，余一梁。今一品七梁，二品六梁，三品五梁，以次而杀至九品杂流一梁，于前缀一小妆金獬鹿，曰鹿冠，内外台臣得戴之。按古獬鹿冠，高五寸，以纵为展筒，铁为柱卷，亦似不同也。"

值得注意的是，该书涉及的名物多种多样，王世贞进行考证辨析时，所引用的材料更是种类繁多，尤其注重那些有歧义或者比较珍惜的事物，这些名物的出处也十分驳杂，除了诗文之外，还有史书、小说、佛道典籍等，如"仲由字子路。熊亦名子路，见《续博物志》。""相思子有蔓生者与龙脑相宜，能令香不耗。《搜神记》云'韩朋墓木也'，《霍小玉传》有之。"的名物解释，不是只作一般性的介绍，往往追根溯源，探讨各种事物的不同名称的产生原因。历史典籍中所记载的事件，由于年代的久远，或者以讹传讹，事实的真相最后往往被掩盖，作者在该书中就致力于揭示真相，广征博引，首先利用先秦文献的记载肯定此事的真实性，随后又对事件发生的前因后果作了详细说明。该书亦对前人诗中涉及的历史事实也有考证辨析，如李白的诗中有"尧幽囚，舜野死"之句，作者即参考引用《续述征记》《括地志》《竹书》《孟子》《史通》《述异记》《韩非子》共计七种典籍，对其地理史实进行考辨。故该书知识性较强，在明代就已经广为流传，被各种书籍引用，有的是直接引用其中的材料观点，有的则是对其内容作出进一步的考证补充，因此在考释古代服饰发展情况时，可将其作为重要文献资料之一。

拓 展 资 料

王世贞（公元1526—1590年），字元美，号凤州，弇州山人。明太仓（今属江苏）人。明代文学家、戏曲理论家、剧作家。嘉靖进士，先后任职大理寺左评事、刑部员外郎和郎中、山东按察副使青州兵备使、浙江左参政、山西按察使。万历时期出任过湖广按察使、广西右布政使，郧阳巡抚，后因恶张居正被罢归故里。张居正死后，王世贞起复为应天府尹、南京兵部侍郎，累官至南京刑部尚书。后称病而归，万历十八年（公元1590年），病卒于乡里。著有《弇州山人四部稿》174卷，四部者，赋部、诗部、文部、说部也；《弇州山人续稿》207卷，分赋、诗、文三部等作品。

《续博物志》，明王世贞撰，其体例与《博物志》大体相似，其内容的收录范围较《博物志》有所拓展。因"张华述地理，自以禹所未志，且天官所多遗"，故卷首首论"天象"，然后由天地推及山海，进而推及人物，另对动植物、医药等内容也有所涉及。

参考文献

[1] 吕蒙.《艺苑卮言》版本考[D].上海：上海交通大学，2015.
[2] 李燕青.《艺苑卮言》研究[D].上海：上海大学，2010.
[3] 许建平，许在元.王世贞在明末清初文学演变过程中的价值与地位重估[J].上海交通大学学报（哲学社会科学版），2021，29（05）：71-83.

三十八 明王世贞撰《艺苑卮言》

万历五年《弇州山人四部稿》世经堂刊本

明王世贞撰《艺苑卮言》万历五年（公元1577年）《弇州山人四部稿》世经堂刊本，现藏于天津图书馆。是书于明嘉靖三十六年（公元1557年）着手写作，嘉靖四十四年（公元1565年）初次刊印，至隆庆六年（公元1572年）基本定型，以万历五年（公元1577年）世经堂本《弇州四部稿》为定稿，历时二十年，几经反复修订。《艺苑卮言》版本较多，卷数上有六卷本、八卷本、十二卷本、十六卷本之分；内容上有正编、附录和别录之别。

六卷本仅有嘉靖四十四年（公元1565年）的《艺苑卮言》初刻本，亦为最早的刊本（已佚）。十二卷本主要由正编和附录组成，《千顷堂书目》文史类、《国史经籍志》诗文评类皆著录为："《艺苑卮言》八卷、附录四卷。"现存最早的古刊本为万历五年（公元1577年）世经堂刊本《弇州山人四部稿》（即本案），其中收录了《艺苑卮言》正编八卷、《艺苑卮言附录》四卷、《艺苑卮言别录》四卷。该书由王世贞自行删定，刊印后流传较广，成为后世各种《艺苑卮言》单行本的主要依据。现代发刊最早的十二卷本有1976年台湾伟文图书出版社出版《明代论著丛刊》本、1983年台北"商务印书馆"和1987年上海古籍出版社出版的《文渊阁四库全书》本，但已是清人抄本，非原刊刻本。2003年上海古籍出版社以万历十七年（公元1589年）武林樵云书社新安府程荣刊刻《新刻增补艺苑卮言》十六卷本为底本影印出版《续修四库全书》本。各种版本中，八卷本最为流行，且多是整理修订本，有明刊八卷本、1983年中华书局出版的丁福保《历代诗话续编》本、1992年齐鲁社出版的罗仲鼎《艺苑卮言校注》本，均为正文八卷本，主要源自《弇州山人四部稿》的正编部分，不含附录内容。其中以正编八卷、附录四卷最为常见，今人多以通行的八卷单选本指代全书。（图2-32）

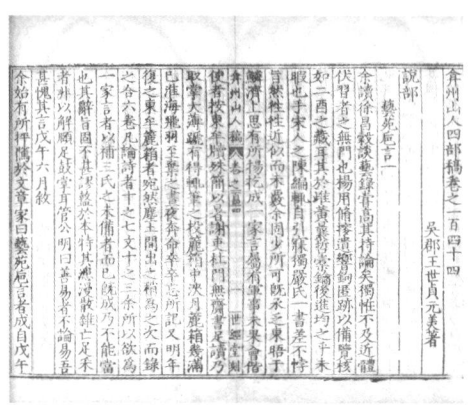

图2-32 卷首·明王世贞撰《艺苑卮言》万历五年《弇州山人四部稿》世经堂刊本 天津图书馆藏

《艺苑卮言》是诗文理论著作，亦是一部内容博杂的札记性著作。全书除阐发诗文理论外，还涉及词曲、书法、绘画、史学、名物制度、博物杂记、古今奇闻逸事等多方面，内容随作者不同的整理分编活动，不断发生演变，初有重复交叉，后来逐渐分类明晰，直至定型。《正编》即通行的八卷本，主要以谈论古今诗文为主。卷一按类别摘录古今诗文评点意见，研讨各体诗法。卷二至卷五评述历代著名文人诗文佳作，始自先秦《诗经》，终于嘉靖朝后七子。卷六至卷八主要搜罗当代文人的奇闻逸事。书中还有作者关于诗体作法、作品优劣、诗人通病、诗人际遇等方面的论诗论文主张。

就纺织文化遗产研究而言，该书对于服饰的记录分散于全书各章，如作者不同意杨慎《丹铅杂录》所称"后周静帝令宫人黄眉墨妆"的说法，认为"蕊黄无限当山额""额黄无限夕阳山""汉宫娇额半涂黄"等诗句，均指额黄，流行于唐代。如，引用了《历代名画记》中对巾子的记载：

"巾子创于武德。胡服靴衫，岂可辄施于古象？衣冠组绶，不宜长用于今人。芒屩非塞北所宜，牛车非岭南所有。详辨古今之物，商较土风之宜，指事绘形，可验时代。其或生长南朝，不见北朝人物；习熟塞北，不识江南山川；游处江东，不知京洛之盛，此则非绘画之病也。"

又如，介绍了"幞头"的发展历史：

"汉魏以前，始戴幅巾，晋宋之世，方用幂罗，后周以三尺皂绢向后幞发，名折上巾，通谓之幞头。武帝时裁成四脚。隋朝惟贵臣服黄绫袍、乌纱帽、九环、带、六合靴，次用桐木黑为巾子，裹于幞头之内，前系二脚，后垂二脚，贵贱服之，而乌纱帽渐废。唐太宗常服翼善冠，贵臣服进德冠。至则天朝，以丝葛为幞头巾子，以赐百官。开元间，始易以罗，又别赐供奉官及内臣圆头宫幞巾子，至唐末方用漆纱裹之，乃今幞头也。"

袁行霈认为《艺苑卮言》主要阐述了王世贞的"才、思、格、调"理论，体现出作者对诗文"法度"的重视。书中最具参考价值的是作者对本朝文学大家的客观评价，这部分内容多来自《明诗评》，是它的继承和发展，还有一部分内容来自《全唐诗说》《明文评》《文章九命》等原有独立著作，另也有新见内容，是考察明代复古派文学主张和后期学说嬗变轨迹的重要著作。古往今来，它一直被广泛征引、摘录、阐发，亦有人称其价值可与《文心雕龙》《沧浪诗话》相比。但值得注意的是，该书与衍生的《艺苑卮言附录》《艺苑卮言别录》《宛委余编》在征引时常有指称混乱现象。例如，《艺苑卮言附录》卷四云："妇人髻纷不一，元康以后，盛以五兵为饰，束发既缓，至被于额，余于《卮言别录》二卷详著之。"因此，该书对研究中国古代服饰具有重要价值，但仍需多加考证或结合同时期文献使用。

拓 展 资 料

《弇州山人四部稿》，别集名，为明王世贞撰。王世贞号弇州山人，故名。全书共一百七十四卷，分列四部。《四库提要》载"世贞有《弇山堂别集》，已著录。此乃所著别集。其曰'四部'者，《赋部》《诗部》《文部》《说部》也。"《正稿·说部》凡七种，曰《札记内篇》，曰《札记外篇》，曰《左逸》，曰《短长》，曰《艺苑卮言》，曰《卮言附录》，曰《宛委余编》，皆世贞为郧阳巡抚时所自刊。其为王世贞的著述总集，卷帙之浩繁、篇幅之长大在古代别集中当列前茅。王世贞学识渊博，著述的内容也很丰富。其才气和作品很受当时人推崇。在此之前学者摹拟秦汉、盛唐作家，《弇州山人四部稿》问世后，许多人摹仿他的作品，《四部稿》几乎成了读书人必备的书籍，《钦定四库全书总目》评曰："自世贞之集出，学者遂剽窃世贞。"该书收录了王世贞的辞赋、诗歌、散文、杂文等作品，但赋作不多，除公牍外多为应酬赠答文字。

《历代名画记》，唐代张彦远著。全书十卷，可分为对绘画历史发展的评述与绘画理论的阐述、有关鉴识收藏方面的叙述、370多位画家的传记三部分。在中国绘画史学的发展中，该书具有里程碑式的意义，它提出的有关早期中国绘画发展的理论至今仍有相当的学术价值。该书将中国绘画的起源追溯到传说时代，其中记载："龟字效灵，龙图呈宝，自巢燧以来，已有此瑞。"其中"巢燧"指有巢氏、燧人氏时代。

参考文献

[1]吕蒙.《艺苑卮言》版本考[D].上海：上海交通大学，2015.
[2]李燕青.《艺苑卮言》研究[D].上海：上海大学，2010.
[3]过琪文，魏宏远.《新刻增补艺苑卮言》伪书考[J].嘉兴学院学报，2023，35（01）：97-104.
[4]魏宏远.王世贞《艺苑卮言》的文本生成及文学观之演进[J].陕西师范大学学报（哲学社会科学版），2016，45（06）：33-40.
[5]许建平，许在元.王世贞在明末清初文学演变过程中的价值与地位重估[J].上海交通大学学报（哲学社会科学版），2021，29（05）：71-83.
[6]魏宏远.王世贞《艺苑卮言》实物印本考覈[J].兰州大学学报（社会科学版），2018，46（06）：60-71.
[7]贾飞.《艺苑卮言》成书考释[J].文献，2016（06）：140-151.
[8]陈昌云.《艺苑卮言》的复杂成书与思想局限[J].古籍研究，2013（02）：261-268.

三十九 明李诩撰《戒庵老人漫笔》
清世德堂顺治五年本

明李诩撰《戒庵老人漫笔》清世德堂顺治五年本，现藏于中国国家图书馆。《戒庵老人漫笔》（又称《戒庵漫笔》）目前主要有八卷本和一卷本，现存一卷本有《说郛续》清顺治三年（公元1646年）宛委山堂本，清光绪年间《粟香室丛书》之《藏说小萃七种》本。八卷本有：明万历刻本，此本是李诩之孙李如一于万历二十五年（公元1597年）初刻，附于其所作的《藏书小萃》中，虽原书已佚，但在《续修四库全书》子部杂家类收录了此本的影印本。明万历三十四年（公元1606年）李栓前重刻本，清顺治五年（公元1648年）世德堂重刻本（即本案），清光绪二十二年（公元1896年）盛宣怀光绪重刻本，清赵氏旧山楼抄本，

1982年中华书局出版魏连科点校本。(图2-33)

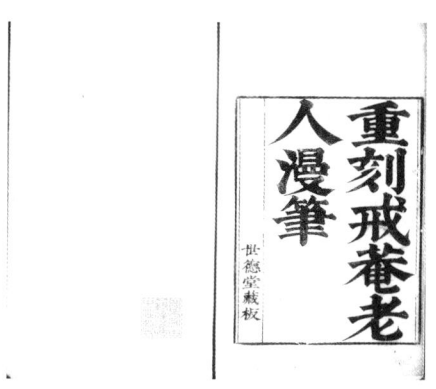

图2-33 卷首·明李诩撰《戒庵老人漫笔》清世德堂顺治五年本 中国国家图书馆藏

《戒庵老人漫笔》是作者晚年笔记。书中记载了明代典章制度、诗文评语、历史事件、学术考辨等内容，亦兼及小说故事。全书正文分为八卷，共五百余条目。八卷内容"不以品列，不以类分，不以甲乙次第为先后，随事辄纪，随纪辄书。"在体例上它具有笔记共有的特性，即记叙随意，可长可短，且每个子目的内容长短不一，长则上千字，如卷五之《蒋陈二生》，短则十几个字，如卷八之《砚贵洗》。书中小说故事部分以妇女题材较多，且多为节妇烈女故事。同时还记载了公案故事和文人轶事，如卷一"戴文进不遇"等。该书所记前人事迹，多取材历代笔记，且注明出处。所记当朝人事，除明人笔记外，多为作者自己见闻所及，李如一在《序》中所言"故四朝之睹记若一瞬"，其史料价值是同时期其它笔记所不能比拟的。

就纺织文化遗产研究而言，虽然该书各章记述了明代相关服饰，但篇幅有限。例如，卷一记载明代罩甲的形制、创作者以及服用者为"罩甲之制，比甲稍长，比披袄减短，正德闲创自武宗，近日士大夫有服者。"如，宫女护领的材质、上贡地点等的记载有"宫女衣皆以纸为护领，一日一换，欲其洁也。江西玉山县贡。"

又如，卷六月泉吟社征诗奖品，服饰材质、尺寸的记载有"第一名：公服罗一缣七丈，笔五帖，墨五笏。"

《戒庵老人漫笔》记载了语言文字相关资料及明代社会制度、遗闻轶事、风土人情、偏方等内容，可补正史之失或与史书相参证。此外，在考据学方面，卷八之《俗学俗书通弊》中载"一传未终，忱已迷其姓氏，片文屡过，几不辨其偏旁，今俗学之通弊也。肖立半存，乌焉全外，误脱半字，以赵为肖，以齐为立，字经三写，乌焉成马，今俗书之通患也。能勉强学问而免于俗学，则俗书之弊无夏矣。"可见李诩也发现了当时俗学俗书的弊端，并希望能够改变这种不严谨的风气，因此在撰写《戒庵老人漫笔》过程中"参订往籍，纠核时事"精于考证，颇有见地。但该书仍有不足之处，《四库全书提要》评价其"叙次烦猥，短于持泽。"其亦有部分内容记载错误，如卷一"端阳竞渡图"将"王振鹏"记为"元黄振鹏"。因此在使用该书时，应多加考证。

拓 展 资 料

李诩（公元1506—1593年），字厚德，号戒庵老人。江阴（今属江苏）人。以增广生援例入南监，屡试不第。师邹守益、王畿，笃志性命之学。有《世德堂吟稿》《名山大川记》等。

李如一（公元1556—1630年），明藏书家。本名鹗翀，后改如一，字贯之（一作李贯之，字如一），号近复。江苏江阴人，李诩之孙。

《说郛续》，明陶珽辑丛书。四十六卷，五百四十三种。每种一卷。辑者鉴于陶宗仪《说郛》辑止于元代，因杂钞明人说部五百二十七种以续之。所收仍有宋元人之著作。如卷二宋苏轼《广成子解》、卷二十宋车若水《脚气集》、卷二十八宋张鉴《赏心乐事》、卷四十四元龙辅《女红余志》、卷十三元高德基《平江纪事》、卷四十三元杨维桢《煮茶梦记》等。书之内容增新，已非宗仪之旧。

《古今说部丛书》，上海国学扶轮社编，收周秦至近代旧小说及笔记等共二百七十五种。所取诸书多经剪裁，为摘录之本。如江少虞《皇朝事实类苑》原书六十三卷，干宝《搜神记》至明代也有二十卷，李诩《戒庵老人漫笔》原书八卷，此则具作一卷。亦有全录原书者，如郑仲夔《耳新》、钮琇《觚剩》等。本书收罗稍富，广见易得，为治文言小说及其他用途者所不废。上海国学扶轮社1911年至1913年排印出版。上海文艺出版社1991年影印出版。

《粟香室丛书》是江阴知名的刻书家、著述家、藏书家、诗人金武祥所辑刊。该丛书共48种，初刻初印，字迹清晰秀丽，刻印精美。该丛书主要收录江阴地方文献及江阴籍作家的作品，如宋吴枋《宜斋野乘》、明周高起《阳羡茗壶系》、清黄明曦《江上孤忠录》。

参 考 文 献

[1]黄飙.历代笔记选析[M].福州：海峡文艺出版社，2015：128.
[2]石昌渝.中国古代小说总目文言卷[M].太原：山西教育出版社，2004：189.

[3]董清花.《戒庵老人漫笔》研究[D].福州:福建师范大学,2011.
[4]张莉,郝敬.《戒庵老人漫笔》万历丙午初刻考[J].古籍研究,2021(01):174-181.

四十 明王世贞撰《觚不觚录》
万历年间绣水沈氏尚白斋刻《宝颜堂秘笈》丛书本

明王世贞撰《觚不觚录》明万历年间绣水沈氏尚白斋刻《宝颜堂秘笈》丛书本,现藏于哈佛大学燕京图书馆。《觚不觚录》约成于书王世贞晚年,主要刊刻版本有明万历年间绣水沈氏尚白斋刻《宝颜堂秘笈》丛书本(即本案),清《景印文渊阁四库全书》本,1915年上海文明书局石印本,1935年上海商务印书馆《丛书集成初编》本,1983年台北"商务印书馆"影印本等。(图2-34)

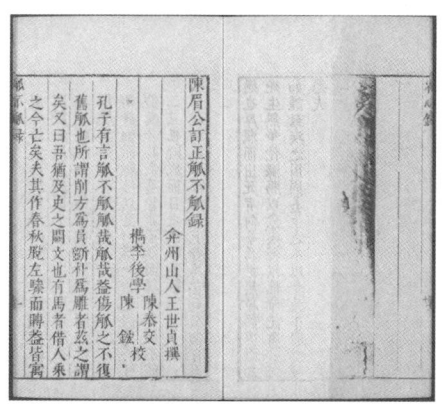

图2-34 序言·明王世贞撰《觚不觚录》明万历年间绣水沈氏尚白斋刻《宝颜堂秘笈》丛书本 哈佛大学燕京图书馆藏

"孔子有言:'觚不觚?觚哉!觚哉!'盖伤觚之不复旧觚也。所谓削方为圆,斫朴为雕者,兹之谓矣。又曰:'吾犹及史之阙文也,有马者借人乘之,今亡矣夫。'其作春秋脱左骖而赗,盖皆寓微旨焉。余自舞象而小识人事,逾冠登朝,数蹶数起,以至归田,今垂六十矣。高岸为谷,江河下趋。觚之不为觚,几何可辨识?闲居无事,偶臆其事而书之。大而朝典,细而乡俗,以至一器一物之微,无不可慨叹。若其今是昔非,不觚而觚者,百固不能二三也。既成,而目之曰《觚不觚录》。"

——《觚不觚录·序》

《觚不觚录》书名源自作者感于世风日降，可叹者多，故取孔子伤"觚之不复旧觚"之意名书。全书共一卷，专记明代典章制度，详其沿革。作者弱冠入仕，阅历既深，见闻皆确，故足备史家甄采，为说部之佳者。其中有关服饰相关记载分布于全书各章，例如，对群臣服饰的记载为：

"世庙晚年不视朝，以故群臣服饰不甚依分。若三品所系，则多金镶雕花银母、象牙、明角、沉檀带；四品则皆用金镶玳瑁、鹤顶、银母、明角、伽楠、沉速带；五品则皆用雕花象牙、明角、银母等带；六七品用素带亦如之，而未有用本色者。今上颇注意朝仪，申明服式，于是一切不用，惟金银花素二色而已，此亦不觚而觚之一也。"

"主事署郎中员外郎，不得系花带。而武臣自都督同知以至指挥佥事，凡署职者，皆得系其带。此国初以来，沿袭之久，遂成故事矣。独《会典》所载服色，武职三品以下，有虎豹、熊罴、彪、海马、犀牛之制。而今则通用狮子，略不之禁，此不可晓也。"

又如，对袴褶、曳撒、程子衣及道袍做以描述：

"袴褶，戎服也，其短袖或无袖，而衣中断，其下有横襵，而下复竖襵之。若袖长则为曳撒。腰中间断，以一线道横之，则谓之程子衣。无线道者，则谓之道袍，又曰直掇。此三者，燕居之所常用也。迩年以来，忽谓程子衣、道袍，皆过简。而士大夫宴会必衣曳撒，是以戎服为盛而雅服为轻，吾未之从也。"

可知明人认为道袍、曳撒和程子衣都源自袴褶。就纺织文化遗产研究而言，《觚不觚录》虽多记细故，而朝野轶闻杂事，也多有涉猎。所记每一事件皆首尾有叙，极其完备。如谓大朝会时为便于奉旨捕人、独锦衣卫不冠朝服之仪制，书中有记载"大朝贺，文武群臣皆具朝冠服。独锦衣卫官衣绯绣袍、纱帽、靴带，盖以便于承旨捕执人，百年来未有之改。独陆忠诚炳加保傅，遂以己意制朝冠服，岿然本班之首，当时莫敢问也。"等，均暴露出明中期廷杖、诏狱之残酷及宦官之专横，虽涉琐屑，颇可补正史之不足，对了解明代政治具有极大的参考价值，可作为研究明代服饰文化参考文献之一。

拓 展 资 料

《石渠宝笈》，共四十四卷，清张照等编，清乾隆九年（公元1744年）内府朱格抄本。卷首为乾隆九年二月初十日高宗手谕，次为凡例十九则、目录，以及乾隆四十七年（公元1782年）纪昀等所撰提要。此书是对清皇室宏富的书画收藏的整理成果，"既博且精，非前代诸谱循名著录者比也"，是书画鉴赏、研究的必读之作。书中所录作品大多流传至今，分存于北京故宫博物院和台北"故宫博物院"。另有《四库全书》本，1918年涵芬阁石印本，台北"故宫博物院"1971年影印本，附索引。1988年，上海书店将全书三编与《秘殿珠林》三编缩版影印，附各编人名索引。

《秘殿珠林》，共二十四卷，清张照等编，清乾隆九年（公元1744年）内府朱格抄本。卷首有凡例、总目，各卷前有细目。8册为1函。此为佛道书画著录书，著录清内府有关佛教、道教之书画藏品。分历代名人画（附印本绣锦缂丝之类）、臣工书画、石刻木刻经典、语录科仪及供奉经相等类。各类用阮孝绪《七录》之例，先佛后道，再循以往鉴赏之通例，先书后画，依次著录册、卷、轴等。所著录的书画分上、次二等。上等系真迹且笔墨至佳者，详载其纸卷、尺寸、跋语、藏印等；次等系真迹而神韵较逊或笔墨颇佳而未能确辨其真伪者，仅载款识及题跋人名。以往《宣和画谱》等书亦收录释道内容，但专以释道书画别立一书者此书为首例。有《四库全书》本，台北"故宫博物院"1971年影印本（与《石渠宝笈》合刊）附索引。

参 考 文 献

[1]董一平.十里春风雕琢丝中繁花——缂丝中的宋人书画[J].江苏丝绸，2016，243（05）：35-38.
[2]中外名人研究中心.中国文化资源开发中心编.中国名著大辞典[M].合肥：黄山书社，1994：722.
[3]马秀娟，李会敏.朱启钤对图书事业的贡献[J].经济研究导刊，2015，255（01）：300-301.
[4]刘尚恒.朱氏存素堂藏书、著书和校印书[J].图书馆工作与研究，2005（01）：27-31.
[5]周启澄，赵丰，包铭新.中国纺织通史[M].上海：东华大学出版社，2018：413.

四十一 明胡应麟撰《少室山房笔丛》
万历三十四年吴勉学刊本

明胡应麟撰《少室山房笔丛》万历三十四年（公元1606年）吴勉学刊本，现藏于中国国家图书馆。《少室山房笔丛》撰于万历年间，现存版本除本案外，有万历四十六年（公元1618年）新都江湛然刊本、崇祯五年（公元1632年）延陵吴国琦重刊本。清乾隆年间编入《四库全书》、光绪二十二年（公元1896年）广雅书局本。1922年上海扫叶山房石印本、1963年台北世界书局影印本、1983—1986年台北"商务印书馆"影印《文渊阁四库全书本》、1985年台北新文丰出版社据广雅书局本为底本影印本等。（图2-36）

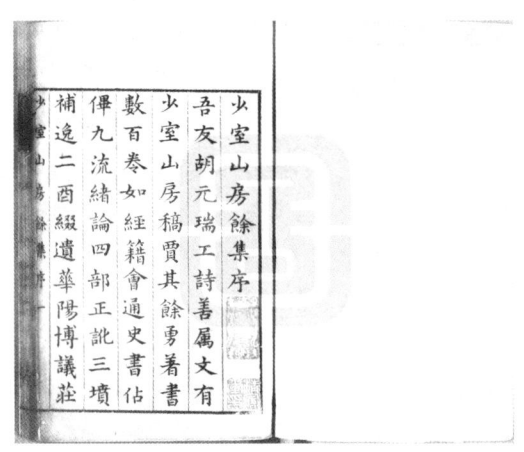

图2-36 卷首·明胡应麟撰《少室山房笔丛》万历三十四年吴勉学刊本 中国国家图书馆藏

《少室山房笔丛》为考据杂说之笔记，全书三十二卷，续集十六卷，共四十八卷，分经籍会通、丹铅新录、艺林学山等十二部，书中内容考论古籍聚散存亡、论史事人物、驳前人考据之误谬、辑古书奇闻异事、记社会风俗杂事，所存古代政治、社会、典籍、神话传说、戏曲、宗教史料，极为丰富。

就纺织文化遗产研究而言，"丹铅新录"考辨明人杨慎《丹铅》诸录讹误，存先秦至明相关服饰名物数十种，如周礼屦人、双行缠、弓足、凤头鞋、素足女、浣纱女、木屐、舄、履考等；其他卷也记古人妆饰、服饰之习俗，如后周静帝令宫人黄眉黑妆、闹装等。其中，对"膝袴"的记载为：

"自昔人以罗袜咏女子,六代相承,唐诗尤众。至杨妃马嵬所遗,足证唐世妇人,皆着袜无疑也。然今妇人缠足,其上亦有半袜罩之,谓之膝袴。"

对"芒屩"的记载为:

"六朝前率草为履,古称芒屩,盖贱者之服,大抵皆然。"

《少室山房笔丛》对学界久论不息的文史公案和前代奠基作了详尽的考证梳理和辨伪,如《丹铅新录》中对先秦至明相关的数十种服饰名物做以考据,兼涉当时的一些社会风俗,其中"履考"所收文献资料极多。此外,《经籍会通》中论述了历代书籍存亡聚散之事及书籍版本得失、书坊纸张优劣,较它书详尽,为研究书籍发展史的重要参考书。总的来说,该书征引宏富、论列宽博,举凡经籍、子史、艺文、释道、传说、风俗,乃至社会杂闻皆有所论述,可供后人研索之处甚多,是研究明代物质文化重要的参考资料。

拓 展 资 料

胡应麟(公元1551—1602年),字元瑞,尝自号少室山人、石羊生、芙蓉峰客、壁观子。浙江兰溪(今浙江省金华市兰溪市)人,是明代中晚期著名的学者、诗人、藏书家。他屡试不第,遂筑室藏书,以读书治学为念。他藏书有四万两千三百八十四卷,著述有近五十种、一千余卷,是有明一代堪称博洽的大学者。

吴勉学(生卒年不详),明著名刻书家、藏书家。字肖愚,号师古,安徽歙县丰南(今属安徽省黄山市徽州区)人。以"师古斋"为刻书堂号。世代经商,官光禄署丞。后弃官专事刻书,为明隆庆、万历间徽州府著名刻坊"师古斋"的主人。吴氏生平最喜搜集庋藏典籍,尤以刻书著称于世。史称其"博学多识,家富藏书",一生致力于藏书和刊刻图书事业。

杨慎(公元1488—1559年),字用修,初号月溪、升庵,又号逸史氏、博南山人、洞天真逸、滇南戍史、金马碧鸡老兵等。四川新都(今成都市新都区)人。明代文学家、学者、官员,明代三大才子之首,东阁大学士杨廷和之子。明武宗正德六年(公元1511年)状元及第,授官翰林院修撰,参与编修《武宗实录》。其诗沉酣六朝,揽采晚唐,创为渊博靡丽之词,造诣深厚,独立于风气之外。而乐府首倡《花间》,影响隆、万以下风尚,同趋绮丽。著作达一百余种,涉及经史方志、天文地理、金石书画、音乐戏剧、宗教语言、民俗民族等,被人辑其重要者为《升庵集》。

参考文献

[1] 高金霞.《少室山房笔丛》研究[D].济南:山东大学,2016.
[2] 缪良云.中国衣经[M].上海:上海文艺出版社,2000.
[3] 高春明.中国服饰名物考[M].上海:上海文化出版社,2001:626.

四十二 明屠隆撰《考槃余事》
万历三十四年沈氏尚白斋刻本

明屠隆撰《考槃余事》万历三十四年(公元1606年)沈氏尚白斋刻本,现藏于台北"国家图书馆"。《考槃余事》现存版本有明万历三十四年(公元1606年)沈氏尚白斋刻本,题为"陈眉公考槃余事",凡四卷,乃目前所见之最早版本(即本案)。明万历四十八年(公元1620年)《宝颜堂秘笈》四卷本,与"尚白斋本"属同一系统,差异甚微。此外,另有明末《广百川学海》十七卷本、清代世德堂重刊乾隆五十九年(公元1794年)石门马氏大酉山房《龙威秘书》四卷本、光绪十一年(公元1885年)《忏华庵丛书》本、光绪十三年(公元1887年)重刊《忏华庵丛书》十七卷本,享和三年(公元1803年)日本东京刻四卷本、1915年上海文明书局石印、1937年商务印书馆《丛书集成》铅印本等。

《考槃余事》是一部记录文房清玩的杂家博物类的笔记,《诗经·卫风·考槃》小序云:"考槃,刺庄公也。不能继先公之业,使贤者退而穷处。"后因作隐居穷处之代称,此为作者隐居后所作,故名《考槃余事》。该书收录内容范围较广,但主要详细记录了文人清玩的书籍,以论述书画作品、文房用具为主,兼及烹茶、焚香、游玩、莳艺、禽鱼之法。《四库全书总目提要》将其列于"子部·杂家类存目七",记"一卷言书版碑帖,二卷评书画琴纸,三卷、四卷则笔砚炉瓶,以至一切器用服御之物,皆详载之"。

就纺织文化遗产研究而言,该书有关纺织服饰内容的记载有禅衣、道服、冠、扇、汉唐巾、披云巾、文履、云舄等。如,对"道服"的记载为"制如申衣,以白布为之,四边延以缁色布,或用茶褐为袍,缘以皂布。有月衣,铺地如月,披之则如鹤氅。二者用以坐禅策蹇,披雪避寒,俱不可少。"

如，对"披云巾"的记载为："披云巾，或缎或毡为之，匾巾方顶，后用披肩半幅，内絮以绵，此臞仙所制，为踏雪冲寒之具。"

又如，对"道扇"的记载为："有羽扇、有新安竹篾扇轻便可携，但不宜漆；有纸糊者如篾扇式亦佳，但有竹根紫檀妙柄为美。"

值得注意的是，该书清代版本较明代版本有较大改动。清版比明版总计多十八则内容，但各卷数量差额不均，且次序亦有变化。如卷之四，明万历本各类杂项共有六十则内容，并无附图。而清乾隆本分为起居器服笺、文房器具笺、游具笺三部分，共八十则内容，并附图两张于书后。其中，起居器服笺与明版卷之四中相同部分的内容有道扇、枕、簟、帐、被、卧褥炉、禅衣、道服、冠、汉唐巾、披云巾、文履、云舄，共十三则。因此，在使用该书时，需多版本同时参考对比，细加考辨，审断从善。

拓 展 资 料

屠隆（公元1542—1605年），先字长卿，后改字纬真，号赤水，所用别号有赤水真人、鸿苞居士等。浙江鄞县（今宁波）人，万历进士。其恃才傲物，性情潇洒，以诗文名重于隆、万年间，被时人视为王世贞兄弟逝后执文坛牛耳者。有诗文集《由拳集》《白榆集》《栖真馆集》，杂著《鸿苞》等存世。

《宝颜堂秘笈》，明陈继儒编辑的丛书。收录唐、宋、元、明书籍229种，分正、续、广、普、汇、秘六集，所收多学故琐言、艺术语录之作。有明万历陈氏刊本。

《广百川学海》，丛书。宋人左圭编有《百川学海》，明人吴永之又有《续百川学海》《再续百川学海》《三续百川学海》，故名。《广百川学海》分为十集，以十干标目。

《龙威秘书》，清代学者马俊良私人辑录的丛书，收录各种作品一百六十九种，共分为十集。今存清代乾隆世德堂重刊本、清代石门马氏大酉山房刻本等。

参 考 文 献

[1]秦跃宇,黄睿.《考槃余事》版本考辨[J].宁波大学学报（人文科学版），2018,31（02）：14-20.

[2]向谦.《考槃余事》的编撰者及不同版本比较研究[J].浙江艺术职业学院学报，2016,14（01）：26-32.

[3]赵传仁,鲍延毅,葛增福.中国书名释义大辞典[M].济南：山东友谊出版社，2007.

四十三 明张瀚撰《松窗梦语》

清王氏十万卷楼抄本

明张瀚撰《松窗梦语》清王氏十万卷楼抄本，现藏于中国国家图书馆。《松窗梦语》系张瀚晚年罢职闲居所作，自序写于万历二十一年（公元1593年）。该书先是以抄本流传，现有清嘉庆十二年（公元1807年）鲍廷博抄本、丁丙旧藏抄本、王氏十万卷楼抄本等。光绪年间，丁丙将其藏本刊印于世，即钱塘丁氏嘉惠堂刻本，亦是该书唯一刻本。（图2-36）

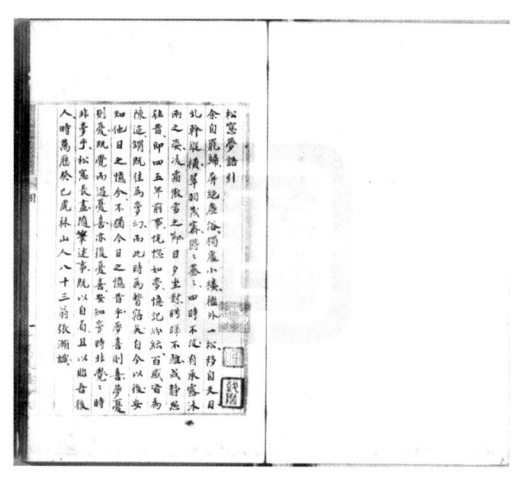

图2-36 《松窗梦语·引》·明张瀚撰《松窗梦语》清王氏十万卷楼抄本 中国国家图书馆藏

《松窗梦语》为史料笔记，全书共八卷，分为"宦游纪""南游纪""北游纪"等三十三纪，另有"序"和"跋"。多记明代对外关系、工商农业状况、风土人情等方面资料，其中"士人纪""异闻纪""权势纪""忠廉纪""方术纪"等。

数类中有部分内容可称为小说，具有一定故事性。书中对纺织服饰的记载分散于全书各纪，对服饰制度的记载为：

"国朝士女服饰，皆有定制。洪武时律令严明，人遵画一之法。代变风移，人皆志于尊崇富侈，不复知有明禁，群相蹈之。如翡翠珠冠、龙凤服饰，惟皇后、王妃始得为服，命妇礼冠，四品以上用金事件，五品以下用抹金银事件；衣大袖衫，五品以上用纻丝绫罗，六品以下用绫罗缎绢，皆有限制。今男子服锦绮，女子饰金珠，是皆僭越无涯，逾国家之禁者也。"

晚明是商品经济比较发达的时期，《松窗梦语》中对当时全国各地的经商之习给予了颇多记载，例如记载山东：

"洛阳以东，泰山之阳为兖，其阴则青。襟带山海，膏壤千里，宜禾黍桑麻，产多丝绵布帛，济南其都会也。"

又如记载浙江杭州：

"杭州其都会也，山川秀丽，人慧俗奢，米资于北，薪资于南，其地实啬而文侈。然而桑麻遍野，茧丝绵苎之所出，四方咸取给焉。虽秦、晋、燕、周大贾，不远数千里而求罗绮缯币者，必走浙之东也。"

作者在文中记载其家业大饶的来历和过程，是研究中国古代纺织业、手工业发展的典型事例，如：

"因罢酤酒业，购机一张，织诸色币，备极精工。每一下机，人争鬻之，计获利当五之一。积两旬，复增一机，后增至二十余。商贾所货者，常满户外，尚不能应。自是家业大饶。"

《松窗梦语》涉及明代的政治、经济、军事、社会风俗、少数民族、对外关系等许多方面，所载内容广泛。书中所记大多为作者的亲历和见闻，张瀚历仕为官，见闻广博，经历丰富，十分谙熟明朝的典章故事、朝野风气和各地风土民情，其记叙较为真实可靠。书中对周边少数民族世系、风俗、地理位置及与明往来的记载，可补《明史》《明史录》之阙。《松窗梦语》在明代社会史、经济史和民族关系方面的史料尤为珍贵，是研究明史的重要资料。

拓展资料

张瀚（公元1510—1593年），字子文，号元洲，浙江仁和（今浙江杭州）人。嘉靖十四年（公元1535年）进士，授南京工部主事，历庐州、大名知府，以功累迁兵部右侍郎。万历元年（公元1573年）官至吏部尚书。万历五年（公元1577年），因阻张居正夺情，被劾归。晚年家居，著述终老，《明史》有传。著有《松窗梦语》《吏部职掌》等。

丁丙（公元1832—1899年），字嘉鱼，号松生，号松存，别署钱塘流民、八千卷楼主人、竹书堂主人、书库报残生、生老。钱塘（今浙江杭州）人。家世经营布业，富于资财。自幼好学，一生淡于名利，终身不仕，热心公益事业，爱好收集地方文献，家多藏书，著述颇富。撰《善本书室藏书志》，辑刊有《武林掌故丛编》《武林往哲遗著》等。

参 考 文 献

[1]陈杰.《松窗梦语》中一段史料的教学——兼谈张瀚的籍贯问题[J].历史教学（中学版），2012（12）：32-35.

[2]郭朝辉.张瀚之《松窗梦语》成因[J].安徽文学（下半月），2011（12）：92-93.

[3]郭朝辉.《松窗梦语》中周边少数民族史料价值研究[J].黑龙江史志，2010（03）：13-14.

四十四 明郑侯升撰《秕言》

万历二十四年刻本

明郑侯升撰《秕言》明万历二十四年刻本，现藏于天津图书馆。明黄虞稷《千顷堂书目》小说类著录，四卷；祁承㸁《澹生堂藏书目》卷六子类著录，十卷。《四库全书总目》入子部杂家存目三。今中国国家图书馆藏民国时期抄本十卷。（图2-37）

《秕言》系作者"平日博极群书，随其所得笔之者也。"其内容以整理民俗词语为主，但编纂体例与同期辞书分门别类编排方式有别，乃是采用"读书札记"似的累积手法。本案为四卷本，收录词汇二百四十九则，内容涉及生活起居、农业生产、娱乐游艺等民俗事项，并引《尔雅》《韵释》《博物志》等书释读其义。例如，卷一收词六十三则，有尚书古文、八字四韵等与文字音韵相关；"秋胡语"等与方言相关；舜妹、舜妃、柳下惠等与古史传说相关；曾子、孟母教子、

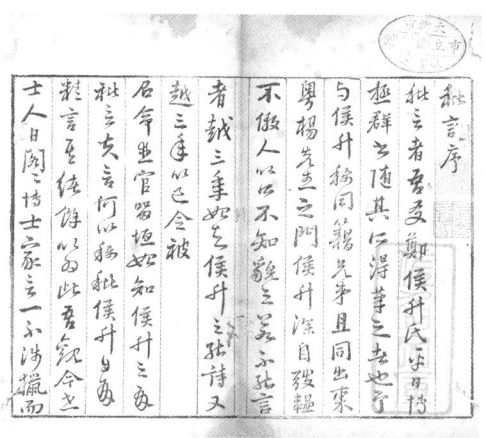

图2-37　明郑侯升撰《秕言·序》明万历二十四年刻本
天津图书馆藏

不得其酱不食等与历史典故相关；黄铁、警枕等与生活事物相关；曹操嫁女、周穆王娶同姓等与婚俗相关。

同时，亦涉及古代纺织品称谓、服饰制度及用途等信息，如对"海青"一名的由来记载为：

> "吴中方言称：衣之广袖者，谓之海青。按太白诗云：翩翩舞广袖，似鸟海东来。盖东海有俊鹘名海东青。白言翩翩广袖之舞如海东青也。"

可知"海青"一名来自李白的《高句骊》，其为汉僧穿着的一种袍子，广袖飘逸，仿佛海东来的鸟儿一般，故将鸟名借作其名。

对"接篱"的记载为：

> "唐诗多用白接篱，《韵释》云：接篱，白帽也。《尔雅》云：鹭舂鉏注云：头翅背上皆有长翰毛，今江东人取以为睫摘名之曰白鹭。纚睫与接篱与篱通，而《世说》独云：接篱，今之襕衫也，二说不同。李白诗云：头上白接篱。则亦以接篱为白帽，而不以为襕衫。"

对"帻"的考证为：

"《博物志》云：古者男女皆丝衣，有故乃素服，又有冠无帻，故虽凶事，皆着冠也。《隋礼仪》注曰：帻，始于秦人，施于武将，初为绛帕，以表贵贱。然《吴越春秋》云：公孙圣劝吴王遣下吏太宰嚭，王孙骆解冠帻，肉袒徒跣，稽首谢于勾践。是则春秋时已有帻矣，此可补《事物纪原》之遗。"

对"跳脱"的记载为：

"唐宣宗尝作诗赐宫人有金步摇命场中对之，温庭筠对以玉跳脱云出《庄子》。第二篇帝忌之，故温有悔，读南华第二篇之句，今考《庄子》无此语义，古诗轻衫傥条脱真诰云：安妃有黡粟金条脱，是臂饰。盖今之腕钏也，条脱即跳脱。《韵书》跳，田聊切，与条同音。"

值得注意的是，明清俗语辞书在中国辞书史上占有重要地位，我国历史上很早就有了对俗语的研究，但当时没有"民俗语汇"的说法，代之以"鄙语""野语"等。东汉服虔所著的《通俗文》是最早辑录俗语的文献，距今已有两千多年的历史，但是由于人们一直以来受到"崇雅避俗"观念的影响，"秕言""俗语"被认为是不登大雅之堂的言辞，关注之人甚少，所以直至宋代，才出现真正意义上研究俗语的专门性著作——周守忠撰《古今谚》。而后明清的俗语考释较之前朝有了新的进步，无论从研究人数还是从著作数目上来说都有了显著增长，如明代陈士元撰《俚言解》，周梦旸撰《常谈考误》，清代学者范寅的《越谚》，钱大昕的《恒言录》、郝懿行的《证俗文》、翟灏的《通俗编》等。因此，该书在这一背景下应运而生，作为俗语辞书编纂初创期的一本明代俗语辞书，不仅为后世语源学研究提供了可借鉴的经验，更对考释明代服饰文化有着重要意义。

拓 展 资 料

郑明选（生卒年不详），字侯升，明朝归安（现浙江省湖州市）人。明万历十七年（公元1589年）己丑进士，曾在安仁县任知县，后擢升为南京刑科给事中。除著有《秕言》外，一生还创作了许多优美诗篇。

《澹生堂藏书目》，明代祁承㸁编撰的书目，详细记录了澹生堂藏书的种类和数量。其分为四部，四十六类，二百四十三子目，著录图书九千多种，约十万余卷，是当时江南各藏书家之冠。其藏书以明代文集、明代史料与地方史志最为丰富。此外，《澹生堂藏书目》还收录了澹生堂藏书的印记，如"山阴祁氏藏书之章""子孙永珍""旷翁手识"等。

《通俗文》，东汉末服虔撰。这是我国第一部俗语词辞书，在小学史与辞书史上具有重要地位，然而由于此书早已佚，前人对这部辞书性质的认识存在一些分歧，如胡奇光先生在《中国小学史》中认为："它有不同于《说文》的特色，就在专收新字。那新字不仅指外来字，主要是指汉代新造的通用字，当然也收《说文》漏收的先秦古籍上的正字。"段书伟先生在《通俗文辑校》中认为"（《通俗文》）是我国第一部专释俗言俚语、冷僻俗字的训诂学专著。"

《俚言解》，明代陈士元撰，语言学训诂著作，二卷。俚言，与雅言相对，即乡俗常语。这类语言生动活泼，往往不拘一格。虽乡俗常语，亦多有本源，而闻听者往往习见而不察，更不加考辨。故作者从史传、笔记、杂说、类书中采辑俚俗语词，以训释意义、考辨所本，著成是书，故名《俚言解》。

《越谚》，清代范寅辑录的越地方言、谣谚集。正编分上、中、下三卷，所收资料分为语言、名物、音义3类，每类开头有小序。下卷附收编者所写《论雅俗字》《论堕贫》等关于文字学及越地民情、自然变易等的短论5篇。书后又附有《越谚剩语》两卷，作为正编未刊资料的补充。

《吴下谚联》，是一部收录了大量苏州地区的谚语和俗语的书籍。这些谚语和俗语反映了苏州地区的历史、文化和社会生活，具有浓厚的地方特色。

参 考 文 献

[1]于琴.《秕言》研究[D].大连：辽宁师范大学，2013.
[2]曲彦斌.语言民俗学概要[M].北京：大象出版社，2015.
[3]司马朝军.《四库全书总目》编纂考[M].武汉：武汉大学出版社，2005.
[4]石昌渝.中国古代小说总目文言卷[M].太原：山西教育出版社，2004：15.

四十五 明余继登撰《典故纪闻》
万历年间王象乾刊本

明余继登撰《典故纪闻》万历年间王象乾刊本，现藏于中国国家图书馆。《典故纪闻》约成书于万历二十八年（公元1600年），成书之后便行刊刻，除本案外，有明唐氏世德堂刊本、万历年间金陵周曰校刻本，清吴玉墀家藏本、清定州王氏谦德堂校刊本，以及1937年《丛书集成初编》本等。（图2-38）

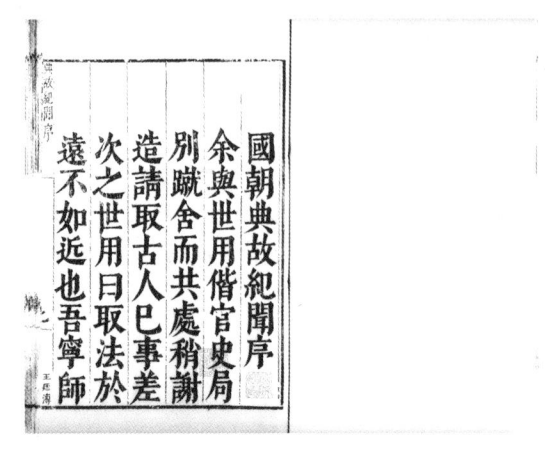

图2-38 明余继登撰《典故纪闻·序》万历年间王象乾刊本 中国国家图书馆藏

　　《典故纪闻》中"典故"一词由来已久，最早出自《后汉书》："亲屈至尊，降礼下臣，每赐宴见，辄兴席改容，中宫亲拜，事过典故。"因此，这里的"典故"可解释为典制，即典章制度。全书共十八卷，卷一至卷五记明太祖朝事，卷六至卷七为明成祖朝事，卷八至卷十为仁宗和宣宗朝事，卷十一至卷十三为英宗、代宗朝事，卷十四至卷十六为宪宗、孝宗、武宗朝事，卷十七为世宗朝事，卷十八为穆宗朝事，共有记事一千二百余条。内容庞杂，涉及明代各朝政治、军事、文化、经济和典章制度。具体可归类为，职官：官员的选拔、升降、赏赐以及对宦官的记载；军事政策：军队管理、军队屯田以及边储问题；监察刑狱；文化制度：尊崇儒学、官府修书、礼仪服饰、宗教事宜以及对外交流；此外还涉及经济方面的赋役制度、对天文活动的记载以及对异闻异象的记载。

　　就纺织文化遗产研究而言，该书对明代服饰亦有记载，为研究明代服饰提供了重要的史料。其有服色相关的描述，如卷二记载"太祖尝命制军士战衣，表里异色，令各变更服之以新军号，谓之鸳鸯战袄。"描述了太祖命军士战衣颜色须表里各异，变更的新战衣称之为"鸳鸯战袄"。

　　卷四"国初，伶人皆戴青巾，洪武十二年（公元1379年），始令伶人常服绿色巾，以别士庶之服。"记载了伶人头戴青巾改为绿色，与士庶服饰区别开来，从侧面表达了伶人相较低下的社会地位。

　　又如卷五对官员服饰的记载，"洪武间，既定公服之制，令文武官于早朝奏事及侍班见辞谢恩则服之，遇雨雪则易便服，今不然矣。"记载了文武官员早朝及侍班辞谢时需穿公服，雨雪天穿便服。卷十一"正统十二年（公元1447年）春，英宗谓工部臣曰：官民服式，俱有定制。今闻有僭用织绣蟒龙、飞鱼、斗牛，违禁花样者，尔工部其通谕之，此后敢有仍蹈前非者，工匠处斩，家口发充边军，服用之人重罪不宥。"表明官民不许僭越穿织绣蟒龙、飞鱼、斗牛和违禁花样的服饰。

值得注意的是，《典故纪闻》辑录了大量明初至隆庆朝事，这些史料大多来源于《明实录》，但作者在辑录过程中有删减。书中许多史料为正史不载，具有很高的史料价值，可补正史之缺。如卷十二记载了景泰五年（公元1454年）三月，给事中林聪上疏言汰僧道、禁私役、慎刑狱三个方面，正史中记载简略，清代所修《明史》中只记载林聪"以灾异偕同官条上八事，杂引五行诸书，累数千言。大略以绝玩好，谨嗜欲，为崇德之本。而修人事，在进贤退奸。武清侯石亨、指挥郑伦身享厚禄，而奏求田地；百户唐兴多至一千二百余顷，宜为限制。余如罢斋醮、汰僧道、慎刑狱、禁私役军士、省轮班工匠，皆深中时弊。帝多采纳。"

由此可见，《明史》只粗略提及汰僧道、慎刑狱和禁私役军士，并未对其进行详细说明。而《典故纪闻》的内容基本辑录自《明实录》，有些地方的辑录与实录不一，故在使用时可互为校勘之资。

拓 展 资 料

余继登（公元1544—1600年），字世用，号云衢，交河人。万历五年（公元1577年）进士，历礼部侍郎摄部事。官至礼部尚书兼翰林院学士，卒赠太子少保，谥号"文恪"。

王象乾（公元1546—1630年），字子廓，号霁宇，桓台新城人。明隆庆五年（公元1571年），进士。曾经理播州，后官至兵部尚书，以年老乞休。因边境多事，83岁时起用为总督，综理宣大、山西军务。他机警有胆略，历任督抚多年，威震九边。累加太子太师，以病乞归。

参 考 文 献

[1]原瑞琴,丁富信.余继登《典故纪闻》史料价值新议[J].历史教学（下半月刊），2011（11）：46-51.

[2]李玉敏.余继登《典故纪闻》研究[D].长春：东北师范大学，2023.

四十六 明沈德符撰《万历野获编》
清绿格钞本

明沈德符撰《万历野获编》清绿格钞本,现藏于台北"国家图书馆"。沈氏原撰《万历野获编》于明朝万历三十四至三十五年间(公元1606—1607年)编成。万历四十六年(公元1618年)又作《续编》十二卷。成书后主要靠抄本流传,多缺佚。至清初时流行的本子只有八卷,已非全本。道光七年(公元1827年)钱塘姚氏扶荔山房刊本,加入《补遗》四卷,同治八年(公元1869年)姚氏重印本,在文字方面略作校订。1959年中华书局的标点排印本,为平装3册,收入《元明史料笔记丛刊》,此本因以善本为底本,并据数种清抄本作了校补,最为完备。此外另有1976年台北伟文图书出版社影印本等。

> "余生长京邸,孩时即闻朝家事,家庭间又窃聆父祖绪言,因喜诵说之。比成童,适先人弃养,复从乡邦先达,剽窃一二雅谈。或与陇亩老农,谈说前辈典型。及琐言剩语,娓娓忘倦,久而渐忘之矣。困厄名场,梦寐京国。今年鼓箧游成均,不胜令威化鹤归来之感。即文武衣冠,亦几作杜陵夔府想矣。垂翅南还,舟车多暇,念年将及壮,遭回无成,又无能著述以名世,辄复绸绎故所记忆,间及戏笑不急之事,如欧阳《归田录》例,并录置败簏中,所得仅往日百之一耳。其闻见偶新者,亦附及焉。若郢书燕说,则不敢存也。夫小说家盛于唐而滥于宋,溯其初,则萧梁殷芸,始有小说行世。芸字灌蔬,盖有取于退耕之义,谅非朝市人所能参也。余以退耕而谈朝市,非僭则迂。然谋野则获,古人已有之,因以署吾录。若比于野人之献,则《美芹十论》当时已置高阁,非吾所甘矣。编中强半述事,故以万历冠之。
>
> 万历三十四年丙午仲冬日,沈德符题于瓮汲轩。"
>
> ——《万历野获编·序》

《万历野获编》的编撰分为两个阶段:万历三十四年(公元1606年),沈德符"鼓箧游成均",重到幼年生活过的京师故地,感慨颇深,南还之际,更联想到自己"年将及壮,遭回无成,又无能著述以名世"的现实处境,于是"绎故所记忆,间及嬉笑不急之事,如欧阳修《归田录》例,录置败簏中",是为《万历野获编》之首次编撰,且当时已取"谋野则获"之意,并以"万历"冠之,定名为"万历野获编";其后辍笔十余年,直到万历四十七年(公元1619年),以"壮岁已去,记性日颓,诸所见闻,又有出往事外者,胸臆旧贮,遗忘未尽,恐久而并未尽者失之",于是将往日记忆和新近所得,不问新旧,随意录写,编撰成帙,是为《万历野获续编》。是书内容广博繁复,记人述事千余条,关于其原编卷数,目前众说纷纭,迄无定论。书中所记以明代之事为主,尤详于明代中后期,内容包括了列朝宫闱、典章制度、人物事件、典故遗闻、统治阶级内部纷争、民族关系、对外关系、山川风物、经史子集、工艺技术、释道宗教、神仙鬼怪等诸多方面。在人物方面,涉及皇帝后妃、宗室勋亲、太监佞幸、内外朝臣、文人仕女,山林隐逸、和尚道人。在记事方面,不仅有朝章典故、风土人情,还有文人逸事、民俗禁忌等。钱枋在清康熙二十五年(公元1686年)根据朱彝尊的旧钞本,对其进行了重新编排,将其分为30卷、48门,使内容更加系统化,并概括说:"今此编,上自宗庙百官,礼文度数,人才用舍,治乱得失;下及经史子集,山川风物,释老方技,神仙梦幻,闾琐语,齐谐小说,无不博求本末,收其是而芟其伪。"

其中,有关纺织服饰相关记载分散于全书各章,如对"蟒衣"的记载为:

"今揆地诸公多赐蟒衣,而最贵蒙恩者,多得坐蟒。则正面全身,居然上所御衮龙。往时惟司礼首榼常得之,今华亭、江陵诸公而后,不胜纪矣。按正统十二年,上御奉天门,命工部官曰:'官民服式,俱有定制。今有织绣蟒、龙、飞鱼、门牛、违禁花样者,工匠处斩,家口发边卫充军。服用之人,重罪不宥。'弘治元年,都御史边镛奏禁蟒衣云:'品官未闻蟒衣之制,诸谙书皆云蟒者大蛇,非龙类。蟒无足无角,龙则角足皆具。今蟒衣皆龙形。宜令内外官有赐者俱缴进,内外机房不许织。违者坐以法。'孝宗是之,著为令。盖上禁之固严。但赐赉屡加,全与诏旨矛盾,亦安能禁绝也!"

如,对"服色之僭"的记载为:

"天下服饰,僭拟无等者,有三种。其一则勋戚,如公侯伯支子勋卫,为散骑舍人,其官止八品耳,乃家居或废罢者,皆衣麟服,击金带,顶褐盖,自称勋府。其他戚臣,如驸马之庶子,例为齐民。会见一人,以自身纳外卫指挥空衔,其衣亦如勋卫,而衷以四爪象龙,尤可骇怪。其一为内官,在京内臣稍家温者,辄服似蟒,似斗牛之衣,名为草兽,金碧晃目,扬鞭长安道上,无人敢问。至于王府承奉,会奉旨赐飞鱼者不必言,他即未赐者,亦被蟒腰玉,与抚按藩臬往远宴会,恬不为怪也。其一为妇人,在外士人妻女,相沿袭用袍带,固天下通弊,若京师则异极矣,至贱如长班,至积如教坊,其妇外出,莫不首戴珠箍,身被文绣,一切白泽麒麟、飞鱼、坐蟒,靡不有之。且乘坐肩舆,揭帘露面,与阁部公卿,交错于康逵,前驱既不呵止,大老亦不诘责,真天地间大灾孽。嘉靖间霍南海,近年沈商邱,俱抗疏昌言,力禁僭侈,而独不及此三种,何耶?"

如,对西域见闻的相关记载为:

"【西域记】中官李达、吏部员外郎陈诚等。使西域还,西域诸国,哈烈、撒马儿罕、火州、土鲁番、失刺思、俺都淮等处,各遣使贡文豹西马方物。诚上《使西域记》,所历凡十七国,山川风俗物产悉备焉。哈烈一名黑鲁,在撒马儿罕西南,去陕西肃州嘉峪关万一千一百里。其地四面多山,中有河西流,城近东北山下,方十余里。国主居城东北隅,垒石为屋,平方若高台,不用栋梁陶瓦,中敞,虚室数十间,窗牖门扉,雕刻花纹,绘以金碧,地铺毡毯,无君臣上下,男女相聚皆席地趺坐。国主衣窄袖衣,及贯头衫,戴小罩刺帽,以白布缠头,辫发后髢,服制与国人同,但尊称之曰锁鲁檀,盖华言君王也。"

"【外国王仪仗】淳泥国王之来朝也,上赐以仪仗,用银交椅、银水盆、银水罐、白罗销金伞扇、金装鞍马二,又赐锦绮衣,下逮王妃弟妹陪臣。其冠服,男子皆如中国,惟女服从其俗。又命朝见亲王,一如公侯大臣礼。盖仪仗稍亚于尚师哈立麻,而稠缛则过之。至于朝谒朱邸,亦同群臣,贤于汉之位在诸侯王上远矣。"

又如,对外赐物品的具体记载为:

"【瓦剌厚赏】北虏之赏,莫盛于正统时,其四年及十四年者,弇州《异典》,已尽记之矣。惟六年之赏更异,今录之:赐可汗五色彩段,并纻丝蟒龙直领、褡䕶、曳撒、比甲、贴里一套,红粉皮圈金云肩膝襕裙通衲衣一,皂麂皮蓝条钢线靴一双，朱红兽面五山屏风坐床一，锦褥九，各样花枕九，夷字《孝经》一本，锁金凉伞一，绢雨伞一，箜篌、火拨思、三弦各一幅，并赐其妃胭脂绒绵丝线等物。至八年，又赐可汗纻丝盛金四爪蟒龙单缠身膝襕暗花八宝骨朵云一匹，织金胸背麒麟白泽狮子虎豹青红绿共匹，八宝青朵云细花五色段二十六匹，素段五十六匹，彩段八十七匹，印花绢十匹；可汗妃二人白泽虎豹朵云细花等段十六匹，采段十六匹，花减金铁盔一顶，戗金皮甲一副，花框鼓鞭鼓各一面、琵琶、火拨思、胡琴等乐器，及钻砂焰硝等物；又赐丞相把把只织金麒麟虎豹海马八宝骨朵云纻丝四匹，彩绢四匹，素绢九匹；其余平章伯颜帖木儿小的失王，丞相也里不花、王子也先孟哥、同知把答木儿、金院南刺儿、尚书八里等，皆赏彩段绸绢有差。上又赐御书谕太师淮王中书右丞相也先，赐织金四爪蟒龙纻丝一、织金麒麟白泽狮子虎豹纻丝四，并彩绢表里；又赐也先母妃五人、妃四人、诸织金缯彩，所以怀柔之者至矣，而卒不免英宗土木之祸。至上皇陷虏后，尚有黄白金诸赐，以羁縻之。直至彰义门一战得胜，嗣后挞伐既张，可汗弑死，也先以骄虐见戕，虏势渐衰，中国赏亦顿薄。盖御虎狼者饲以肉，不若制以阱也。中国赐外夷最厚而缛者，如元魏明帝正光二年，蠕蠕主阿那瓌归国，命引见赐坐，诏赐以细明光人马铠一具，铁人马铠六具，露丝银缠槊二张并白眊，赤漆槊七张并白眊，黑漆槊十张并幡，露丝弓二张并箭，朱漆拓弓六张并箭，黑漆弓十张并箭，赤漆楯六幡并刀，黑漆楯六幡并刀，赤漆鼓角二十具，五色锦被二领，黄绸被褥三十具，私府绣花一领，并帽，内者绯纳袄一领，绯袍二十领，并帽，内者杂采十段，绯纳小口裤褶一具，内中宛具紫衲大口裤褶一具，内中宛具百子帐十八具，黄巾幕六张，新乾饭一百石，麦面八石，榛粆五石，铜乌�四枚，柔铁乌�二枚，各受一斛，黑漆竹榼四枚，各受五升，婢二口，父草马五百匹，驰百二十头，驼牛一百头，羊五十口，朱画盘器十合，粟二十万石。乃次年即入寇，至执行台尚书元孚以去，未数岁而魏亦大乱，分东西矣。宋靖康初元，斡离不入犯，犒师银二千二百余万两，金三十余万两，又侑以女乐百人，珍禽异宝等物。及斡离不还师，钦宗又赐以白纻束带一条，共紫珠五十颗，正透金凤犀带一条，金陵真玉注碗一副，玉酒锺十只，细鞍辔一副，琥珀假竹鞭一条，为赆饯之礼。其媚之已不遗余力，次年再入犯，汴京遂不守。"

明清学者对该书有较高评价。钱谦益认为"自王、李之学盛行，吴越间学者拾其残潘，相戒不读唐以后书，而景倩独近搜博览，其于两宋以来史乘别集、故家旧事，往往能敷陈其本末，疏通其端绪。家世仕宦，习闻国家故事，且及见嘉靖以来名人献老，讲求掌故，网罗放失，勒成一家之言，以上史官，惜其有志而未逮也。"朱彝尊谓"事有佐证，论无偏党，明代野史，未有过焉者。"李慈铭评价该书："综核有明一代朝章国故及先辈佚事，议论平允，而考证切实，远出《笔麈》《国榷》《孤树裒谈》《双槐岁抄》诸书之上，考明事者，以此为渊薮焉。"他认为，"此书不特考据故事极为精核，其议论持平，绝无偏党，亦明人说部所仅见也。"

值得注意的是，该书因取材于直接见闻，而非摘选古籍，且书中有关经济生活的记载较少，如在"果报""征梦""鬼怪"这几门中，记载了很多的妖魔、鬼怪之事；在"叛贼"门中，把当时的农民起义领袖唐赛儿等人统统称为妖妇、妖人等，这是由作者沈德符所处的历史环境和阶级立场所决定的。就纺织文化遗产研究而言，《万历野获编》几乎涵盖了明代政治、经济、民族关系和对外交往的全部内容，浓缩了社会生活的各个方面，是明代众多文人笔记中的上乘之作，具有鲜明的写作特点和相当高的史料价值。书中大量有关明代上层政治与宫廷事件的记载，相较于《明史》中的相关记载更为详细，可以补充正史之不足；书中对明代士人与妇女的社会生活的记载，一定程度上展示了明代社会生活的风貌，对研究明代社会生活史和民间社会风俗都具有重要意义；另外，书中还有许多有关西北边疆史地、西南土司制度以及周边邻国的记载，可以作为研究明代民族关系、对外关系及政治制度史的重要史料。

拓 展 资 料

沈德符（公元1578—1642年），字景倩，一字虎臣。秀水（今浙江嘉兴）人。万历四十六年（公元1618年）举人。家世仕宦，自幼随父祖居京师，习闻国家故事，近搜博览，于两宋以来史乘别集、故家旧事多能明其本末。有《清权堂集》《万历野获编》等。

钱谦益（公元1582—1664年），字受之，号牧斋，晚号蒙叟、东涧遗老、绛云老人。学者称虞山先生。明末清初诗坛的盟主之一。常熟（今属江苏）人。明万历三十八年（公元1610年）进士第三。授翰林院编修。天启时参修《神宗实录》。崇祯时为礼部右侍郎，兼翰林院侍读学士。崇祯末筑绛云楼为藏书之所。南明弘光时官礼部尚书。入清后，以礼部侍郎兼管秘书院事，充《明史》馆副总裁。顺治三年（公元1646年）称病归里。顺治五年（公元1648年），因江阴黄毓祺反清案牵连入狱。出狱后居家，秘密从事反清复明活动，与黄宗羲、李定国、郑成功、瞿式耜等皆有联系。诗文在当时极负盛名，东南一带奉为"文宗"和"虞山诗派"领袖。阎若璩称与海内读书者游，博而能精者，仅有钱谦益与顾炎武、黄宗羲三人。尤以诗名，与吴伟业、龚鼎孳合称为"江左三大家"。论诗论文既反七子之复古模拟，又反公安派之肤浅、竟陵派之狭隘，既提倡"情真"，又重视学养。著作甚丰，有《初学集》《有学集》《投笔集》《杜诗笺注》，编有《吾炙集》《列朝诗集》，另有《开国功臣事略》《明史断略》《楞严蒙钞》等。

朱彝尊（公元1629—1709年），字锡鬯，号竹垞、金风亭长、醧舫、小长芦钓师，浙江秀水（今浙江省嘉兴市）人。清代文学家、词人、学者、藏书家。其所撰《经义考》，是中国古代第一部经学专科目录。在诗、文、词的创作以及理论上更是成就卓著，深刻影响后世。其诗以才藻魄力称盛，当时与王士禛齐名，称"南朱北王"，为浙派诗开山祖师，与查慎行同为浙派初期两大家，其词讲求醇雅，力挽明词颓风，与陈维崧合称"朱陈"，曾合刊《朱陈村词》，并开创浙西词派，在清代词坛居于领袖位置，著有《经义考》《日下旧闻》《明诗综》等。

李慈铭（公元1830—1894年），初名模，字式侯，后改今名，字恋伯，号莼客，室名越缦堂，晚年自署"越缦老人"。浙江会稽（今浙江绍兴）人，晚清官员、文史学家、学者、文学家。

参 考 文 献

[1]杜学林.《万历野获编》明刊本说释疑[J].中国典籍与文化，2019（02）：25-29.

[2]胡梦飞.明代《万历野获编》的写作特点及其史料价值[J].徐州工程学院学报（社会科学版），2012，27（06）：74-77.

[3]李曰强.风尚·政策·社会变迁——《万历野获编》史料一则解读[J].书屋，2010（10）：73-75.

[4]胡正艳.繁华背后的落寞——从《万历野获编》管窥明代后期的文学思潮[J].海南广播电视大学学报，2010，11（02）：7-11.

[5]杨继光.《万历野获编》历史名词杂考[J].五邑大学学报（社会科学版），2009，11（03）：87-91.

[6]李淑萍.《万历野获编》：描摹明代政治风云的历史画卷[J].河南社会科学，2009，17（04）：140-142.

[7]张秀芳.沈德符与《万历野获编》[J].黑龙江图书馆，1991（05）：55-56.

[8]庞石帚.跋《万历野获编》[J].四川大学学报（社会科学版），1959（04）：161-170.

四十七 明朱国祯《涌幢小品》

天启二年刻本

明朱国祯《涌幢小品》天启二年刻本，现藏于台北"国家图书馆"。是书始撰于万历三十七年（公元1609年），成于天启元年（公元1621年）。现存版本另有1935年大连图书供应社刊行本，1983年江苏广陵古籍刻印社出版《笔记小说大观》本，1959年中华书局整理本，1997年齐鲁书社影印本，2012年上海古籍出版社王根林校点本等。

"涌幢"者，盖撰者所建之木亭，意指海上涌现佛家之经幢。"其曰小品，犹然《杂俎》遗意（自序）。"该书共三十二卷，以笔记体裁，叙述明代掌故、典章制度、社会风俗、人物传记、琐事遗闻、诗文艺术、释道二教等内容，对倭寇入侵、隆万以来的农民起义、葛贤等市民抗税也有所载，所记多质实可信，惜伤于芜杂。

就纺织文化遗产研究而言，书中所记服饰相关内容有戎服出郊、经筵词记、诸臣绣衣、熏衣、品服、赭黄袍及僧衣、袈裟、五铢衣、农蚕、并赐袍带、常服入试、品服、兵器、纸铠绵甲、甲胄密法、祭用常服等。例如，卷二对戎服出郊的记载为：

"穆庙立，值南郊，以戎服出，盖上喜习武服，此自便。非登郊坛者，群臣具谏。徐文贞止之，进密揭，上笑曰：此服原非见上帝者，何虑之过。"

卷八对品服的记载为：

"唐制三品服紫，四品五品朱，六品七品绿，八品九品青，今皆以青而辨以补。"

卷十七对祭用常服的记载为：

"历代忠臣庙皆府尹致祭，凡祭必用祭服，独此用常服，想当时请旨未下，府官草草行事，遂以为例今当改正者。"

书成后引起人们的高度重视，钱大昕曾评论曰："好谈掌故，品题人物，不为深刻之论，盖明代说部佳者。"谢国桢曾言："（《涌幢小品》）记载明朝掌故，大而朝章典制、政治经济、徭役、清军勾补等类的事迹；细而社会风俗、人物传记、琐事遗闻，无不罗列。"

由于书中所记多为作者亲历或目睹之事，加之本书为一部笔记作品，在很大程度上是作者自得其乐之产物，故而书写时不必隐讳、避嫌。因此，书中虽不免掺杂有一些荒诞、虚妄之说，却不乏稀见珍贵的资料。就纺织文化遗产研究而言，该书所记服饰相关内容较为详细，例如对绵甲制作方式的记载为"绵甲，以绵花七斤，用布缝如夹袄。两臂过肩五寸，下长掩膝，粗线逐行横直缝紧，入水浸透，取起铺地，用脚踹实，以不胖胀为度。晒干收用，见雨不重，黴黰不烂，鸟铳不能大伤。"可见该书对研究明代服饰具有重要价值，是研究其发展、演变的珍贵文献，但仍存在一些问题，诸如内容繁杂、援引古书存在误差等，因此需与同时期文献结合使用。

拓 展 资 料

朱国祯（公元1558—1632年），字文宇，号平涵，又号虬庵居士，浙江乌程人。嘉靖三十七年（公元1558年）生于官宦之家。万历十七年（公元1589年）举进士。累官国子祭酒，病归，久未出仕。天启元年（公元1621年）擢礼部右侍郎，未出任。三年（公元1623年），拜礼部尚书兼东阁大学士，入阁参与机务。次年，又以建极殿大学士身份出任首辅。几个月后，因与魏忠贤相忤，休致回家。崇祯五年（公元1632年）卒，时年75岁，赠太傅，谥文肃。《明史》卷二百四十有传。一生著述颇丰：《四库全书总目提要》收录有《大政记》和《涌幢小品》；《续修四库全书》收录有《朱文肃公集》《朱文肃公诗集》以及《皇明史概》。

谢国桢（公元1901—1982年），号刚主，河南安阳人，祖籍江苏武进（今常州市）罗墅湾，近代著名明清史专家、版本目录学家、金石学家、藏书家。

参 考 文 献

[1]鞠明库.论朱国祯《涌幢小品》的史料价值[J].兰台世界，2008（02）：53-54.

四十八 明文震亨撰《长物志》

明末叶刊本

明文震亨撰《长物志》明末刊本，现藏于台北"国家图书馆"，系文震亨在世时刊行，亦为目前可见最早版本。《长物志》成书于崇祯七年（公元1634年），书前有沈春泽序，共三册。清代有乾隆年间《四库全书》本，无序跋，卷八、卷九、卷十的顺序与明刊本有异。另有乾隆四十三年（公元1778年）《砚云乙编》丛书本、咸丰三年（公元1853年）《粤雅堂丛书》本。近代有1910年上海国学扶轮社《古今说部丛书》本、1915年上海文明书局《说库》本、1936年上海神州国光社《美术丛书》本和《必书集成初编》本，后者以《砚云乙编》版本为底本，有沈春泽序附于书后。目前较好版本为1984年陈植先生出版的《长物志校注》，参校多个版本，择优选之，有沈春泽序、伍绍棠跋，注解引证渊博，考订翔实。

《长物志》书名"长物"，取"身外余物"之意，采自《世说新语》中王恭的故事，多余之物，不关生存实用，这正是艺术的本质。《长物志》是中国古代造园名著之一，是对历代造园及作者造园实践的总结。全书十二卷，直接有关园艺的有室庐、花木、水石、禽鱼、蔬果五志，另外书画、几榻、器具、衣饰、舟车、位置、香茗七志，看似与园林无关，但按古人之见，书画、器具、衣饰、品茗等也是园林生活、园林环境的一部分。

《四库全书总目提要》评价："凡闲适好玩之事，纤悉毕具，大致远以赵希鹄《洞天清录》为渊源，近以屠隆《考槃余事》为参佐，明季山人墨客，多以是相夸，所谓清供者是也。然矫言雅尚，反增俗态者有焉。惟震亨世以书画擅名，耳濡目染，与众本殊，故所言收藏赏鉴诸法，亦具有条理。"该书也因此成为研究晚明经济、文化、思想的重要资料。

就纺织文化遗产研究而言，该书卷八记录明代晚期的道服、禅衣、被、褥、绒单、帐、冠、巾、笠、履的尺寸、颜色、材质以及功用等。此外作者认为衣服鞋帽、被、褥、帐、单等，这些既是日用之物，其审美标准都以清雅为要。其中对衣服鞋帽的要求更体现了与时相宜的原则，并不完全以古制为上，且非常注重对身体的养护，例如道服：

"制如申衣，以白布为之，四边延以缁色布，或用茶褐为袍，缘以皂布。有月衣，铺地如月，披之则如鹤氅。二者用以坐禅策蹇，披雪避寒，俱不可少。"

对履的要求：

"冬月用秧履最适，且可暖足。夏月棕鞋惟温州者佳，若方舄等样制作不俗者，皆可为济胜之具。"

又如对绒单的要求：

"绒单出陕西、甘肃，红者色如珊瑚，然非幽斋所宜，本色者最雅，冬月可以代席。狐腋、貂褥不易得，此亦可当温柔乡矣。毡者不堪用，青毡用以衬书大字。"

《长物志》全书宏大而全，简约而丰，是中国历史上第一部全面探讨文人士大夫生活环境艺术的著作，且是古代中国唯一一本综合、系统的生活环境类著作。陈从周先生评论该书"盖文氏之志长物，范围极广，自园林兴建，旁及花草树木，鸟兽虫鱼，金石书画，服饰器皿，识别名物，通彻雅俗"。《长物志》的艺术美学思想，是晚明社会江南地区商品经济萌芽背景下文人品味精致生活和显露温文气质的产物，其中也蕴含了彼时彼地复杂而幽微的文人心态。诚如明代常熟人氏沈春泽在《长物志》序中所言："挹古今清华美妙之气于耳目之前，供我呼吸，罗天地琐杂细碎之物于几席之上，听我指挥，挟日用寒不可衣、饥不可食之器，尊踰拱璧，享轻千金，以寄我之慷慨不平，非有真韵、真才与真情以胜之，其调弗同也。"

拓展资料

文震亨（公元1585—1645年），字启美。长洲（今属江苏苏州）人，文徵明曾孙。天启元年（公元1621年）以恩贡入南雍为太学生，官武英殿中书舍人，以善琴供奉。为明代"吴门四家"之一文徵明的曾孙，因书画传承之家风，凭借品鉴长物而标举人格。除了著有《长物志》外，另还有《香草诗选》《仪老园记》《金门录》《文生小草》等著述流传。

《粤雅堂丛书》，伍崇曜出资，谭莹校勘编订，于1850年至1875年在广州刊刻，汇辑魏至清代著述，凡3编30集185种1347卷，为清末最有影响的综合性大型丛书。

《说库》，王文濡纂辑，共收录自汉至清的中国笔记小说一百七十种，内容涉及诸子百家、文学艺术、历史地理、天文历算、博物技艺、医药保健、典章制度、社会风俗、戏曲乐舞、人物杂记等，内容广博，资料丰富，具有极高的学术价值。在表现形式上，记叙随意，文笔活泼，引人入胜。

参考文献

[1]王冠.文震亨《长物志》研究[D].南京：南京艺术学院，2022.
[2]田军.《长物志》的生活美学研究[D].上海：华东师范大学，2014.
[3]桂强.《长物志》的艺术美学思想[J].南通大学学报（社会科学版），2010，26（01）：106-111.
[4]石昌渝.中国古代小说总目文言卷[M].太原：山西教育出版社，2004：105.

四十九 明刘若愚撰《酌中志》

清道光二十九年《海山仙馆丛书》本

明刘若愚撰《酌中志》清道光二十九年《海山仙馆丛书》本，现藏于日本早稻田大学图书馆。《酌中志》又名《酌中志略》，初撰于崇祯二年（公元1629年），之后多有增减删补，至崇祯十四年（公元1641年）成书。据崇祯年间的史书记载，此书在当时即有今文和古文两种版本，崇祯帝所读为今文本，但两者区别并未明载。这两种稿本，其一为清人全祖望收藏。全祖望《鲒崎亭集外编》跋云："予家旧藏《酌中志略》原稿，为刘若愚手写本，其中涂窜颇多，与近本间有不同。"另一稿本或名《远志之苗》，清人汪琬曾从朋友那里借到阅读，并进行了抄录。汪琬有《远志之苗序》，对此所云较详："若愚自辩颇力，在狱中纂此书，所述妖书及客、魏始末最悉。卷首曰'寺人小草'，又曰'远志之苗'，与《酌中志略》大同小异，此盖其稿本也。予借诸文氏，笔画讹谬，且杂以行草，遂别加缮录而序之。"该书初无刊本，以抄本流传。辗转传抄之下，不免出现差异，有的还加以删修，如重订卷数、更改名称等，因此版本众多。现存世版本有：明崇祯年间抄本。清康熙年间内府抄本，二十二卷，故宫博物院图书馆藏。清道光九年（公元1829年）崇文书局刊刻《正觉楼丛刻》本。清道光二十二年（公元1842

年）王堉抄本。清道光二十九年（公元1849年）《海山仙馆丛书》本（即本案）。公元1881年，湖北崇文书局本。1935年，上海商务印刷馆出版了存书集成初编本《酌中志》。1994年北京古籍出版社以《海山仙馆丛书》本为底本，以故宫博物院图书馆所藏康熙内府抄本进行校对，出版了冯宝琳点校本等。

《酌中志》书中详细地记述了明代从万历朝到崇祯朝的宫廷事迹，涵盖范围广泛，诸如帝后及内侍的日常生活、宫中规制、内臣职掌以及饮食、服饰等内容。全书由二十三个独立的短篇构成，书末附录一卷，共计二十四卷，总计十二万六千余字。首列《忧危竑议前纪》《忧危竑议后纪》两卷，记载"妖书"事件；《恭纪先帝诞生》《恭纪今上瑞征》两卷，主要记载天启、崇祯二帝幼年即位之初的诸多事件，又以二帝的生活逸事为主；《三朝典礼之臣纪略》《大审平反纪略》《先监遗事纪略》《正监蒙难纪略》四卷，记述万历、泰昌、天启三朝司礼掌印太监及提督东厂太监的更替；《两朝椒难纪略》《逆贤乱政纪略》《外廷线索纪略》《各家经营纪略》《本章经手次第》《客魏始末纪略》《逆贤羽翼纪略》等卷内容主要陈述魏忠贤本人、客氏及宫中魏党的各自出身、经历，魏党如何迫害宫妃、太监，阉党如何乱政，以及阉党与东林诸党、廷臣的斗争等；《内府衙门职略》《大内规制纪略》《内板经书纪略》《内臣佩服纪略》《饮食好尚纪略》五卷记载宫中的制度和生活习惯；《见闻琐事杂记》一卷记载宫中见闻琐事；《辽左弃地》《纍臣自叙略节》两卷记载作者自己的身世，作为附录的一卷是《黑头爰立纪略》，记述了内阁首辅冯铨投靠魏忠贤及其勾结为恶之事。作者采用纪事本末体以及纪传体的记述体裁将相互独立的人和事件有机缀合，叙述事件清晰流畅，描写人物细致传神，对研究明代史料具有重要价值。

就纺织文化遗产研究而言，该书《内臣佩服纪略》记载了明代服饰种类、名称、颜色、图案、尺寸以及服用功能等，是研究明代服饰以及纺织工艺的实证资料。例如对圆领衬摆的记载：

> "圆领衬摆与外廷同，各按品级。凡司礼监掌印、秉笔及乾清宫管事之耆旧有劳者，皆得赐坐蟒补，次则斗牛补，又次俱麒麟补。凡请大轿长随，及都知监，戴平巾。"

如对平巾的记载：

"平巾，以竹丝作胎，真青罗蒙之，长随、内使、小火者戴之。制如官帽，而无后山，然有罗一幅垂于后，长尺余，俗所谓'纱锅片'也。"

又如对道袍的记载：

"道袍，如外廷道袍之制，惟加子领耳。间有缀补，然逆贤时，其袖有大至二尺七八寸者，可笑莫此为甚。氅衣，有如道袍袖者，近年陋制也。旧制原不缝袖，故名曰氅也。彩素不拘。"

就《酌中志》的史料价值而言，时人李清断言："内臣刘若愚先为霍给谏维华、杨侍御维垣所纠，拟绞系狱。予于朝审时犹及见之，狱中所著《酌中志略》，叙次大内规制井井，而所纪客氏、魏忠贤骄横状，亦淋漓尽致，其为史家必采无疑。"

《四库全书》曾收录《酌中志》节本的《明宫史》，其卷前冠乾隆四十七年（公元1782年）上谕：

"昨于养心殿存贮各书内，检有《明朝宫史》一书，其中分类叙述宫殿、楼台及四时服食宴乐，并内监职掌、宫闱琐悉之事。卷首称芦城赤隐吕毖较次，其文义猥鄙，本无足观。盖明季寺人所为，原不堪采登册府，特是有明一代秕政多端，总因奄寺擅权，交通执政，如王振、刘瑾、魏忠贤之流，俱以司礼监秉笔，生杀予夺，任所欲为，遂致阿柄下移，乾纲不振。每阅明代宦官流毒事迹，殊堪痛恨。即如此书中所称，司礼监掌印秉笔等，竟有'秩尊视元辅，权重视总宪'之语。以朝廷大政，付之刑余，俾若辈得以妄窃国柄，奔走天下，卒致流寇四起，社稷为墟，伊谁之咎乎？着将此书交该总裁等，照依原本抄入四库全书，以见前明之败亡，实由于宫监之肆横。则其书不足录，而考镜得失，未始不可，藉此以为千百世殷鉴。并将此旨录冠简端。钦此。（军机处上谕档）"

近代学者谢国桢言："若愚以内监而记当日宫闱之事，故于万历、天启两代见闻颇详，如所记《忧危竑议》《续忧危竑议》《郑贵妃刻闺范图说》，以及内廷规制、经版源流、内廷饮食好尚诸事，皆记有本原，可资考证。当时谈明代宫禁掌故者，颇重其书，故传抄本极夥。"可见后世学者认为该书在反映明代历史中具有重要地位。此外，该书《大内规制纪略》详细地记述了宫殿的规模、各建筑物的方位及部分建筑的沿革与功用等，是研究明代宫廷建置、了解北京城市建设历史发展源流的重要参考资料。

拓 展 资 料

刘若愚（公元1584—？年），原名刘时敏，十六岁时，感异梦而自宫，万历二十九年（公元1601年）入宫，隶属司礼太监陈矩名下。继而升为司礼写字奉御，再升为监丞。天启初年，以能文善书，被魏忠贤心腹司礼监秉笔李永贞调入内直房经管文书，借此目睹耳闻内廷种种是非，复改名"若愚"，以二字自警。崇祯二年（公元1629年），魏党败，卷入其中，以"刀笔深文，明奸害众"的罪名，处斩立决，后改判斩监候。若愚因受诬告而蒙冤狱中，有苦难申，在幽囚中发愤著书，为自己申诉辩白。故作《酌中志》。

《正觉楼丛刻》，清李瀚章辑，是书编凡二十九种，七十五卷。辑录古今著述，多取清人已刻之书。内容广泛，四部俱备。

《海山仙馆丛书》，清潘仕成辑，是书编凡五十六种，四百八十五卷。清光绪年间，正值广州辑印丛书、丛帖。是编所收多为世所罕见而又实用之书，且内容广博。如明陈泰交《尚书注考》、凌迪知《史记短长说》、清惠栋《易大义》、钱曾《读书敏求记》等均为经史要籍。除经史、笔记杂录、诗话文评外，多选数学、地理学、医学、目录及种植等方面的书籍。卷首《例言》叙其收录范围云："必择前贤遗编，足资身心学问而坊肆无传本者，裒付枣梨。且务存原文，不欲妄加删节。所选除经史外，兼及书数、医药、调燮、种植、方外之流。而讲武之谋略，四夷之纪录，亦不嫌于人弃我取。"因而收录了西洋人汤若望的《火攻挈要》、利玛窦的《几何原本》等早期的中文译本。

参 考 文 献

[1]黎晓宏,王嘉川,张毅.老北京述闻史籍志书[M].北京：北京出版社,2021：28.
[2]张勃.明代岁时民俗文献研究[M].北京：商务印书馆,2011：163.
[3]于莉娜.《酌中志略》考述[J].图书馆学刊,2017,39（06）：128-131.
[4]高志忠.《酌中志》的文学文献学价值[J].文艺评论,2011（12）：133-139.
[5]罗志欢.中国丛书综录选注（上）[M].济南：齐鲁书社,2017：137.

五十 明谈迁撰《枣林杂俎》
清抄本

明谈迁撰《枣林杂俎》清抄本，现藏于中国国家图书馆。《枣林杂俎》成书于崇祯末年至南明弘光期间（公元1642—1644年），清代以来官私书著录有六卷、八卷、十二卷和无卷数本。如许三礼《海宁县志·隐逸》（康熙朝）称十二卷，朱一是《谈孺木先生墓志铭》记六卷。《四库全书总目·子部·杂家类存目五》则记载："无卷数，浙江巡抚采进本。国朝谈迁撰……是书分类记载，凡十二门"。清钱泰吉《海昌备志》卷三十一《艺文志》记八卷。

其中，六卷本有清抄本（即本案）、1911年上海国学扶轮社《长适园丛书》铅字排印本、1912年上海进步书局石印本、1934年上海新文化书社《笔记小说大观丛书》铅字断句本等。八卷本的记载仅见于清泰吉《海昌备志》与李圭《海宁州志稿》中。十二卷本有清抄本、1997年《四库全书存目丛书》本。据清代吴骞及现代史学家谢国桢的记载，该书还有一种版本未记载卷数，主要有清康熙年间陈世修《陈氏漱六格》旧抄本载有6集18门、清乾隆年间以前《枣林杂俎》五册写本记有13门、清乾隆时期浙江巡抚采进门载有12门、清胡尔容藏六册本载有6集18门等。综上，除《枣林杂俎》五册写本及浙江巡抚采进本外，其他各版本都是足本足卷，与六卷本和十二卷本基本一致，这些版本并未分卷，而是以"集"和"门"来区分各个部分，仅有个别字词之别。

《枣林杂俎》系作者为避兵祸隐居枣林期间，辑时人杂谈而成的一部有关明代历史琐闻的笔记。是书以智、仁、圣、义、中、和六字名卷，内容包括朝廷逸典、科举试规、文人轶事、诗文典范、宫闱淑媛、名臣小传、释道异闻、民间工艺、名胜古迹、宫室营建、珍贵器用、花卉树木、节日风俗、幽冥妖异等。

就纺织文化遗产研究而言，该书有关纺织服饰记载较少，且多分散于全书各章。例如，卷一"智集"有对明朝廷赐予丰臣秀吉的冠服等织品的目录记载：

"故谕颁赐国王纱帽一顶、金相犀带一条、常服罗一套：大红织金胸背麒麟圆领一件、青搭护一件、皮弁冠服一件、绿贴里一件、七旒绉纱皮弁冠一顶（旒珠金事件全）。玉桂一枝（袋全）。五间绢地纱皮弁服一套、大红素皮服一件、素白中单一件、纁色素前后裳一件、纁色素蔽膝一件（玉钩全）。纁色妆花锦绶一件（金钩玉玎珰全）。红白素大带一围、大红素纻丝舄一双（袜全）。丹矾红罗销金夹袱四条、纻丝二匹、黑绿花二匹、深青素一匹、罗二匹，黑丝一匹、青素一匹、白镁绿布十匹。"

如，对"丧礼仪"的记载：

"仁圣皇太后之丧，大宗伯范谦衣白入朝，至阙门忽传各官衣青布袍，急出，易衣以进。次日则白纱帽乌靴成服，斩衰，朝夕哭临。期毕而退署，衣冠皆白，经带不除。二十七日后用三乌：为乌纱帽、皂靴、黑角带也。又逾月易青素，大约百日更浅淡，服色行移。旧案：有白纱帽，白布袍，布袜，蒲鞋。未年中宫之丧。浙省诏至，疑所服青白，竟青袍迎诏。"

如，卷五"中集"有记载良家妇女效仿娼妓装饰习惯，作者引安阳人"张氏风范"说：

"弘治、正德初，良家妆饰，耻类娼妓。自刘长史更仰心效之，渐渐因袭，士大夫不能止。近时冶容犹胜于妓，不能辨焉。风俗之衰也。"

又如，卷六"和集"有对指甲染色妆饰的记载：

"指甲花五六月开，花细而黄，类木犀。中多须蕊，香亦绝似。叶染指甲，其红过于凤仙。"

值得注意的是，作者至南京原是为修订《国榷》累积，过程中得到张慎言与高弘图帮助。但由于彼时正值鼎革，苦心收集大量资料后，撰成本书。其中逸典、科牍、先正流闻、丛赘四门占据了全书的大半部分，对南明弘光朝、明代典章制度及户帖式真实记录。如《金陵对泣录》《东宫》二篇录明代亡国实况，具有较高史料价值。其他各门多数取材于前人以及同时代人的志乘文集，如《宋濂攻苦》《永和宫词》《汤显祖》《竟渡》《火把节》《海瑞》《魏忠贤》等篇广涉明代社会生活诸多方面，记事生动，对了解民俗、物产、气候、宗教、人文、服饰及自然地理景观有益,亦对研究明末清初的历史具有一定参考价值。

拓展资料

谈迁(公元1594—1658年),原名以训,字仲木,号射父;明亡后改名迁,字孺木,号观若,浙江海宁枣林人。他博涉文史,撰有《国榷》《枣林集》《枣林杂俎》。谈迁祖上为中原人,元明之际,因战乱南迁至海宁枣林村。他坚守"书从地,不忘本"的理念,故书文多冠以"枣林"二字。

许三礼(公元1625—1691年),安阳人。清朝进士、太常寺少卿、大理寺卿、顺天府尹。早岁曾受业于著名学者孙奇逢(世称夏峰先生,直隶容城人)门下,并苦读于林虑山中。顺治十四年(公元1657年)中举,十八年登进士。康熙十二年(公元1673年)赴京谒选,日以讲学为事,与当时名士魏象枢、叶方蔼等过从甚密。这年夏天,他在京师写成《读礼偶见》二卷。

朱一是(公元1619—1670年),字近修,号欠庵。明末清初浙江海宁人,崇祯十五年(公元1642年)举人。入清不仕,欲为僧,为弟子所阻。早有才名,本未学画,随意为之,亦有可观。有《为可堂集》《梅里词》。

钱泰吉(公元1791—1863年),本姓何,养于钱氏,遂改姓钱,字辅宜,号警石,又号深庐、甘泉乡人,浙江嘉兴人,祖居海盐(今浙江北部)甘泉乡,钱仪吉之从弟。近代学者、诗人、藏书家。自幼从母读杜诗,13岁从吴海峤学诗古文,14岁由父授以东坡诗,诗学益进。著有《甘泉乡人稿》《海昌学职禾人考》《海昌备志》等。

李圭(公元1842—1903年),字小池,江苏江宁(今江苏南京)。光绪十九年(公元1893年)补任浙江海宁知州,在海宁为官五年。

张慎言(公元1577—1645年),字金铭,号藐山,人称藐山先生。山西泽州阳城(今山西阳城)人。明末思想家、诗人,他官至南京吏部尚书,加太子太保,为一品重臣。在书法上与董其昌齐名,明有"南董北藐"之称,著有《泊水斋文钞》《泊水斋诗钞》。

高弘图(公元1583—1645年),字子犹、研文,号碏斋,山东胶州(今山东省胶州市)人,明末大臣,民族英雄。先后任中书舍人、陕西监察御史、左金都御史、左都御史、工部右侍郎、户部尚书、礼部尚书兼东阁大学士、吏部尚书兼文渊阁大学士等职。

参考文献

[1]张荣进.谈迁《枣林杂俎》研究[D].福州:福建师范大学,2014.
[2]郑小华.谈迁《枣林杂俎》研究[J].黑龙江史志,2013(21):2.

五十一 明蒋一葵撰《长安客话》
万历年间刻本

明蒋一葵撰《长安客话》万历年间刻本,现藏于中国国家图书馆。《长安客话》万历年间成书后即有刻本(本案),但至近代被郑振铎在旧书堆中寻出,后辗转归入中国国家图书馆,才得以流传。另有辑本,系盛宣怀于1910年从各丛书中辑出并重刻的《长安客话》,编入《常州先哲遗书》,亦称盛跋重刻《常州先哲遗书》本,后被收入《丛书集成续编》第五十册,又有后人据盛跋重刻《常州》本传抄而形成抄本。(图2-39)

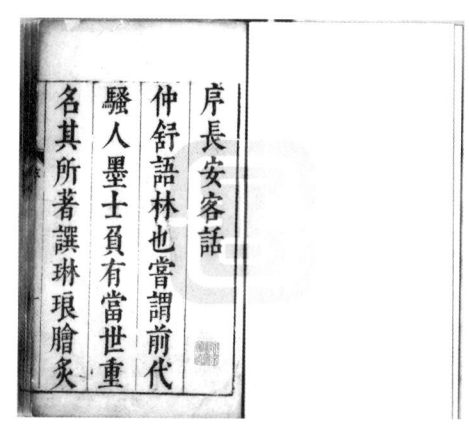

图2-39 序言·明蒋一葵撰《长安客话》万历年间刻本
中国国家图书馆藏

《长安客话》为记载明末清初北京畿辅历史文献与地志沿革等方面的杂记。全书共八卷,按所记内容分类分卷,分为:皇都杂记、郊西杂记、郊坰杂记、畿辅杂记、关镇杂记、边镇杂记。其中卷一、二"皇都杂记",记北平城的沿革及明京都的建设布局。卷三"郊西杂记"、卷四"郊坰杂记",记京郊名胜古迹甚详。如碧云寺、卧佛寺、白云观、卢沟桥、戒坛等,又介绍天寿山之形胜,与诸皇陵所在,及海滨的米家园和勺园。卷五、六"畿辅杂记",除介绍了北京周围外县的名胜古迹,重要的是介绍各县的情况,如东安县、香河县、玉田县、丰润县、遵化县、平谷县、昌平州、密云县、怀柔县、顺义县、古潞阳(今通州)、古临沟(今三河县)、古雍奴(今武清县)、古潞阴(今郭县)、宝坻县等。又记芦台产盐,白如玉屑；宝坻产银鱼，县设银鱼厂，中官下厂督捕进贡。卷七"关镇杂记"，记边塞的三关——居庸关、古北口、紫荆关、昌镇、黄花镇、蓟镇、古榆关（今山海关）、喜峰口、宣府。卷八"边镇杂记"，记八达岭、土木驿、张家口、开平等。

就纺织文化遗产研究而言，该书记载有关纺织服饰的内容较少，且分散于各章。如，卷一对只逊的记载：

"在朝见下工部旨，造只逊八百副，皆不知只逊何物，后乃知为上直校鹅帽锦衣也。"

又如，卷二对国子监士子服饰的记载：

"皇祖以学校为国储材，而士子巾服无异吏胥，宜有以甄别之，命工部制式以进。凡三易，其制始定。巾用漆布为之，后高六寸，削其前，巾后垂带二，襕衫玉色绢布，宽袖皂缘，系皂绦。赐监生襕衫、绦各一为定制。"

《长安客话》作为一部地理杂记，记载了大量明代万历年间北京地区重要地域史料，如山川名物、名人轶事、文学作品、志怪传奇、典章制度、风土人情等。虽不似其他笔记一般记载政事，但书中收录了有关经济史、社会生活史、民族史等相关史料，为研究明代百姓社会生活具有重要价值的参考资料。

拓 展 资 料

蒋一葵（生卒年不详），字仲舒，号石原，明代江苏武进（今江苏常州）人。早年家贫无书，四处借阅，并刻苦抄录。万历二十二年（公元1594年）举人，历官灵川知县、京师西城指挥使，四处访问古迹，并一一记录，官至南京刑部主事。有书斋曰"尧山堂"，万历二十五年（公元1597年）刻有王崇庆《山海经释义》。作品有《尧山堂外纪》《尧山堂偶隽》《长安客话》。

《常州先哲遗书》是清代以前60多位常州先哲经典珍稀文献的汇编。此书于清光绪年间，由盛宣怀个人出资，委托"中国图书馆之父"——清末大儒缪荃孙一一编订出版。缪荃孙呕心沥血近十载，才将散失在中国各个时期历史典籍中的常州先哲们的经典遗作77部745卷，近千万字，包括经、史、子、集四个部类搜集完毕，囊括了隋朝至清初常州先哲著作中的经典。新版的《常州先哲遗书》参考了多种版本，对原版中700处约3000个用黑、白框代替文字处进行补缺。原书108册，新版本110册，新增两册的内容为：凡例、索引、"港盛档"和"沪盛档"中有关该书的信函、相关文献中盛宣怀和缪荃孙与友人通信信函、缪荃孙《艺风老人日记》中有关该书记载、该书的编著者简介及缪荃孙编撰该书"缘起"等史料。

盛宣怀（公元1844—1916年），字杏荪，江苏常州人，死后归葬江阴。清末官员，秀才出身，官办商人、买办，洋务派代表人物，著名的政治家、企业家和慈善家，被誉为"中国实业之父""中国商父""中国高等教育之父"。

参 考 文 献

[1]米兰.明蒋一葵《长安客话》研究[D].长春：东北师范大学，2023.
[2]周汛，高春明.中国衣冠服饰大辞典[M].上海：上海辞书出版社，1996.
[3]石昌渝.中国古代小说总目文言卷[M].太原：山西教育出版社，2004.

五十二 明顾起元撰《客座赘语》
万历四十六年刻本

明顾起元撰《客座赘语》万历四十六年（公元1618年）刻本，现藏于台北"国家图书馆"。《客座赘语》成书于万历四十五年（公元1617年），本案为该书最早版本，此后又有清抄本、《赖古堂藏书》本、光绪三十年（公元1904年）江宁傅氏汇刊《金陵丛刻》本，1987年中华书局出版谭棣华点校本等。

《客座赘语》是一部记载明代南京故事及逸闻杂事的笔记，《明史·艺文志》列于史部地理类，《四库全书》则列于子部杂家类。全书共十卷，内容多为都市沿革、人文风土、职官、典章制度，以及经济物产等。

就纺织文化遗产研究而言，书中对冠服巾履、女子妆饰均有所及，如巾履名物、金陵三绝、乌纱矮冠、隋炀帝赐僧衣、高顶纱帽、女饰、乘马衣冠、唐洞州贡物、脚夫服饰、冠礼、留都妇女服饰、腰玉带、赐蟒衣等。

其中，《巾履》条记南都人的头巾，鞋履为：

"南都服饰，在庆历前犹为朴谨，官戴忠静冠，士戴方巾而已。近年以来，殊形诡制，日异月新。于是士大夫所戴，其名甚夥，有汉巾、晋巾、唐巾、诸葛巾、纯阳巾、东坡巾、阳明巾、九华巾、玉台巾、逍遥巾、纱帽巾、华阳巾、四开巾、勇巾。巾之上，或缀以玉结子、玉花瓶，侧缀以二大玉环。而纯阳、九华、逍遥、华阳等巾，前后益两版，风至则飞扬。齐缝皆缘以皮金，其质或以帽罗、纬罗、漆纱，纱之外又有马尾纱、龙鳞纱，其色间有用天青、天蓝者。至以马尾织为巾，又有瓦楞单丝、双丝之异。于是首服之侈汰，至今日极矣。足之所履，昔惟云履、素履，无它异式，今则又有方头、短脸、球鞋、罗汉靸、僧鞋，其跟益务为浅薄，至拖曳而后成步，其色则红、紫、黄、绿，亡所不有，即妇女之饰不加丽焉。"

可见世风日侈，亦反映在衣冠服饰上。《服饰》条的记载亦是如此，记留都妇女服饰更新之快，日益奢侈：

"留都妇女衣饰，在三十年前，犹十余年一变。迩年以来，不及二三岁，而首髻之大小高低，衣袂之宽狭修短，花钿之样式，渲染之颜色，鬓发之饰，履綦之工，无不变易。当其时，众以为妍；及变，而向之所妍未有见之不掩口者。"

《客座赘语》为后人研究明代中后期南京衣冠服饰的变迁留下了珍贵史料。值得注意的是，《客座赘语》保存了大量丰富、翔实的资料，记载了有关南京地区的政治、经济、文化、世俗民情等多方面的内容。《四库全书总目》对其略有品评"虽颇足补志乘之阙，而亦多神怪琐屑之语。"此评价反映出该书之不足，如相关荒诞、神鬼之记录。此外，顾起元作为明代文人，因受空疏学风影响，对本书疏于考订，致使史料偶现讹误矛盾、不明出处等瑕疵。尽管如此，该书仍不乏为研究明代历史和南京地方史具有重要价值的参考资料。

拓 展 资 料

顾起元（公元1565—1628年），字太初，号遯初，明江宁（今江苏南京）人。顾起元一生博览群书，学通古今，著述颇丰，经、史、子、集皆有涉猎。万历二十六年（公元1598年）进士，官至吏部左侍郎，卒谥文庄。博学多识，诗文均有时名。著有《懒真草堂集》《客座赘语》《说略》《金陵古金石考》《蛰庵日记》等。

参考文献

[1]郭晓妍.顾起元与《客座赘语》初探[D].呼和浩特:内蒙古师范大学,2015.

五十三 明张岱著《夜航船》
清观术斋钞本

明张岱著《夜航船》清观术斋钞本,现藏于浙江省宁波市天一阁博物院。现存版本有清嘉庆六年(公元1801年)刻本、清观术斋钞本(即本案)。1987年刘耀林据宁波天一阁刊本点校,浙江古籍出版社出版,每卷末都附有点校者的出处考证;1995年唐潮点校本,巴蜀书社出版,该版内容照原书刊行,后附有张伤《玻婿文集》;1995年上海古籍出版社出版的《续修四库全书》收录,归入子部杂家类。(图2-40)

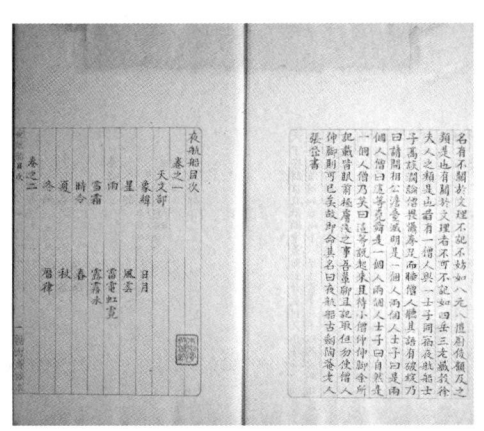

图2-40 目录·明张岱著《夜航船》清观术斋钞本 浙江省宁波市天一阁博物院藏

《夜航船》系百科类著作,题名"夜航船"本是指旧时江南载送客货商人于夜间航行的船只。该书编撰目的在序言中指出:"余所记载,皆眼前极肤浅之事,吾辈聊且记取,但勿使僧人伸脚则可已矣。"以幽默调侃之中表现出一种切于实用的精神,也就是作者在序言里反复强调的"文理考校"。他所指的"文理”，是在具体内容之中贯穿一种精神和思路，从而表现作者的奇巧智慧和独特品格。重视“文理考校”也是《夜航船》的编撰原则。

该书分为天文、地理、人物、考古、选举、政事、文学、礼乐、日用、宝玩、容貌、外国、植物、物理、方术等二十卷，卷下分类。如宝玩部分为金玉、珍宝、玩器三类。其类目之下又分为具体的条目，如金玉类中有火玉、尺玉、碧玉等。全书共有一百二十一类，四千余条目，内容多是经史子集、典章制度、名词术语、风俗民情，逸闻轶事。其史料来源涉及先秦著作如《春秋》《老子》等，更多的是采自正史著作如《史记》《三国志》等，还有大量历史笔记如《搜神记》《世说新语》，此外亦有类书《淮南子》《艺文类聚》等来源。该书从丰富的史料中萃取精华，分门别类，广征博引，对研究明代历史人文具有重要价值。（图2-41）

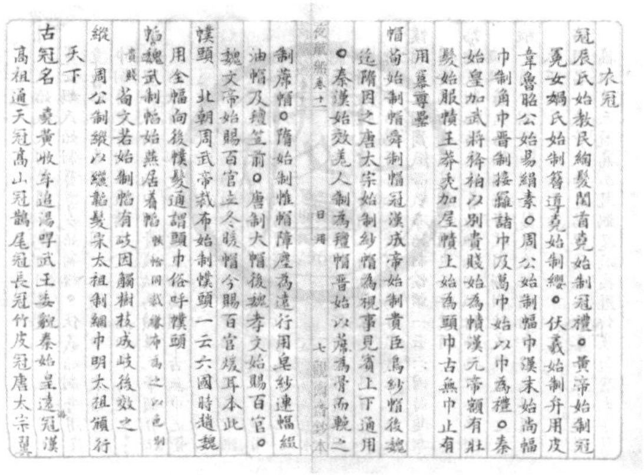
衣冠
冠 辰氏始教民絢髮閹首堯始制冠禮。黃帝始制冠
冕女媧氏始制簪導堯始制纓。伏羲始制弁用皮
韋魯昭公始易緇素。周公始制幅巾漢末始尚幅
巾制角巾晉制接䍦諸巾及葛巾始以巾為禮。秦
始皇加武將絳袙以別貴賤始為幘漢元帝額有壯
髮始服幘王莽禿加屋幘上始為頭巾古無巾止有
用冪尊罍
帽 荀始制帽舜制帽冠漢成帝始制貴臣烏紗帽後魏
迄隋因之唐太宗始制紗帽為視事見賓上下通用
。秦漢始效羌人制為氊帽晉始以席為骨而輓之
夜航船 卷十一 日用 七
制席帽。隋始制帷帽障塵為遠行用皂紗連幅綴
油帽及氊笠前。唐制大帽後魏孝文始賜百官。
魏文帝始賜百官立冬暖帽今賜百官煖耳本此
幞頭 北朝周武帝裁布始制幞頭一云六國時趙魏
用全幅向後幞髮通謂頭巾俗呼幞頭
帢 魏武制帢始燕居著帢
貴賤 荀文若始制帢有岐因觸樹枝成岐後效之
縰 周公制縰以韜髮宋太祖制綱巾明太祖頒行
天下
古冠名 堯黃收舜追湯冔武王委貌秦始皇遠冠漢
高祖通天冠高山冠鶡尾冠長冠竹皮冠唐太宗翼

图2-41 帽·明张岱著《夜航船》清观术斋钞本 浙江省宁波市天一阁博物院藏

就纺织文化遗产研究而言，该书卷十一日用部记录了尧舜禹时期至明代的衣冠之制，其内容不仅包括形制、尺寸、材质、颜色等，还有各类服饰的创作者、功用及其演变等。例如对帽的记载：

“荀始制帽，舜制帽冠。汉成帝始制贵臣乌纱帽，后魏迄隋因之。唐太宗始制纱帽，为视事见宾，上下通用。秦汉始效羌人制为毡帽。晋始以席为骨而挽之，制席帽。隋始制帷帽障尘，为远行，用皂纱连幅，缀油帽及毡笠前。唐制大帽，后魏孝文始赐百官。魏文帝始赐百官立冬暖帽。今赐百官暖耳，本此。”

对履的记载：

"黄帝臣于则始制履单底，周公制舄（复底）、制屦（施带）、制屩。伊尹制草屝，周文王始制麻履，秦始用丝，始皇始制鞾金泥飞头鞋，始名鞋。汉始以布缯上脱下加锦饰，东晋始以草木巧织成瀞如芙蓉为履是也。"

对袍的记载：

"傅说制袍，长至足。隋制大袍，宇文护始加襕。舜制深衣。马周制襕衫。汉制方心曲领，唐制圆领。"

《夜航船》取材广泛，内容丰富，不拘类别，有闻即录，既有晚明文人阶层的精致生活，同时也有俗世阶级的日常百态。在内容的编排上，作者围绕某一专题从古到今娓娓道来，如山川地理的沿革，历代典章文物的发展变化。此外，该书的文字幽默诙谐，在一些具体条目的编选上，则采用了当时一些俗谚、传说和古代典籍中的幽默故事。在增强可读性的同时，表现出鲜明的近俗倾向，使其具有较强的实用价值。

拓 展 资 料

张岱（公元1597—1689年），字宗子，又字石公，号陶庵，别号蝶庵居士，自号剑南陶庵老人。山阴（今浙江绍兴）人。著有《琅嬛文集》《陶庵梦忆》《西湖梦寻》《三不朽图赞》等。

天一阁博物院，位于浙江省宁波市海曙区，建于明嘉靖四十年至四十五年（公元1561—1566年），由当时退隐的明朝兵部右侍郎范钦主持建造，占地面积2.6万平方米，已有400多年的历史。天一阁现存的古籍善本大都为明代的刻本或抄本，有的已成为海内孤本。藏品中最珍稀的是明代的地方志和科举录，分别有271种和370种。科举录分进士、会试和乡试三种，藏量占该类文献存世量的八成以上。它保存了明洪武四年（公元1371年）首科至万历十一年（公元1583年）第五十二科完整无缺的进士登科录，堪称镇楼之宝。

《续修四库全书》，上海古籍出版社于1995年出版的一套丛书，共计1800册，收录范围为乾隆以前四库全书以外的现存中文古籍与乾隆以后至民国元年前各类代表性著作。共收录了5000多种。体例仿照四库全书，以经、史、子、集四部分类编录。一般性资料，如历书、家谱、登科录、乡试录、会试录、缙绅录之类皆不辑录。兵书、志书、医药、方剂之书，选择收录。佛教典籍只从中土著述中选择收录，敦煌遗书零篇断简未能成篇者不收录。

参 考 文 献

[1]张则桐.张岱《夜航船》与笔记小说[J].明清小说研究，2000（03）：170-174.

[2]张则桐.张岱和《夜航船》[J].文史杂志，2000（01）：16-18.

[3]邵茜.《夜航船》语义分类系统研究[D].桂林：广西师范学院，2011.

[4]周晶晶.张岱《夜航船》研究[D].桂林：广西师范大学，2013.

五十四 清李斗撰《扬州画舫录》
道光十九年自然盦刻本

清李斗撰《扬州画舫录》道光十九年（公元1839年）自然盦刻本，现藏于日本早稻田大学图书馆。是书始撰于乾隆二十九年（公元1764年），成书于乾隆六十年（公元1795年）。主要版本有1960年中华书局《清代史料笔记丛刊》汪北平、涂雨公等校点本，1984年江苏广陵刻印社周光培点校本，1979年台北世界书局本等。（图2-42）

图2-42 书影·清李斗撰《扬州画舫录》道光十九年（公元1839年）自然盦刻本 日本早稻田大学图书馆藏

《扬州画舫录》为史料性质的杂著笔记，全书共十八卷，乃李斗"目之所见，耳之所闻"，积三十多年时间写成，较全面地记载了十八世纪扬州社会生活状况，内容涉及城市区划、运河沿革、社会经济、园林古迹、民俗艺术等多方面。

其中，关于纺织服饰相关内容分散于全书各章，例如卷一介绍江南染纺业、扬州染色业及平民衣料之丰富的色彩：

"大起楼南，以池分之，千丝万缕，五色陆离，皆从此出，谓之练池。池之东西，以廊绕之，东绕于染色房止。联云：染就江南春水色（白居易），结成罗帐连心花（青童）……桃红、银红、靠红、粉红、肉红，即韶州退红之属。紫有大紫、玫瑰紫、茄花紫，即古之油紫、北紫之属。"

卷五记当时艺人服饰、戏剧中人物服色，系统翔实，"戏具谓之行头，行头分为衣、盔、杂、把四箱。"衣箱中有大衣箱、布衣箱之分。大衣箱文扮则富贵衣（即穷衣）、五色蟒服、五色顾绣披风……布衣箱则青海衿、紫花海衿、青箭衣、青布褂……鬃色老旦衣、渔婆衣、酒招、牢子带。盔箱文扮平天冠、堂帽……杂箱胡子则白三髯、黑三髯……靴箱则蟒袜、妆缎棉袜、白绫袜……旗包则白绫护领、妆缎扎袖……把箱则銮仪兵器备焉，此之谓"江湖行头"。

卷九记扬州妇女之发饰、头饰、鞋式及衣裙剪裁制作工艺：

"扬州鬏勒异于他处，有蝴蝶望月、花篮折项、罗汉鬏、懒梳头、双飞燕、到枕松、八面观音诸义髻及貂覆额、渔婆勒子诸式。女鞋以香樟木为高底，在外为外高底，有杏叶、莲子、荷花诸式，在里者为里。高底，谓之道士冠。平底，谓之底而香。"

《扬州画舫录》在我国古代笔记著作中自成一格，除了包罗万象的内容外，也与其行文特色密不可分。李斗的好友凌廷堪在其成书时写道：

"此书体例不高不卑，是必传之作。注经考史，非识者不能知，故好之者鲜；志怪谈诗，为通人所羞道，故弃之者多。而此则无所不有，当在《老学庵笔记》《辍耕录》诸书之上，不可与近日新出鄙闻琐说等视之也。（《与阮伯元阁学论画舫录书》）"

就纺织文化遗产研究而言，该书部分章节之中多有提及江南染房、扬州染色、戏剧服饰、妇女衣裙剪裁等信息，如"女衫以二尺八寸为长，袖广尺二，外护袖以锦绣镶之，冬则用貂狐之类。""裙式以缎裁剪作条，每条绣花两畔，镶以金线，碎逗成裙，谓之凤尾。近则以整假折以细缝，谓之百折，其二十四折者为玉裙，恒服也。"是考释清代戏曲服饰文化发展的重要文献资料。

拓 展 资 料

李斗（公元1749—1817年），字艾塘，江苏仪征人。自称："斗幼失学，疏于经史，而好游山水。"（《扬州画舫录自序》）与阮元、焦循、汪中等贤士时有往来。平生著述辑为《永报堂集》，包括《永报堂诗》八卷、《艾塘乐府》一卷、《奇酸记传奇》四卷和《岁星记传奇》二卷。

凌廷堪（公元1757—1809年），字次仲。安徽歙县人。乾隆晚期进士，充宁波府学教授。对经、史、算以及地理诸学皆有研究，尤专于礼、乐。著有《礼经释例》十三卷，《燕乐考原》六卷，《元遗山年谱》二卷，《校礼堂文集》三十六卷，《诗集》十四卷。

参 考 文 献

[1]冯丽弘.李斗及其《扬州画舫录》研究[D].太原：山西师范大学，2014.
[2]史梅.《扬州画舫录》版本初探[J].南京大学学报（哲学·人文科学·社会科学版），2001（05）：89-95+116.

叁 类书

一 南宋潘自牧撰《记纂渊海》

1988年中华书局《宋刻本记纂渊海》影印本

南宋潘自牧撰《记纂渊海》1988年中华书局宋刻影印本。该书始纂何时未见明确文献记载，其书序言称成书于宋宁宗嘉定二年（公元1209年），书成后较长一段时间以抄本流传。现存一百九十五卷本、一百卷本等，前者为宋刻原编本，后者为明万历年间的改编本。值得注意的是，一百卷本不管是编撰宗旨、分部数量、类目设置、内容安排等皆与原编相差甚远，有失潘氏原编本之旧貌。现存一百九十五卷本有：宋福建建阳书坊本、明黑格抄本、明弘治十六年（公元1504年）华燧会通馆铜活字印本、明弘治十六年（公元1504年）锡山华氏活字版、明巴陵方氏碧琳琅馆珍藏古刻善本。一百卷版本有：明万历七年（公元1579年）大名知府王嘉宾刊本、明刘氏类苑抄本、清乾隆时期《四库全书》本。今通行本有：1972年，台北新兴书局据台北"故宫博物院"藏明万历己卯（公元1579年）王嘉宾刻本影印、1988年中华书局影印出版《宋刻本记纂渊海》。1992年上海古籍出版社据《四库全书》本影印出版。1998年，书目文献出版社出版"北京图书馆古籍珍本丛刊"本。2004年中国国家图书馆出版社出版"中华再造善本"版。（图3-1）

图3-1 封面·南宋潘自牧撰《记纂渊海》
1988年中华书局《宋刻本记纂渊海》影印本

《记纂渊海》作为我国现存最早名言警句分类汇编,世称记言类书便是创自于此,其内容在宋代类书中别具一格,编排体例亦极具创新性。与传统类书多以"天、地、人、事、物"的顺序来安排部类不同的是,突出"人、事"两类,详于纂言。分为论议部、性行部、识见部等二十二部,每部之下又分类,每一类用一个词或词组作标题,如"颖悟""包容""方兴未艾""一视同仁"等,突出引录内容的主题。每一个标题之下,又分经、子、史、传记、集、本朝六部,在每一部之下罗列相关材料,可谓纲举目张,使得传统类书的分类原则进一步细化和扩展,极便于检索。另外,它不仅辑录征引宋前古籍,而且设"本朝"部,对宋代的文献亦多有保存,故对于文献的校勘、辑佚颇具价值。(图3-2)

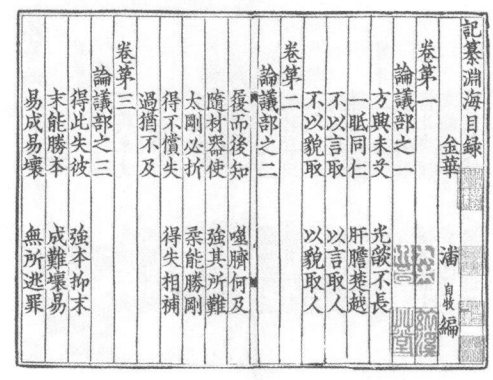

图3-2 南宋潘自牧撰《记纂渊海·目录》
1988年中华书局《宋刻本记纂渊海》影印本

就纺织文化遗产研究而言,该书卷一百七十五服饰、卷一百九十五衣裳等记录了有关先秦时期至宋代的服饰诗词,但是只是摘取了部分内容,并不完整。例如卷一百七十五服饰先秦佚名的《终南》:"锦衣狐裘,黻衣绣裳。佩玉将将。"锦衣狐裘在《礼记·玉藻》中有:"君衣狐白裘,锦衣以裼之"的记载。对于该诗的主旨自古就有争论,大抵有三种意见:有的认为此诗是告诫秦襄公要勤勉理政;有的认为此诗是讽刺秦襄公铺张浪费;有的则认为此诗是写民间姑娘倾慕一个美男子。三种观点有两种与秦襄公有关,而铺张浪费无非是说秦襄公打猎的场面太过奢华,这与告诫秦襄公要勤于政务是相通的。考虑到诗中的男子穿戴豪华,俨然不是民间青年,因此,历代诗论家大多接受前两种观点。

如卷一百九十五衣裳《诗经·国风·鄘风·君子偕老》："象服是宜。玉之瑱也，象之揥也。"该句诗词的目的在于突出诗词中卫宣公之妻宣姜的所作所为与其身份的不相称、不协调，运用服饰仪容之美反衬宣姜人品行为之丑，起到强烈的讽刺效果。

又如卷一百九十五衣裳《周礼·内司服》："辨外内命妇之服，鞠衣、展衣、缘衣、素纱。"

《记纂渊海》不管是其编撰体例、编撰形式还是编撰内容皆极具特色，是我国类书史上唯一的一部"记言"类书，但是仍存在不少缺点。《四库全书总目提要》认为其于"性行议论诸部子目，未免琐碎"。而明万历中重编本，增入天文、地理、物类各部，尤颠倒次序。即所存原本各部中，亦多阙失。如论议部"憎人及胥"门下，脱去"众口难调"一门；性门部"反覆门"下，脱去"面是背非"一门；"绝物门"下，脱去"径直"一门；问学部"代笔门"下，脱去"醇正"一门；其生理部易为民业部等。其每部之中脱失全文字句，尤不可称数，同时伪误亦不少，如李商隐诗误为文等即是。故此在使用该书时，应结合同时期文献，以证脱误。

拓 展 资 料

潘自牧（生卒年不详），字牧之，生活于南宋中期，浙江金华人。宋宁宗庆元二年（公元1196年）进士，与《群书考索》的作者章如愚同榜。他出身于儒学世家，其祖父为宋名士潘好古。曾任福州州学教授、龙游令等职。

《礼记》，又名《小戴礼记》《小戴记》，成书于汉代，为西汉礼学家戴圣所编。《礼记》是中国古代一部重要的典章制度选集，共四十九篇，书中内容主要写先秦的礼制，体现了先秦儒家的哲学思想（如天道观、宇宙观、人生观）、教育思想（如个人修身、教育制度、教学方法、学校管理）、政治思想（如以教化政、大同社会、礼制与刑律）、美学思想（如物动心感说、礼乐中和说），是研究先秦社会的重要资料，是一部儒家思想的资料汇编。

《周礼》，中国古代关于政治经济制度的一部著作，是古代儒家主要经典之一。包括天官冢宰、地官司徒、春官宗伯、夏官司马、秋官司寇、冬官司空等六篇，故本名《周官》，又称《周官经》。西汉成帝时，刘歆校理秘府所藏书籍，才将《周官》列入书目，但缺冬官一篇，遂以《考工记》补足。王莽建立新朝，始改《周官》为《周礼》，并宣称这是周公居摄时所制订的典章制度。自郑玄作注后，与《仪礼》《礼记》并列为《三礼》。宋代列入"十三经"，遂成为中国古代法典，其中关于经济生活的规定，主要在地官，其次是天官。冬官《考工记》专记手工技艺。

参 考 文 献

[1]曹珍.潘自牧及其《记纂渊海》研究[D].兰州：西北大学，2019.
[2]刘冰.宋刻本《记纂渊海》[J].图书馆学刊，2011，33（02）：2.

二 南宋祝穆撰《古今事文类聚》

明万历年间安正书堂本

南宋祝穆撰《古今事文类聚》明万历年间安正书堂本，现藏于日本国立公文书馆内阁文库。《古今事文类聚》成书于淳祐六年（公元1246年）。目前已知最早的刻本为元代建宁府建阳县云庄书院本（已佚）。可见最早且最完整的版本为元泰定三年庐陵武溪书院刻本，此版乃是翻刻云庄书院版而成。此外，现存版本多将祝穆所编《古今事文类聚》的前、后、续、别四集与元代富大用仿照此书体例编纂的新集、外集，或祝渊所续编的遗集编在一起，以《新编古今事文类聚》的名义刊刻。此书的宋刻本已不可见，流传至今的除元刻本外亦有明刻本。如明有内府刻本，包括祝穆、富大用所编部分以及元祝渊编纂的遗集，十四行二十八字且无遗集的五种刻本，以及流传甚广的明万历三十二年（公元1604年）金陵唐富春寿德堂刻本，该本为祝穆、富大用、祝渊所编内容的合刻本。清代乾隆年间对唐富春寿德堂本重新进行了刊刻。同时，朝鲜、日本亦翻刻了唐富春寿德堂本。《四库全书》所收《新编古今事文类聚》为元麻沙本，祝穆及元人续编的内容均有。现存祝穆所编《古今事文类聚》的内容，各版本之间差异不大，门类设置、篇目编选几乎没有差异。与元刻本相比，明代刻本有漏写或误写、修正篇目出处的现象。明内府刻本的版式舒朗大气，文渊阁四库本无目录，但卷数门类划分无差异，其余版本的版式大多相同。现存版本另有明嘉靖四十年（公元1561年）刻本，清乾隆二十八年（公元1763年）积秀堂刻本，清乾隆年间四库全书本，2005年北京图书出版社出版元泰定三年庐陵武溪书院刻本影印本等。（图3-3、图3-4）

 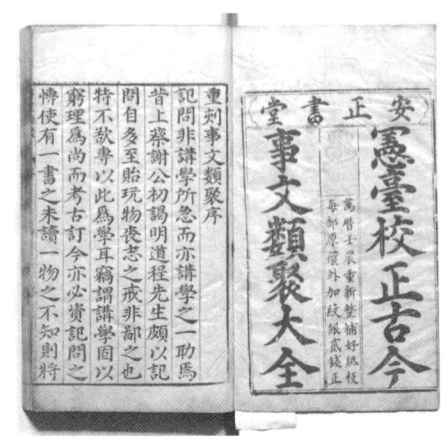

图3-3 封面·南宋祝穆撰《古今事文类聚》明万历年间安正书堂本 日本国立公文书馆内阁文库藏

图3-4 序·南宋祝穆撰《古今事文类聚》明万历年间安正书堂本 日本国立公文书馆内阁文库藏

《古今事文类聚》为宋代类书。依循从上古至宋代的时间顺序，分门别类地辑成此书，分7集，凡236卷。前集分为天道、天时、地理、帝系、人道、丧事等13部；后集分为人伦、娼妓、奴仆、肖貌、谷菜、毛虫、羽虫、虫豸等14部；续集分为居处、香茶、燕饮、食物、灯火、朝服、冠履、衣衾、乐器、歌舞、玺印、珍宝、器用等13部；别集分儒学、书法、文房四友、礼乐、人事等8部。每部下分若干类，即子目，总共885目。每类下，先列群书要语，或内容梗概，或历代沿革；其次古今事物；再次古今文集。引录文章完整，均注书名出处。在宋代目录中，仅《郡斋读书志》对此书有著录"《事文类聚》六十卷。祝穆和父编。编门胪列，各以群书要语冠其首，次之以古今事实，又次之以诗文。全篇凡天文、地理、人事、服食、器具、草木、虫鱼，靡不备载"。

"第蒐襄猥杂，每以散无统纪病之，因考欧阳询、徐坚所著类书，採摭事实及诗文，合而成编，颇有条理。暇日，仿其遗意，诠次旧稿，自羲农以至我宋，各循世代之次，纪事而必提其要，纂文而必拔其尤。编成，辄以《古今事文类聚》名之"。

——南宋·祝穆《古今事文类聚·序》

该书仿照《艺文类聚》《初学记》事、文并举的体例编纂而成，在具体的类目设置中又有其创新之处。"群书要语""古今事实""古今文集"是《古今事文类聚》的三个一级纬目，在"古今文集"之下又包括"杂著""古诗""律诗""诗话"四个纬目。不同纬目之下所编内容各有侧重，相互补充，使此书井井有条。

就纺织文化遗产研究而言，该书续集卷十九、卷二十、卷二十一分别为朝服部和冠履部、衣衾部。其中朝服部记载了朝服、幞头、袍、腰带、靴、手版、笏等。冠履部记载了不同冠、巾、帽、帻、佩、履、舄、鞋、屐、屣等。衣衾部则记载了衣、襦、袴、裈、锦绣、布、布衾、纸衾、枕等。该书是研究上古至宋代服饰以及服饰史的重要参考资料。例如，书中对半臂的记载"隋大业中，内官多服半臂，除即之长袖也，汉官亦服之。唐高祖减为半臂，内官服者无脊缝，今为礼服。"对冠章甫冠的记载，"孔子曰：丘少居鲁，衣缝掖之衣，冠章甫之冠。"又如对舜制法服的记载：

"舜曰：予欲观古人之象，日、月、星辰、山、龙、华虫、作会；宗彝、藻、火、粉米、黼、黻、絺绣，以五采，彰施于五色，作服。"

现藏于日本早稻田大学图书馆的宽文丙午年（公元1666年）翻刻明万历年间唐富春德寿堂刻本的《新编古今事文类聚》中载有主持刊刻此书的人所写题跋，在题跋中透露出了此书的功用与价值，以及读者对该书的赞赏与喜爱。

"《御览》精于考事而漏诗文，《英华》富于诗文而阙考事，唯祝氏《类聚》并取事文，兼备二美，诚是入学之径庭，驰场之辔衔也。我先考罗山叟少时一览之，壮年再见，滴朱全部。余未弱冠，依先考之劝，读过一边，仅记千之一，犹觉益于考事，便于缀文，况于暗诵熟烂之人，则是亦秀才半乎！"
——《新编古今事文类聚·跋》

另外，明代叶盛《箓竹堂稿》对《古今事文类聚》的评价"……（祝穆）其所著今可见，尚有《事文类聚》一书。其于小学，固不为无益。惜乎，皆不精详，舛误阙略，有不满人意处。"

可见该书在学者眼里，该书能起到入学之门径，学习之指导的重要作用。同时该书还具有文献校勘辑佚价值，在编纂《全唐诗》时，曾利用《古今事文类聚》进行了补遗。但此书由于校审不精,讹误之处甚多,其编纂质量并不尽如人意,这也是此书的缺漏之处。对此书编纂的粗疏错误,《四库全书总目》评价为"盖辗转贩鬻,迷其本始,殊不及前人之精审。"故此使用该书时应多加考证。

拓展资料

祝穆(生卒年不详),南宋徽州歙县(今属安徽)人,徙居建宁府崇安(治今福建武夷山市),字和甫。初名祝丙,后改今名。师事朱熹,刻意问学。以儒学昌其家。嘉熙中,撰成《方舆胜览》。淳祐中,又撰成《古今事文类聚》。

富大用(生卒年不详),字时可,四川南江人。著有《新编古今事文类聚》等。

祝渊(生卒年不详),字宗礼,元代建安人。仕履不详。

欧阳询(公元557—641年),唐潭州临湘人。隋为太学博士,入唐官至弘文馆学士。善书,八体皆能。曾官太子率更令,世称其体为率更体,与裴矩(一说令狐德棻)编辑《艺文类聚》一百卷。新、旧《唐书》有传。

参 考 文 献

[1]李沛.《古今事文类聚》文体观研究[D].西安:西南交通大学,2018.
[2]杨倩描.宋代人物辞典下[M].保定:河北大学出版社,2015:1265.
[3]朱林宝.中华文化典籍指要[M].济南:山东人民出版社,1994:288.
[4]沈津.书城挹翠录[M].上海:上海社会科学院出版社,1996:116.
[5]周宪,童强.艺术理论基本文献中国古代卷[M].北京:生活·读书·新知三联书店有限公司,2014:104.
[6]沈乃文.《事文类聚》的成书与版本[J].文献,2004(03):162-174.

三 明陈耀文撰《天中记》
清光绪四年屠氏聪雨山房本

明陈耀文撰《天中记》清光绪四年屠氏聪雨山房本,现藏于日本早稻田大学图书馆。《天中记》最早版本据《邵亭知见传本书目》记载,为明隆庆三年(公元1569年)己巳本。作者于明隆庆三年(公元1569年)纂辑成《天中记》手稿,未分卷。屠隆受邀校订,完成前四十卷、末十卷共五十卷由作者先行付刻,《邵亭知见传本书目》记隆庆三年（公元1569年）己巳本为最早刊本。此后，陈耀文之子陈龙光继续校订余下十卷手稿，形成共计六十卷。因此该书有五十卷本及六十卷本两种。现存明代刊本有：明万历十七年（公元1589年）陈龙光刻本、明万历二十三年（公元1595年）屠隆六十卷刻本、明万历三十七年（公元1609年）六十卷刻本等。清代版本有：乾隆年间《四库全书》本、光绪四年（公元1878年）屠氏聪雨山房六十卷本（即本案）、道光年间林则徐校刻本等。（图3-5）

图3-5 题文·明陈耀文撰《天中记》清光绪四年屠氏聪雨山房本
日本早稻田大学图书馆藏

《天中记》书名中的所谓"天中"，指汝南天中山。据说山上有一塔，塔下有井，每当正午，阳光直射井底，塔下无影。于是认为该地为天下正中，故而得名。陈耀文以此山为题名，有纪念故乡之意，也有自诩该书为"天下之中"之意。六十卷本基于以类相从的原则，将内容相关或相近的类目依次分布于各卷之中，使同一卷的若干类目相对独立，卷与卷的类目又互相关联。类目之下，又逐一列出具体的事目，或称细目。事目的多少因每个类目所包含的内容及具体情况而异。每个事目之下，引用一种或数种各类古籍中相关原文及注释。全书内容大致以天、地、人、物的顺序排列。属于"天"的类目如日月星汉、风雷雨电、云雾霜雪以及四时节令等；属于"地"的类目如山石阪洞、江河湖海、溪津浦泉、井池截渠等。有关"人"的类目既多且杂，例如历代统治者、中央和地方的各种官职、人际关系的各种称谓；人体器官及感情变化，人的品行；文化生活方面等。属于"物"的类目包括人的衣、食、住、行、蚊蝇虱蝎、花鸟鱼虫、飞禽走兽等，无所不包。

就纺织文化遗产研究而言,该书第四十七卷记录上古至明代衣冠之制,其内容包括称谓、形制、尺寸、材质、颜色、创作者、功用及其演变等。例如对唐时翼善冠的记载:

"贞观中,太宗初服翼善冠。赐贵臣进德冠,因谓侍臣曰。幞头起自周武帝盖取便于军容,今四海无虞,息武事,此冠颇采古样。兼类幞头,乃宜常服,可与袴褶同用。"

该条讲述了在贞观年间,唐太宗李世民对服饰进行改革的故事。太宗李世民第一次穿戴了翼善冠。太宗给予高级官员进德冠,并对侍从的官员说:幞头的起源可以追溯到周武帝时期,主要是为了方便军事活动的需要。但是现在天下太平,没有战争,这种冠帽既有幞头的特点,又适合日常穿着,可以和袴褶搭配使用。

有关于乌纱帽的记载:

"豫章王嶷妃庾氏尝有病瘳,上幸嶷邸。后堂设金石乐,宫人毕至,登桐台。使嶷着乌纱帽,因极宴尽欢。"

该条讲述的是关于豫章王嶷和他的妃子庾氏的故事。这段话通过描述宴会场景,反映了当时的社会风俗和宫廷文化。

对紫袍主事的记载:

"杨国忠侍郎韦见素、张倚皆衣紫,与本曹郎官走堂,下抱按牍,国忠顾女帝曰:两个紫袍主事何如?皆大噱。"

该条记录了唐代三品以上的官员服紫袍,佩金鱼袋。

《四库全书总目提要》评价该书"明人类书,所列旧籍,大都没其出处。至于凭臆增损,无可征信。此书引用繁富,而皆能一一著所由来,体裁较善。"由此可见,作者在对前人书籍的引用和考证中所表现出的学术严谨性和批判精神,对后来的学者也产生了深远的影响。但是该书仍有不足之处,如卷五"履长"

条:"十一月建子,周之正月",误为"十一月建二月之正月。"故此在使用该书时,应结合同时期文献,以证脱误。

拓展资料

陈耀文(生卒年不详),字晦伯,号笔山,明代確山县人,公元1543年中举,公元1550年中进士,授中书舍人。后升刑部给事中,因慷慨时事,数上危言,忤怒权贵,谪魏县丞,量移淮安推官,宁波、苏州同知,后迁南京户部郎中、淮安兵备副使,又升陕西太仆寺卿,未到任,请告归。此后累官至监察副史,为京官、地方官多年。政务闲暇,即以博览群书娱。后因忤触权相严嵩,辞官归故里汝南天中山下,专心致志于钩沉纂辑,辩正稽疑。著有《经典稽疑》《正杨》《学圃萱苏》《花草粹编》《天中记》等。

参考文献

[1]沈秋燕.《天中记》版本源流新考[J].图书馆杂志,2019,38(06):112-120.
[2]朱仙林.《天中记》版本源流考略[J].图书馆杂志,2014,33(07):98-107.
[3]孙顺霖.陈耀文和他的《天中记》[J].天中学刊(驻马店师专学报),1995,(02):19-22.
[4]郑慧生.一部罕见的类书——《天中记》[J].中国典籍与文化,1995(02):40-43.
[5]冯惠民.陈耀文和他的《天中记》[J].文献,1991(01):231-240.

四 明董斯张撰《广博物志》

万历四十三年蒋氏高辉堂藏本

明董斯张撰《广博物志》明万历四十三年蒋氏高辉堂藏本,现藏于哈佛大学燕京图书馆。《广博物志》主要刊刻版本有明万历三十六年(公元1608年)吴光蒋氏高晖堂始刊本、清文渊阁《四库全书》本、清乾隆二十六年(公元1761年)吴兴蒋氏高晖堂重刊本、清光绪五年(公元1879年)广州学海堂刊本、1992年上海古籍出版社影印本等。(图3-6)

《广博物志》因晋张华《博物志》而得名,但内容、体例与《博物志》迥异,《博物志》主要记载异境奇物及古代琐闻杂事,也宣扬神仙方术,而该书则是一部关于事物起源的类书,较之《博物志》《续博物志》范围更广,内容丰富。全书共五十卷,分天道、时序、地形、斧扆、灵异、职官、人伦、高逸、方伎、闺壸、

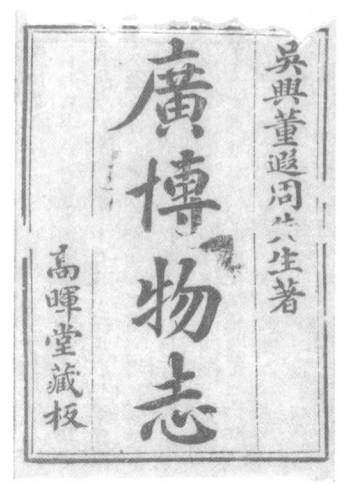

图3-6 书影·明董斯张撰《广博物志》万历四十三年仅氏高辉堂藏本 哈佛大学哈佛燕京图书馆藏

形体、艺苑、武功、声乐、居处、珍宝、服饰、器用、食饮、草木、鸟兽、虫鱼共二十二门,每门之下又分一百六十七个子目,每个子目下列有关资料,内容均录自唐宋类书及各种古书,注明出处,全文照录。其中第三十八卷收录了服饰相关内容,例如,对裘的记载为:

"紫貂白狐,制以为裘,郁若庆云,皎如荆玉,此毳衣之美也;压菅苍蒯,编以蘘芒,叶微疏粲,黯若朽穰,此卉服之恶也。裘蘘虽异,被服实同;美恶虽殊,适用则均。今处绣户洞房,则蘘不如裘,被雪沐雨,则裘不如蘘。以此观之,适才所施,随时成务,各有宜也。(《新论》)"

如对官服制度的记载为:

"后周设司服之官,掌皇帝十二服。祀昊天上帝,则苍衣苍冕;祀东方上帝及朝日,则青衣青冕;祀南方上帝,则朱衣朱冕;祭皇地祇、祀中央上帝,则黄衣黄冕;祀西方上帝及夕月,则素衣素冕;祀北方上帝,祭神州、社稷,则玄衣玄冕;享先皇、加元服、纳后、朝诸侯,则象衣象冕。十有二章,日月星辰山龙华虫六章在衣,火宗彝藻粉米黼黻六章在裳,凡十二等。享诸先帝、大贞于龟、食三老五更、享诸侯、耕籍,则服衮冕,自龙已下,凡九章十二等。宗彝已下五章在衣,藻、火巳下四章在裳,衣重宗彝。祀星辰、祭四望、视朔、大射、飨群臣、巡牺牲、养国老,则服山冕,八章十二等。衣裳各四章,衣重火与宗彝。群祀、视朝、临太学、入道法门、宴诸侯与群臣及燕射、养庶老、适诸侯家,则服鷩冕,七章十二等。衣三章,裳四章,衣重三章。衮、山、鷩三冕,皆裳重黼黻,俱十有二等。通以升龙为领褾。冕通十有二旒。巡兵即戎,则服韦升,谓以韎韦为并,又以为裳衣也。田猎行乡畿,则服皮弁,谓以鹿子皮为弁,白布衣而素裳也。(《隋书》)"

又如,对袍的记载为:

"袍者,自有虞氏即有之,故《国语》曰袍以朝见也。秦始皇三品以上绿袍,深衣。庶人白袍,皆以绢为之。(《古今注》)"

值得注意的是,《四库全书总目提要》称《广博物志》"所载始于三坟,迄于隋代,详略互见,未能首尾赅贯。其征引诸书,皆标列原名,缀于每条之末,体例较善,而中间亦有舛驳者。如《太平御览》《太平广记》皆采撷古书,原名具在。乃斯张所引,凡出自二书者,往往但题《御览》《广记》之名,而没所由来,殊为不明根据。又图经不言某州,地志不言某代,随意剽掇,亦颇近于稗贩。《三坟》为毛渐伪撰,汉《杂事秘辛》为杨慎赝作,世所共知。乃好异喜新,乍然并载,更不免疏于持择。至若孔疏、郑笺,牵连满幅,道经、释典,采录盈篇,爱博贪多,尤伤枝蔓。然其搜罗既富,唐以前遗文坠简,裒聚良多。在明代诸类书中,固犹为近古矣。"故应与同时期文献结合使用,多加考证。

拓 展 资 料

董斯张(公元1587—1628年),原名嗣章,字然明,号遐周,又号借庵,浙江湖州人。明末监生,耽溺书海,手抄书达百部。与周永年、茅维有诗唱作。因体弱多病,自称"瘦居士"。著有《静啸斋词》《吴兴备志》《吴兴艺文补》等。

《博物志》是西晋博物学家张华(公元232—300年)著作的志怪小说集。为博物学著作,内容记载异境奇物、琐闻杂事、神仙方术、地理知识、人物传说,包罗万象。

《续博物志》为晋张华《博物志》之续书。其编纂体例写法均与《博物志》同,小异之处是张华书首地理，此书首天象。共十卷（江苏巡抚采进本）。旧本题晋李石撰。

参 考 文 献

[1]刘天振.《广博物志》小说性质探论[J].中国文学研究（辑刊），2012（02）：105-118.
[2]赵传仁，鲍延毅，葛增福.中国书名释义大辞典[M].济南：山东友谊出版社，2007：07.
[3]于翠玲.中国书籍文化史研究[M].上海：中国传媒大学出版社，2022：86.

五 明徐学聚编撰《国朝典汇》
天启四年世修堂藏板

明徐学聚编撰《国朝典汇》天启四年世修堂藏板，现藏于日本国立公文书馆。上海图书馆、中国科学院图书馆亦有同版收藏。关于《国朝典汇》的辑成年代，本书和相关目录书籍都没有明确记载。在其《凡例》中徐学聚之子徐与参著有撰写理由："先中丞衡文东土时，汉阳尹中丞以《宪章类编》一书属先中丞补辑世、穆二朝，先中丞遂与临朐冯宗伯往复商榷，补所缺遗，苶厥繁琐。宗伯因出所藏两朝《实录》，以备采录，遂成全书。"因《四库全书》将之列于存目之中，故流传不甚广。现存世版本另有明天启四年徐与参刻崇祯七年（公元1634年）徐介寿重修本，1997年中国科学院图书馆藏明天启四年徐与参刻本影印本。（图3-7、图3-8）

《国朝典汇》又称之为《明朝典汇》《明典汇》。《千顷堂书目》将其收入《典故类》，《明史·艺文志》收入《故事类》，《四库存目》收入《政书类》。全书共二百卷，一百九十余万字。记载了自明太祖开国至隆庆年间（公元1352—1572年）（部分内容涉及万历年间）二百余年明朝典章制度之事。全书共分为七大部分：卷首至卷三十三为"朝端大政"，卷三十四至八十四为"吏部"，卷八十七至一百零二为"户部"，卷一百零三至一百三十六为"礼部"，卷一百三十七至一百七十八为"兵部"，卷一百七十九至一百八十五为"刑部"，卷一百八十六至二百为"工部"。分别记载衙属、官职、职权、管辖各种事物等，每类以时间为序。

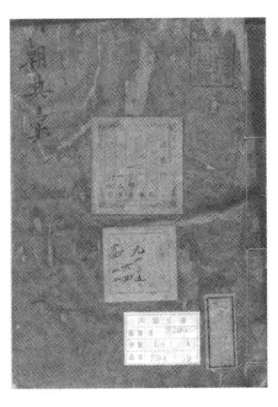

图3-7 书影·明徐学聚编撰《国朝典汇》天启四年世修堂藏板 日本国立公文书馆藏

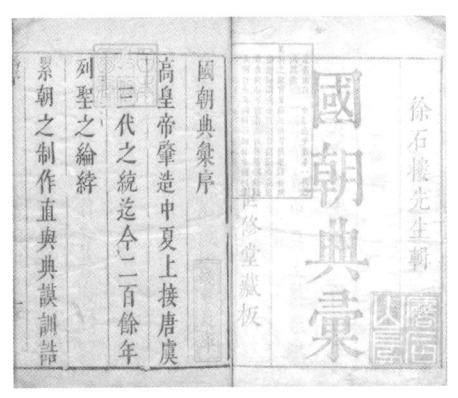

图3-8 卷首·明徐学聚编撰《国朝典汇》天启四年世修堂藏板 日本国立公文书馆藏

从编纂体例上看，该书将会典、会要融为一体，为典制体史著。此外，该书还记载了相关历史事实，如卷一《开国》用具体的史实详细叙述了从元至正十二年春（公元1352年）朱元璋从军到明洪武朝结束这一阶段的历史情况。卷二《靖难》记述建文帝朝野死难诸臣168人事略。可见《国朝典汇》在体例和内容上不仅综合了会要、会典之特点，又详载了明代史实，使是书成为明代典制体史书的典范。关于这一点，张溥在《明经世文编·序》中讲到晚明当代史编纂时称："右文之朝，人尚史学。综览昭代，著作多途。郑（晓）、邓（元锡）体仿《史记》，焦（竑）、雷（礼）传记人物，典章据于劳（堪）、徐（学聚），治法述于吴（瑞登）。"

就纺织文化遗产研究而言，该书《礼部》卷一百十一为冠服制，《工部》卷一百九十六和卷一百九十七分别为采珠宝和织造。虽然在其余各卷也有服饰、织造工艺等提及，但不及上述各卷详细。例如《礼部》卷一百十一冠服制的记载：

"凡大朝会，天子衮冕御殿，则服朝服，见皇太子，则服公服。仍命制公服、朝服，以赐百官。三月，给赐各朝臣袍带，二千八百一十三人。"

如，卷一百九十六织造采珠宝的记载：

"嘉靖四十三年二月，云南进宝石七百六十余两，上嫌其碎小，命更采青红色二寸，黄色六寸，并紫英等石以献。"

又如,《工部》卷一百九十七织造的记载:

"洪熙元年八月,行在工部奏,内府供用纻丝纱罗,计九千匹,请下苏、杭等府织造。"

《国朝典汇》是研究明代典章制度的重要史著,《周序》中曾载:"同官有论及古今类书,本朝未有集其成者,公(即徐学聚)遂因各家之成书,删繁就简、校雠鱼亥。"还有对其体例的赞扬,例如,冯琦称赞该书"灿若指掌,斯诚后学通今之巨筏"。周应宾赞道"上自开国至于庆历,分门叙事,囊括群籍,一代掌故,灿若日星"。蔡毅中亦称赞该书:"简而祥,瞻而有体,一披览而沿革废置、法鉴是非之际,炳若日星"。同时,也有对其内容的指摘,《四库全书总目》称其"采录明代典故,自洪武讫隆庆,分类编纂,上自实录,下讫稗乘,条分类萃,凡二百门。卷一至三十三卷为朝政大端,三十四卷以下则以六部分标。记载颇为繁富,然分隶不无错杂。如明制六部与卿寺院监不相统摄,此书则以宗人府、都察院以下皆归入吏部。又如庙号、尊谥、陵寝、巡幸、郊祀、祈祷、祠醮,皆礼部职也。校阅,兵部职也。耕蚕、庄田、勋戚田土,皆户部职也。此书则一切归入'朝政大端'中,于体例皆为未协。又采撷浩博,而皆不著其出典,亦未免无征不信。"

总的来看,《国朝典汇》一书参考史料颇丰,其引用了《明实录》《明会典》等官修史书,较全面地保存了明代典制各方面的重要资料,比《明会典》征引的材料更为丰富。从使用上来看,该书比《明会典》更加明晰简便,适于检索,且其"亦从《实录》采撷",可作为《明实录》的一种分类摘编。但值得注意的是,该书部分条目在时间和内容上存在脱误现象,因此在使用时,需与同时期文献结合考证。

拓 展 资 料

徐学聚(生卒年不详),字敬舆,号石楼,浙江省金华府兰溪县人。万历十一年(公元1583年)中进士。授浮梁知县。官至副都御史,巡抚福建。著有《国朝典汇》《历朝珰鉴》。

《宪章类编》42卷,明劳堪辑。记明初至万历(公元1368—1619年)年间典章制度与君臣重要言论。现存有明万历年间自刻本,中国国家图书馆、上海图书馆、广东中山图书馆以及北京大学、清华大学、浙江大学、中国社会科学院等图书馆均有馆藏。

《明实录》，明代官修的编年体史料长编。自明太祖到熹宗十三朝（建文附太祖，景泰附英宗），均经修成。崇祯朝有后人补辑本十七卷。本书保存了大量明代史料。过去未曾刊行，仅有抄本流传。现存各地藏本互有出入。王崇武等曾据各地藏本加以校勘。

《明会典》，原名《万历重修会典》。明弘治十年（公元1497年）徐溥等奉敕修撰，万历十五年修成。正德时李东阳等校定刊行，为一百八十卷。嘉靖时续修五十三卷，万历时申时行等奉敕重修。至万历十五年（公元1587年）成书二百二十八卷，取材以《诸司职掌》为主，参以他书十余种，附以历年事例。体例以六部为纲，分述各行政机构的职掌、事例，以及冠服仪礼等，并附有插图。为记述明代典章制度的最为详细完备之书。

参 考 文 献

[1]王刚.《国朝典汇》（明太祖部分）史料来源及文献价值考[J].乐山师范学院学报，2011，26（08）：101-103.
[2]郭培贵，原瑞琴.《国朝典汇》辑成年代考[J].图书馆杂志，2003（10）：74-75.
[3]原瑞琴.徐学聚《国朝典汇》编纂特色之探析[J].江西社会科学，2007（02）：120-123.
[4]胡道静.简明古籍辞典[M].济南：齐鲁书社，1989：58.
[5]刘雨婷.中国历代建筑典章制度下[M].上海：同济大学出版社，2010：218.
[6]夏征农.辞海中国古代史分册[M].上海：上海辞书出版社，1988：543.
[7]任道斌，李世愉，商传.简明中国古代文化史词典[M].北京：书目文献出版社，1990：421.

六 明陈仁锡撰《潜确居类书》
崇祯三年徐氏大观堂刻本

明陈仁锡撰《潜确居类书》崇祯三年（公元1630年）徐氏大观堂刻本，现藏于天津图书馆。《中国古籍总目》称中国国家图书馆、华东师范大学图书馆、南京图书馆、山东省图书馆、辽宁省图书馆、美国哈佛燕京图书馆等处均藏有崇祯年间徐氏大观堂刻本，结合陈仁锡自序分析，当为初刻本。据卷首《类书隐旨》记载，此书初刻者为"潭城儒士徐观我"，即出大观堂。清乾隆年间，以"四夷""九边"二门语有违碍，被列入违碍及抽禁类，故仅崇祯本保存无缺。现存

版本另有明崇祯五年（公元1632年）长洲陈氏家刻本，清金映云草堂刻本等。（图3-9）

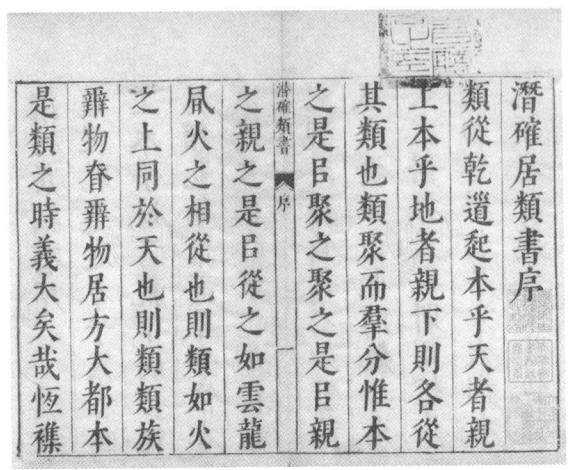

图3-9 卷首·明陈仁锡撰《潜确居类书》崇祯三年（公元1630年）徐氏大观堂刻本 天津图书馆藏

《潜确居类书》又名《潜确类书》，因作者书房名"潜确居"而得名。作为同朝俞安期《唐类函》补遗之作，采摭由隋末唐初增至明代，内容广搜博采经史百家、诗文别集，陈仁锡在《自序》中言：

"此书予十六岁时，读书瑶林之潜确居，掇拾成帙，面刻成于崇祯庚午六月渡江之辰，续订于辛未九月册封之竣，又明年六月始僝功……大都宗《艺文类类聚》《初学记》《白孔六帖》……益以他书……广购遐搜，随手抄录，分部一十有三，为类一千四百有奇。"

此编抄群书，虽多由其他类书转录而来，但亦征引书数百种，采择精严。全书共一百二十卷。内容分玄象、岁时、区宇、人伦、方外、艺习、禀受、遭遇、交与、服御、饮啖、艺植、飞跃十三部，一千四百余类。每目有标题，凡征引之诗文均注明书名或篇名。该书广搜博采经史百家、诗文别集，分类隶事。每个子目先列书名，而后直录原文，其书叙事之体，大体若此。

其中，关于纺织品的记载有卷六十五《艺习一·礼·服饰》，卷七十七《艺习十三·嘉礼·冠礼》，卷八十八《服御部一·冠服》，卷九十三《服御部六·布帛》，涉及内容众多，并且在其分类中亦体现出了服饰在古代礼制中的重要作用，例如，卷八十八服御部一对"上衣下裳"的记载为：

"《易》曰：黄帝尧舜垂衣裳而天下治，盖取诸乾坤。（上衣下裳，乾坤之象。）《舆服志》：上衣玄而下裳黄。（凡裳前三幅、后四幅象阴阳也。）《学斋占毕》：上衣下裳，各为长短之制，衣长至膝，裳乃裙也，今之祭服是也，后魏胡服便于鞍马，遂施裙于衣为横幅而缀于下，谓之襕，今之公裳是也，则戎狄之服也。"

如，对"十二章"的记载为：

"《尚书》：予欲观古人之象，日、月、星辰、山、龙、华虫，作绘。宗彝、藻、火、粉米、黼、黻，缔绣。以五采彰施于五色，作服。（日月星辰山龙华虫六者绘之于衣，宗彝藻火粉米黼黻六者绣之于裳，谓十二章也。华虫，雉也。宗彝，虎蜼。藻，水草。黼，若斧形，取其断也。黻，为两已相背，取其辨也。）"

又如，对"服色"的记载为：

"三代皆衣襕衫，秦始皇时以紫、绯、绿袍为三等服，庶人以白。唐高宗武德中敕三品以上服紫，金玉带。四品深绯，五品浅绯，金带。六品深绿，七品浅绿，银带。八品深青，九品浅青，鍮石带。黄为流外官及庶人，铜铁带。既而天子袍衫稍用黄，遂禁臣民服。出《唐旧纪》。"

除此之外，另有关于服饰的详细记载，如：

"深衣，《礼》：古者深衣，盖有制度，短毋见肤，长毋被土。（为污辱也）制十有二幅，以应十有二月。袂圆以应规，曲袷如矩以应方，负绳及踝（华上声）以应直，下齐如权衡以应平。（郑注，绳，谓裳与后幅相当之缝也，踝，跟也，齐绯也，灵典敖继公说，云衣六幅裳六幅，通十二幅。）麻衣，《诗》：麻衣如雪。（毛傅曰：如雪祥潔也，麻衣深衣也。）"

陈仁锡之子陈济生编《天启崇祯两朝遗诗小传》载有归庄所作传记云："其于书史则饮食寤寐于斯，至老不倦。所编纂如《皇明世法录》《经济八编》《续大学行义》《赋役全书》《潜确居类书》，皆有裨庙谟，便于后学。"

就纺织文化遗产研究而言，该书所记纺织相关内容颇多，且分类精细，如卷八十八《服御部·衣裳》之下又细分服制、上衣下裳、缁衣纁裳、衮衣绣裳、玄端素裳、十二章、王后六服……深衣、麻衣、单衣、短衣、春衣、素衣、署服、端委等100目，其分类方式、编排结构、收录内文等对研究中国古代服饰文化具有重要价值。孙机先生在1984年发表的《唐代妇女的服装与化妆》一文中，就引用该卷"闹扫妆"："《三梦记》唐末宫中髻号闹扫妆，形如焱风散鬓，盖盘鸦、堕马之类"，分析"中晚唐时正流行一种重叠繁复的髻式，似即闹扫妆髻。"《潜确居类书》虽然多为引用自其他类书，但也有僻笈遗文，为他书所未载，故对研究我国古代纺织服饰文化有重要参考价值，可与其他文献结合使用。

拓 展 资 料

陈仁锡（公元1581—1636年），明苏州长洲（今吴县东）人，字明卿，号芝台。万历二十五年（公元1597年）举人，天启二年（公元1622年）进士。授编修，以得罪魏忠贤罢。崇祯初复职，迁南京国子监祭酒，卒谥文庄。有《四书备考》《经济八编类纂》等。

陈济生（生卒年不详），字皇士，号定斋，长洲人，陈仁锡之子，少时师事黄道周、刘宗周，传其学，以荫官太仆丞，明亡后奉母隐居，著述甚多。卒年四十七，门人私谥节孝先生。著有《天启崇祯两朝遗诗初集》及《启祯两朝遗诗考》诸书。

归庄（公元1613—1673年），明末清初文学家。学玄恭、尔礼，号恒轩，入清后更名祚明，昆山（今属江苏）人。归有光曾孙。明末诸生，复社成员。工诗文，善书画。有《恒轩诗稿》《归玄恭先生诗文稿》等抄本传世。今人辑有《归庄集》。

参 考 文 献

[1]路晓农.历代梁祝史料辑存[M].上海：复旦大学出版社，2020：121.
[2]李之檀.中国服饰文化参考文献目录[M].北京：中国纺织出版社，2001.
[3]黄传星.陈仁锡著述刻书考略[J].斯文，2018（01）：191–218.

[4]孙机.唐代妇女的服装与化妆[J].文物,1984(04):57-69.

七 清沈自南撰《艺林汇考》
康熙二年刻本

清沈自南撰《艺林汇考》康熙二年(公元1663年)刻本,现藏于哈佛大学燕京图书馆。《艺林汇考》成书于顺治十八年(公元1661年),自书成之后曾多次印刷和出版,其主要版本有清康熙二年刻本(即本案),乾隆十六年(公元1751年)刻本。近代以来,除收录于《四库全书》流传的版本外,台北学生书局(1971年)、台北"商务印书馆"(1983年)、中华书局(1988年)、上海古籍出版社(1992年)等,均先后出版了单行本。(图3-10)

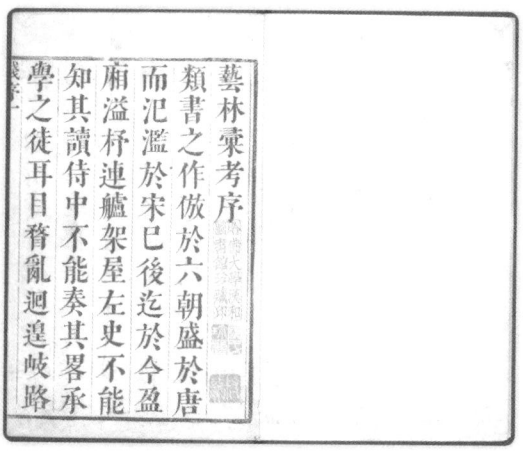

图3-10 卷首·清沈自南撰《艺林汇考》康熙二年刻本
哈佛大学燕京图书馆藏

《艺林汇考》全书按篇分类记述,带有类书性质,但《四库全书总目提要》把它列入杂家著作类中。其内容分栋宇、服饰、饮食、称号、植物五篇,共四十卷。其中栋宇、服饰、饮食、称号四篇,皆有自南题辞,而植物篇独无之。

就纺织文化遗产研究而言,服饰篇涵盖冠帻、簪髻、装饰、袍衫、佩带、裈袴、履舄、缯布共八个子目。其中,对十二章纹的记载为:

"黄帝垂衣裳,有冕服。虞舜观古人之象,日月星辰,山龙华虫,作会宗彝,藻火粉米,黼黻絺绣,有十二章之制。周去三辰,为旗常九章,自山龙而下谓之衮冕。龙,阿曲也。七章自华虫而下,谓之鷩冕。鷩,朱雉,即华虫也。五章自宗彝而下无火,谓之毳冕,虎蜼毛缛也。三章粉米、黼、黻,谓之希冕。所存者少也。一章唯黻而已,曰玄冕,衣玄也。"

如,引《梦溪笔谈》载服饰与民族间的交流为:

"中国衣冠,自北齐以来,乃全用胡服,窄袖绯绿短衣,长靿靴,有蹀躞带,皆胡服也。窄袖利于驰射,短衣长靿皆便于涉草。胡人乐茂草,常寝处其间,予使北时,皆见之。虽王庭亦在深荐中。予至胡庭日,新雨过,涉草,衣袴皆濡,惟胡人都无所霑。带衣所垂蹀躞,盖欲佩带弓剑、帉帨、算囊、刀砺之类。自后虽去蹀躞,而犹存其环。环所以衔蹀躞,如马之鞦根,即今之带銙也。天子必以十三环为节,唐武德、贞观时犹尔。开元之后,虽仍旧俗,而稍褒博矣。然带钩尚穿带本为孔,本朝加顺折,茂人文也。"

又如,对裩袴类的记载为:

"【秕言】《相如传》相如,身自着犊鼻裈。师古曰:'即今之裩也,形似犊鼻,故以名云。'今俗因谓之牛头裈,然其形与犊鼻不似,姚令威曰,膝上二寸为犊鼻穴,言裈之长则至此,此说得之。裩,之容反。"

《艺林汇考》在体例上与东汉班固的《白虎通义》以及南宋洪迈的《容斋随笔》有着异曲同工之妙,虽所述内容千差万别,但均以考订为主。

"昔汉高初得天下,即用叔孙通定礼仪。再易世,至文帝,冠裳极矣,而贾生首以易服包为言。设生当公子王孙相告时,不知其能不从国人风靡否?抑愚又有疑焉?吾夫子不曰从周,则曰从众,而朱晦翁、吕荥阳承艺祖遗制,乃于休致日独变服深衣、方领、圆袂,虽裁制缝衽,动合礼法乎,然律以从周从众之旨,则违古复古,均足讥矣。学者第当求详其说耳,置之勿论勿议可也。历代服章,其损益沿革具存《通典》《通志》诸书,兹取有裨文艺,足征作家纰缪者，杂采成篇。夫郑氏大儒，犹误注鞶厉为帨囊，谁谓见闻取证，不在袺襭间哉？故以服饰考证为《艺林》之一篇。"

——《艺林汇考服饰篇·序》

从服饰篇的序言可知，从汉代到宋代的服饰变化已见于《通典》《通志》，而该书"服饰篇"的目的是"取有裨文艺，足征作家纰缪者"。其中，最重要的即纠正过去"作家"对服饰问题的误解，而序中的"作家"指的是当时文学上有所成就之人。因此作者广泛汇集前代学者对于相关问题的解释、看法，进行相应的研究。乾隆十六年（公元1751年），陈鉴为《艺林汇考》题记引汪份之言云："'《汇考》所载诸书，皆取有辩证者，阅之足以益智祛疑。'又所采必载书名，令习其书者可一望而知，欲观原文者亦可按籍以求，其体例皆非近世类书所能及，所论颇得其实。"可知该书对所引材料均有考证，足以益智祛疑，且对材料的编排科学合理，是研究清及其以前纺织服饰发展、演变的珍贵文献。

拓 展 资 料

沈自南（公元1612—1666年），字留侯，号恒斋公，江苏吴江人。出身于吴江沈氏家族，清顺治十二年（公元1655年）进士，官至山东登州府蓬莱县知县。

《白虎通义》，又称《白虎通》，为东汉统合今古文经义的一部著作。班固等据汉章帝建初四年（公元79年）白虎观会议经学辩论结果撰成。因所在白虎观而得名。《白虎通义》以阴阳、五行等阐述自然、社会、伦理、人生和日常生活等现象。

《容斋随笔》是南宋洪迈（公元1123—1202年）所著的史料笔记，其与沈括的《梦溪笔谈》、王应麟的《困学纪闻》合称为宋代三大最有学术价值的笔记。

参 考 文 献

[1]肖晶.《艺林汇考》研究[D].淮北：淮北师范大学,2017.

八 清陈元龙撰《格致镜原》

雍正十三年海宁陈氏刻本

清陈元龙撰《格致镜原》雍正十三年（公元1735年）海宁陈氏刻本，现藏于哈佛大学燕京图书馆。《格致镜原》的编纂始于康熙四十三年（公元1704年），时陈元龙以父病乞终养在家，康熙委命其就家辑《历代赋汇》一书。辑录《赋汇》的同时，陈元龙"就古人所赋之物，推暨古人所未赋之物，一形一质，核其出处，晰其名类，积为百卷，题曰《格致镜原》，藏其稿于家。"该书的编写共经历了八年时间，至康熙丁酉（公元1717年）才付刊刻，而作序公开问世已是雍正十三年（公元1735年），参与编撰的还有范缵、黄之隽、姚炎等学者。主要刊刻版本有雍正十三年（公元1735年）海宁陈氏刻本、乾隆四十二年（公元1777年）刻本、康熙年间内府抄本、光绪十四年（公元1888年）上海大同书局石印本、光绪二十二年（公元1896年）上海积山书局石印本等。（图3-11）

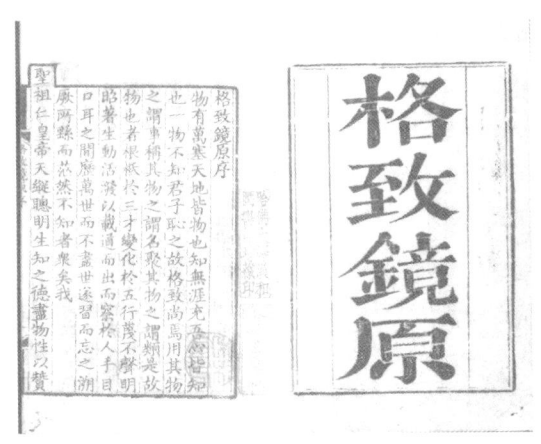

图3-11 《格致镜原》·清陈元龙撰《格致镜原》雍正十三年海宁陈氏刻本 哈佛大学燕京图书馆藏

《格致镜原》中"格致"取自《礼记·大学》"格物致知"，为穷究事物原理而获得知识。书中凡例中记载："每记一物，必究其原委。"故"镜原"为探索事物本源。全书分为乾象、坤舆、身体、冠服、宫室、饮食、布帛、舟车、朝制、珍宝、文具、武备、礼器、乐器、耕织器物、日用器物等三十类。每类又分若干子目，如布帛类一卷有丝、锦、绣、克丝、绫、绮、纱、罗、帛、绢、布、毡等。在书的体例上"是书每载一物，辄随其物之详略以为标首，多者累牍难竟，则有总论、有名类、有称号、有纪异，以别之至。"文中对纺织服装相关记载集中于冠服类六卷、布帛类一卷，朝制类二卷、耕织器物一卷，木类四卷、草类二卷等类中也有涉及。例如冠服类六卷中对介绍：

"《物原》：隋文帝始制天子服专尚黄。《玄览》：炀帝定品官服色，三紫五朱六以下绿，吏青庶人白商皂。"

例如，布帛类一卷中对克丝的介绍为：

"克丝起于宋，其楼阁百花龙凤等样极其工巧，今时颇尚之。庄季裕《鸡肋》：宋人刻丝法起定州，不用大机，以熟色经于木桦上，随所欲作花草禽兽妆，以小梭织纬时先留其处，方以杂色线缀于经纬之上，合以成文不相连，视之如雕镂之象，故名刻丝。"

例如，草类二卷中对蓝草的介绍为：

"《礼记·月令》：仲夏之月，令民无刈蓝以染……《通志》：蓝有三种，蓼蓝染绿；大蓝如芥，染碧；槐蓝如槐，染青，三蓝皆可为淀……《续汉书》：杨震植蓝以供食母。赵岐《蓝赋》序：余道经陈留，土人皆以种蓝染绀为业，蓝田弥望黍稷不植。"

对红花的介绍为：

"《通雅》：红蓝，即红花。北方有焉支山，山多红蓝，北人采其花染绯，取英鲜者为胭脂。《群芳谱》：红蓝，一名黄蓝，花色红黄，叶似蓝，有刺，春生苗，嫩时可食，夏乃有花，花下作梂，花出梂上，梂中结实，白颗如小豆，其花可染真红及作胭脂，为女人唇妆。"

《格致镜原》将当时人们视野所及的"物"尽数纳入，增添了大量前人未予重视的资料。而原来传统所设有关帝王、州郡、职官、礼仪、政事、刑法、祥瑞、仙释、神鬼这些部类，则全部淘汰，与传统的类书划清了分界，在体例上，有继承亦有创造。《四库全书总目提要》称"皆博物之学，故曰格致。又每物必溯其本始，略如事物纪原，故曰镜原也。其采撷极博，而编次具有条理。又以明人类书多不载原书之名，攘古自益，因各考订所出，必系以原书之名。虽所据或间出近代之本，不能尽溯其源，而体例秩然，首尾贯串，无诸家丛冗猥杂之病，亦庶几乎称精核矣。"

《格致镜原》引书大多是照录原文，而且多据善本，所采经、史、杂记、野乘，均注明出处，讹脱衍误较少，足资凭信。例如书中对蓝草进行介绍时，引录文献十一种，介绍了蓝草的种类、不同品种所染之色的色泽、形貌特征、种植技术，对蓝草溯源、品种、形态、种植、制靛等方方面面的情况进行了介绍。值得注意的是，文中没有引录对有关蓝草种植、制靛技术细节的文字，仅保留最能考订蓝草物源的文字。该书为研究古代文化史、科技史的重要参考资料，在使用时可结合其他文献互为参考。

拓 展 资 料

陈元龙（公元1652—1736年），字广陵，号乾斋，浙江海宁人。博学工诗，康熙二十四年（公元1685年）进士，授编修，直南书房，历任翰林院掌院学士、广西及广东巡抚、工部尚书，官至大学士兼礼部尚书。《国朝先正事略》《清史稿》有传。有《爱日堂诗集》二十七卷，另有辑录的《历代赋汇》一百八十四卷。

范缵（生卒年不详），字武功，号笏溪，娄县（今上海松江）人。博学，工书，善山水。凡乞画者例酬一棉衣，岁积数十袭，待冬月施贫者。著有《四香楼集》。

黄之隽（公元1668—1748年），初名兆森，字若木、石牧，号唐堂，晚号石翁、老牧，江南华亭（今上海松江区）人，原籍安徽休宁。康熙进士，雍正元年（公元1723年）起，历任庶堂、翰林院编修、福建督学、右中允、左中允等，后被革职。在任期间，雍正时，曾参加重修《明史》，革职后曾应聘纂修江浙两省通志。著有《唐堂集》《香屑集》等。

参 考 文 献

[1] 钱玉林.陈元龙的《格致镜原》——十八世纪初的科技史小型百科全书[J].辞书研究，1982（05）：156-161.

[2] 高振铎.《格致镜原》及其引书的特点[J].古籍整理研究学刊，1991（05）：6-9+49.

九 清厉荃原辑关槐增纂《事物异名录》
乾隆五十三年刊本

清厉荃原辑关槐增纂《事物异名录》乾隆五十三年刊本，现藏于香港中文大学图书馆。该书付梓于清乾隆四十一年（公元1776年），自序中阐明编纂原因"荃自髫龄时从学族兄映川，兄为姚江毛氏作《饥节寿序》，中有'请于兄公'句。不识兄公何谓，质之兄，兄曰：'夫人谓夫之兄曰兄公，出《尔雅》。'退而购其书读之，见事物各有异名，心窃喜之，欲类编成帙以备省览。"鉴于此，作者广收古代类书及经、史、子、集诸书的事物异名，分类别部编辑成书。此后又经弟子关槐增补，最终形成四十卷。除本案外，另有清乾隆四十一年（公元1776年）古欢堂刊本、1995年《续修四库全书》影印本等。（图3-12）

图3-12 封面·清厉荃原辑关槐增纂《事物异名录》乾隆五十三年刊本 香港中文大学图书馆藏

《事物异名录》全书共四十卷。所谓"事物异名"，是汉语命名的独特现象，即相同事物的不同称谓，由此也牵出"名""实"之辨的内核。"名"即名称，是对事物的标记，而"实"即具体的客观对象，是客观事物，"名"是对"实"的描摹。由于事物具有多方面的特征，而人们从事物的性质、功用、形状等不同角度来进行命名，最终产生"同实异名"，而本书则是将其进行归纳总结。全书以"天地人物"为次，分乾象、岁时、坤舆、礼制、人事、服饰、耕织、渔猎、器用、书籍、文具、武器、蔬谷、布帛、珍宝、玩戏、年齿、佛释、仙道、神鬼等共三十九部，内容覆盖自然现象、时间、地理、人文、政治、经济、文化等众多领域，收录异名词汇数万条。这些繁多的词汇分类明确，为研究古籍提供了极大的便利，使学者能够方便地查找和理解古文中的异名词汇，是研究古代汉语及文化的重要参考资料。

就纺织文化遗产研究而言，该书第十六卷服饰部和第二十五卷布帛部分别记录了古代服饰和纺织品的称谓、历史沿革等信息。例如对冠的不同记载：

"元服：《汉书·昭帝纪》注：元，首也。冠者，首之所着，故曰元服。首服：《说文》：冠首服。弁冕之总名；切云：《山堂肆考》：切云，高冠名。《楚辞》：冠切云之崔巍。"

如对帔的记载：

"《事林广记》：三代无帔，秦时有披帛，以缣帛为之，汉即以罗，晋制绛晕帔子。霞帔名，始于晋矣。"

又如对绫的记载：

"柿叶：《广志》柿叶，今时绫名。又白居易诗，红袖织绫夸柿蒂。文缯：《汉书高帝纪》贾人毋得衣锦、绣、绮、縠、絺、纻、罽注。注师古曰：绮，文缯也，即今之细绫也。又增韵，缬文缯也。"

《事物异名录》作为收录事物异名词汇的古籍，引例浩博，广泛搜集并纂辑了经史子集中的异名词，形成了一个体量庞大的"异名"词库。通过详略照应和互详参见，沟通了相关条目之间的内部联系，解决了读者在阅读过程中可能遇到的对某些异名词的困惑。依据事物异名类聚的成书模式，则对后世词典的编纂具有启发意义，具有较高的实用性和学术价值。值得注意的是，这部作品仍受到传统类书编纂体例的束缚，未能完全突破旧有的分类法，导致某些异名词归类不科学和不完整。部分条目引例不足、排列无序，以及词汇收录的不全的情况亦有发生，一定程度上限制了其作为定义性工具书的完整性和便利性。

拓展资料

厉荃（生卒年不详），字明府，号静芗先生，清乾隆浙江慈溪（今属浙江宁波）人，入仕较晚，曾任大雷（今安徽望江县）县令。

关槐（公元1749—1806年），字柱生，号晋轩，浙江仁和（今浙江杭州）人，曾任学政使。

《事林广记》，陈元靓编，南宋末年崇安（今福建武夷山市）人。陈元靓可能是建阳（今属福建）麻沙书坊雇用的编书人，他收录元以前各类图书编纂而成的《事林广记》，是中国第一部配有插图的类书。

参考文献

[1]刘晓莲.《事物异名录》动物词"同实异名"现象研究[D].武汉：华中师范大学，2023.

[2]张履祥.事物异名类编词典的先导——《事物异名录》[J].辞书研究，1991（03）：108-116.

[3]邓贵忠.事物异名及《事物异名录》[J].广东图书馆学刊，1989（01）：96-98.

肆 专论

一 北宋秦观撰《蚕书》

南宋乾道九年《淮海后集》刻本

北宋秦观撰《蚕书》南宋乾道九年（公元1173年）《淮海后集》刻本，现藏于日本国立公文书馆内阁文库。《蚕书》具体写作年代没有明确记述，最初收录在秦观所编《淮海闲居集》中，自序中写道："元丰七年冬，余将赴京师。索文稿于囊中，得数百篇。词鄙而悖于理者，辄删去之。其可存者，古律礼诗百十有二，杂文四十有九，从游之诗附目都五十有六，合成二百一十有七篇次为十卷。号《淮海闲居集》云。"可知《蚕书》最后定稿应在元丰七年（公元1084年）冬前。《淮海闲居集》今已佚，现存乾道九年（公元1173年）《淮海后集》刻本（即本案），卷之六收录有《蚕书》。嘉定七年（公元1214年）高邮州的地方长官为了发展蚕桑生产，特地寻求到了秦观的蚕书并刻印发行。到了清初康熙南巡时，江南人士踊跃进献藏书，其中就有陈旉《农书》、於潜县令楼涛《耕织二图诗》和秦观《蚕书》，康熙命令把三本书合为一编，供皇家收藏。乾隆年间编修《四库全书》时，将秦观《蚕书》收录在内。在这前后，凡是民间出版较大的丛书或是重版秦观全集时，都将此书收入。如元代陶宗仪辑《说郛》本、明王文禄辑《百陵学山》本、明周履靖辑《夷门广牍》本、清鲍廷博辑《知不足斋丛书》本、清马骏良辑《龙威秘书》本、清光绪年间《津河广仁堂所刻书》，以及《清照堂丛书》《农学丛书》等都刻有秦观《蚕书》。（图4-1、图4-2）

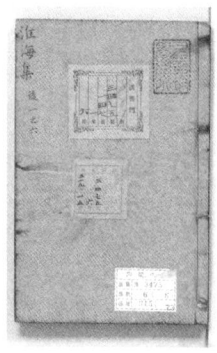

图4-1 书影·北宋秦观撰《蚕书》南宋乾道九年《淮海后集》刻本 日本国立公文书馆内阁文库藏

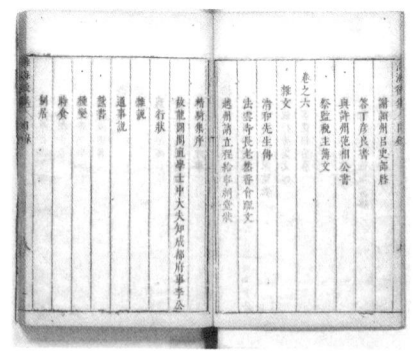

图4-2 封面·总目·北宋秦观撰《蚕书》南宋乾道九年《淮海后集》刻本 日本国立公文书馆内阁文库藏

《蚕书》全书共900余字，正文内容分种变、时食、制居、化治、钱眼、锁星、添梯、车、祷神和戎治十目，将蚕种到缫丝的各个阶段都做了简明切实的记载，还涉及缫车的结构、用法。秦观在文前叙述：

"而桑土既蚕，独言于兖。然则九州蚕事，兖为最乎？予游济、河之间，见蚕者豫事时作，一妇不蚕，比屋詈之，故知兖人可为蚕师。今予所书，有与吴中蚕家不同者，皆得之兖人也。"

可知该书所记为兖州（今山东）人的蚕法。"化治"指缫丝工艺，书中记载：

"常令煮茧之鼎，汤如蟹眼，必以箸引其绪，附于先，引，谓之喂头。毋过三系，过则系粗，不及则脆，其审举之。凡系，自鼎道钱眼，升于锁星，星应车动，以过添梯，乃至于车。"

"钱眼""锁星""添梯"都是缫车的组成部分，书中对他们的结构及作用做了详细的介绍：

"（钱眼）为版长过鼎面，广三寸，厚九黍，中其厚插大钱一，出其端横之，鼎耳后镇以石。绪总钱眼而上之，谓之钱眼。"

"（锁星）为三芦管，管长四寸，枢以圆木，建两竹夹鼎耳，缚枢于竹中，管之。转以车，下直钱眼，谓之锁星。"

"添梯者，二尺五寸片竹也。其上揉竹为钩，以防系窍。左端以应柄，对鼓为耳，方其穿以闲添梯。故车运以牵环绳，绳簇鼓，鼓以舞鱼，鱼振添梯，故系不过偏。"

《蚕书》是一篇农桑科学方面的文章，文字简短，内涵深广，记录了当时家庭蚕丝生产劳动的状况，论述了宋代兖州地区养蚕缫丝的技术要领和管理方法。在《蚕书》之前，《旧唐书·经籍志》和《新唐书·艺文志》中分别载有《蚕经》的记述，史籍中也有五代时蜀人孙光宪所著《蚕书》二卷的记载，然而这些蚕书专著均已失传。综合性农书《氾胜之书》中仅有百余字《种桑》一节，并无养蚕内容，《齐民要术》中有《种桑柘》篇，而《养蚕》也仅作为该篇附录。秦观的《蚕书》是中国现存最早的一部蚕业专书，同时也是世界上存世最早的养蚕和缫丝的科技专著。文中对缫车的尺寸以及转动方法描述十分详细，以至被后来的农书多次引用，如元代王祯《农书》和明代徐光启《农政全书》中有关缫车的文字，多引自于它，在中国农学史和纺织技术史上有着重要价值。

拓 展 资 料

秦观（公元1049—1100年），字太虚，又字少游，别号淮海居士，世称淮海先生，扬州高邮（今江苏）人。北宋文学家、婉约派词人，官至太学博士，国史馆编修，苏门四学士之一。秦观一生坎坷，所写诗词，高古沉重，寄托身世，感人至深。秦观生前行踪所至之处，多有遗迹。著有《淮海集》等。

参 考 文 献

[1]魏东.论秦观《蚕书》[J].中国农史，1987（01）：82-88.
[2]黄赞雄，赵翰生.中国古代纺织印染工程技术史[M].太原：山西教育出版社，2019：269-270.
[3]蒋成忠.秦观《蚕书》释义（一）[J].中国蚕业，2012，33（01）：80-84.
[4]蒋成忠.秦观《蚕书》释义（二）[J].中国蚕业，2012，33（02）：79-82.

二 元费著撰《蜀锦谱》
清顺治四年《说郛》宛委山堂刻本

元费著撰《蜀锦谱》清顺治四年（公元1647年）《说郛》宛委山堂刻本，现藏于日本早稻田大学图书馆。《蜀锦谱》是费著依据南宋高宗时知成都府事王刚中的《续成都古今集记》，以及宁宗时四川安抚使袁说友的《成都志》编纂，加以校核订正后，收入至正《成都志》，原文约成于元至正年间（公元1241—1368年）。主要刊刻版本有顺治四年（公元1647年）《说郛》宛委山堂刻本（即本案）、康熙年间顾氏秀野草堂刻本、乾隆年间《四库全书》本、嘉庆年间张海鹏辑《墨海金壶》本、2008年台北"商务印书馆"发行《景印文渊阁四库全书》本等。（图4-3）

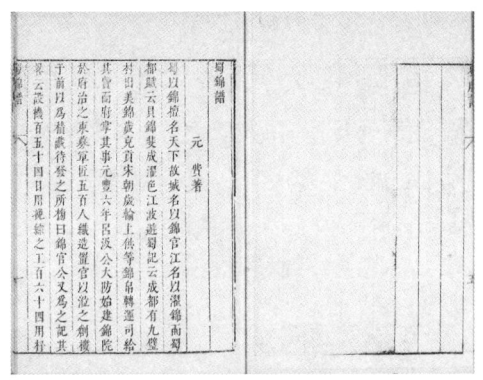

图4-3 序·元费著撰《蜀锦谱》清顺治四年《说郛》宛委山堂刻本 日本早稻田大学图书馆藏

《蜀锦谱》全书一卷,全文约900字,叙述了吕大防创建锦院的始末,并引其《锦官楼记》中的一段文字,以具体的织机、用工、用料数量,来描述织造之盛:

"公又为之记,其略云:设机百五十四,日用挽综之工百六十四,用杼之工五十四,练染之工十一,纺绎之工百一十,而后足役。岁费丝枲以两者一十二万五千,红蓝紫茢之类以斤者二十一万一千,而后足用。织室、吏舍、出纳之府,为屋百一十七间而后足居。"

"今取承平时锦院,与今茶马司锦院所织锦名色著于篇,俾来者各以时考之。"

《蜀锦谱》用约一半的篇幅记载蜀锦的产品名色,例如:

"官告锦四百匹,花样:盘球锦、簇四金雕锦、葵花锦、八答晕锦、六答晕锦、翠池狮子锦、天下乐锦、云雁锦。"

"广西锦二百匹,花样:真红锦一百匹、大窠狮子锦、大窠马打毬锦、双窠云雁锦、宜男百花锦。"

"黎州:皂大被、绯大被、皂中被、绯中被、四色中被、七八行锦、玛瑙锦。"

"细色锦名色：青绿瑞草云鹤锦、青绿如意牡丹锦、真红穿花凤锦、真红宜男百花锦、真红雪花毯露锦、真红樱桃锦、真红水林檎锦、鹅黄水林檎锦、紫皂段子锦、真红天马锦、真红飞鱼锦、真红聚八仙锦、真红六金鱼锦、秦州细法真红锦、秦州中法真红锦、秦州粗法真红锦、真红湖州大百花孔雀锦。"

《蜀锦谱》叙述了成都古代锦院建立的历史、织锦的生产分工、产量及用途等，并详细描述了宋代成都转运司锦院和茶马司锦院所产织锦的花色、品种，文字无多，内容丰富，所载内容多是其他文献所无，对于研究蜀锦历史和宋代蜀锦的装饰花纹、具有重要参考意义，是研究中国丝绸艺术史的珍贵文献。

拓 展 资 料

费著（生卒年不详），元代华阳（今成都双流）人，进士出身，授国子助教，曾任汉中廉访使，后调重庆府任总管。著有《氏族谱》《器物谱》《楮币谱》《蜀锦谱》《笺纸谱》《岁华纪丽谱》等，另修撰《至正成都志》等。

陶珽（生卒年不详），字紫阗，号不退，又号稚圭，自称天台居士，云南姚安人，祖籍浙江黄岩，是陶宗仪的远孙。万历三十八年（公元1610年）进士及第，历官刑部四川司主事、山西司郎中、大名府知府、辽东兵备道、武昌兵备道，曾与袁崇焕备边、运饷，后致仕归滇。著有诗文集《阆园集》，参与编纂《姚安志乘》《万历歙志》，辑刻《钟伯敬〈史怀〉》《钟伯敬评〈公羊〉〈榖梁〉二传合刻》《王文成公文选》《吕东莱先生〈左氏博议〉》等，又增入明人说郛五百二十七种，为《续说郛》。

参 考 文 献

[1]谢元鲁.《岁华纪丽谱》《笺纸谱》《蜀锦谱》作者考[J].中华文化论坛,2005(02)：21-26.
[2]陈彦姝.《蜀锦谱》研究[J].装饰,2019(12)：104-108.
[3]肖克之.《御题棉花图》版本说[J].中国农史,2002(02)：107-108.
[4]王玉超.陶珽生平及交游考述[J].西南交通大学学报（社会科学版），2018,19(05)：115-121.

三 元王祯撰《农书》

明嘉靖九年山东布政使司刻本

元王祯撰《农书》明嘉靖九年（公元1530年）山东布政使司刻本，现藏于日本国立公文书馆。王祯《农书》自序作于元皇庆二年（公元1313年），现存明刻本和清四库本两个版本体系，前者有明嘉靖九年山东布政使司刻本（即本案）、万历二年（公元1574年）山东章丘县署刻本、万历四十五年（公元1617年）邓渼文远堂刻本、光绪二十一年（公元1895年）福州书局刻本、光绪二十五年（公元1899年）广雅书局刻本等。后者源于《四库全书》，四库馆臣认为明刊本"舛为遗漏，疑误宏多，诸图尤失其真。"而"永乐大典所载犹元时旧本。"所以"今据以缮写校刊以还其旧观焉。"据此形成乾隆年间《武英殿聚珍版丛书》本、光绪二十四年（公元1898年）上海农学报社排印本、光绪年间《农学丛书》本、1937年商务印书馆《万有文库》排印本、1956年中华书局铅印本等。王祯《农书》元代刊本目前无实物可考，各家书目无载，嘉靖刻本是目前能见到最早的王祯《农书》刻本。（图4-4）

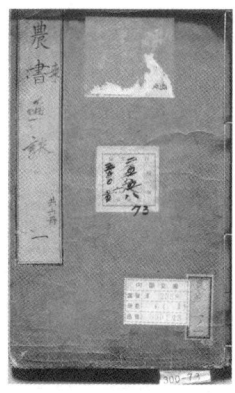

图4-4 书影·元王祯撰《农书》明嘉靖九年山东布政使司刻本 日本国立公文书馆藏

嘉靖刻本《农书》约十三万字，附插图三百余幅。书前有阎闳序，无王祯自序，正文分农桑通诀六卷、农器图谱二十卷、谷谱十卷，计三十六卷，每部分前各有目次。农桑通诀六卷概述了中国农业生产的起源和发展，谷谱十卷是各种作物栽培的各论，农器图谱二十卷详细介绍了农业生产工具，对二百余种农具、机械进行了详细而全面的介绍,并逐一绘成图谱,在图后还附有各种农具的构造、发展演变、使用方法的文字说明。其中,蚕缫门、蚕桑门、织纴门、纩絮门（木绵附）、麻苧门等,绘图介绍了当时各地的缫丝、织绸、绢纺、棉纺、织布和捻麻等工具和手工机械。例如,集之二十麻苧门中对布机的介绍为:

"《释名》曰:'布列诸缕。'《淮南子》曰:'伯余之初作衣也,淡麻索缕,手经指挂。'后世为之机杼,幅匹广长,疏密之制存焉。农家春秋绩织,最为要具。"

对制作麻织物的"铁勒布法"介绍为:

"将拣下杂色苎麻,水润,分缕,随缉随搓,经织皆如前法,水煮过便是。先将生苎麻折作二尺五寸长,不断,晒干蒸过,带湿剥下,去粗皮如常法。水润缉搓如前。"

又如对"䌁车"的介绍为:

"繎绳器也。《通俗文》曰:'单繎曰䌁。'揉木作棬,中贯轴柄,长可尺余。以棬之上角,用系繎麻皮,右手执柄转之,左手续麻股;既成紧,则缠于棬上,或随绳车,用之以助纠绞纼紧。又农家用作经织麻屦、牛衣、簾箔等物,此䌁车复有大小之分也。"

王祯《农书》兼论南北,是我国古代集农业技术之大成的农学著作。书中的农器图谱二十卷尤具特色,是对元代及以前农业生产工具的一次总结,此后许多农学著作中的农器图谱大都转引该书,可见其影响之深远。元成宗在《刻行〈王祯农书〉诏书抄白》中盛赞道:"备古今圣经贤传之所载,合南北地利人事之所宜,下可以为田里之法程,上可以赞官府之劝课。虽坊肆所刊旧有《齐民要术》《务本辑要》等书,皆不若此书之集大成也。"就纺织文化遗产研究而言,王祯绘图并叙述了当时我国南北各地有关纺织生产的工具、机械,还介绍了加工不脱胶苎麻时,用加乳剂来调节湿度和用灰水日晒法脱胶,可见先民对麻纤维性质了解的深入程度。值得注意的是，该书版本形成过程中的两个体系，在使用时应对比、择善而用之。

拓展资料

王祯（公元1271—1368年），字伯善，元代东平（今山东东平）人。元成宗时曾任宣州旌德县（今安徽旌德县）尹、信州永丰县（今江西广丰县）尹。倡导种植桑麻黍麦，推广先进农具。著有《农书》，又创制木活字三万字，设计转轮排字盘，印成《旌德县志》。他在为官期间，生活俭朴，捐俸给地方上兴办学校、修建桥梁、道路、施舍医药，给两地百姓做了不少好事。时人颇有好评，称赞他"惠民有为"。

《齐民要术》，大约成书于北魏末年（公元533—544年），是北朝北魏时期农学家贾思勰所著的一部综合性农学著作，也是中国现存最早的一部完整的农书。正文分成十卷九十二篇，十一万字，书中援引古籍近二百种。书前有自序、杂说各一篇，其中的序广泛摘引圣君贤相、有识之士等注重农业的事例，以及由于注重农业而取得的显著成效。收录1500年前中国农艺、园艺、造林、蚕桑、畜牧、兽医、配种、酿造、烹饪、储备，以及治荒的方法，把农副产品的加工（如酿造）以及食品加工、文具和日用品生产等内容都囊括在内。后世许多农书，如元代的王祯《农书》《农桑辑要》，明徐光启《农政全书》和清《授时通考》，都汲取了《齐民要术》中的成果。

《通俗文》，东汉末服虔撰。胡奇光先生在《中国小学史》中认为："它有不同于《说文》的特色，就在专收新字。那新字不仅指外来字，主要是指汉代新造的通用字，当然也收《说文》漏收的先秦古籍上的正字。"段书伟先生在《通俗文辑校》中认为："（它）是我国第一部专释俗言俚语、冷僻俗字的训诂学专著。"《通俗文》中保有当时大量的口语、俗语成分，对研究中古汉语，尤其是中古汉语的方言、俗语有着很高的文献价值。该书原书已亡佚，现存内容多为后人从《太平御览》等书中辑佚而来。

参考文献

[1]肖克之,李兆昆.王祯《农书》版本小考[J].古今农业,1992(01)：56-57+63.

[2]肖克之,曹建强.《王祯农书》明清版本之比较[J].农业考古,1999(03)：289-290.

[3]郝时远.元《王祯农书》成书年代考[J].中国农史,1985(01)：95-98.

[4]王烨.中国古代纺织与印染[M].北京：中国商业出版社,2015：138.

四 元龙辅撰《女红余志》
明崇祯年间毛氏汲古阁刊《诗词杂俎》本

元龙辅撰《女红余志》明崇祯年间毛氏汲古阁刊《诗词杂俎》本，现藏于哈佛大学燕京图书馆。《女红余志》自序不题年月，成书时间不详。主要刊刻版本除本案外，有清宣统二年（公元1910年）怀荃室铅印本、清乌丝栏抄本等（图4-5）。

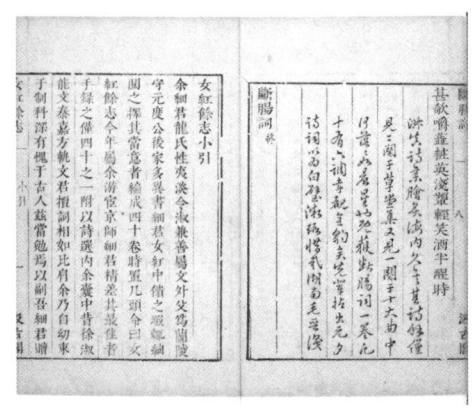

图4-5 《女红余志小引》·元龙辅撰《女红余志》明崇祯年间毛氏汲古阁刊《诗词杂俎》本 哈佛大学燕京图书馆藏

《女红余志》卷上为杂纂，卷下为诗。自序言："鄙观载籍，颇多僻秘。女红之暇，每一沉酣，推玄底妙，庶有别于瞽者……因于闲日稍有所识，以便观览，要多妇女家事。"卷上中收与女子生活有关的辞章故实，多琐碎不能成篇，八十余条均不注出处。卷下为龙辅创作五十余首五、七言诗歌，多写身边的情、事、物，以描写夫妻分离、思念、欢愉的创作居多，亦有少量写景物、女伴、闺阁用品的作品。

书中有关纺织服装的记载分布于各卷，例如书中对承云的描写："承云，衣领也。昔姚梦兰赠东阳以领边绣、脚下履，领边绣，即承云也。"

对裙、巾的描写："裙，周昭王延娟以奇锦为裙，昼看成凤，夜看成龙，名交龙斗凤裙。巾，羊侃姬孙荆玉，拂履皆用轻丝合璧锦巾。"

又如："琅琊草，文宾进上，以琅琊草十车，可以染绶。"

值得注意的是，《四库全书总目提要》对该书的文学艺术价值，称："然皆不著出典，又无一语为诸书所经见，殆《云仙散录》之流。下卷皆辅所作小诗，亦浅弱不足采录。"《女红余志》卷上是龙辅研读古代典籍的杂记，与其个人兴趣、女性历史文化、地方文化密切相关。虽然书中所引"不著出典"，但据查阅文中典出有据的五十余处，不可考者仅八处。龙辅博闻强记，精心探究古代典籍文化奥秘，关注"妇女家事"之文化。卷下诗歌创作皆为发自肺腑、抒写忧愤的生命吟咏，咏物叙事生动怡人，独特的艺术审美价值不可低估，绝非"取悦里耳"的"浅陋"之作。因此，是书具有较高的历史文化价值和文学艺术价值，为中国古代女性文学史添上了浓墨重彩的一笔。

拓 展 资 料

龙辅（生卒年不详），武康（今浙江德清）人，是武康常阳之妻，其外父为兰陵守元度公之后。有《龙辅诗选》四卷，已佚，今存《女红余志》二卷。

《诗词杂俎》，是明末藏书家毛晋编的诗词合集，其中包含《女红余志》。毛晋是明末清初出版家、藏书家，以汲古阁刻书闻名。

参 考 文 献

[1] 舒红霞.元代几位女性作家作品考辨[J].大连大学学报, 2019, 40（04）: 9-14+61.
[2] 石昌渝.中国古代小说总目文言卷[M].太原: 山西教育出版社, 2004: 318.
[3] （元）龙辅,（清）陈尚古.女红余志；簪云楼杂说[M].德清图书馆, 编.杭州: 浙江古籍出版社, 2014: 42-43.

五 明李时珍撰《本草纲目》
万历二十一年金陵胡承龙刻本

明李时珍撰《本草纲目》明万历二十一年（公元1593年）金陵胡承龙刻本，现藏于日本国立公文书馆。《本草纲目》撰于嘉靖三十一年（公元1552年）至万历六年（公元1578年），几经周折，直至万历二十一年（公元1593年）初刻本才在南京面世。《本草纲目》自问世以来版本众多，有"一祖三系"之称，一祖即《本草纲目》的初刻本，为万历二十一年金陵胡承龙刻本（即本案），又称金陵本或祖本，书中有王世贞序、辑书姓氏、本草纲目总目、凡例和各卷内容，后附图二卷。三系分别为江西本、杭州本和合肥本三个系统。江西本是明万历三十一年（公元1603年）夏良心、张鼎思刻本，以金陵本为底本翻刻刊行于江西，江西本是官刻本，其版刻纸墨均优于金陵本，无论刻工还是插图，都较金陵本有很大的进步，对后世影响较大。杭州本为崇祯十三年（公元1640年）杭州钱蔚起刻本，于杭州六有堂根据江西本翻刻刊行。合肥本为清光绪十一年（公元1885年）合肥张绍棠刻本，刊行于南京味古斋，是据江西本、杭州本进行重订之版本。《本草纲目》后来的版本基本是由这三个版本派生出来的，早期刊本如万历三十四年（公元1606年）晋江杨道会湖北刻本、明末石渠阁刻本、明末立达堂刻本、清顺治十四年（公元1657年）张朝璘刻本等以江西本为底本；清顺治十二年（公元1655年）吴氏太和堂刻本、清康熙五十二年（公元1713年）本立堂本、同治十一年（公元1872年）书业堂本等以杭州本为底本；1888—1912年鸿宝斋书局石印本、1894年上海图书集成印书馆石印本、1908年上海商务印书馆排印本等均以合肥本为底本。

《本草纲目》问世后也迅速在域外传播开来，在万历末年最先传到了日本，十八世纪初被传到朝鲜半岛，以抄本形式流传。十八、十九世纪以来流入欧洲、美国等地，先后被译成拉丁文、法文、德文、英文和俄文等众多版本。（图4-6、图4-7）

> "书考八百余家，稿凡三易。复者芟之，阙者缉之，讹者绳之。旧本一千五百一十八种，今增药三百七十四种，分为一十六部，著成五十二卷。"
>   ——《本草纲目·序》

该书共收入药物1892种，附方11096首，插图1109幅。对各种药物的阐释，大都包括释名、集解、正误、修制、气味、主治、发明、附方等内容。其中有关纺织品的记载多为锦、绢、帛等纺织品入药的论述，主要集中在第三十八卷服器部；或为药物在农桑及染织上的应用，分散在全书各部。如《第十二卷·草部·草之一·山草类·紫草》记载："时珍曰：此草花紫根紫，可以染紫。"又引梁陶弘景《名医别录》："弘景曰：今出襄阳，多从南阳新野来，彼人种之，即是今

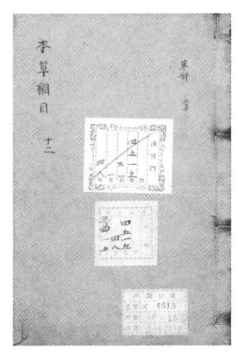

图4-6 书影·明李时珍撰《本草纲目》明万历二十一年金陵胡承龙刻本 日本国立公文书馆藏

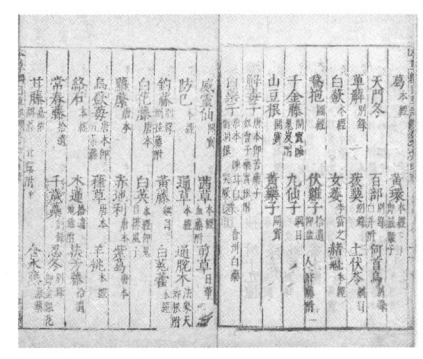

图4-7 第十八卷目录·明李时珍撰《本草纲目》明万历二十一年金陵胡承龙刻本 日本国立公文书馆藏

染紫者,方药都不复用。"引《博物志》云:"平氏阳山紫草特好。魏国者,染色殊黑。比年东山亦种之,色小浅于北者。"

《第十八卷下·草部·草之七·蔓草类·茜草》引梁陶弘景言:"此即今染绛茜草也。东间诸处乃有而少,不如西多。"引蜀韩保昇言:"染绯草,叶似枣叶。"

《第三十八卷·服器部·服帛类·绢》记载:"时珍曰:绢,疏帛也。生曰绢,熟曰练。入药用黄丝绢,乃蚕吐黄丝所织,非染色也。"黄丝绢主治:"煮汁服,止消渴,产妇脬损,洗痘疮溃烂。烧灰,止血痢、下血、吐血、血崩。绯绢:烧灰。入疟药。"附方为:"妇人血崩:黄绢灰五分,棕榈灰一钱,贯众灰、京墨灰、荷叶灰各五分,水、酒调服,即止。"

王世贞在序中称《本草纲目》"博而不繁,详而有要,综核究竟,直窥渊海。兹岂禁以医书觑哉?实性理之精微,格物之通典。帝王之秘篆,臣民之重宝也。"

李时珍一生著述颇丰,对我国医学理论的发展、完善作出了不可磨灭的贡献。在这部书中,集历代本草之大成,医药之外,把植物、动物、矿物、冶金、地质、化学、物候、天文、地理、农桑等学科的知识尽融其中。著名中国科技史研究专家李约瑟博士评价"毫无疑问,明代最伟大的科学成就,是李时珍那部本草书中登峰造极的著作——《本草纲目》"。"至今,这部伟大的著作仍然是研究中国文化中的化学史和其他各门科学史的一个取之不尽的知识源泉。"

就纺织文化遗产研究而言,书中收录了一百余种古代染家所用染料和助剂,对桑树品种的分类、从草木灰中提取碱的方法以及蚕丝副产物的医学用途也有一些叙述,李时珍在"释名"和"集解"中,对收录的染料和助剂的异名、产地、种类、性能的概括和比较，归纳和整理得十分详细，可以从中了解古代植物染色的大致情况。而作为《本草纲目》最原始刻本的金陵本，最能体现李时珍的原意。因此对于《本草纲目》的研究和校释工作原则的确定，都不应脱离金陵本的基础。

拓展资料

李时珍（公元1518—1593年），字东璧，晚年自号濒湖山人，湖广黄州府蕲州（治今湖北蕲春）人，明代著名医药学家。后为楚王府奉祠正、皇家太医院判，去世后明朝廷敕封为"文林郎"。另著有《奇经八脉考》《濒湖脉学》《五脏图论》等医书。

陶弘景（公元456—536年），字通明，自号华阳隐居，谥贞白先生，丹阳秣陵（今江苏南京）人。南朝齐、梁时道教学者、炼丹家、医药学家。人称"山中宰相"。作品有《本草经集注》《集金丹黄白方》《华阳陶隐居集》《陶氏效验方》等。

参考文献

[1]欧阳宁,朱华,许建真.《本草纲目》的流传及版本分析[J].科技视界,2023（14）：73-75.
[2]李载荣.《本草纲目》版本流传研究[D].北京：北京中医药大学,2005.
[3]黄赞雄,赵翰生.中国古代纺织印染工程技术史[M].太原：山西教育出版社,2019：343-345.

六 明徐光启撰《农政全书》
崇祯十二年平露堂刻本

明徐光启撰《农政全书》崇祯十二年（公元1639年）平露堂刻本，现藏于哈佛大学燕京图书馆。天启元年（公元1621年）徐光启告病还乡后开始编写《农政全书》，崇祯八年（公元1635年）该书写作已基本完成，此后徐光启官复原职，书稿弃置于家乡，一直到徐光启逝世也未定稿。后由陈子龙等人整理遗稿，于崇祯十二年（公元1639年）付梓，收张国维序、方岳贡序、张溥序及陈子龙所订凡例。因陈子龙主持其事，人们用其堂号称之为平露堂本，亦是《农政全书》的初刻本（即本案）。《农政全书》本系清楚，传承单一，清道光十七年（公元1837年）贵州粮署刻本（贵州粮署本）、清道光二十三年（公元1843年）上海曙海楼刻本（曙海楼本）均以平露堂刻本为底本刊印，此外还有同治十三年（公元1874年）山东书局刻本据贵州粮署本刊印，清宣统元年（1909年）求学斋局石印本据曙海楼本刊印等。（图4-8）

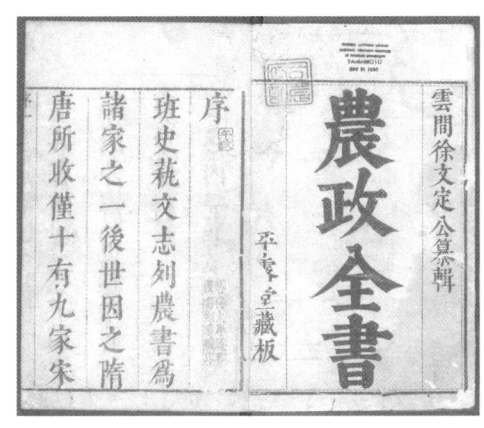

图4-8 卷首·明徐光启撰《农政全书》崇祯十二年平露堂刻本 哈佛大学燕京图书馆藏

《农政全书》包括农本三卷、田制二卷、农事六卷、水利九卷、农器四卷、树艺六卷、蚕桑四卷、蚕桑广类二卷、种植四卷、牧养一卷、制造一卷、荒政十八卷，计十二目六十卷。书中有关棉种的总结为：

"中国所传木棉，亦有多种。江花出楚中，棉不甚重，二十而得五，性强紧。北花出畿辅、山东，柔细中纺织，棉稍轻，二十而得四，或得五。浙花出余姚，中纺织，棉稍重，二十而得七，吴下种，大都类是。更有数种稍异者，一曰黄蒂，穰蒂有黄色，如粟米大，棉重。一曰青核，核色青，细于他种，棉重。一曰黑核，核亦细，纯黑色，棉重。一曰宽大衣，核白而穰浮，棉重。此四者，皆二十而得九。黄蒂稍强紧，余皆柔细中纺织，堪为种。又一种曰紫花，浮细而核大，棉轻，二十而得四。其布以制衣，颇朴雅，市中遂染色以售，不如本色者良，堪为种。"

有关湿度对纺纱质量影响的总结为：

"近来北方多吉贝,而不便纺绩者,以北土风气高燥,棉毳断续,不得成缕。纵能作布,亦虚疏不堪用耳。南人寓都下者,多朝夕就露下纺,日中阴雨亦纺,不则徒业矣。南方卑湿,故作缕紧细,布亦坚实。今肃宁人乃多穿地窖,深数尺,作屋其上,檐高于平地仅二尺许,作窗棂以通日光。人居其中,就湿气纺织,便得坚实,与南土不异。若阴雨时,窖中湿蒸太甚,又不妨移就平地就织。"

《农政全书》涉及的范围较广,举凡农业及与农业有关的政策、制度、措施、工具、作物特性、技术知识等,是我国古代一部集大成的农业科学巨著,对当时及后来的农业生产具有重要的指导作用。《四库全书总目》称:"其书本末咸赅,常变有备。盖合时令、农圃、水利、荒政数大端,条而贯之,汇归于一。加采自诸书,而较诸书各举一偏者,特为完备。"今人将它同《氾胜之书》《齐民要术》、陈旉《农书》和王祯《农书》合并称为我国古代五大农书。

就纺织文化遗产研究而言,《农政全书》中有关纺织技术方面的内容占全书篇幅比例较少,且大多为辑录前人文献,但徐光启总结和分析历代农学文献并结合自身实践心得所写部分甚为精辟。如对棉纺织技术的总结,徐光启用近万字全面系统地介绍了长江三角洲地区棉纺织技术,内容涉及棉花的种植制度、土壤耕作、防寒措施、施肥技术、丰产措施及纺纱织造,其中对有关棉花是草本还是木本植物及棉花与攀枝花的区别、对各地不同的棉种、对棉花的丰产论述、对湿度影响纺纱质量等的论述,都极为精辟,丰富了古农书中的纺织技术内容。

拓 展 资 料

徐光启(公元1562—1633年),字子先,号玄扈,上海人。万历进士,官至礼部尚书兼东阁大学士。徐光启学识渊博,虽为官多年,却始终致力于科学研究,一生有很多著述,在天文、历法、数学、物理、农学、军事等众多领域都取得了不凡成就。他曾向耶稣会传教士利玛窦等学习西方自然科学知识,并同他们合作翻译了《几何原本》《泰西水法》等科学著作,成为介绍西方近代科学的先驱。另著有《衣遗杂疏》《屯盐疏》《种棉花法》《北耕录》《宜垦令》《农辑》《甘薯疏》《吉贝疏》《种竹图说》等。

陈子龙(公元1608—1647年),初名介,后改名子龙;初字人中,后改字卧子,又字懋中,晚号海士、轶符等,松江华亭(今上海市松江区)人。崇祯进士,官至兵科给事中,明亡后,继而担任南明弘光朝廷兵科给事中。清兵攻陷南京,他和太湖民众武装组织联络,开展抗清活动,事败后被捕,永历元年(公元1647年)投水殉国。著有骈文《湘真阁稿》《安雅堂稿》《白云草》

等集，且曾主编《皇明经世文编》。

参考文献

[1]肖克之.《农政全书》版本说[J].古今农业，2001（01）：83-84.
[2]黄赞雄，赵翰生.中国古代纺织印染工程技术史[M].太原：山西教育出版社，2019：345-347.

七 清杨屾撰《豳风广义》
1995年上海古籍出版社《续修四库全书》影印本

清杨屾撰《豳风广义》1995年上海古籍出版社《续修四库全书》影印本。乾隆五年（公元1740年）宁一堂刻本（宁一堂本）为此后各地刻本的祖本，书前有二序一弁言，三篇所撰年代不同，刘芳序写于乾隆五年，作者弁言写于乾隆五年，帅念祖序写于乾隆七年，由此分析《豳风广义》应于乾隆五年付刻，乾隆七年刊行。主要刊刻版本另有清光绪八年（公元1882年）济南刻本、清光绪十六年（公元1890年）陕西求友斋刻本、光绪二十六年（公元1900年）刻本、1936年陕西通志馆排印本、1995年上海古籍出版社据宁一堂刻本影印出版《续修四库全书》本（即本案）。（图4-9）

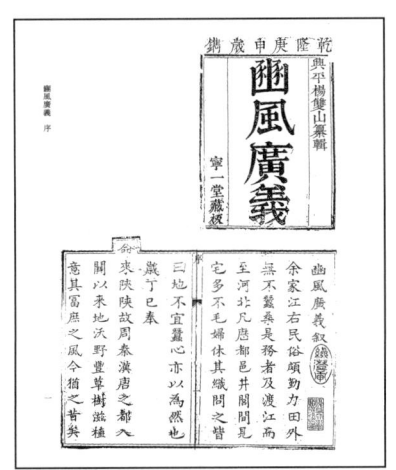

图4-9 序·清杨屾撰《豳风广义》 1995年上海古籍出版社《续修四库全书》影印本

《豳风广义》全书分三部分，第一部分为上呈陕西当局之文，还屡述了北方可以种桑养蚕的道理；第二部分为书的主体部分，其间又分上、中、下三卷，每卷卷首均先陈述有关史实，然后论述，卷上讲述桑树的种植，卷中讲述蚕的喂养及缫丝技术，卷下主要讲述纺织技艺，末尾附柞蚕的饲养与缫丝方法，家畜的饲养与治疗方法；第三部分为其建置宅田的动机，实际建设情况和经营之种类。全书八万多字，附五十多幅插图，用来说明有关方法和工具。

例如对缫丝方法的记载为：

"缫丝法，古今南北甚多，不可尽述，只就余家用过二法言之，冷盆丝为上，火丝次之，二法详列于后。"

如对纬车的介绍为：

"织必用纬，其法用细竹筒，状如筋子，长三寸，贯在纬车铁锭之上。用丝籰二个，以水润湿，将二头提起，穿过竿上铁环。以右手搅轮，左手捻摇丝头，缠在纬筒上，约如大指壮，便可卸下。纬车之制，兹不详注，见图自明，但轮径一尺二寸为则。（前图脚踏纺车，亦可用之）纬筒已就，然后贯在铁梭内，穿经往来，自成锦绣。"

又如对剪羊毛方法的总结为：

"绵羊三月得草力，毛壮劲则铰之。铰时先将羊用水洗净晒干，以铁抓子抓之，令毛和软，然后铰。铰毕，将羊又以水洗之，则生白净之毛。六月毛长复铰，仍如上法。至八月初，胡菓子未成时，又铰如上法。（若天气觉寒，不用洗。若胡菓子成，然后铰者，非值著毛难净，又岁稍晚，至冬寒毛长不足，令羊冻损）。"

《豳风广义》是地方性劝民植桑养蚕的农书，是杨屾多年从事蚕业试验的总结，书中详细地介绍了从栽桑、养蚕、缫丝到纺、织等具体过程，配以歌谣的形式，加之蚕桑图说，把桑蚕理论具体化、形象化和通俗化，具有很高的科普推

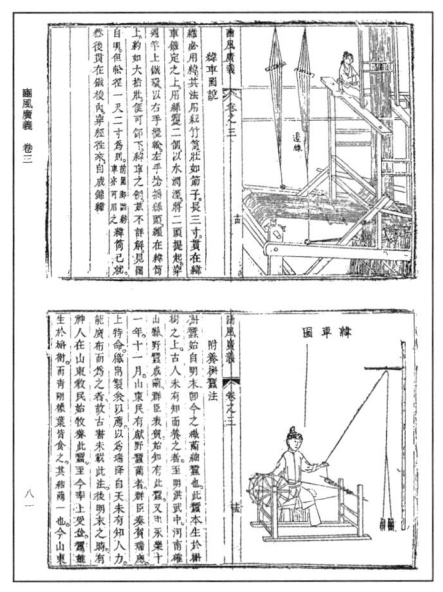

图4-10 《卷下·纬车图说》·清杨屾撰《豳风广义》
1995年上海古籍出版社《续修四库全书》影印本

广价值。书中的语言也十分考究,多处体现内容上的针对性、实用性,在一定程度上起到了复兴豳风原有富饶风貌之用。由于作者自身的时代局限性,不可避免地得出关于中国古代蚕桑起源和祭祀等有待考证的观点。尽管如此,《豳风广义》在技术实践上对理解《王祯农书》《农政全书》《天工开物》相关工艺有着重要作用,特别对连冷盘工艺、经纱上机工艺的理解至关重要,是研究中国古代纺织技术史不可忽视的材料。

拓展资料

杨屾(公元1687—1785年),字双山,陕西兴平人。一生居家讲学,未尝仕宦,矢志于经世致用之术,对天文、音律、医农、政治之书均有研究。主要著有《知本提纲》《论蚕桑要法》《经国五政纲目》《豳风广义》《修齐直指》等书。

帅念祖(生卒年均不详),字宗德,号兰皋,江西奉新人。少为诸生,肄业豫章书院,工诗、善绘,尤长于指头画。雍正元年(公元1723年)进士,曾于多地任职,累官至陕西布政使,在农学、文学和艺术方面均取得较高成就。

参考文献

[1]周启澄,程文红.纺织科技史导论[M].上海:东华大学出版社,2013:138-139.

[2]黄赞雄,赵翰生.中国古代纺织印染工程技术史[M].太原:山西教育出版社,2019:348-348.
[3]肖克之.《豳风广义》版本说[J].农业考古,2001(03):204-205.
[4]曹雪,李斌,杨小明.《豳风广义》中的蚕桑丝织研究[J].服饰导刊,2014,3(04):23-28.

八 清任大椿撰《深衣释例》

光绪十四年王先谦辑《皇清经解续编》南菁书院刻本

清任大椿撰《深衣释例》清光绪十四年（公元1888年）王先谦辑《皇清经解续编》南菁书院刻本，今藏中国国家图书馆。《深衣释例》成书于乾隆四十八年（公元1783年），共三卷，有清乾隆刻燕禧堂五种本，今藏复旦大学图书馆，另有《续修四库全书》据燕禧堂五种影印本。此外清光绪十二年至十四年（公元1886—1888年），王先谦继阮元汇刻《皇清经解》后，续刻《皇清经解续编》，收录本书于第一百九十一卷，有光绪十四年南菁书院刻本（即本案）、光绪十五年上海蜚英馆石印本、1988年上海书店影印本。（图4-11）

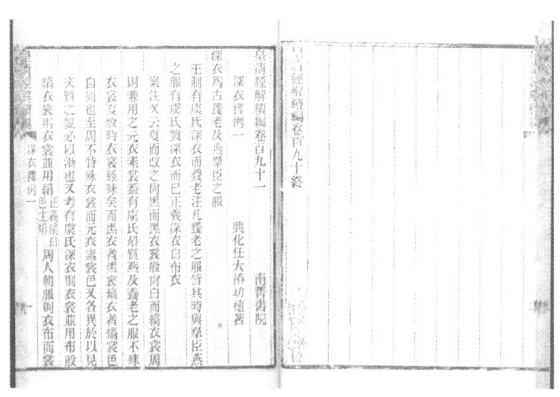

图4-11 《深衣释例一》·清任大椿撰《深衣释例》清光绪十四年王先谦辑《皇清经解续编》南菁书院刻本 中国国家图书馆藏

《深衣释例》为作者考释古代深衣的著作。书首自序中有言："以深衣为善衣之次，因续著《深衣释例》三卷。首推原其所用，次详其制度，次载异名同实者。"可见任大椿是因深衣的重要性（"完且弗费，善衣之次也。《礼记·深衣》"）而著该书。该书列举深衣之为用凡十九种，如：养老燕居之服、诸侯朝服、祭祀之服、游燕之服、庶人之吉服等，极尽其详。其中，卷一自"深衣为古养老及燕群臣之服"，至"又为童子趋丧之服"，考据《诗经》《礼记》等古籍，论述了深衣起源、朝代更迭变化以及深衣的穿用场合以及礼制要求；卷二自"深衣用布十五升"，至"凡服殊衣裳，深衣不殊衣裳"，对深衣用布、尺寸、裁剪方法等进行了论述；卷三自"深衣露著而素纰长袂者曰长衣"，至"曰诸于"，根据差异归纳了深衣不同的称呼，如：

> "周之朝服缁衣用夏之黑也，周之朝服素裳用殷之缟也……是有虞氏之深衣，夏殷亦兼用之也，于此见文质之变，亦各有所自焉。"

作者认为有虞氏时便有深衣，其后夏、殷、周在色彩、纹样、用材上有所差异，但有继承关系"周之朝服缁衣用夏之黑也，周之朝服素裳用殷之缟也……是有虞氏之深衣，夏殷亦兼用之也，于此见文质之变，亦各有所自焉。"之后对君臣深衣所绘章纹进行了叙述"天子衣服其文华虫、作缋、宗彝、藻火、山龙。诸侯作缋、宗彝、藻火、山龙。子男宗彝、藻火、山龙。大夫藻火、山龙。士山龙。是大夫与士犹具藻火、山龙，足见衣服章采。"

对深衣衣袖的称谓、尺寸、裁剪方法进行了考释：

> "袂为袪之本，袪为袂之末，则袂末统名袪也。如以袂末不缝之一尺二寸为袪，则缝合之一尺，遂不得为袪乎。况经文曰：袂，圆以应规，正以袪止，一尺二寸，有袪而上，及袼渐广至二尺二寸……"

将麻衣归为深衣一类，而后通过引用《玉藻》《方言》《急救篇》等文对"襌衣"的考释：

> "布缘者曰麻衣。《诗·蜉蝣》：麻衣如雪。笺：麻衣，深衣。正义言：麻衣则此衣纯用布也，衣裳即布而色白。如麻者惟深衣为然，故知麻衣是深衣也。"

同时，指出襌衣似深衣衰大，但无裏（里布），而称为襌衣。引《释名》：

> "禅衣，言无里也，有里曰複，无里曰单，凡言禅衣皆以单为意。"

又如，有关先秦两汉时期深衣形制的记述，特别是"曲裾深衣"程式详解"右旁之衽不能属连，前后两开，必露里衣，恐近于亵。故别以一幅布裁为曲裾，而属于右后衽，反屈之向前，如鸟喙之句曲，以掩其里衣。而右前衽即交乎其上，于覆体更为完密。"由此明晰曲裾深衣裹襟蔽体的作用。

> "气盛而志锐，求诸今世，实罕辈俦。进而不已，其将为一代之通儒无难也。"
>
> ——清·王鸣盛《西庄始存稿》

任大椿在其二十岁左右时，即深为前辈所器重，所著《深衣释例》旁征博引，上考诸经，旁及史志，并及《诗经》《礼记》《说文》《急就篇》《方言》等书，甚为赅备，自"有虞氏"之深衣始，记述其流传。除此之外还对深衣裁剪尺寸、部位名称等进行了多文献验证，对深衣名称自长衣中衣而下，举别名如麻衣、禅衣、襟、袿衣、裎衣、襜褕等数十种，这些别名虽为深衣形制，却因长短、衣袖肥瘦、地理位置等差异而产生，是清人研究深衣形制的重要成果，亦是如今研究古代服饰的重要资料。

拓 展 资 料

王鸣盛（公元1722—1797年），字凤喈，一字礼堂，别字西庄，晚号西沚。江苏嘉定（今属上海）人。清代史学家、经学家、考据学家、学者。所作的《十七史商榷》，是侧重对历代正史的考订、历史事迹、地理等典章制度的考究，为进一步整理和清理中国古代史学作出了巨大的贡献。亦著有《尚书后案》三十卷等。著有《耕养斋诗文集》《西沚居士集》。此外，他还撰有《蛾术编》一百卷。

《皇清经解续编》，始刻于光绪十二年（公元1886年），至光绪十四年六月刻竣。共收经解著作一百一十一家二百零九种。包括顾炎武、毛奇龄、万斯大、阎若璩、胡渭、江永、惠栋、庄存与、翟灏、胡匡衷、任大椿、孔广森、刘台拱、王引之、焦循、江藩、宋翔凤、冯登府等家，虽有书已收入《皇清经解》，但仍有遗漏，王先谦拾其遗又增加洪亮吉、梁履绳、严可均、马瑞辰、严元照、沈钦韩、陈鳣、俞正燮、丁晏、龚自珍、刘宝楠、俞樾、刘恭冕等数十人的著作。

参考文献

[1] 廖章荣.任大椿年谱[J].扬州文化研究论丛,2019(01):2-13.
[2] 孙显军.任大椿生平学术考述[J].文教资料,1998(06):108-117.
[3] (清)任大椿.深衣释例[M].上海:上海古籍出版社,1996.

九 清任大椿撰《释缯》
道光九年阮元辑《皇清经解》本

清任大椿撰《释缯》道光九年(公元1829年)阮元辑《皇清经解》本,现藏于中国国家图书馆。《释缯》成书于清代乾隆年间,后被乾隆年间《燕禧堂五种》和道光九年阮元辑《皇清经解》等丛书收录。(图4-12)

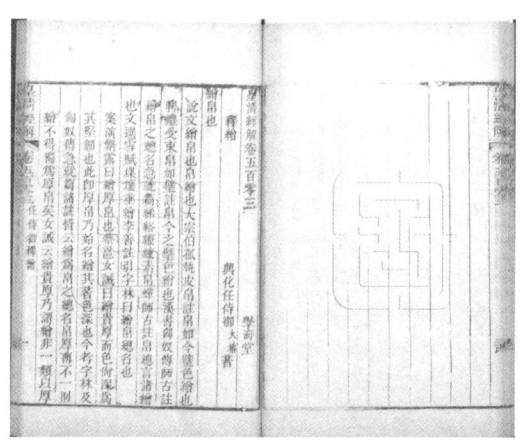

图4-12 《释缯》·清任大椿撰《释缯》道光九年阮元辑《皇清经解》本 中国国家图书馆藏

《释缯》根据中国古代先秦至唐代的历史文献对丝织物品种、名称进行了分析、整理、总结与考证,所涉及的丝织物的品种有练、缟、素、绡、缣、绢、纤、织、绫、绸、绨、锦、大练、大帛、绮、绣、缎、纨、缦、纱、细、縠、鲜子、纺、罗等几十种。

文中提出古代对丝织物分类有三条原则:以织物的生熟分,以织物的粗细

或厚重、轻薄分,以织物有无纹样分。例如文中记载:

"缯,帛也。熟帛曰练;生帛曰缟,曰素,曰绡,曰縑,曰绢。"
"缯之细者曰缟,曰素,曰纖,曰阿,曰织,曰縠,曰绫,曰縑,曰縈;大丝者曰紬,曰絓,曰紺,曰纒,曰絡,曰绢;厚者曰綈,曰大练,曰大帛。"
"缯之有文者曰织,曰锦,曰绣,曰绮,曰绫;无文者曰缦。"

文中对与缟同名的丝织物记载为:

"缟一曰素,一曰鲜支,一曰縠,一曰縑。"

对与素同名的丝织物记载为:

"素一曰绢,一曰纨。"

对其他丝织物通名的记载为:

"縠一曰罗,罗縠一曰纖。"
"绮一曰绫,一曰罗;锦一曰绮。"
"缯帛古以文者为贵,无文者为贱。至唐则于文缯中又分为数等,以别贵贱,锦在文缯中为最贵。至宋则又分锦为数等以别贵贱。"

文中引《宋史·舆服志》以"赐百官锦袍,以七等为尊卑之差。"对锦的种类进行了介绍:

"宋舆服志列锦为七,一曰天下乐晕锦,二曰簇雕细锦,三曰黄师子大锦,四曰翠毛细锦,五曰红锦,六曰宜男云雁锦,七曰师子练鹊宝照大锦。"

《释缯》是中国古代第一部全面研究丝织品的专著,书中对几十种古代丝织物做了仔细考证,还对古代丝织物中一些主要品种如锦、缎、绮、绫等的起源、变迁以及相互关系等丝绸发展史方面的问题作了探讨，对总结、研究中国古代丝织品的种类具有重要价值，是中国纺织史上的创新之作，亦是研究古代丝织业发展、演变的珍贵文献。

拓展资料

任大椿（公元1738—1789年），字幼植，一字子田，江苏兴化人。清代官吏、学者。乾隆进士，历官礼部主事、《四库全书》纂修官、御史。任大椿为扬州学派的前期代表人物，一生致力于考证名物制度及辑录小学、史书的研究，治学严谨，注重小中见大。著有《弁服释例》《深衣释例》《小学钩沉》《子田诗集》等。

参考文献

[1]祝慈寿.中国古代工业史[M].上海：学林出版社，1988：247-248.
[2]包铭新.中国染织服饰史文献导读[M].上海：东华大学出版社，2006：38-39.
[3]高春明.中国服饰[M].上海：上海外语教育出版社，2002：311.

十 清丁佩撰《绣谱》
道光八年十二梅花连理楼刻本

清丁佩撰《绣谱》道光八年十二梅花连理楼刻本，现藏于北京大学图书馆。《绣谱》成书于清道光元年（公元1821年），是中国历史上第一本刺绣专著。该书最早有清道光八年（公元1828年）作者自刊十二梅花连理楼刻本（即本案），后有1927年武进涉园石印本，两本同属一系，而后者出自前者，此外另有2012年中华书局本、2015年黄山书社本等。（图4-13）

《绣谱》全书共两卷，约七千字，分为《择地》《选样》《取材》《辨色》《程工》《论品》六篇，共涉及五十三个子目。分别讲述刺绣的环境选择、样稿选择、材料工具选择、色彩辨析、工艺标准及赏鉴批评。如《择地》篇从闲、静、明、洁四个方面强调了环境对刺绣的重要影响。《选样》篇具体分析了花果草木、山水人物等选样的要点。《取材》篇对绒线、缎绫、针剪等刺绣必备材料的产地、种类、品质等进行了简要的比较说明。《辨色》篇以常用的红、绿、黄、白等十八

图4-13 书影·清丁佩撰《绣谱》道光八年十二梅花连理楼刻本
北京大学图书馆藏

种颜色为例,辨析了色彩在刺绣中的运用。《程工》篇提出了齐、光、直、匀、薄、顺、密七个分辨绣品工拙的基本标准。而在最后的《论品》一篇中,作者以"文品之高下""画理之浅深"品评刺绣,提出能、巧、妙、神、逸诸等次,以及精工、富丽、清秀、高超等品格,尤为全书精华所在。

其中《取材》篇曾将画与绣作相比为:

"以针为笔,以缣素为纸,以丝绒为朱墨铅黄,取材极约而所用甚广,绣即闺阁之翰墨也。"

以此说明,画绣相通,而绣的难度更甚于画。对绒线的具体说明为:

"前人多用散绒,后乃剖而为线,武林吴门白下皆有之。苏产较细,一线可剖为二,既剖之后,仍可条分缕析也。"

如,《辨色》篇对常用色做以对比说明:

"天青,似深蓝而带微红,可与白参用绣牵牛花,余亦如香色酱色,酌备一格可也。金银,丝金缕翠,绣工之本色也,处处均可用之,至平金锁金,则又于三蓝墨绣之外,别开生面矣。银与金相成,第分深浅而已。"

又如，全书最后一篇《论品》，涉及刺绣的宏观方面，作者认为：

"绣近于文，可以文品之高下衡之绣通于画，可以画理之浅深评之。"

故在论述刺绣的具体问题之后，又进而从比较纯粹的美学角度在总体上观照这一传统技艺。在作者看来"好尚无一定之规，雅俗有不易之则"，所以她仿照诗品、画品之例，把刺绣也分为五等：

"周规折矩，斐然成章，谓之能，可也；惨淡经营，匠心独运，谓之巧，可也。丰韵天成，机神流动，斯谓之妙；变幻不穷，殆非人力，乃谓之神。披沙拣金，鞭心入芥，无浮采矣；五云丽日，百卉当春，无陋姿矣。特标新颖，化尽町畦，所谓姑射仙人，不食人间烟火者，当于逸品中求之乎？"

就纺织文化遗产研究而言，自来善女红者众，亲著《绣谱》者却仅丁佩一人。李琬遇在《绣谱·后序》中说：

"女红，细故也，亦小技也。无贵贱，无智愚，莫不童而习之，诸姑伯姊皆能，精粗立判，似无待于谱矣。然当其构思也，结体也，布局也，设色也，写生也，传神也，实包括天地万物人事于其中。因其业属妇人女子，荐绅先生不屑道其义。即有，心知其妙而不能言之，即口能言之，而不能笔之于书，以广其传，亦闺房之缺陷也。"

《绣谱》的出现弥补了这一缺陷，其撰刊年代虽然较晚，但从中国文化史上看，意义仍然重大，因为它第一次用文字系统地探讨了刺绣这门具有悠久历史的传统技艺的一系列基本问题。《绣谱》之后，民国初年又出现了刺绣艺术家沈寿的《雪宧绣谱》，但其为沈寿口述，实业家张謇执笔撰写。

就编排体例而言，两书在体例编排上均采用按照不同内容分类编排、逐条列出的编撰体例，但在具体内容的分类归属上有所不同。就内容而言，两书内容均囊括刺绣活动的操作层面与理论层面，是对作者刺绣心得的全面总结。

《绣谱》论述的内容更为理论化，偏重于"艺"，而非"技"。除了"取材"

一篇是对工具选择的要素介绍，其余诸篇均为对刺绣理论的体悟与总结。而《雪宧绣谱》则更具有实践指导价值，兼具技法操作、技法创新与绣理思考。尤其宝贵的是，"针法"一篇详细记录了十八种针法的具体操作与运用，并巨细靡遗地记录了绣引、绣品、绣德等操作细节，最大程度地对刺绣技艺进行了书面保存。综合来看，《绣谱》有开创之功，而《雪宧绣谱》有总结与创新之效。二者各有侧重，内容涉及刺绣实践、理论乃至评论的各个层面，故在使用时可相互参考。

拓 展 资 料

丁佩（公元1874—1921年），字布珊，江苏娄县（今上海松江）人。清代刺绣名家，她撰写了中国第一部刺绣专著《绣谱》。

沈寿（公元1874—1921年），初名云芝，号雪宧。她生长于江苏吴县，从小学绣，16岁时已颇有绣名。1904年，沈寿绣了佛像等八幅作品，进献清廷为慈禧太后祝寿，慈禧极为满意，赐"寿"字，遂易名为"沈寿"。同年，沈寿受清朝政府委派远赴日本进行考察，交流和研究日本的刺绣和绘画艺术。回国后被任命为清宫绣工科总教习，自创"仿真绣"，在中国近代刺绣史上开拓了一代新风。

参 考 文 献

[1].姜昳.中国第一部刺绣专著《绣谱》及其作者丁佩[J].中国典籍与文化，2004（02）：47-52.
[2].孙萌.《绣谱》与《雪宧绣谱》比较研究[J].装饰，2017（04）：128-129.
[3].徐勤.丁佩《绣谱》价值批判[J].创意设计源，2014（06）：46-51.
[4].李笑萍.丁佩《绣谱》与中国传统女性设计问题研究[D].上海：上海大学，2016.

十一 清沈练撰《广蚕桑说》
光绪二十三年刻本

清沈练撰《广蚕桑说》清光绪二十三年（公元1897年）刻本，现藏于天津图书馆。沈练在安徽绩溪做训导时，向百姓宣讲栽桑养蚕的方法和经验，又将宣讲内容系统整理，编成《蚕桑说》一书。咸丰四年（公元1854年），沈练看到另一本蚕桑技术专书《蚕桑辑要》，认为是书旁征博引，材料丰富，于是以该书的材料增补《蚕桑说》而成新著,因为是在《蚕桑说》的基础上增补扩大,故新书取做《广蚕桑说》。咸丰五年(公元1855年)书稿完成,但沈练未及书稿刊行而病逝,同治二年(公元1863年)其子沈琪将《广蚕桑说》刊印行世。主要刊刻版本有清同治二年(公元1863年)沈季美刻本、光绪元年(公元1875年)江西书局刻本、光绪二十三年(公元1897年)刻本(即本案)、光绪三十四年(公元1908年)刻本等。(图4-14)

图4-14 书影·清沈练撰《广蚕桑说》清光绪二十三年刻本 天津图书馆藏

《广蚕桑说》是一本讲授栽桑养蚕技术的通俗性蚕书,其中说桑者十九条,说蚕者六十六条,说桑起自桑地整理,说蚕起自留种,按照蚕桑生产过程对蚕桑生产的各个环节依次加以介绍,条理分明,文字浅显易懂,可操作性强。例如对桑地的选择,书中认为:

"桑地宜高平,不宜低湿,低湿之地,积潦伤根,万无活理,高平处亦必土肉深厚乃可。"

关于养蚕技术,书中介绍:

"大眠起后食叶愈速,上叶宜愈勤,食尽即上,能一昼夜食叶十余次,则五昼夜即老矣。"

书中介绍了放地蚕的方法，即将蚕从筐䈺中移动至地下，同时提出具体的注意事项，如：

"蚕既下地，居高布叶，最忌抛掷致损，须蹲踞土砖，轻轻布之，务使均平，有手所不能到处，用细竹枝挑之使匀。"

对缫丝器具的介绍为：

"缫丝之笼上下俱圆，高二尺，宽其上而窄其下，上径尺六寸，围四寸八尺，下径尺一寸，围三尺三寸，置锅其上，以泥护之，勿使漏烟。"

光绪初年（公元1875年），浙江严州府知府宗源翰设立蚕局，推广蚕桑，请淳安县的学博仲昴庭对沈练的《广蚕桑说》加以疏通证明，又增补了一些内容，题名为《广蚕桑说辑补》，重新付刻，该凡例中对《广蚕桑说》的介绍为："《广蚕桑说》平陵沈公练所著，明白如话，绝不引征经史，盖词繁则意晦，不如扫去陈言，故说桑仅十九条，说蚕仅六十六条。说桑则自桑地说起，说蚕则自留种说起，次序一丝不乱，真善本也，业蚕桑者当以此为定盘针、指南车。"《广蚕桑说》的写作缘起就是为向群众宣讲如何栽桑养蚕，所以文字通俗易懂，处处以实用为务，不仅适时推广了当时的桑蚕生产技术，而且及时总结了当地栽桑养蚕的经验，在当时影响较大，流传较广，被推为蚕桑善本。

拓 展 资 料

沈练（生卒年不详），字清渠，江苏溧阳人。道光辛巳（公元1821年）举人，道光年间任安徽绩溪县训导，卸任后定居休宁。

参 考 文 献

[1]章楷.我国的古蚕书[J].中国农史，1982（02）：89-94.
[2]华德公.中国古蚕书的检索与评价[J].蚕业科学，1992（03）：184-194.
[3]高国金.《蚕桑合编》版本及流传考辨[J].中国农史，2017，36（05）：125-133.
[4]黄世瑞.中国古代科学技术史纲农学卷[M].沈阳：辽宁教育出版社，1996：99-103.

十二 清卫杰撰《蚕桑萃编》

光绪二十五年刻本

清卫杰撰《蚕桑萃编》光绪二十五年（公元1899年）刻本，现藏于天津市图书馆。《蚕桑萃编》成书于光绪二十四年（公元1898年），在光绪二十五年（公元1899年）"进呈御览、奉旨颁行"。主要刊刻版本有清光绪二十六年（公元1900年）浙江书局刻本、湖南蚕桑总局刻本和兰州官书局铅印本、1997年北京出版社出版《四库未收书辑刊》本等。（图4-15）

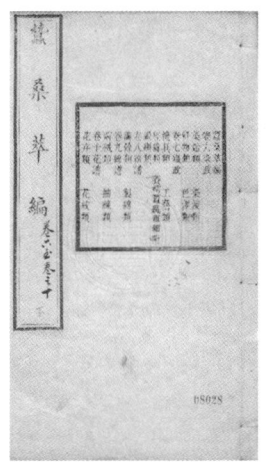

图4-15 书影·清卫杰撰《蚕桑萃编》光绪二十五年刻本 天津市图书馆藏

《蚕桑萃编》综合我国多种蚕书而成，卷首为纶音，收录了劝民农桑的诏谕及关于农桑的诗文。正文共十五卷，其中卷一为稽古，卷二桑政，卷三为蚕政，卷四为缫政，卷五为纺政，卷六为染政，卷七为织政，卷八为绵谱，卷九为线谱，卷十为花谱，卷十一为图谱（桑器图类、蚕器图类、纺织器图类），卷十二为图谱（桑器图咏、蚕器图咏、纺织器图咏），卷十三为图谱（豳风图咏类、四时图咏类），卷十四为外记（泰西蚕事类），卷十五为外纪（东洋蚕丝类）。

卷六染政分染史类、染涑类、料物类、色泽类，下又分若干条目。如"色泽类"下"巧技能"条目中对染色技术的总结为：

"染之妙得于心，色之妙夺于目。工一也，有一入再入三入五入七入之候；法一也，有炽之、沤之、暴之、宿之、滛之、沃之、涂之、渍之之次；材一也，有象草本、象翟、象雀，取蛋、取栀、取蓝、取茅蒐、取豕首、取象斗、取丹炑、取涗水、取栏之、灰之辨；色一也，有象天、象地、象春、象夏、象秋、象冬之宜，不善者浅而暗，枯而劣，其善者，则深而明，泽而美。是在觅江浙之巧工而教之，各得其法。"

卷七织政分机具类、经纬类、緞绸类，下又分若干条目。介绍了各种纺织机器的名称与方言土语、历史、使用方法、各种织造工艺等，还介绍了贡缎、平机宁绸、洋绉、巴缎、三纺绸、花绫、杂绸等绸缎的制作工艺，例如"花绫"的尺寸大小及织造手法为：

"各绫俱系踏花，龙凤绫，宽一尺二寸，寻常花绫裱绫，宽一尺三寸，脚下正杆五根，杆分两层，上层者五根，下层视所织之花，随时配合多寡，左脚踏花，右脚踏经。"

又如"洋绉"：

"洋绉即湖绉，用四批缯，四批蘸，面宽一尺六寸，顶足者用二千八百头，轻者用二千头，因织时系左右线，一梭捻线，一梭散丝，故织成起绉，下用脚杆四根，顺脚挨次踏之，经纬纯用生丝，织成后下机，再为涑染。"

《蚕桑萃编》是我国古代篇幅最大的一部蚕书，记述了从三皇五帝到清朝历代君王对桑蚕业的政策与管理，从直隶到四川到浙江的纺织工具，从栽桑到制成丝绸成品的整个过程，还记述了日本、法国等国先进的养蚕技术和外贸出口的经验。该书图文并茂、语言通俗易懂，是有关桑蚕种植的科普读物，是桑蚕文化的汇编，亦是研究中国蚕桑技术发展的珍贵典籍。

拓 展 资 料

卫杰（生卒年不详），字鹏秋，剑州修睦团人（今剑阁县元山镇）。咸丰元年（公元1851年）

举人,曾任教谕、巡检、县丞、州判等,庚子事变后,卫杰官至永定河道按察使。19世纪末直隶(今河北省)兴办蚕桑业,在保定设立官办蚕桑局,李鸿章派卫杰负责技术工作。其在管理蚕桑生产期间,于光绪二十四年(公元1898年)著有《蚕桑萃编》一书。

参 考 文 献

[1]梅自强.纺织辞典[M].北京:中国纺织出版社,2007:545.

[2]伏兵.清人卫杰与《蚕桑萃编》[J].四川丝绸,2000(01):48-49.

[3]任志波,马秀娟.《蚕桑萃编》——我国近代北方蚕桑知识大全[J].安徽农业科学,2012,40(03):1924-1926.

十三 清王元綎撰《野蚕录》
1995年上海古籍出版社《续修四库全书》影印本

清王元綎撰《野蚕录》1995年上海古籍出版社《续修四库全书》影印本。《野蚕录》于光绪二十八年编成,主要刊刻版本有清光绪二十八年(公元1902年)进呈写本、光绪三十一年(公元1905年)上海商务印书馆铅印本、宣统元年(公元1909年)安庆同文官印书馆铅印本、1995年上海古籍出版社《续修四库全书》影印本等。(图4-16)

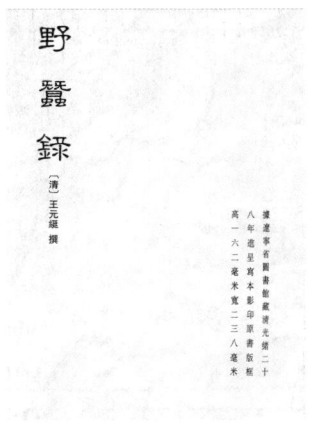

图4-16 书影·清王元綎撰《野蚕录》 1995年上海古籍出版社《续修四库全书》影印本

《野蚕录》全书共四卷后有一篇外纪，附图十一幅，表两幅。卷一广泛收录了有关野蚕发现、发展、饲养，野蚕丝缫制方法状况等方面的史实并予以考证。卷二介绍了野蚕名、树名、种树和育蚕。卷三是春蚕、秋蚕、缫丝和缫具。卷四记载了织绸、野蚕丝出口表、茧绸出口表，后附图说，对柞蚕和它的蛾，以及栋、柞、槲等九种图进行了解说。

其中卷四对涑丝的介绍为：

"凡甯绸、宫绸及贡缎之属，皆先涑而后织，并有然而后织者。茧绸则织而后涑，法用碱水，将绸渍透，放釜中蒸之，以丝软为度，取出置冷水中，浸之一日一夜，然后濯之暴之，即慌氏涑帛之遗也。"

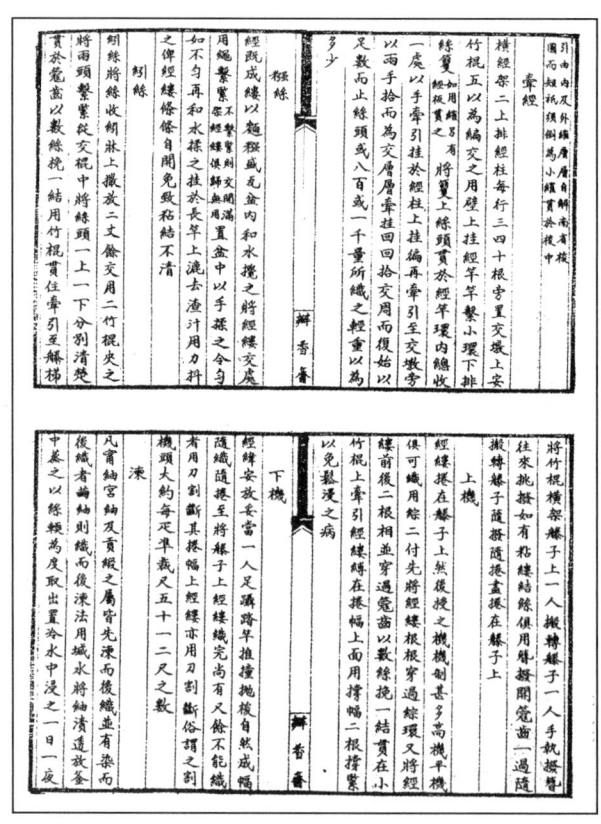

图4-17 卷四·涑·清王元綎撰《野蚕录》
1995年上海古籍出版社《续修四库全书》影印本

卷四中对染色也有简略介绍：

"登莱旧俗，多尚质朴，茧绸皆因其本色，无须染也。今则踵事增华，凡绸无不染，染亦无色不备，时行者，以竹灰色藕褐色为多。竹灰色用浅靛水染之，藕褐色用苏木水染之，后用莲子壳青矾水盖之。"

《野蚕录》是一部"有裨实业"的蚕业文献，作者王元綎查阅并辑录了大量史料，对中国野蚕（特别是柞蚕）的起源、发展作了有价值的研究。对柞树种植、柞蚕饲育、缫丝和织绸方法以及所用的工具作了较详细的叙述，具有科学性和实际指导意义。虽然由于当时的认识水平限制，作者在蚕病的发生原因和防治的论述上科学性尚有不足，但《野蚕录》仍是研究中国桑蚕技术发展不可忽视的文献材料。

拓 展 资 料

王元綎（生卒年不详），字文甫，宁海（今山东牟平）人。光绪二十四年（公元1898年）进士。王元綎在参研前人有关野蚕资料的基础上，结合自己的见闻，写成《野蚕录》一书，较为全面具体地为读者提供了有关野蚕的各种资料。

参 考 文 献

[1][日]天野元之助.中国古农书考[M].彭世奖，林广信，译.北京：农业出版社，1992：360-361.
[2]华德公.从《野蚕录》等书看清代柞蚕饲育技术[J].蚕业科学，1984（01）：46-51.

伍 地理

一 西汉桑钦撰北魏郦道元注《水经注》
明万历时期吴琯校刊本

西汉桑钦撰，北魏郦道元注《水经注》明万历时期吴琯校刊本，现藏于日本国立公文书馆内阁文库。约成书于北魏孝明帝正光年间（公元520—525年）。《水经注》是郦道元对桑钦所撰《水经》所作的注释，由于郦道元不满于《水经》的"粗缀津绪又阙旁通"，于是对其作注而成《水经注》四十卷，缀其枝津，共载水道一千二百五十二条。此外，郦道元对《水经》撰注完毕后，仍称之为《水经》。于北齐天宝五年成书的《魏书》，亦将其著录为《水经》。初唐时所著史书如《隋书》《北史》只有"《水经》四十卷，郦善长注"的著录，亦无《水经注》之书名。至唐高宗仪凤（公元676—679年）和调露年间（公元679—680年），章怀太子李贤等为《后汉书》作注，首次将郦氏所注之书称为《水经注》。此后，唐人所著书凡称引郦氏之文者，多以书名《水经注》出之。宋元时期，征引郦氏之文的绝大多数文献都出现了书名《水经注》，如宋李昉《太平御览》、乐史《太平寰宇记》、王应麟《玉海》等。但是，宋元时期仍有一些文献依旧用《水经》代指《水经注》。至明清时期，学者把《水经注》与《水经》几乎截然区别开来，《水经》特指桑钦所作之本经，而郦氏所注《水经》学人称之为《水经注》。

郦道元撰成《水经注》后及至魏晋，具以抄本流传。唐代《旧唐书·经籍志》和《新唐书·艺文志》著录为四十卷。宋代据《崇文总目》载三十五卷，缺佚五卷（已佚）。宋蜀刊本，元祐二年（公元1087年）以前刊于北宋成都学府官，是现今知道的最早刊本（已佚）。宋元祐刊本，共四十卷，刊于元祐二年，以蜀刊本三十卷为底本，与何圣从本相参校，完缺补漏，刊刻而成（已佚）。宋刊残本，此本也称残宋本，是现在唯一能见到的宋刊本，也是现存的最早的《水经注》刊本，今藏于中国国家图书馆。金代有学者蔡珪著《补正水经》问世。此书与《水经注》相关，但又与之不同。明代刊本有《永乐大典》抄本，该本保存了《水经注》的原序。柳佥校本、赵琦美三校本、冯梦祯旧抄本、稽瑞楼藏本、海盐朱希祖旧藏钞本、嘉靖十三年（公元1534年）黄省曾刊本、万历十三年（公元1585年）吴琯刊本、万历四十三年（公元1615年）朱郁仪刊本、崇祯二年（公元1629年）由钟惺、谭元春以朱郁仪《水经注笺》为底本，共同评点而成的本子。清代刊本有：

康熙年间孙潜校抄本、康熙五十四年（公元1715年）项䌹校刻本，雍正年间沈炳巽《水经注集释订讹》（未刊行），乾隆年间全祖望《七校水经注》、乾隆十九年（公元1754年）赵一清《水经注释》、乾隆三十九年（公元1774年）戴震《水经注武英殿聚珍本》，光绪十八年（公元1892年）王先谦《合校水经注》等。民国时期刊本有：杨守敬、熊会贞师徒校注《水经注疏》本，王国维以朱谋㙔《水经注笺》为底本，参校宋、元、明诸本而成的《水经注校》本等。此外还有，1935年商务印书馆据《水经注》明《永乐大典》本影印本。1957年，科学出版社影印出版《水经注疏》。1971年，台北"中华书局"影印出版了熊氏校改钞本。1985年，上海人民出版社排印出版了王国维的《水经注校》。1989年，江苏古籍出版社出版了《水经注疏》铅印本。1997年，湖北人民出版社与湖北教育出版社出版了《杨守敬集》本《水经注疏》等。（图5-1）

图5-1 卷首·西汉桑钦撰，北魏郦道元注《水经注》明
万历时期吴琯校刊本 日本国立公文书馆内阁文库藏

《水经注》在宋代已经佚失五卷，今本仍作四十卷。此书名曰注释《水经》，实则以《水经》为纲，《水经》只记载了水道137条，而《水经注》却有1252条，增加8倍多，注文共约30万字，也比经文增多20倍。《水经注》的内容异常宏富，涉及历史、考古、民俗、地理、文学、碑刻等，在内容和文字上都大大超过了《水经》，成为当时的地理巨著。书中记载大小水道千余条，穷源竟委，详细记述了所经地区山陵、原隰、城邑、关津的地理情况、建置沿革和有关历史事件、人物，甚至神话传说。书中还记录了作者所见的碑刻，共300余块，将其作为帮

助确定水道流经的依据。此外,书中引用书籍多至四百三十七种,包括一批秦汉佚史,为研究秦汉史保存了珍贵的史料。可与纪传体史书相参照,订谬补遗。

就纺织文化遗产研究而言,该书记录了当时部分地区的服饰,并分散于全书各章。例如卷三"河水"条对九原地区服饰的记载:

"《竹书纪年》云:魏襄王十七年,邯郸命吏大夫奴迁于九原,又命将军大夫适子伐吏,皆貉服矣。"

卷二十一"汝水"条对襄城君受封服饰的记载:

"刘向《说苑》曰:襄城君始封之日,服翠衣,带玉佩,徙倚于流水之上,即是水也。"

卷三十七"夷水"条对举行仪式服饰的记载:

"每水旱不调,居民作威仪服饰,往入穴中,旱则鞭阴石,应时雨多,雨则鞭阳石,俄而天晴。相承所说,往往有效,但捉鞭者不寿,人颇恶之,故不为也。"

《水经注》全书描绘中国山川壮丽秀美的景色,同时记述了各地的名胜古迹、神话传说、风土人情等,千余年来一直被人传颂。例如孙梅《四六丛话》卷三十一云:

"郦善长始以渊雅之才,发摅文笔,勒为《水经注》四十卷,订以志乘,纬以掌故,刻画标致,奇幽诡胜,搜剔无遗,后来作者,罕复能继,惟柳子《永州八记》笔力高绝,万古云霄一羽毛,非诸家所敢望尔。"

明代钟惺在《三注钞序》中云:"其所注者而犹能为书,盖注者之精神,有自立于所注者之中,而又游乎其外者也,三注是也。"

近代学者陈柱在《中国散文史》中指出《水经注》在六朝写景文中的地位说："讫乎魏晋六朝，写景之诗赋日工，而写景之散文则亦日进矣。北魏则郦道元之《水经注》，尤为巨制焉。"然而该书仍有许多脱误，例如卷十四"濡水"经云："濡水从塞外来，东南过辽西令支县北"，注云："濡水出御夷镇东南，其水二源双引，夹山两北流，出山，合成二川。"殿本在此下加案语云："案，濡水即今滦河，源出巴延屯图古尔山，名都尔本诸尔，西北至茂罕和硕，三道河始东会之，道元当时未经亲履其地，遂以夹山来会之三道河为滦河正源，殊属失实。"

此外，书中还有对神仙服饰的描写，例如卷二载"岩堂之内，每时见神人往还矣，盖鸿衣羽裳之士，练精饵食之夫耳。俗人不悟其仙者，乃谓之神鬼。"然而神仙服饰并不为常人所见，因此在使用该书时应多加考证，或结合同时期文献使用。

拓 展 资 料

郦道元（公元约470—527年），字善长，范阳涿县（今河北涿州市）人，是北魏著名的地理学家、文学家。撰《水经注》四十卷、《本志》十三篇，又著《七聘》及诸文，皆行于世。

桑钦（生卒年不详），东汉人，据传为《水经》一书的作者。此书为中国历史上第一部记述水系的专著。后北魏郦道元为此书作注，即《水经注》。

《魏书》，一百三十卷，北齐魏收撰。纪传体断代史书。起自拓跋珪建国（公元386年），讫于东魏孝静帝（公元550年），记一百六十五年北魏之史事。

李贤（公元653—684年），字明允，曾名德。祖籍陇西成纪（今甘肃秦安）。唐高宗第六子，武则天所生次子。上元二年（公元675年）立为皇太子。后为母所忌，废为庶人，幽于巴州，则天临朝，被逼自杀。睿宗复位，追赠皇太子，谥曰章怀，世称"章怀太子"。

乐史（公元930—1007年），北宋人，抚州宜黄（今属江西）人，字子正。初仕南唐，授秘书郎。

《太平寰宇记》为宋代早期的全国总志，由乐史编纂。全书200卷，目录2卷，成书于北宋太平兴国年间（公元976—983年）。

王应麟（公元1223—1296年），南宋著名学者、经史学家。字伯厚，号厚斋、深宁居士。祖籍河南开封，后迁居庆元府鄞县（今浙江宁波）。淳祐元年（公元1241年）中进士。宝祐四年（公元1256年），复中博学鸿词科，历任太常寺主簿、台州通判，后召为秘书监、权中书舍人，知徽州、礼部尚书兼给事中等职。

《玉海》，南宋王应麟编，二百卷，分天文、律历、地理、帝系、圣文、艺文、诏令、礼仪、车服、器用、郊祀、音乐、学校、选举、官制、兵制、朝贡、宫室、食货、兵捷、祥瑞等二十一门。征引材料多据宋代实录、国史、日历、会要等文献,采书引文必注书名,制作更改详记月日,为后世史志所未详。与《太平御览》《太平广记》《册府元龟》并称宋代四大类书。

《崇文总目》,北宋官修目录。原六十六卷,今有辑本五卷,补遗一卷。北宋王尧臣等奉敕撰。著录昭文、史馆、集贤及秘阁四馆所藏图书三万零六百六十九卷,分四部四十五类,计经部九类、史部十三类、子部二十类、集部三类,史部特立"目录"一类。各类皆有序文,每条具有论说述其大义。南渡后仅存书名。元初已无完本,明清仅剩简目。清嘉庆四年(公元1799年),钱侗等从《欧阳文忠公集》《玉海》及《文献通考》等书中辑出,厘为五卷。《四库提要》称其旧本佚其解题,从《永乐大典》补辑,著录为十二卷。张之洞《书目答问》记为五卷,有汗筠斋本,粤雅堂重刻本,范希曾补有知不足斋本等。

蔡珪(公元?—1174年),金诗人。字正甫。真定(今河北正定)人。蔡松年之子。天德进士,历任澄州军事判官、三河主簿、户部员外郎兼太常丞,封真定县男。撰《补正水经》三卷,已亡佚。

参 考 文 献

[1]徐中原.《水经注》研究[D].苏州:苏州大学,2009.

[2]白寿彝.中国通史3第3卷上古时代上[M].上海:上海人民出版社,2015:22.

[3]张明,于井尧.中国科技史[M].长春:吉林文史出版社,2006:51.

[4]陈桥驿.《水经注》之误[J].中国地名,2001(04):10.

[5]胡道静.简明古籍辞典[M].济南:齐鲁书社,1989:200.

[6]张忠纲.全唐诗大辞典[M].北京:语文出版社,2000:54.

[7]杨倩描.宋代人物辞典下[M].保定:河北大学出版社,2015:1054.

[8]邵庆国.宋代科技成就[M].郑州:河南科学技术出版社,2014:269.

[9]白卓然,张漫凌.中国历代易学家与哲学家[M].哈尔滨:黑龙江人民出版社,2018:129.

[10]顾明远.教育大辞典8[M].上海:上海教育出版社,1991:361.

二 唐李吉甫撰《元和郡县图志》
清光绪六年金陵书局本

唐李吉甫撰《元和郡县图志》清光绪六年(公元1880年)金陵书局本,现藏于日本早稻田大学图书馆。《元和郡县图志》自唐宪宗元和八年(公元813年)问世以后,依靠传抄得以行世。原有四十卷,流传至今仅存三十四卷(缺19、20、

23、24、35、36诸卷）。现存最早为明抄本，中国国家图书馆、北京大学图书馆、天一阁等处藏有明代抄本。清代有赵氏小山堂抄本、清吴氏拜经楼抄本、清乾隆三十四年（公元1769年）钱氏通经楼抄本、乾隆三十八年（公元1773年）武英殿本，此本是用《四库全书》本以活字印行，为现在传世最早的印本。另有嘉庆元年（公元1796年）孙星衍《岱南阁丛书》本、光绪六年（公元1880年）金陵书局本（即本案）等。清光绪八年（公元1882年）金陵书局据光绪六年金陵书局本重刻，将乾隆四十年（公元1775年）严观根据《通典》《新唐书》和《旧唐书》补今本阙卷所辑成的《元和郡县补志》九卷附于书后，一并刊行。清光绪缪荃孙又辑《元和郡县志阙卷逸文》三卷，刻入《云自在龛丛书》。1983年，中华书局出版了贺次君点校本，此本根据光绪六年（公元1880年）金陵书局初刊本排印。在校勘方面，仿明本戈襄校旧抄本、乾隆三十四年（公元1769年）钱氏通经楼抄本、清初抄本、清陈树华抄本四种彼此参校，是目前《元和志》的通行版本。（图5-2）

图5-2 书影·唐李吉甫撰《元和郡县图志》清光绪六年金陵书局本 日本早稻田大学图书馆藏

《元和郡县图志》是唐代李吉甫所撰写的地理名著，又是我国现存最早又较完整的地方总志。全书起自京兆府，尽陇右道，凡四十七镇，成四十卷。该书承袭了《汉书·地理志》以来正史地理志及六朝以后地理总志体例，属于疆域志，即以一朝某一时期的疆域为范围，记述其建置沿革、户口、州境、八道、山川、贡赋等内容。该书以《贞观十三年大簿》所规划的十道为纲，以元和时期四十七镇分篇，府、州、县按道分镇记载。首创记述每州的州境、八道，为后世地理志开创了先例。对于垦田、水利、盐政、交通、军事设施、兵马配备、关亭障寨等项,均——注明,十分详备。《元和郡县图志》使用了汉魏以来图记、图经的形式,每镇皆图在篇首,冠于叙事之前。但图的部分,在北宋时已佚。

该书记载到的水道有五百余条,湖泽陂池一百多处。在每县下记载着附近山脉走向、水道径流、湖泊分布等。如卷十一密州高密县(今山东高密市)的夷安泽,"周回四十里,多麋鹿蒲苇"。又如卷十八定州望都县(今河北望都县)的阳城淀,"周回三十里,莞蒲菱芡,靡所不生"。另外还有对各种地形特征的描述。如卷一京兆府万年、长安、三原等县均有关于西北黄土高原上所谓"原"的记载,如毕原、白鹿原、细柳原、孟侯原、丰原、天齐原等。卷四灵州鸣沙县(今宁夏中宁县东北)有关于沙漠的记载,"人马行经此沙,随路有声,异于余沙,故号鸣沙"。卷三十辰州卢溪县(今湖南泸溪县西南)又有对于喀斯特地形的记载,"溪山高可万仞,山中有盘瓠石窟,可容数万人"。以上都对研究唐代水道、湖泊的变迁,各地自然环境的变化,提供了极其珍贵的资料。除此之外,该书记载了大量地名,并解释了地名渊源、地名命名原则等,为了解唐代甚至魏晋南北朝时期的地名来源提供了重要信息。(图5-3)

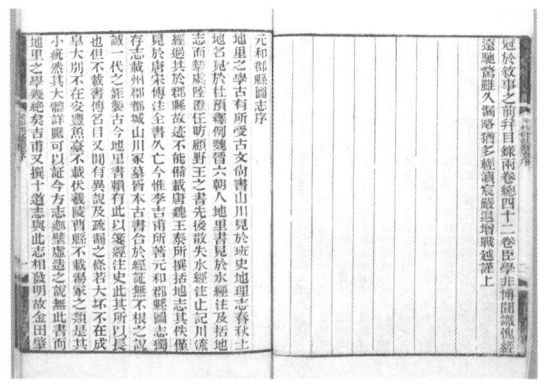

图5-3 序·唐李吉甫撰《元和郡县图志》清光绪六年金陵书局本 日本早稻田大学图书馆藏

《禹贡》雍州之地,舜置十二牧,雍其一也。周武王都丰、镐,平王东迁,以岐、丰之地赐秦襄公,至孝公始都咸阳。秦兼天下,置内史以领关中。项籍灭秦,分其地为三:以章邯为雍王,都废丘;(今兴平县是也。)司马欣为塞王,都栎阳;董翳为翟王,都高奴,(今延州金明县是也。)谓之三秦。高祖入关定三秦，复并为内史。景帝分置左、右内史。武帝太初元年改内史为京兆尹，後与左冯翊、右扶风谓之三辅，其理俱在长安城中，又置司隶校尉以总之。光武都洛阳，以关中地置雍州，寻复立三辅。魏分河西为凉州，分陇右为秦州，三辅仍旧属司隶。

——《元和郡县图志·卷第一》

就纺织文化遗产而言，《元和郡县图志》贡赋中的记载多涉及纺织品如绢、绵、布、绫、絁等，各州、府征收贡赋，多系当地生产，为考释其纺织品种类、产地、织造技术等提供资料。如，卷一关内道京兆府下雍州：

"开元贡：葵草席，地骨白皮，酸枣仁；赋：绵、绢。"华州："开元贡：茯神、茯苓，细辛；赋：绵，绢（布）。"同州："开元贡：绉纹吉莫皮二十张；赋：绢，帛（布）。元和贡：麝香，麻黄，地黄，蒺藜子，绉纹靴，石傲饼，寒山石。"

如，卷五河南道河南府下洛州：

"开元贡：白瓷器，绫；赋：绢，帛。"陕州："开元贡：柏子仁，瓜蒌；赋：绢，帛，丝，布，絁。"

又如，卷十三河东道太原府：

"开元贡：人参，黄石铫，柏子仁，葡萄，甘草，龙骨，特生草，铜镜；赋：布，麻。"卷二十五江南道苏州："开元贡：白石脂，蛇床子；赋：纻，布。元和贡：丝葛十四，白石脂三十斤，蛇床子三升。"

值得注意的是，《元和郡县图志》为后来的《太平寰宇记》等书开创了先例。它的体制虽与唐魏王李泰《括地志》相同，但在内容上比《括地志》更详细。其对每一道的记载，有户口、沿革、四境、八到、贡赋等；对每一县的记载，也有沿革、山脉、陂原、陵寝、军屯、河流、关隘、宫殿台榭等。而《太平寰宇记》则是沿袭《元和郡县图志》的基本体例与内容，但所记述内容更广泛。除了上述内容外，还增加了地方镇军、风俗、土产、姓氏、历代人物及古迹题咏等。故在使用时应结合对比研究。

拓 展 资 料

　　李吉甫(公元758—814年)，字弘宪，赵郡(今河北赵县)人，唐代政治家、地理学家。著有《元和国计簿》《元和郡县图志》《百司举要》等。

　　王灏(公元1820—1880年)字文泉，河北省定州西关人。主要著作有《畿辅丛书》《括斋文集》《畿辅文徵》和《畿辅地名考》等。

　　《太平寰宇记》，北宋地理总志。乐史编著，二百卷，是继《元和郡县志》后又一部现存较早较完整的地理总志。广泛引用历代史书、地志、文集、碑刻、诗赋以至仙佛杂记等，计约二百种，且多注明出处，保留了大量珍贵的史料。

　　《括地志》是唐代中国的一部地理学专著，唐太宗李世民第四子魏王李泰主编，全书555卷，包括正文550卷、序略5卷。以州为单位，分述各县沿革、地望、得名、山川、城池、古迹、神话传说、重大历史事件。《括地志》融合了《汉书·地理志》、顾野王《舆地志》两本书的编纂技术，创立新的地理书框架。全书按贞观十道排比358州。

参 考 文 献

[1]万方.中国古代疆域志典籍——《元和郡县志》[J].书屋，2020(01)：1.

[2]胡世明.《元和郡县图志》校勘一则[J].中国历史地理论丛，2016，31(04)：142.

[3]周雯.《元和郡县图志》之时间断限、书名及卷次诸问题考辨[J].历史地理，2013(01)：284-291.

[4]王进常.李吉甫与《元和郡县图志》研究[D].石家庄：河北师范大学，2010.

[5]孔明丽.《元和郡县图志》研究述略[J].理论界，2009(06)：118-120.

陆 举要

一 明董说撰《七国考》

清光绪十五年《守山阁刊丛书》影印本

明董说撰《七国考》清乾隆年间《四库全书》本，现藏于南京大学图书馆。另有清光绪十五年（公元1889年）《守山阁刊丛书》影印本、清道光年间《振绮堂钞本》、1919年《吴兴嘉业堂》刊本等传世。1955年中华书局以《守山阁丛书》本为主，另以《吴兴嘉业堂》刊本参校，对书中引用错误，或刊印错误加以改正，其余则分别加点校者案语于原文下，便于参考，是现行较好刊本。（图6-1）

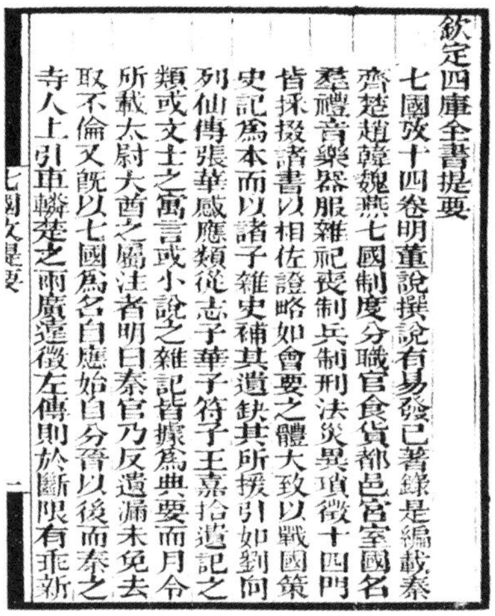
欽定四庫全書提要
七國攷十四卷明董說撰說有易發已著錄是編載秦齊楚趙韓魏燕七國制度分職官食貨都邑宮室國名羣禮音樂器服雜祀喪制兵制刑法災異瑣徵十四門皆採掇諸書以相佐證略如會要之體大致以戰國策史記為本而以諸子雜史補其遺缺其所援引如劉向列仙傳張華感應類從志子華子符子王嘉拾遺記之類或文士之寓言或小說之雜記皆據為典要而月令所載太尉大酋之屬注者明曰秦官乃反遺漏未免去取不倫又既以七國為名自應始自分晉以後而秦之寺人上引車轔楚之兩廣遠徵左傳則於斷限有乖新

七國攷提要　一

图6-1　提要·明董说撰《七国考》清乾隆年间《四库全书》本　南京大学图书馆藏

《七国考》全书共十四卷，其以《史记》《战国策》等为蓝本，兼采诸事杂史，分类辑录战国时期秦、齐、楚、赵、韩、魏、燕七国之典章制度，体例大体与会要相同。全书分职官、食货、都邑、宫室、国名、群礼、音乐、器服、杂记、丧制、兵制、刑法、灾异、琐征十四门，每门一卷。然而，书中约有近三成的条目实际上是春秋之事，乃至西周之事，不是战国之事。此外董说引书，往往张冠李戴，误题甲乙。例如误《战国策》为《史记》，误《史记》为《战国策》，误《吕览》为《汉书》等。《四库全书提要》载："观其前后无序跋，而齐《职官门》注：'封君后妃附'，乃只有封君而无后妃，殆说未成之稿，偶为后人传录欤？"杨宽先生则评此书为“内容杂乱，编排无次序，既不完备，又常有错误”。故此，1987年缪文远作《七国考订补》，除了对原书各条进行订补之外，新补入的整条共有205条之多。其中，有不少是在社会经济活动方面的新补，诸如为市、统一度量衡、下仓、铁器、纺织、高利贷、货币、制陶、金（铜）、商业、买卖田宅、收邑粟等。此外，订补本恢复了《七国考》的全貌，找到了原书的自序，具有重要参考价值。

该书第八卷辑录了七国的器服部，器部包含了玉符、屏风、带剑、玉玺、车、旗等，服部则包含了冠、履、衣、帽、靴、簪等。例如，对秦国黼黻之服的记载：

“《史记》：秦献公败三晋之师于石门，斩首六万。王赐以黼黻之服。孔颖达曰：白与黑谓之黼，黑与青谓之黻。”

对齐国黄金横带的记载：

“《国策》：鲁仲连谓田单曰：将军黄金横带，而驰乎淄渑之间。”

又如对楚国翠衣的记载：

“《说苑》：襄城君始封之日，衣翠衣，带玉剑，履缟舄，立于流水之上。”

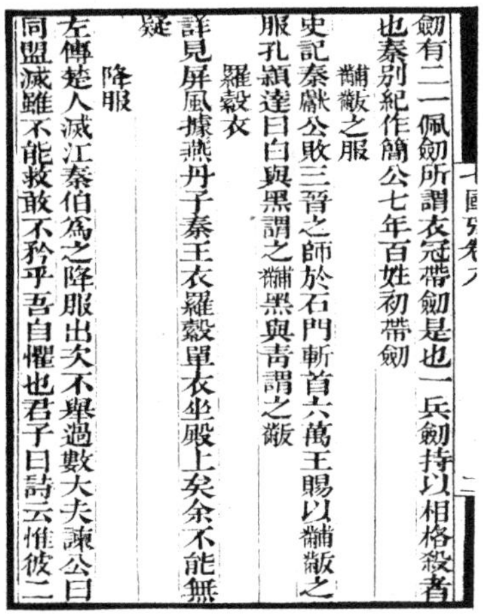
劍有二一佩劍所謂衣冠帶劍是也一兵劍持以相格殺者
也秦別紀作簡公七年百姓初帶劍
黼黻之服
史記秦獻公敗三晉之師於石門斬首六萬王賜以黼黻之
服孔穎達曰白與黑謂之黼黑與青謂之黻
羅縠衣
詳見屏風據燕丹子秦王衣羅縠單衣坐殿上矣余不能無
疑
降服
左傳楚人滅江秦伯為之降服出次不舉過數大夫諫公曰
同盟滅雖不能救敢不矜乎吾自懼也君子曰詩云惟彼二

图6-2 黼黻之服·明董说撰《七国考》清乾隆年间《四库全书》本 南京大学图书馆藏

《七国考》将战国时期各割据国家的典章制度广为辑录,便于考察,是研究战国各国的实证资料。但值得注意的是,此书引书不严,错误甚多,而且部分所引古书有出于董说伪托,例如卷十二"魏刑法"有《法经》条文,引自所谓桓谭《新论》。此外,奉阳君李兑本是赵国人,但是书中职官和燕职官却并出其人。又如而《月令》所载"太尉大酋"之属,注者明曰秦官,乃反遗漏。故应与同时期文献结合使用,多加考证。

拓 展 资 料

董说(公元1620—1686年)字若雨,号俟庵、月函、漏霜,乌程(今浙江湖州)人。精研五经,尤专于《易》,方言地志、星经律法、释老之书,无不钩纂。明清易代,董说抗节不仕,从退翁和尚游,遁迹释氏。

《七国考订补》,1987年由上海古籍出版社出版,原作者是董说,由缪文远订补。除了对原书各条进行订补之外,新补入的整条共有205条之多。此外,订补本恢复了《七国考》的全貌,并找到了原书的自序。

参 考 文 献

[1]周谷城,姜义华.中国学术名著提要历史卷[M].上海:复旦大学出版社,1994:614.
[2]杨宽.战国史[M].上海:上海人民出版社,2019:37.
[3]袁庭栋.评《七国考订补》[J].四川大学学报(哲学社会科学版),1988(01):106-112.

二 明阙名撰《天水冰山录》
清乾隆年间长塘鲍氏《知不足斋丛书》本

明阙名撰《天水冰山录》清乾隆年间长塘鲍氏《知不足斋丛书》本,现藏于天津图书馆。《天水冰山录》撰者不详,据乾隆丙午年(公元1728年)赵怀玉序,它是明世宗时严嵩在江西分宜的财产籍没之册,周石林从残本重抄,取"太阳一出冰山颓"之意,定为今名。主要刊刻版本有乾隆年间长塘鲍氏《知不足斋丛书》本、1935年商务印书馆出版《丛书集成初编》本、1936年神州国光社出版《中国内乱外祸历史丛书》本等。(图6-3)

图6-3 《天水冰山录》·明阙名撰《天水冰山录》清乾隆年间长塘鲍氏《知不足斋丛书》本 天津图书馆藏

《天水冰山录》是嘉靖时期过录籍没权相严嵩财产的册据明细,载录严氏一族衣、食、住、行、用全方位占有、收藏的明细,涉猎广泛。具体涉及金银器物、奇玩、织物、家具、古铜器、钱钞、图籍、石刻法帖墨迹、古今名画手卷册页明细、第宅、店房、基地、田地及山塘登录册录、法书、名画等。

明朝染织技术发展兴盛,《天水冰山录》中涉及的织物和相关色彩名十分丰富,书中列举匹段有织金妆花缎、绢、罗、纱、绸、改机、绒褐、锦、绫、琐幅、葛、布等,各色衣服有织金妆花缎、绢、罗、纱、绸、改机、绒和丝布衣、宋锦缂丝衣、蟒葛衣、洒线裙襕等,另有缂丝画补及被褥、帐、幔、毡条、绒线毯、丝绦鸾带、线等。书中共记载五十七种色彩,包括大红、红、桃红、银红、红闪色、水红、黄、柳黄、沉香、玉色、藕色、茶褐色、鼠色、酱色、栗色、绿、柳绿、黑绿、墨绿、油绿、沙绿、官闪绿、绿闪青黄、白、葱白、银、西洋白、西洋铁色、西洋红白、素色、青、天青、黑青、紫、紫闪色、茄花色、蓝、蓝段闪红、蓝段闪紫、蓝闪红、蓝闪绿、藕丝、芦花色、五色、杂色等。

《天水冰山录》中所列染色物品大多色物相连,并且按照色、工艺、织造、图案、织物(或服装)类型的固定组合方式进行记录罗列。例如:

"布:大红妆花斗牛补丝布四匹、大红织金妆花仙鹤丝布二十匹、大红织金妆花锦鸡补丝布二匹……高丽苎布二十八匹、西洋红白棉布八匹、红夏布七十二匹、各色女襕裙绸缎绢九十六匹。以上布共五百七十六匹,统计缎绢绫罗纱紬绒锦布等项共一万四千三百三十一匹零一段。"

又如"宋锦衣：

青宋锦刻丝仙鹤补圆领一件、宋锦斗牛女披风一件。蟒葛衣：过肩蟒葛衣一件、斗牛补葛衣三件。貂裘衣：貂鼠裘袄二件、豹皮禅衣二件、狐裘二件、貂鼠风领五条。以上锦葛貂裘共一十七件。"

《天水冰山录》以近千个条目详细记录严氏籍没纺织服装品，并对其进行细致分类和统计，为明代染织服饰研究保留了大量直观的原始信息，包括织物品种、图案、颜色、服装款式和图案的装饰工艺相关名目近两百种，以及各类纺织服饰品的数量和价格，为了解明代染织服饰的各方面情况提供了丰富资料，是研究明代染织服饰的重要史料。

拓展资料

严嵩（公元1480—1567年），字惟中，号介溪，袁州府分宜介桥村（今江西省分宜县）人。弘治十八年（公元1505年）中进士，嘉靖二十一年（公元1542年），拜武英殿大学士，入直文渊阁。后专直西苑，累进吏部尚书、谨身殿大学士、少傅兼太子太师、少师、华盖殿大学士。晚年渐为世宗所疏远。后被御史邹应龙、林润等弹劾其罪行。罢职后被削籍抄家。两年后老病，寄食墓舍以死。有《钤山堂集》《钤山诗选》等。

赵怀玉（公元1747—1823年），字亿孙，号味辛，又字印川，晚号收庵，江苏武进人。乾隆四十二年（公元1777年）中举人，授内阁中书，出为山东青州府海防同知，署登州、兖州知府，嘉庆八年（公元1803年）丁父忧归，遂不复出，主讲于通州、石港等书院。曾参与《四库全书》的纂修，藏书富于一时，刊刻图书《四库简明目录》《韩诗外传》《咸淳毗陵志》《斜川集》等，著有《亦有生斋诗文集》。

参考文献

[1]王凯佳,李蔼.《天水冰山录》中的明代纺织服饰信息解析[J].丝绸,2017,54（11）：83-88.
[2]李雪艳.丝裘棉麻与料之贵贱——中国明代服饰质料的礼法等级制约[J].艺术百家,2013,29（5）：220-222.
[3]周启澄,程文红.纺织科技史导论[M].上海：东华大学出版社,2013：140-141.

三 清黄宗羲撰《深衣考》

1986年台北"商务印书馆"《文渊阁四库全书》影印本

清黄宗羲撰《深衣考》1986年台北"商务印书馆"《文渊阁四库全书》影印本。《深衣考》为黄宗羲注解《礼记·深衣》所作，收录于《四库全书》、清张海鹏辑《借月山房汇抄》和清王先谦辑《南菁书院丛书》。文渊阁四库全书原本今藏台北"故宫博物院"，影印本有三家：台北"商务印书馆"（即本案）、上海古籍出版社、鹭江出版社。《借月山房汇钞》有嘉庆中虞山张氏刻本、1920年上海博古斋据清张氏刊本影印本，《南菁书院丛书》有光绪年间南菁书院刻本，此外也收录于2012年浙江古籍出版社出版的图书《黄宗羲全集》中。（图6-4）

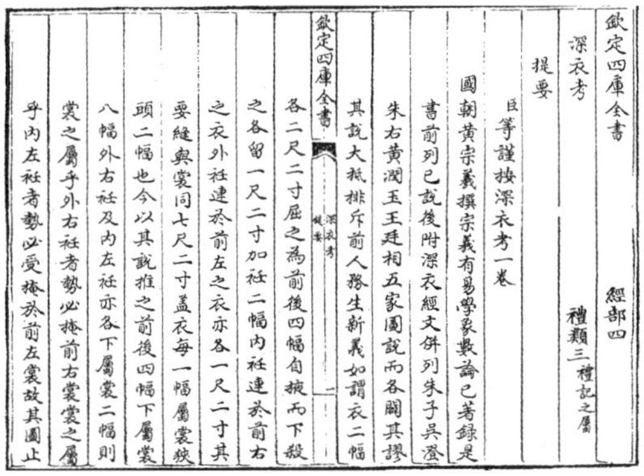

图6-4 提要·清黄宗羲撰《深衣考》 1986年台北"商务印书馆"《文渊阁四库全书》影印本

《深衣考》为黄宗羲借考证深衣形制之名创立己说、批评诸家得失的经学作品，正如《四库全书》提要所言："是书前列己说，后附深衣经文，并列朱子、吴澄、朱右、黄润玉、王廷相五家图说而各摘其谬。其说大抵排斥前人，力生新义。"该书主要由黄宗羲对于深衣形制的考释、对《深衣》经文的解释以及对其他学者深衣图说的分析三部分组成。

对于深衣用布布幅、衣裳连属方式等，黄宗羲有自己的主张，如：

"衣二幅，屈其中为四幅。布，幅阔二尺二寸。用二幅，长各四尺四寸，中屈之，亦长二尺二寸。此自领至要之数，大略居身三分之一，当袷下裁入一尺，留一尺二寸以为袼,其向外则属之于袂,其向内则渐杀之,至于要中,幅阔尺二寸矣。衽二幅,其幅上狭下阔,阔处亦尺二寸,长与衣等。内衽连于前右之衣,外衽连于前左之衣。"

如此,上衣共六幅布。除对深衣形制中典型的"续任""钩边"等进行考释,文中对深衣相配的"缁冠""幅巾""黑履"等用材尺寸等也作了说明,如:

"缁冠:糊纸或乌纱加漆为之。裁长条围以为武。其高寸许。又裁一长条,辟积左缝以为五梁,广四寸,长八寸,跨顶前后,着于武外,反屈其两端各半寸,向内武之,两旁半寸之上窍以受笄,笄用象。幅巾……"

文中给出黄宗羲对于深衣的考证并附有深衣图解,之后又汇集了诸家深衣图说,并指其谬因,如:

"羲按:朱子制度,有因孔氏而失之者,有不因孔氏而失之者。曲裾之说,因孔氏错解钩边,朱子后亦知其难用矣。'衣二幅''不裁破袯下',因孔氏'袂二尺二寸,肘二尺二寸,是容运肘'之言,不知经文'袼之高下,可以运肘',盖以人肘有长短,故商度其高下,而后裁之,若不裁破,而定于二尺二寸,则又何烦著之于经也?"

深衣本身蕴藏着诸多对形制、内涵、结构、文化的思考,《礼记》相关经文记述简略,郑注孔疏之后便有了疏漏错误,历朝历代多有名家考证,但由于考古实物的缺乏,对深衣的争议颇多。黄宗羲考证深衣形制"排斥前人,力生新义",为深衣形制的解读贡献了新的视角,但也正如《四库全书》提要所记:"考深衣之裳十二幅,前后各六。自汉唐诸儒沿为定说,宗羲忽改创四幅之图,可见其为臆断。又说其释'衽,当旁也',谓'衽,衣襟也'。考郑注,衽,裳幅所交裂也。郭璞《方言注》及《玉篇注》俱云:'衽,裳际也。'……今宗羲误袭孔疏以裳十二幅皆名衽……不明经文'当旁'二字之义,二字全忤,益踵孔《疏》而加误矣。"黄宗羲受限于资料的局限性,论说亦有待考古发现补正。

拓展资料

黄宗羲（公元1610—1695年），字太冲，号南雷，学者称梨洲先生。浙江余姚人，为明末清初思想家。从学刘宗周，青年时领导"复社"，反对宦官专权，几遭杀害。清兵南下，招募义兵抗清，成立"世忠营"，被鲁王任为左副都御史。入清后隐居著述，拒应博学鸿词科，与孙奇逢、李颙并称"清初三大儒"。通天文、算术、乐律、经史百家以及释道之书，尤精史学。著有《宋元学案》《明儒学案》《明夷待访录》《南雷文案》等。

朱右（公元1314—1376年），字伯贤，自号邹阳子，是临海（今属浙江）人。早年师从黄岩陈德永、乐清李孝光，元至元初游学金陵，后任慈溪教授，不久辞归。至正中，徙居上虞县五夫镇，任绍兴、萧山教授和萧山主簿。方国珍任江浙行省平章时，升朱右为行省照磨，左右司都事，员外郎。其著作包括《白云稿》《春秋类编》《秦汉文衡》《元史补遗》《性理本源》等。

《借月山房汇钞》，清张海鹏辑丛书。一百三十七种，二百九十卷。所辑专选明、清两代学者著作。包括经学、小学、杂史、野乘、奏议、传记、地理、政书、史评、儒家、术数、艺术、谱录、杂家、小说、诗文评等十六类。有清嘉庆中虞山张氏刻本，1920年上海博古斋据张氏刻本影印。

《南菁书院丛书》，清代王先谦辑。共8集，41种。有光绪间南菁书院刻本。王氏编刻《皇清经解续编》后，又得清代各家经史考订之作，续成此编，由缪荃孙主其事。四、五两集收南菁书院高才生著作，如于鬯、胡玉缙等经史考证之作。

参考文献

[1]佟雪.深衣图源流考[J].中国经学，2022（1）：229-240.
[2]石凝智.深衣结构研究[D].武汉：武汉纺织大学，2017.

四 清江永撰《深衣考误》
道光九年阮元辑《皇清经解》本

清江永撰《深衣考误》道光九年（公元1829年）阮元辑《皇清经解》本，现藏于中国国家图书馆。《深衣考误》成书于乾隆三年（公元1738年）前，后被《四库全书》和《皇清经解》（道光九年阮元辑）等丛书收录。（图6-5）

皇清經解卷二百五十一　學海堂
深衣考誤　婺源江慎脩永著
鄭氏曰深衣連衣裳而純之以采者　孔氏正義曰所以稱深衣者以餘服則上衣下裳不相連此深衣衣裳相連被體深邃故謂之深衣
永案深衣之義鄭注孔疏皆得之獨其裳衽之制裁布之法與續衽鉤邊之文鄭氏本不誤而疏家皇氏熊氏孔氏皆不能細繹鄭說遂失其制度後儒承譌襲舛或以臆爲之考辯愈詳而誤愈甚其失自玉藻疏始今爲考訂如左
玉藻曰深衣三袪縫齊倍要 縫音逢齊音咨要一遙反
鄭氏曰三袪者謂要中之數也袪尺二寸圍之爲二尺四寸三之七尺二寸縫紩也紩下齊倍要中齊丈四尺四寸
疏曰袪謂袂末言深衣之廣三倍於袂末齊謂裳之下畔要謂裳之上畔言縫下畔之廣倍於要中之廣謂齊廣一丈四尺四寸要廣七尺二寸又曰云三之七尺二寸者案深衣云幅十有二以計之幅廣二尺二寸一幅破爲二四邊各去一寸餘有一尺八寸每幅交解之闊頭廣尺二寸狹頭廣六寸此寬頭嚮下狹頭嚮上要中十二幅廣各六寸故爲七尺二寸下齊十二幅各廣尺二寸故爲一丈四尺四寸
永案深衣者聖賢之法服衣用正幅裳之中幅亦以正裁惟衽在裳旁始用斜裁古者布幅闊二尺二寸深衣裳用布六幅裁爲十二幅其當裳之前後正處者以布四幅正裁爲八
皇清經解卷二百五十一　江慎脩深衣考誤　一

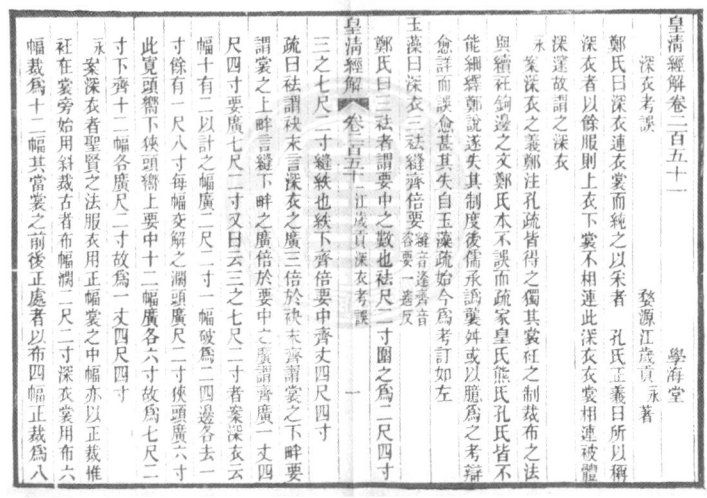

图6-5　《深衣考误》·清江永撰《深衣考误》道光九年阮元辑《皇清经解》本　中国国家图书馆藏

《深衣考误》为江永考据礼学的代表成果，此书共分三部分：第一部分从裳衽之制、裁布之法与续衽钩边论郑注之是、孔疏之失；第二部分考辨《朱子家礼》深衣制度，多论其失，委婉地将《朱子家礼》深衣不合经注之处归结为延续孔颖达、司马光之失；第三部分即《深衣裁布图》《深衣裳裁布图》《深衣前图》《深衣后图》《〈家礼〉深衣前图》《〈家礼〉深衣后图》《〈家礼〉著深衣前两襟相掩之图》《旧说深衣裳裁布图》《旧说深衣裳图》。

《玉藻》云：“深衣三袪，缝齐倍要。”江永以为即便要实现要、齐之差，也得注意深衣为圣贤之法服，衣既然用正幅，裳之中幅也应该正裁。江氏据郑注“唯在裳旁而名衽者交裂，其余幅不交裂也”认为只有裳之衽斜裁，而非全裳。并给出了裁剪方法：“以布四幅正裁为八幅，上下皆广一尺一寸，各边去一寸为缝，一幅上下皆正，得九寸，八幅七尺二寸”。

深衣形制中，“续衽钩边”争议颇多，江永结合《深衣》《玉藻》两篇，解释分析了熊安生、皇侃、朱熹以及蔡渊对于“续衽钩边”的疏解，而后提出新解，并绘钩边形制。在《深衣前图》《深衣后图》中，裳之左衽有注“此边前后缝合之，所谓续衽”，缝合左侧前后衽即为续衽；裳之右衽有“此边两衽不合，其内别有曲裾连后衽，其上头连于衣之内襟，钩曲而前，以掩裳际，所谓钩边”。（图6-6）

無前後幅之縫左右交鉤卽為鉤邊此蔡氏所聞之說也三
說似皆未確其源皆由孔氏釋玉藻誤之使其不謂六幅皆
交解則當旁之衽左邊連屬之右邊必須有別布一幅為曲
裾以掩之非如合縫覆縫左右交鉤之說矣其有別布一幅
也亦但綴於裳之後裾鉤曲而前非如交裁為燕尾之說矣
楊氏復曰深衣制度惟續衽鉤邊一節難考按玉藻深衣疏
皇氏熊氏孔氏三說皆不同皇氏以喪服之衽廣頭在上深
衣之衽廣頭在下喪服與深衣二者相對為衽孔氏以衣下
屬幅而下裳上屬而上衣裳二者相對為衽此其不同者一
也按一說孔氏失之皇氏但失不兼朝祭服耳皇氏以衽為裳之兩旁皆有孔氏
以衽為裳之一邊所有此其不同者二也按孔氏謂所續之衽當身之一旁非
皇清經解卷二百五十二深衣考誤 八
謂衽為裳之一邊所有也皇氏所謂廣頭在上為喪服之衽者熊氏又以
此為朝祭服之衽一以為吉服之衽一以為凶服之衽此其
不同者三也按熊氏非不同也皇氏兼考喪二邊耳家禮以深衣續衽之制兩廣
頭向上似與皇氏喪服之衽熊氏朝祭服之衽相類此為可
疑是以先生晚歲所服深衣去家禮舊說曲裾之制而不用
按楊氏解續邊為曲裾分明別有一物但非如燕尾下垂耳夫何不用恐亦非鄭義蓋有深意恨未得
聞其說之詳也及得蔡淵所聞始知先師所以去舊說曲裾
之意復又取禮記深衣篇熟讀之始知鄭注續衽二字文義
甚明特疏家亂之耳按續衽與鉤邊是二事鄭注分言之而楊氏倂以續衽當鉤邊是誤讀鄭注耳
按鄭注曰續猶屬也衽在裳旁者也屬連之不殊裳前後也
按鄭注別解鉤邊為曲裾此獨刪去何也鄭注之意蓋謂凡裳前三幅後四幅夫

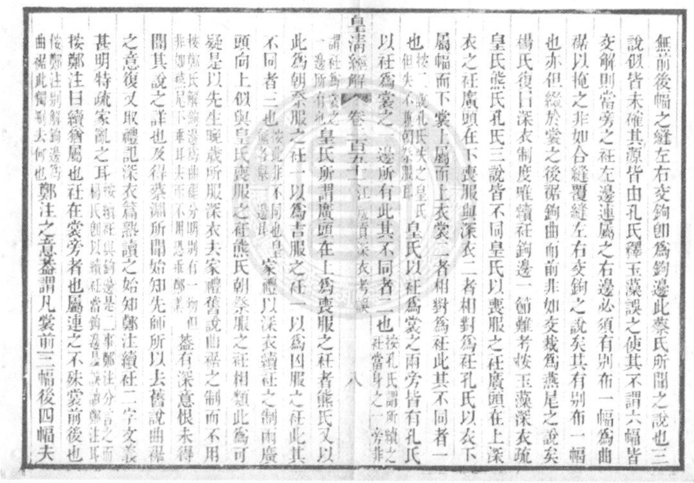

图6-6　名家注解分析·清江永撰《深衣考误》道光九年阮元辑《皇清经解》本　中国国家图书馆藏

经传中制度名物，称先生必得其通证……自汉经师康成后，罕其俦匹。”

——（清）戴震《江慎修先生事略状》

江永以礼学、考据闻名，其《深衣考误》被四库馆臣评价为“考证精核，胜前人多矣。”孙机也说其“两百年来影响颇大”。《深衣考误》为江永考证深衣的一篇论著，却不是其深衣考的开端，在其第一部礼学论著《礼书纲目》（公元1721年成），至其最后作品《乡党图考》（公元1756年成），其间贯穿三十余年的学术论著中皆有考证深衣的部分。值得注意的是，江永所理解的“续衽钩边”类似于清代长衫中的小襟，与战国深衣的结构仍然相差很多。《礼记》中的《深衣》《玉藻》两篇，文字简约不易理解，加上没有实物对照，千年来多有学者考证、纷争，江永总结历代深衣考证成果于此书，是深衣研究过程中重要的文献资料。

拓展资料

江永（公元1681—1762年），字慎修，又字慎斋，徽州府婺源县（今属江西）人。清初新安理学向皖派经学转化的代表人物，清代经学家、思想家、儒学家、天文学家、数学家、教育家、学者、音韵学家，皖派（徽派）朴学的创始人，尤擅长于考据之学，著书极多，有27部著作被收入《四库全书》，现仅南京图书馆古籍部就存有江永著作131部。续朱熹《仪理经传通解》，编成《礼经纲目》八十八卷，为朱熹《近思录》集注，成《近思》十四卷。此二书在朱子学史上均具有非常重要之地位。其著述另有《乡党图考》《古韵标准》《四声切韵》《音学辨微》等书。

阮元（公元1764—1849年），字伯元，号芸台、雷塘庵主、揅经老人、怡性老人，江苏扬州仪征人。乾隆五十四年（公元1789年）进士，身历乾隆、嘉庆、道光三朝，所至之处，以提倡学术、振兴文教为自任，勤于政务，政绩斐然。晚年官拜体仁阁大学士，致仕后加官至太傅。主编《经籍纂诂》，校刻《十三经注疏》，汇刻《皇清经解》等，撰有《揅经室集》《十三经注疏校勘记》等著述。

《皇清经解》又名《学海堂经解》，由两广总督阮元所辑，收七十四家，记书一百八十余种，凡一千四百余卷。此书是汇集儒家经学经解之大成，是对乾嘉学术的一次全面总结。后由夏修恕、阮福等编辑、校勘、监刻、出版，道光九年（公元1829年）全书辑刻完毕，未曾分类，只"以人之先后为次序，不以书为次序"。1857年，英军攻陷广州，书版毁失过半。1858年，两广总督劳崇光等人捐资补刻数百卷，形成"咸丰庚申补刊本"。

熊安生（生卒年不详），字植之，长乐阜城（今河北阜城）人，通五经，精《三礼》，是北朝经学家，北学代表人物之一。北齐时，任国子博士；后入北周，武帝宣政元年（公元578年），官露门学博士，不久，致仕卒。沿袭东汉儒家经说，撰有《周礼》《礼记》《孝经》诸义疏，均已佚。清马国翰《玉函山房辑佚书》辑有《礼记熊氏义疏》四卷。

皇侃（公元488—545年），一作皇偘，南朝梁吴郡（治所在今江苏苏州）人。南朝时儒学家、经学家。其对《礼记》《论语》的研究，为时人所推重。撰有《礼记讲疏》《礼记义疏》《论语义疏》《孝经义疏》等著作。《礼记义疏》今存，其学大体继承东汉郑玄训诂之法，兼采魏晋王弼、郭象玄学之旨，疏解大义，为南朝经学的代表性成果。

蔡渊（公元1156—1236年），南宋理学家、教育家，字伯静，号节斋，建州建阳（今属福建）人，蔡元定长子。生而聪明，其质纯粹，穷天地之理，尽人物之性，博通五经，遍览子史，内师其父，外事朱熹，先后在朱熹的武夷精舍、建阳沧州精舍从学。其学术成就主要集中在对《易经》的研究，著有《周易训解》《易象意言》等。

戴震（公元1724—1777年），字东原，又字慎修，号杲溪，休宁隆阜（今安徽黄山屯溪区）人，清代哲学家、思想家、考据学家、经学家。戴震早年跟随江永学习，其治学广博，在天文、数学、历史、地理、音韵、文字、训诂等方面均有成就，在推动考据学发展同时拓荒近现代科学领域，是"乾嘉学派"的代表人物之一、皖学的集大成者，著有《毛郑诗考正》《孟子字义疏证》《声韵考》《考工记图》《勾股割圆记》等。后人将其著作编辑成《戴氏遗书》。

参 考 文 献

[1]吉莉.江永深衣考及其书写嬗变[J].国际儒学论丛,2023(01):102-123.

[2]孙机.华夏衣冠中国古代服饰文化[M].上海:上海古籍出版社,2016.

[3]袁建平.中国古代服饰中的深衣研究[J].求索,2000(02):113-116.

五 清凌曙撰《仪礼礼服通释》

光绪十五年李盛铎撰《木犀轩丛书》本

清凌曙撰《仪礼礼服通释》光绪十五年（公元1889年）李盛铎撰《木犀轩丛书》本，现藏于上海图书馆。《仪礼礼服通释》成书于道光元年（公元1821年）。现存清光绪十三年德化李氏刊本、清善成堂《礼记心典传本三卷》收录，首刻有书牌、凡例。此外东京大学文学部中国哲学中国文学研究室藏清道光元年刊本。2022年凤凰出版社出版的凌曙著作全集《凌曙集》将其收录于正编。（图6-7）

图6-7 序·清凌曙撰《仪礼礼服通释》光绪十一年李盛铎撰
《木犀轩丛书》本 上海图书馆藏

《仪礼礼服通释》是凌曙注释《仪礼·丧服》的研究著作。由序文可知，作者以徐乾学所著《读礼通考》"制度典章，灿然大备"，使读者了然礼制沿革，但"持论稍偏"不能谨慎地选择，"往往择取后世之臆说而驳先儒之传注"，故作此书。

他根据《读礼通考》中《丧期》二十九卷，删减为六卷，有斩衰章、齐衰三年章、齐衰杖期章、齐衰不杖期章、齐衰三月章、殇大功章、正大功章、缌衰章、殇小功章、缌章、纪十一篇，仍以礼服为经，而传说群说为纬，对那些合于经传者加以保存，而成《仪礼礼服通释》。书中卷一，自斩衰章子为父斩衰三年，至齐衰三年章母为长子齐衰三年；卷二，自齐衰期章，父在为母齐衰杖期，至公妾以及士妾为其父母齐衰不杖期；卷三，自齐衰三月章，寄公为所寓齐衰三月，至正大功章，君为姑姊妹女子嫁于国君者，大功九月；卷四，自總章诸侯之大夫为天子總衰裳牡麻絰，既葬除之者，至正小功章，君子为庶母慈己者五月；卷五，自緦麻章族曾祖父母一节，至从父昆弟之子之长，殇一节；卷六，自记公子为其母练冠麻麻衣縓缘一节，至改葬緦皆载。

就纺织文化遗产研究而言，该书对丧服的使用、搭配、面料等进行了考释。如：

"公士大夫之众臣，为其君布带绳屦。斩衰三年……公卿大夫厌于天子、诸侯，故降其众臣布带、绳屦，贵臣得伸，不夺其正。"

贵臣本指公卿大夫位高的家臣，后泛指显贵的大臣，众臣是指除公卿大夫室老，士，贵，其余皆众臣。在君臣等级体系中，天子、诸侯是高一级的正君，公卿大夫是低一等级的君，是前者的臣属，被上一级的正君所约束。这种约束在具体服制上的表现就是降低众臣为自己服的规制，在正常情况下臣为君服斩衰三年之服，腰带与鞋子的形制为绞带、菅屦（更为粗恶），公、卿、大夫的众臣为其君也服斩衰三年，但在具体形制上要降低，即将原来的绞带、菅屦改为布带、绳屦（较为美观）。而公卿大夫的贵臣与近臣则仍然服正常规格的斩衰之服。（图6-8）

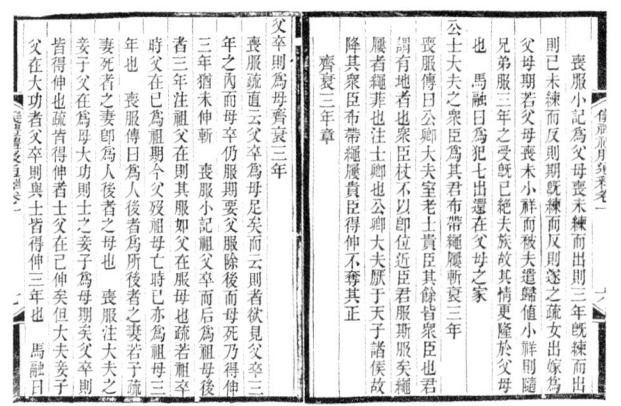

图6-8 "布带、绳屦斩衰三年"·清凌曙撰《仪礼礼服通释》光绪十一年李盛铎撰《木犀轩丛书》本 上海图书馆藏

"子女子子之长殇、中殇、大功布衰裳,牡麻绖,无受者。《丧服》传曰:何以大功也?未成人也。何以无受也?丧成人者,其文缛。丧未成人者,其文不缛。故殇之绖不樛垂,盖未成人也。"

成人与未成年人的服丧制度有所不同,而未成年人也有划分:

"年十六至十九为长殇,十二至十五为中殇,八岁至十一为下殇,不满八岁以下皆为无服之殇。"

成年人,则纹饰繁缛,未成年者则纹饰简单,此外腰间垂带的长短也有分别,未成年的"殇之绖不樛垂",甚至年幼者不用服丧。如:"公子为其母,练冠,麻衣,縓缘,即葬除之。"郑玄曰:"公子者,君之庶子也。为其母谓妾子也。"练,即练,指丝绢漂洗、煮;縓缘,即浅红色的边。此为"公子"丧母时丧服制度。

值得注意的是,全书六卷对丧服制度进行全面总结,斩衰、齐衰、大功、小功、缌麻五种所适用的不同阶级、不同亲疏关系、服丧时间、服装材料制度等进行了归纳整理。古人重视生死,丧葬文化历史久远,丧服一词最早见于《尚书·康王之诰》,春秋时期丧服制度已十分细密完整,儒家整理归纳并将其理想化,写入《仪礼·丧服》篇,其后规范化的丧服制度借助政治的力量,在漫长的封建社会中得到普遍的推行,被历代王朝列入法典,《仪礼礼服通释》则是研究古代丧服制度的重要文献资料,值得注意的是该书对先前学者研究所保留及所删除者,没有去取断语,应与相关著述对比参考。

拓 展 资 料

凌曙(公元1775—1829年),字晓楼,一字子升,江苏江都(今扬州)人。监生,博览载籍,兼工文词,治经传不为俗学。初为香作佣役,后师事沈钦韩、刘逢禄等,旋充塾师,后入京为阮元校辑《经郛》,得见群书。以为《春秋》之义存于《公羊》,而《公羊》之说传自董仲舒。著有《四书典故核》六卷、《公羊礼疏》十一卷、《公羊礼说》一卷、《礼论》百篇和《仪礼礼服通释》等。

李盛铎(公元1858—1937年),字椒微,号木斋江西德化(今九江)。清光绪进士,授翰林院编修，后任京师大学堂总办。曾任江南道监察御史、京师大学堂总办，出使日本大臣等职。其藏书室名为"木樨轩"，其藏书丰富且精，包括宋元本约300部，明刊本2000余部。

木犀轩，一名"木樨轩"，是清末民初著名藏书家李盛铎的藏书楼名。这个名字是李氏四代藏书的总堂号。李盛铎的曾祖父李恕在道光元年（公元1821年）年在江西德化乡间建立的藏书楼，就以此为名。具体位置就在宋代大儒周敦颐的墓旁边，据说藏书有10万卷之多，可惜毁于太平天国。之后李氏又陆续再收罗了一些书籍，但是数量上已经大大逊色。到了李盛铎官至翰林院编修、国史馆协修等职，其父李明樨曾任湖南按察使，对湖南诸多的藏书家如袁芳瑛、叶德辉等人的藏书流出之时，他加以收购，为木犀轩藏书奠定了基础。

徐乾学（公元1631—1694年），字原一，号健庵，清代大臣、学者、藏书家。江苏昆山人，明末清初大儒顾炎武外甥，与弟徐元文、徐秉义皆官贵文名，人称"昆山三徐"。著有《读礼通考》《传是楼书目》《憺园集》等。家有藏书楼"传是楼"，乃中国藏书史上著名的藏书楼，藏书甚富，辑有《传是楼书目》。

参考文献

[1]张景润.凌曙学术思想研究[D].北京：中南民族大学，2020.
[2]钱寅.论凌曙在学术发展史上的意义和价值[J].国际儒学论丛，2022（01）：76–88.
[3]李松涛.尊尊之义：从丧服制度看中国传统政治伦理的情感原则[J].社会，2022，42（06）：79–106.
[4]（清）凌曙.仪礼礼服通释[M].德化李氏木犀轩，1875–1908.
[5]司马朝军.《经解入门》整理与研究下[M].武汉：武汉大学出版社，2017：1106.

柒 文学

一 南朝徐陵编选《玉台新咏》
明崇祯六年吴郡寒山赵均小宛堂刊本

南朝徐陵编选《玉台新咏》明崇祯六年吴郡寒山赵均小宛堂刊本，现藏于哈佛大学燕京图书馆。该书成书时间尚无定论。现存明代版本有：嘉靖十九年（公元1540年）郑玄抚刻本、嘉靖二十八年（公元1549年）五云溪馆活字本、嘉靖年间杨士开刻本、崇祯二年（公元1629年）冯班抄本、崇祯六年（公元1633年）吴郡寒山赵均小宛堂刊本（即本案），清代版本有康熙五十三年（公元1714年）冯鳌刻本、康熙五十六年（公元1717年）刻本、乾隆三十九年（公元1774年）刻本、光绪五年（公元1879年）成都宏达堂刻本、嘉庆十六年（公元1811年）翁心存抄本，1986年景印文渊阁四库全书本等。（图7-1）

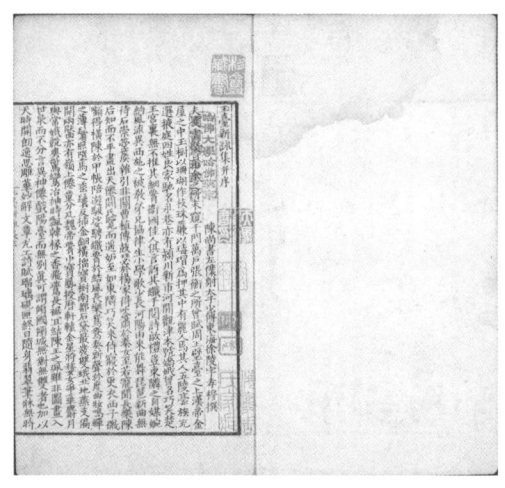

图7-1 序·南朝徐陵编选《玉台新咏》明崇祯六年吴郡寒山赵均小宛堂刊本 哈佛大学燕京图书馆藏

《玉台新咏》又名《玉台集》，全书十卷，是继《诗经》《楚辞》后具有代表性的诗歌总集，选录上自汉魏，下迄梁代七百六十九篇诗歌。所谓"玉台"，旧说比喻女子贞洁，但从序文"周王璧台之上，汉帝金屋之中"语意应本于《穆天子传》，指的是"后庭"。此外，从"往世名篇，当今巧制，分诸麟阁，巧用散在鸿都，不藉篇章，无由披览"诸言语可以看出，编纂此书是为了让那些"无怡神于暇景，惟属意于新诗"的宫妇歌咏或写作时参考，"于是然脂瞑写，弄笔晨书"，遂成《玉台新咏》十卷，成为彼时后宫妇女赏心悦目的宫教读本。当然，书中也保存了一些表现真挚爱情和妇女痛苦的作品，如《古诗为焦仲卿妻作》（又名《孔雀东南飞》）等便初见于此书。

就纺织文化遗产研究而言，该书部分诗词记述了汉至梁的部分服饰名称、颜色、图案、材质等。例如对服饰材质罗的记载："妍姿艳月映，罗衣飘蝉翼。"罗是一种丝织物的名称。在《释名汇校·释彩帛》中："罗，文疏罗也。"

对巾的记载："衣解巾粉御，列图陈枕张。"《说文解字》："巾，佩巾也。"《玉台新咏》中的"巾"不止是指手帕，有时还指毛巾等。对芙蓉图案的记载："以亲芙蓉褥，方开合欢被。"

《玉台新咏》作为一部重要的诗歌总集，不仅保存了大量的文献资料，还收录大量的宫体诗，并将女性美和服饰美纳入古典诗歌的审美范畴。不仅产生了文坛上的新变化，还影响了后世诗风长达数百年，为研究中国古典文学、审美观念和社会风尚提供了重要资料，亦对服饰文化研究多有裨益。

拓 展 资 料

徐陵（公元507—583年），字孝穆，东海郡郯县（今山东省郯城）人。南朝著名文学家、诗人，太子左卫率徐摛之子。出身东海徐氏，以诗文闻名。善于撰文，精通《庄子》《老子》，博涉史籍，颇有口才。梁武帝时期，举秀才出身，出任东宫学士，出入宫中。陈朝建立后，历任左仆射、中书监、侍中、左光禄大夫，受封建昌县侯。今存《徐孝穆集》6卷、《玉台新咏》10卷。

《楚辞》，本义是指楚地的言辞，后来逐渐固定为两种含义：一是诗歌的体裁，二是诗歌总集的名称。在汉代，楚辞也被称为辞或辞赋。西汉末年，刘向将屈原、宋玉的作品以及汉代淮南小山、东方朔、王褒、刘向等人承袭模仿屈原、宋玉的作品共16篇辑录成集，定名为《楚辞》。楚辞遂又成为诗歌总集的名称。由于屈原的《离骚》是《楚辞》的代表作，故楚辞又称为骚或骚体。《诗经》和《楚辞》一起构成了中国古代诗歌史上的两大源头，两者分别开创了中国古代诗歌现实主义和浪漫主义的先河，成为中国古代诗歌史上的"双璧"，在中国文学史上有着特殊的意义。

参 考 文 献

[1]胡守为,杨廷福.中国历史大辞典魏晋南北朝史[M].上海：上海辞书出版社,2000：151.
[2]喻朝刚,张连第.中国古代诗歌辞典[M].成都：四川人民出版社,1989：436.
[3]唐述壮,刘建波.《玉台新咏》中服饰意象的美学探析[J].红河学院学报,2014,12（06）：76-

78+84.

[4]梁艳萍.《玉台新咏》中的女性服饰风俗初探[D].青岛：中国海洋大学，2012.

[5]黄敏婕.《玉台新咏》研究[D].南京：南京师范大学，2012.

[6]曲鹏宇.《玉台新咏》研究[D].长春：东北师范大学，2008.

二 南宋朱熹著《楚辞集注》
端平二年朱鉴刊本

南宋朱熹著《楚辞集注》端平二年（公元1235年）朱鉴刊本，杨氏海源阁旧藏，今藏中国国家图书馆。《楚辞》注本繁多，南宋朱熹所著《楚辞集注》为研究楚辞之善本。《楚辞》版本按朝代分，有西汉刘安《离骚传》，原貌已不可见，只别人引用其部分文字流传，汉末王逸《楚辞章句》十七卷，宋元以前刊本不存。明刊有二：明正德十三年（公元1518年）黄省曾、高第刊本和明夫容馆复宋本十七卷，通行的有商务印书馆《国学基本丛书》本，三乐书坊重印明万历丙戌刻本等。魏晋时有郭璞《楚辞注》，无全貌可窥。唐代有二：其一隋释道骞《楚辞音》残卷，为近代敦煌石窟中发现，被法国伯希和劫至法国，藏于巴黎国民图书馆，其二唐人写本《文选集注》残卷，藏日本金泽文库。宋代主要有二：其一洪兴祖《楚辞补注》，今有四部丛刊影印明翻宋本藏南京图书馆、四部备要排印汲古阁本旧藏丁氏八千卷楼，后藏江南图书馆（今南京图书馆古籍馆）；其二朱熹《楚辞集注》，传世宋元刻有六：嘉定六年（公元1213年）章贡郡刻本、端平二年（公元1235年）朱鉴刊本、宋刻大字本八卷（清内府旧藏）、宋刻本《集注》八卷、《后语》六卷、元至元二年（公元1265年）建安傅子安宅刻本，均藏于中国国家图书馆。元治至元年（公元1264年）建安虞信亨宅刻本，藏于山东省图书馆。元至元二年（公元1265年）建安傅子安宅刻本，藏中国国家图书馆，除此《楚辞集注》元刊存十余种，有两全本存中国国家图书馆。明代有汪瑗《楚辞集解》，存明万历四十三年（公元1615年）汪文英刻本、黄文焕《楚辞听直》，存明崇祯十六年（公元1643年）刻本、清顺治十四年（公元1657年）续刻本，此外还有李陈玉《楚辞笺注》等。清代有周拱辰《离骚草木史》、毛奇龄《天问补注》等。（图7-2）

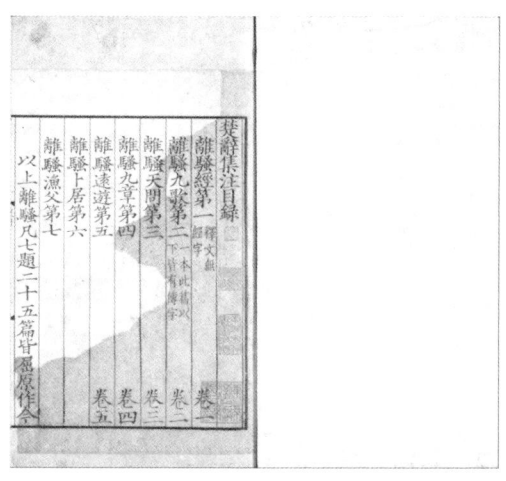

图7-2 目录·南宋朱熹著《楚辞集注》端平二年朱鉴刊本
中国国家图书馆藏

朱熹所注《楚辞集注》，共八卷，卷一至卷五收屈原作品二十五篇，总名之"离骚"，卷六至卷八收宋玉、景差、贾谊、庄忌、淮南小山的作品共十六篇，称"续离骚"。

楚辞是屈原创作的一种新诗体，"楚辞"的名称，西汉初期有之，至刘向乃编辑成集，东汉王逸作《楚辞章句》。全书以屈原作品为主，其余各篇也是承袭屈赋的形式。因其运用楚地的文学样式叙写楚地的山川人物、历史风情，故名《楚辞》。

就纺织文化遗产研究而言，《楚辞》在叙写楚地山川人物、历史风情、抒怀表意时，文字中包含了服饰搭配、祭祀用品等信息。如"扈江离与辟芷兮，纫秋兰以为佩。"描述的是身披"江离""辟芷"之草服，以"兰芷"为佩饰的情景。事实上，以植物作为衣服，在其他先秦古籍中也有记述，如《墨子·辞过》载："古之民，未知为衣服时，衣皮带茭。"《礼记·郊特牲》中有"黄衣黄冠而祭，祭田夫也。野夫黄冠，黄冠，草服也。"，《左氏》襄公十四年，晋人数戎子驹支曰："乃祖吾离，披苫盖。"注曰："盖，苫之别名。"疏曰："言无布帛可衣，唯衣草也。"

再看《离骚》，其中草服还被赋予了象征意义，代表着忠贤之士的高洁情操。而且，文中所述也包括了用来制衣的植物种类及搭配。如"既替余以蕙兮，又申之以揽茝。""制芰荷以为衣兮，集芙蓉以为裳。不吾知其亦已兮，苟余情其信芳。高余冠之岌岌兮,长余佩之陆离。芳与泽其杂糅兮,唯昭质其犹未亏。忽反顾以游目兮,将往观乎四荒。佩缤纷其繁饰兮,芳菲菲其弥章。"这些描述为研究当时纺织文化遗产中的服饰部分提供了丰富素材。

在记述祭祀活动时,提及了巫师所穿之服装,如"灵偃蹇兮姣服,芳菲菲兮满堂。(《楚辞·九歌·东皇太一》)""浴兰汤兮沐芳,华采衣兮若英……龙驾兮帝服,聊翱游兮周章。(《楚辞·九歌·云中君》)""灵衣兮被被,玉佩兮陆离。(《楚辞·九歌·大司命》)"可见在祭祀活动中,服装是重要一环。

祭祀活动中除了服装,其他用具也多见丝织品,如"秦篝齐缕,郑绵络些。(《楚辞·招魂》)"

> "屈原的作品是中国文化史上的一株大树,是汉民族文艺的总的根源之一。"
>
> ——姜亮夫《屈原赋校注》

自西汉以来,历代学者对楚辞进行了大量研究,形成一门专门学问,称为"楚辞学",其上溯至汉代,宋代大兴,近现代更成为中国古典文中的显学,而《楚辞》早在盛唐时便流入日本等汉文化圈国家,16世纪之后,更流传至欧洲。《楚辞》文字之修辞手法、记叙之神话祭祀内容、论述之生命哲理与思考等,都是研究民族精神、传统习俗由来、先秦之古史等内容的珍贵文献资料,在相关的文献记述中,所出现的服饰搭配、名称、祭祀服装的形貌及其与祭祀活动之关系等亦是研究先秦时期服饰文化的重要文献资料。

拓 展 资 料

屈原(约公元前340—前278年),芈姓,屈氏,名平,字原,又自云名正则,字灵均,出生于楚国丹阳秭归(今湖北宜昌),战国时期楚国诗人、政治家。楚武王熊通之子屈瑕的后代。少年时受过良好的教育,博闻强识,志向远大。早年受楚怀王信任,任左徒、三闾大夫,兼管内政外交大事。提倡"美政",主张对内举贤任能,修明法度,对外力主联齐抗秦。因遭贵族排挤诽谤,被先后流放至汉北和沅湘流域。楚国郢都被秦军攻破后,自沉于汨罗江,以身殉楚国。

王逸(约公元89—158年),字叔师,南郡宜城(今湖北宜城)人,东汉学者、文学家。坚持文质统一、美善统一的审美观,从儒家立场肯定屈原的人格和作品,认为屈原忧国忧民、充满激情的文学作品是他高尚人格的体现,肯定屈赋文采斐然,辞藻华美。著有《楚辞章句》为现存最早的《楚辞》注本。

宋玉(公元前约298—前222年),战国时楚人,辞赋家。或称是屈原弟子,曾为楚顷襄王大夫。其流传作品,以《九辩》最为可信。

淮南小山,是西汉淮南王刘安的一部分门客的共称。今仅存辞赋《招隐士》一篇。

东方朔(公元前154—前93年),西汉文学家,字曼倩。平原厌次(今山东德州陵县东北,一说今山东惠民东)人。汉武帝时,为太中大夫。性诙谐滑稽。曾以辞赋谏汉武帝戒奢侈,又陈农战强国之策,然终不为用。辞赋以《答客难》《非有先生论》有名。《汉书·艺文志》杂家有东方朔二十篇,今佚。《神异经》《海内十洲记》等书皆为托名于他的作品。后世传说很多,多非信史。

严忌(生卒年不详),西汉辞赋家。本姓庄,东汉时因避明帝刘庄讳,改为严。会稽吴(今江苏苏州)人。好辞赋,为梁孝王门客。有辞赋二十四篇,仅存《哀时命》一篇,为哀伤屈原之作,见于《楚辞章句》。

景差(生卒年不详),战国时期楚辞赋家。后于屈原,与宋玉同时。《史记·屈原贾生列传》说:"屈原既死之后,楚有宋玉、唐勒、景差之徒,皆好辞而以赋见称;然皆祖屈原之从容辞令,终莫敢直谏。"《汉书·艺文志》未录景差赋。《楚辞》所收《大招》,王逸注称"或曰景差"作。

贾谊(公元前200—前168年),西汉政论家、文学家。洛阳(今河南阳东)人,时称贾生。少有博学能文之誉,文帝初召为博士。不久迁太中大夫,好议国家大事,为大臣周勃、灌婴等排挤,贬为长沙王太傅。后为梁怀王太傅。曾多次上疏,批评时政。建议用"众建诸侯而少其力"的办法,削弱诸侯王势力,巩固中央集权;主张重农抑商,"驱民而归之农";并力主抗击匈奴的攻掠。在贬为长沙王太傅渡湘水时,作《吊屈原赋》,"亦以自谕"。在长沙三年,又作《鹏鸟赋》,自伤不遇。所著政论有《陈政事疏》《过秦论》等,为西汉鸿文。原有集,已散佚,明代辑有《贾长沙集》。另传有《新书》十卷。今人所辑《贾谊集》,包括《新书》十卷。

姜亮夫(公元1902—1995年),原名寅清,字亮夫,以字行。云南昭通人。国学大师、著名的楚辞学、敦煌学、语言音韵学、历史文献学家、教育家。姜亮夫的学术视野极为宏远,研究范围极为广阔,李学勤先生就此有"宽无涯涘"的评价。学术研究涉及历史、语言学、敦煌学、楚辞学等诸领域。著有《中国声韵学》《诗骚联绵字考》《昭通方言疏证》《楚辞通释》等。有《姜亮夫全集》行集。

参 考 文 献

[1]龚红林,夏志强.《楚辞》版本六大谱系的考索——评《楚辞文献丛考》[J].三峡论坛(三峡文学·理论版),2018(04):75-78.
[2]邓声国.《楚辞章句》流传及版本考[J].兰台世界,2008(16):60-61.
[3]漆子扬.今本《楚辞》与刘安的关系及版本源流新探[J].青海师范大学学报(哲学社会科学版),2008(01):74-78.
[4]张磊.古代楚辞学重要论著及版本述评[J].大学图书馆学报,2001(02):78-80+68.
[5]崔富章.《楚辞》版本源流考索——兼及《楚辞要籍解题》之讹误[J].浙江学刊,1987(01):120-125.
[6]李中华.词章之祖——《楚辞》与中国文化[M].河南:河南大学出版社,1998:147-189.
[7]辞海编辑委员会.《辞海》第六版缩印本[M].上海:上海辞书出版社.2011.
[8]江林昌.楚辞研究的回顾与展望[J].文史哲,1996(02):61-66.
[9]汤漳平.楚辞研究二千年[J].许昌学院学报,1989(04):17-24.

三 清彭定求等奉敕撰《全唐诗》

康熙四十六年刊本

清彭定求等奉敕撰《全唐诗》康熙四十六年(公元1707年)刊本,现藏于日本国立国会图书馆。《全唐诗》始编于清康熙四十四年(公元1705年),次年成书,同年即由内府精刻行世。清代另有康熙四十六年(公元1707年)扬州诗局本、清光绪十三年(公元1887年)上海同文书局石印本等。1960年,中华书局出版了王仲闻等人的《全唐诗》点校本,此本据扬州诗局本断句排印,并改正了一些明显的错误,是现行的最好的通本。另有辑补、考订之作:辑补《全唐诗》的著作以日本上毛河世宁(即市河世宁)《全唐诗逸》三卷为最早,成书时间约相当乾隆时期,凡补诗六十六首,句二百七十九条。考订著作有刘师培《全唐诗发微》,收入《左庵集》;岑仲勉《读全唐诗札记》,订正《全唐诗》小传、篇章等错误,甚为精到,收入中华书局上海编辑所(中华上编)版《唐人行第录》。另有王重民的《补全唐诗》《补全唐诗拾遗》、孙望的《全唐诗补逸》、童养年的《全唐诗续补遗》、陈尚君的《全唐诗续拾》。以上四种,由中华书局合编成《全唐诗外编》于1982年出版。20世纪90年代初,由学者陈贻焮主编,全国唐诗研究学者共同协作,完成了《增订注释全唐诗》。(图7-3)

图7-3 书影·清彭定求等奉敕撰《全唐诗》康熙四十五年刊本 日本国立国会图书馆藏

《全唐诗》由清朝康熙年间的彭定求、杨中讷、沈三曾、潘从律、徐树本、车鼎晋、汪绎、查嗣瑮、俞梅、汪士纮10人奉敕编纂,由曹寅具体负责刊刻事宜。全书共九百卷,收录两千八百三十七人的诗歌作品四万九千四零三首。全书架构在明代胡震亨《唐音统签》和清代季振宜《唐诗》的基础上,旁采残碑断碣稗史杂书所载,拾遗补阙,汇聚而成的诗歌总集,既包括已结集者,又含有散逸者。全书以《帝王》《后妃》作品列首,《乐章》《乐府》次之,又以年代为限,列出唐代诗人,附以作者小传。最后是《联句》《逸句》《名媛》《僧》《道士》《仙》《神》《鬼》《怪》《梦》《谐谑》《判》《歌》《谶记》《语》《谚》《谜谣》《酒令》《占辞》《蒙求》《补遗》《词缀》。不仅收集了唐代著名诗人的集子,而且包含一般作家及各类人物的作品,全面反映了唐诗的繁荣景象,是研究唐代历史的重要参考资料。(图7-4)

"闺里佳人年十余,颦蛾对影恨离居。忽逢江上春归燕,衔得云中尺素书。玉手开缄长叹息,狂夫犹戍交河北。万里交河水北流,愿为双燕泛中洲。

君边云拥青丝骑，妾处苔生红粉楼。楼上春风日将歇，谁能揽镜看愁发？晓吹员管随落花，夜捣戎衣向明月。明月高高刻漏长，真珠帘箔掩兰堂。横垂宝幄同心结，半拂琼筵苏合香。琼筵宝幄连枝锦，灯烛荧荧照孤寝。有便凭将金剪刀，为君留下相思枕。摘尽庭兰不见君，红巾拭泪生氤氲，明年若更征边塞，愿作阳台一段云。"

——《全唐诗》卷一百六十五李白《捣衣篇》

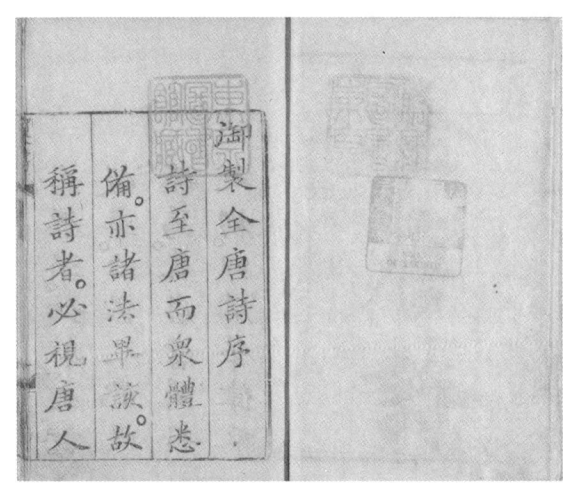

图7-4 御制全唐书序·清彭定求等奉敕撰《全唐诗》康熙四十五年刊本 日本国立国会图书馆藏

就纺织文化遗产而言，《全唐诗》诗句中记载了大量服饰名物，可通过同时期其他文献如史书、政书、类书和笔记小说等记载来考证这些服饰名物。结合当时诗歌中的相关描述，可以进一步揭示服饰名物的产地、用途，以及服装形制的起源和其历史演变过程。

如白居易在《六年冬暮赠崔常侍晦叔》中对褐绫袭记载："香开绿蚁酒，暖拥褐绫袭。"又如李山甫《早春微雨》诗句中对女子着翠、绿、青、碧色衣裳的记载："青罗舞袖纷纷转，红脸啼珠旋旋收。"以及白居易《春题湖上》："碧毯线头抽早稻，青罗裙带展新蒲。"

《全唐诗》将唐代诗歌汇为一帙，为研究者提供了便利。值得注意的是，由于成书仓促，该书亦存在不足，主要表现为：未及广检群书，故缺漏甚多；考订粗疏，多有误收，今人考订其误收他朝诗即达数百首之多，唐人张冠李戴、重收复出之作亦不少；小传较疏舛，作者先后次第亦多混乱；诸诗皆不注出处，征引者难以覆按；校勘不精，诗题及诗句错误较多。如刘禹锡《竹枝词》、李白《将进酒》没有出现在本人的诗卷中，却在乐府或词卷中占了一席之地。到了近代，有不少学者在进行辑补的工作，在订正了一些谬误的同时，也扩增了《全唐诗》的内容，故在使用时应结合对比研究。

拓 展 资 料

彭定求（公元1645—1719年），字勤止，号访濂，又号南畇，晚号止庵，学者称其"南畇先生"。长洲（今江苏苏州）人。清朝大臣、诗文作家、学者。著有《儒门法语》《阳明毁释录》《周忠介遗事》《南畇文稿》等。

王仲闻（公元1902—1969年），名高明，仲闻其字，号幼安，晚又号学初，浙江海宁盐官镇人。校勘家。著有《李清照集校注》等。

《全唐诗逸》是清代日本上毛河世宁编著的诗总集。补录《全唐诗》失收的唐人诗篇，计完篇六十六首，补缺六首，零句二百七十九题，涉及作者一百二十八人。所据皆为日本存传的中日两国典籍，如张鹜《游仙窟》、李峤《杂咏诗》、释空海《文镜秘府论》、大江维时《千载佳句》等。

岑仲勉（公元1886—1961年），原名铭恕、汝懋，字仲勉。其于史学考证，有《两周文史论丛》《墨子城守各篇简注》《隋书求是》《通鉴隋唐纪比事质疑》《唐史馀渖》，有专著《突厥集史》《西突厥史料补阙及考证》《汉书西域传地里校释》《佛游天竺记考释》《黄河变迁史》等。

胡震亨（公元1569—1645年），明代文学家、藏书家。原字君邕，后改字孝辕，自号赤城山人，晚号遯叟。辑有《唐音统签》《李诗通》《杜诗通》《秘册汇函》，另著有《靖康资鉴录》《赤城山人稿》《海盐图经》《读书杂录》等。

季振宜（公元1630—不详）字诜兮，号沧苇，明末清初著名藏书家、版本学家、校勘家。著有《听雨楼集》《精思堂集》《诗稿》《奏疏》等。

参 考 文 献

[1]刘烨.基于《全唐诗》的唐代服饰研究[D].武汉：华中师范大学, 2019.
[2]闫小敏.《全唐诗》服饰与隐喻研究[D].武汉：湖北师范大学, 2023.
[3]谢谦.国学词典[M].成都：四川辞书出版社, 2018: 05.
[4]翁长松.清代版本叙录[M].上海：上海远东出版社, 2015: 62.

跋

本书的立项源于一次田野考古现场出土纺织品命名问题所引发的思考。时值"青海都兰热水墓葬2018血渭一号墓"出土一块扎经染色织物残片，各方就其称谓展开讨论，有学者依据图案构型提出是新疆"艾德莱斯绸"的早期产物，还有学者根据织造工艺提出应命名为"絣"，但始终未能达成一致。作为现存出土时间最早且保存信息最为完整的古代扎经染色织物样本，其研究成果对相关技术的溯源具有重要的实证价值，而厘清其命名问题，则成为首要任务。

此后，研究团队针对该问题展开文献档案的调查分析，发现1982年至1985年，该地区曾出土过同类型的纺织品。彼时的研究报告结合中国古代史料与日本学者的研究成果进行分析，认为"用絣来命名扎经染色织物完全恰当"，理由是东晋《华阳国志》针对"絣"曾有"殊缕布者，盖殊其缕色而相间织之"的工艺记录，也正是凭借着这一证据，使该观点被当今学界普遍接纳，并成为构建中国扎经染色技术研究的基础理论。然而，查历代传本却发现《华阳国志》原文中并无这段描述，相关内容实为清人段玉裁撰写《说文解字注》时附于文后的注释，且同时期《说文解字义证》《说文解字句读》等书的作者均对该字的释义提出了不同观点，因此"絣"与扎经染色织物在事实上并无直接联系。而造成这一现象的原因在于报告作者引用了未经点校的《说文解字注》，亦未据此条目对文献进行比较分析，最终造成纺织文化遗产研究理论建构的缺憾。

观点易得，考据关山。为了给未来研究者提供较为详实的参考资料，研究团队策划编撰此书，经过三年多的筹备，在中国社会科学院考古研究所各级领导、同事的帮助和支持下，《纺织文化遗产文献集成·亨集》如期付梓。是书收录7类共100条文献，包括先秦典籍14条、笔记54条、类书9条、专论13条、地理2条、举要5条、文学3条。感谢苏州大学许星教授对凡例及撰写体例的指正，东华大学郑嵘教授对版本文献的选用给出的诸多意见，故宫博物院严勇研究馆员对定稿内容给予的指导和肯定。参与该项目的研究生有赵睿、谷雨珊、罗春晓、王文汐、徐伟津、于思萌、袁苏喻、郑瑶等，在此一并感谢。

古籍文献浩瀚，点校之过难免，望读者体谅指正。

乙巳季夏于大德堂

参考文献

[1] (元)龙辅,(清)陈尚古.女红余志;簪云楼杂说[M].德清图书馆,编.杭州:浙江古籍出版社,2014.

[2] (清)严可均.全后汉文下[M].北京:商务印书馆,1999.

[3] (清)永瑢,纪昀.四库全书总目提要[M].周仁等,整理.海口:海南出版社,1999.

[4] (清)任大椿.深衣释例[M].上海:上海古籍出版社,1996.

[5] (清)凌曙.仪礼礼服通释[M].德化李氏木犀轩,1875-1908.

[6] 四库全书总目[M].北京:中华书局,1965.

[7] 张孟伦.中国史学史(上)[M].兰州:甘肃人民出版社,1982.

[8] 赵则诚,张连弟.中国古代文学理论词典[M].长春:吉林文史出版社,1985.

[9] 中国大百科全书总编辑委员会《中国历史》编辑委员会秦汉史编写组,中国大百科全书出版社编辑部.中国大百科全书中国历史秦汉史2[M].北京:中国大百科全书出版社,1986.

[10] 王晓岩.分类选注历代名人论方志[M].沈阳:辽宁大学出版社,1986.

[11] 夏征农.辞海中国古代史分册[M].上海:上海辞书出版社,1988.

[12] 祝慈寿.中国古代工业史[M].上海:学林出版社,1988.

[13] 胡道静.简明古籍辞典[M].济南:齐鲁书社,1989.

[14] 郑乃臧,唐再兴.文学理论词典[M].北京:光明日报出版社,1989.

[15] 喻朝刚,张连第.中国古代诗歌辞典[M].成都:四川人民出版社,1989.

[16] 任道斌,李世愉,商传.简明中国古代文化史词典[M].北京:书目文献出版社,1990.

[17] 周文英.中国逻辑史资料选汉至明卷[M].兰州:甘肃人民出版社,1991.

[18] 王恒展,方晓明,房小军,等.中国古代寓言大观中[M].济南:明天出版社,1991.

[19] 吴永章.中国南方民族史志要籍题解[M].北京:民族出版社,1991.

[20] 顾明远.教育大辞典8[M].上海:上海教育出版社,1991.

[21] 卢德平.中华文明大辞典[M].北京:海洋出版社,1992.

[22] 姜彬.中国民间文学大辞典[M].上海:上海文艺出版社,1992.

[23] 周谷城,潘富恩.中国学术名著提要哲学卷[M].上海:复旦大学出版社,1992.

[24] [日]天野元之助.中国古农书考[M].彭世奖,林广信,译.北京:农业出版社,1992.

[25] 李水海.中国小说大辞典先秦至南北朝卷[M].西安:陕西人民出版社,1994.

[26] 安作璋.中国古代史史料学[M].福州:福建人民出版社,1994.

[27] 中外名人研究中心.中国文化资源开发中心.中国名著大辞典[M].合肥:黄山书社,1994.

[28] 朱林宝.中华文化典籍指要[M].济南:山东人民出版社,1994.

[29] 安作璋.中国古代史史料学[M].福州:福建人民出版社,1994.

[30] 周谷城,姜义华.中国学术名著提要历史卷[M].上海:复旦大学出版社,1994.

[31] 白寿彝.中国通史第5卷中古时代三国两晋南北朝时期上[M].上海:上海人民出版社,1995.

[32]彭浩.楚人的纺织与服饰[M].武汉:湖北教育出版社,1996.

[33]蒋祖怡,陈志椿.中国诗话辞典[M].北京:北京出版社,1996.

[34]周汛,高春明.中国衣冠服饰大辞典[M].上海:上海辞书出版社,1996.

[35]沈津.书城挹翠录[M].上海:上海社会科学院出版社,1996.

[36]黄世瑞.中国古代科学技术史纲农学卷[M].沈阳:辽宁教育出版社,1996.

[37]赵桂芝.岱庙古籍[M].济南:山东画报出版社,1998.

[38]倪士毅.中国古代目录学史[M].杭州:杭州大学出版社,1998.

[39]老铁.中华野史辞典[M].郑州:大象出版社,1998.

[40]李中华.词章之祖——《楚辞》与中国文化[M].郑州:河南大学出版社,1998.

[41]夏征农,等.辞海(缩印本)[M].上海:上海辞书出版社,2000.

[42]胡守为,杨廷福.中国历史大辞典魏晋南北朝史[M].上海:上海辞书出版社,2000.

[43]赵法新.中医文献学辞典[M].北京:中医古籍出版社,2000.

[44]缪良云.中国衣经[M].上海:上海文艺出版社,2000.

[45]赵法新.中医文献学辞典[M].北京:中医古籍出版社,2000.

[46]张忠纲.全唐诗大辞典[M].北京:语文出版社,2000.

[47]胡守为,杨廷福.中国历史大辞典魏晋南北朝史[M].上海:上海辞书出版社,2000.

[48]高春明.中国服饰名物考[M].上海:上海文化出版社,2001.

[49]李之檀.中国服饰文化参考文献目录[M].北京:中国纺织出版社,2001.

[50]西安市地方志编纂委员会.西安市志第6卷科教文卫[M].西安:西安出版社,2002.

[51]高春明.中国服饰[M].上海:上海外语教育出版社,2002.

[52]赵山林.大学生中国古典文学词典[M].广州:广东教育出版社,2003.

[53]石昌渝.中国古代小说总目文言卷[M].太原:山西教育出版社,2004.

[54]李国强,傅伯言.赣文化通志[M].南昌:江西教育出版社,2004.

[55]张廷玉,等.明史15[M].长春:吉林人民出版社,2005.

[56]司马朝军.《四库全书总目》编纂考[M].武汉:武汉大学出版社,2005.

[57]包铭新.中国染织服饰史文献导读[M].上海:东华大学出版社,2006.

[58]张明,于井尧.中国科技史[M].长春:吉林文史出版社,2006.

[59]赵传仁,鲍延毅,葛增福.中国书名释义大辞典[M].济南:山东友谊出版社,2007.

[60]梅自强.纺织辞典[M].北京:中国纺织出版社,2007.

[61]刘雨婷.中国历代建筑典章制度下[M].上海:同济大学出版社,2010.

[62]安树芬,彭诗琅.中华教育通史第9卷[M].北京:京华出版社,2010.

[63]张勃.明代岁时民俗文献研究[M].北京:商务印书馆,2011.

[64]朱笛.服饰史探微[M].徐州:中国矿业大学出版社,2012.

[65]王记录.中国史学史[M].郑州:大象出版社,2012.

[66]包铭新.中国北方古代少数民族服饰研究4-5 吐蕃卷 党项、女真卷[M].上海:东华大学出版社,2013.

[67]周启澄,程文红.纺织科技史导论第2版[M].上海：东华大学出版社,2013.

[68]山右历史文化研究院.山右丛书初编12[M].上海：上海古籍出版社,2014.

[69]周宪,童强.艺术理论基本文献中国古代卷[M].北京：生活•读书•新知三联书店有限公司,2014.

[70]邵庆国.宋代科技成就[M].郑州：河南科学技术出版社,2014.

[71]陈福康.井中奇书新考：郑思肖《心史》暨宋季明季爱国诗文研究[M].上海：上海外语教育出版社,2015.

[72]黄飙.历代笔记选析[M].福州：海峡文艺出版社,2015.

[73]曲彦斌.语言民俗学概要[M].北京：大象出版社,2015.

[74]杨倩描.宋代人物辞典下[M].保定：河北大学出版社,2015.

[75]王烨.中国古代纺织与印染[M].北京：中国商业出版社,2015.

[76]白寿彝.中国通史3第3卷上古时代上[M].上海：上海人民出版社,2015.

[77]翁长松.清代版本叙录[M].上海：上海远东出版社,2015.

[78]姚继荣,姚忆雪.唐宋历史笔记论丛[M].北京：民族出版社,2016.

[79]何宗美.明末清初文人结社研究[M].上海：中华书局,2016.

[80]孙机.华夏衣冠 中国古代服饰文化[M].上海：上海古籍出版社,2016.

[81]孔敏.唐代小说在明清时期的传播研究[M].北京：商务印书馆,2017.

[82]罗志欢.中国丛书综录选注（上）[M].济南：齐鲁书社,2017.

[83]司马朝军.《经解入门》整理与研究（下）[M].武汉：武汉大学出版社,2017.

[84]周启澄,赵丰,包铭新.中国纺织通史[M].上海：东华大学出版社,2018.

[85]白卓然,张漫凌.中国历代易学家与哲学家[M].哈尔滨：黑龙江人民出版社,2018.

[86]谢谦.国学词典[M].成都：四川辞书出版社,2018.

[87]黄赞雄,赵翰生.中国古代纺织印染工程技术史[M].太原：山西教育出版社,2019.

[88]杨宽.战国史[M].上海：上海人民出版社,2019.

[89]游光中,黄代燮.中外诗学大辞典[M].成都：四川辞书出版社,2020.

[90]路晓农.历代梁祝史料辑存[M].上海：复旦大学出版社.2020.

[91]祁连休,冯志华.中国民间故事通览5卷[M].石家庄：河北教育出版社,2021.

[92]黎晓宏,王嘉川,张毅.老北京述闻史籍志书[M].北京：北京出版社,2021.

[93]于翠玲.中国书籍文化史研究[M].上海：中国传媒大学出版社,2022.

[94]谷继明.《周易注疏》版本流变及阮刻《周易正义》补议[J].周易研究.

[95]庞石帚.跋《万历野获编》[J].四川大学学报（社会科学版）,1959(04)：161-170.

[96]陈恩林.《春秋》和《公羊传》的关系[J].史学史研究,1982(04)：35-45.

[97]刘起釪.《尚书》与群经版本综述[J].史学史研究,1982.

[98]钱玉林.陈元龙的《格致镜原》——十八世纪初的科技史小型百科全书[J].辞书研究,1982（05）：156-161.

[99]章楷.我国的古蚕书[J].中国农史,1982(02)：89-94.

[100]周一良.读《邺中记》[J].内蒙古社会科学,1983(04)：102-110.

[101]席克定.对《炎徼纪闻》一条记载的考订[J].民族研究,1983(02):63-65.

[102]孙机.唐代妇女的服装与化妆[J].文物,1984(04):57-69.

[103]华德公.从《野蚕录》等书看清代柞蚕饲育技术[J].蚕业科学,1984(01):46-51.

[104]冯君实.《邺中记》辑补[J].古籍整理研究学刊,1985(02):5-13+17.

[105]郝时远.元《王祯农书》成书年代考[J].中国农史,1985(01):95-98.

[106]罗晃潮.《洛阳伽蓝记》版本述考[J].文献,1986(01):214-219+289.

[107]郑明.《野客丛书》杂考[J].古籍整理研究学刊,1986(03):45-50.

[108]黄立振.《论语》源流及其注释版本初探[J].孔子研究,1987(02):9-17.

[109]方建新.关于《石林燕语》的成书时间[J].杭州大学学报(哲学社会科学版),1987(04):26-28.

[110]魏东.论秦观《蚕书》[J].中国农史,1987(01):82-88.

[111]崔富章.《楚辞》版本源流考索——兼及《楚辞要籍解题》之讹误[J].浙江学刊,1987:120-125.

[112]袁庭栋.评《七国考订补》[J].四川大学学报(哲学社会科学版),1988(01):106-112.

[113]王铁.试论《论语》的结集与版本变迁诸问题[J].孔子研究,1989(03):58-65.

[114]邓贵忠.事物异名及《事物异名录》[J].广东图书馆学刊,1989(01):96-98.

[115]汤漳平.楚辞研究二千年[J].许昌学院学报,1989(04):17-24.

[116]肖新祺.河北古代儒家《荀子》版本著录考[J].文物春秋,1991(03):39-40.

[117]张秀芳.沈德符与《万历野获编》[J].黑龙江图书馆,1991(05):55-56.

[118]冯惠民.陈耀文和他的《天中记》[J].文献,1991(01):231-240.

[119]高振铎.《格致镜原》及其引书的特点[J].古籍整理研究学刊,1991(05):6-9+49.

[120]张履祥.事物异名类编词典的先导——《事物异名录》[J].辞书研究,1991(03):108-116.

[121]肖克之,李兆昆.王祯《农书》版本小考[J].古今农业,1992(01):56-57+63.

[122]华德公.中国古蚕书的检索与评价[J].蚕业科学,1992(03):184-194.

[123]孙家洲.《战国策》记事年限与作者考析[J].中国人民大学学报,1993(05):107-113.

[124]冯达文.道家与中国传统的文化批判精神[J].中国哲学史,1993(03):26-30.

[125]任福禄.论《左传》的历史和文学价值——兼论其版本、注本[J].西藏民族学院学报(社会科学版),1993(04):79-84.

[126]赵振兴.宋代《诗经》版本述略[J].古汉语研究,1994:4.

[127]孙顺霖.陈耀文和他的《天中记》[J].天中学刊(驻马店师专学报),1995(02):19-22.

[128]郑慧生.一部罕见的类书——《天中记》[J].中国典籍与文化,1995(02):40-43.

[129]郭沂.再造原始《论语》及其在西汉以前的流传[J].中国哲学史,1996(04):38-47.

[130]卢贤中.《庄子》的注本与版本[J].文献,1996(04):246-251.

[131]黄世瑞.《鸡肋编》的科技史价值[J].中国科技史料,1996(02):13-20.

[132]江林昌.楚辞研究的回顾与展望[J].文史哲,1996(02):61-66.

[133]陈志辉.阮元与《十三经注疏》[J].扬州大学学报(人文社会科学版),1997:4.

[134]陈福康.崇祯末《心史》刊刻经过及序跋者考[J].学术月刊,1998(12):79-86.

[135]孙显军.任大椿生平学术考述[J].文教资料,1998(06):108-117.

[136]顾颉刚.《尚书》的版本源流与校勘[J].中国典籍与文化论丛,1999:1-46.

[137]欧安年.《萍洲可谈》涉及的岭南海洋文化[J].广州大学学报(综合版),1999(01):79-81.

[138]肖克之,曹建强.《王祯农书》明清版本之比较[J].农业考古,1999(03):289-290.

[139]张则桐.张岱《夜航船》与笔记小说[J].明清小说研究,2000(03):170-174.

[140]张则桐.张岱和《夜航船》[J].文史杂志,2000(01):16-18.

[141]袁建平.中国古代服饰中的深衣研究[J].求索,2000(02):113-116.

[142]史梅.《扬州画舫录》版本初探[J].南京大学学报(哲学.人文科学.社会科学版),2001(05):89-95+116.

[143]肖克之.《农政全书》版本说[J].古今农业,2001(01):83-84.

[144]肖克之.《豳风广义》版本说[J].农业考古,2001(03):204-205.

[145]陈桥驿.《水经注》之误[J].中国地名,2001(04):10.

[146]张磊.古代楚辞学重要论著及版本述评[J].大学图书馆学报,2001(02):78-80+68.

[147]巩日国.《管子》版本述略[J].管子学刊,2002(03):11-19.

[148]陈其泰.春秋公羊学说体系的形成及其特征[J].山东大学学报(哲学社会科学版),2002(06):15-21+56.

[149]喻遂生.《尚书正义》点校札记[J].西南师范大学学报(人文社会科学版),2002.

[150]肖克之.《御题棉花图》版本说[J].中国农史,2002(02):107-108.

[151]郭培贵,原瑞琴.《国朝典汇》辑成年代考[J].图书馆杂志,2003(10):74-75.

[152]林忠军.从战国楚简看通行《周易》版本的价值[J].周易研究,2004:16-20.

[153]崔涛.现存《春秋繁露》单行本版本考略[J].华中科技大学学报(社会科学版),2004(03):95-98.

[154]齐慧源.《世说新语》的特殊服饰与魏晋服饰文化[J].徐州教育学院学报,2004(03):75-77.

[155]钟盛.从《洛阳伽蓝记》看北魏时期洛阳的经济发展状况[J].佳木斯大学社会科学学报,2004(01):74-76.

[156]沈乃文.《事文类聚》的成书与版本[J].文献,2004(03):162-174.

[157]姜昳.中国第一部刺绣专著《绣谱》及其作者丁佩[J].中国典籍与文化,2004(02):47-52.

[158]周昌梅.何晏《论语集解》版本考辨[J].古籍整理研究学刊,2005(01):77-82.

[159]刘悦,闻卓.《战国策》的成因及文献价值综述[J].古籍整理研究学刊,2005(04):18-22.

[160]张炳林.略说《墨子》重要版本的传承关系[J].山东图书馆季刊,2005(02):119-122.

[161]刘国民.论《公羊传》对《春秋》的解释[J].湖北大学学报(哲学社会科学版),2005(03):338-341.

[162]张翠萍,陈志伟.《洛阳伽蓝记》版本考释[J].图书馆学研究,2005(11):92-95+91.

[163]刘尚恒.朱氏存素堂藏书、著书和校印书[J].图书馆工作与研究,2005(01):27-31.

[164]谢元鲁.《岁华纪丽谱》《笺纸谱》《蜀锦谱》作者考[J].中华文化论坛,2005(02):21-26.

[165]张岱年.中国文化的基本精神[J].党的文献,2006(01):94-95.

[166]沙志利.略论蜀大字本《论语注疏》的校勘价值[J].中国典籍与文化,2006(01):29-34.

[167]唐明贵.朱熹《论语集注》探研[J].中华文化论坛,2006(03):116-121.

[168]姜朝晖,雷恩海.《高士传》的产生背景及版本流传考述[J].语文知识,2007(03):11-17.

[169]原瑞琴.徐学聚《国朝典汇》编纂特色之探析[J].江西社会科学,2007(02):120-123.

[170]高华平.《论语集解》的版本源流述略[J].中国典籍与文化,2008(02):4-10.

[171]马辉芬.《吕氏春秋》注文版本及著录情况[J].图书馆理论与实践,2008(06):62-64.

[172]张步天.简论《山海经》吴宽抄本[J].湖南城市学院学报,2008(02):9-11.

[173]杨栋,曹书杰.二十世纪《淮南子》研究[J].古籍整理研究学刊,2008:78-88.

[174]安正发.皇甫谧《高士传》的叙事特征[J].广西社会科学,2008(12):153-156.

[175]鞠明库.论朱国祯《涌幢小品》的史料价值[J].兰台世界,2008(02):53-54.

[176]邓声国.《楚辞章句》流传及版本考[J].兰台世界,2008(16):60-61.

[177]漆子扬.今本《楚辞》与刘安的关系及版本源流新探[J].青海师范大学学报(哲学社会科学版),2008(01):74-78.

[178]李小成.王弼《周易注》版本述略[J].兰台世界,2009:54-55.

[179]潘瑞国.《松漠纪闻》若干问题探讨[J].中国边疆民族研究,2009(00):180-193+408.

[180]上官艳艳.田汝成与《炎徼纪闻》研究[J].中国边疆民族研究,2009(00):252-259+410.

[181]杨继光.《万历野获编》历史名词杂考[J].五邑大学学报(社会科学版),2009,11(03):87-91.

[182]李淑萍.《万历野获编》:描摹明代政治风云的历史画卷[J].河南社会科学,2009,17(04):140-142.

[183]孔明丽.《元和郡县图志》研究述略[J].理论界,2009(06):118-120.

[184]陈少明.《论语》的历史世界[J].中国社会科学,2010(03):38-50+220-221.

[185]高小瑜.《吕氏春秋》研究三十年[J].绥化学院学报,2010,30(06):81-83.

[186]郑小枚.论《诗经》版本形态的原始嬗变[J].中国韵文学刊,2010:1-5.

[187]吴福秀.论古代类书的思想史研究意义——以《法苑珠林》为中心[J].西南农业大学学报(社会科学版),2010,8(04):144-145.

[188]郭朝辉.《松窗梦语》中周边少数民族史料价值研究[J].黑龙江史志,2010(03):13-14.

[189]李日强.风尚·政策·社会变迁——《万历野获编》史料一则解读[J].书屋,2010(10):73-75.

[190]胡正艳.繁华背后的落寞——从《万历野获编》管窥明代后期的文学思潮[J].海南广播电视大学学报,2010,11(02):7-11.

[191]桂强.《长物志》的艺术美学思想[J].南通大学学报(社会科学版),2010,26(01):106-111.

[192]吴伟.《周易集注》的早期版本[J].图书情报工作,2011:144-147.

[193]陈来.《论语》的德行伦理体系[J].清华大学学报(哲学社会科学版),2011,26(01):127-145.

[194]马志伟,金欣欣.《春秋公羊传》的核心思想与流传过程诸论[J].江汉大学学报(人文科学版),2011,30(06):67-73.

[195]王云路,徐曼曼.试论何休《春秋公羊传解诂》的语言学价值[J].语言研究,2011,31(02):26-31.

[196]王娇.陶宗仪《南村辍耕录》之成书考[J].现代语文(文学研究),2011(04):15-16.

[197]郭朝辉.张瀚之《松窗梦语》成因[J].安徽文学(下半月),2011(12):92-93.

[198]原瑞琴,丁富信.余继登《典故纪闻》史料价值新议[J].历史教学(下半月刊),2011(11):46-51.

[199]高志忠.《酌中志》的文学文献学价值[J].文艺评论,2011(12):133-139.

[200]刘冰.宋刻本《记纂渊海》[J].图书馆学刊,2011,33(02):2.

[201]王刚.《国朝典汇》(明太祖部分)史料来源及文献价值考[J].乐山师范学院学报,2011,26(08):101-103.

[202]刘明,王承海.宋本《荀子》刊刻考略[J].图书馆杂志,2012,31(04):87-91+66.

[203]史冬青.《荀子》研究综述[J].枣庄学院学报,2012,29(01):49-52.

[204]徐丽华.《吕氏春秋》文献学研究述评[J].牡丹江师范学院学报(哲学社会科学版),2012,(06):53-56.

[205]王增学.论《隋唐嘉话》的文学因素及对后世文学的影响[J].山东理工大学学报(社会科学版),2012,28(02):36-39.

[206]谢静.敦煌石窟中蒙古族服饰研究之三——蒙元时期各少数民族服饰对蒙古族服饰的影响[J].艺术设计研究,2012(03):46-48.

[207]曾洁.《梦梁录》与咸淳《临安志》[J].中国地方志,2012(05):57-61+5.

[208]陈杰.《松窗梦语》中一段史料的教学——兼谈张瀚的籍贯问题[J].历史教学(中学版),2012(12):32-35.

[209]胡梦飞.明代《万历野获编》的写作特点及其史料价值[J].徐州工程学院学报(社会科学版),2012,27(06):74-77.

[210]刘天振.《广博物志》小说性质探论[J].中国文学研究(辑刊),2012(02):105-118.

[211]蒋成忠.秦观《蚕书》释义(一)[J].中国蚕业,2012,33(01):80-84.

[212]蒋成忠.秦观《蚕书》释义(二)[J].中国蚕业,2012,33(02):79-82.

[213]任志波,马秀娟.《蚕桑萃编》——我国近代北方蚕桑知识大全[J].安徽农业科学,2012,40(03):1924-1926.

[214]李峻岫.试析八行本《孟子注疏解经》的版本价值[J].儒家典籍与思想研究,2013:133-147.

[215]俞林波.元刊《吕氏春秋》考述[J].船山学刊,2013,(04):121-123.

[216]唐元.何休《春秋公羊解诂》的体例特色[J].大连海事大学学报(社会科学版),2013,12(04):97-100.

[217]王建美.史家意识与遗民心态——南宋遗民郑思肖及其《心史》[J].前沿,2013(06):145-146.

[218]陈昌云.《艺苑卮言》的复杂成书与思想局限[J].古籍研究,2013(02):261-268.

[219]郑小华.谈迁《枣林杂俎》研究[J].黑龙江史志,2013(21):2.

[220]周雯.《元和郡县图志》之时间断限、书名及卷次诸问题考辨[J].历史地理,2013(01):284-291.

[221]李雪艳.丝裘棉麻与料之贵贱——中国明代服饰质料的礼法等级制约[J].艺术百家,2013,29(5):220,221.

[222]赵海霞.《洛阳伽蓝记》版本述评[J].华夏文化,2014(01):53-55.

[223]朱仙林.《天中记》版本源流考略[J].图书馆杂志,2014,33(07):98-107.

[224]曹雪,李斌,杨小明.《豳风广义》中的蚕桑丝织研究[J].服饰导刊,2014,3(04):23-28.

[225]徐勤.丁佩《绣谱》价值批判[J].创意设计源,2014(06):46-51.

[226]唐述壮,刘建波.《玉台新咏》中服饰意象的美学探析[J].红河学院学报,2014,12(06):76-78+84.

[227]俞慧君,高月英,卢芹娟.姚宏《剡川姚氏本战国策》版本流传述略[J].图书馆理论与实践,2015,8.

[228]彭卉.两宋《春秋公羊传注疏》版本考[J].宁德师范学院学报(哲学社会科学版),2015(01):83-88.

[229]陈功文.明刊《淮南子》版本考[J].岳阳职业技术学院学报,2015:98-103.

[230]杨旭辉."独力难将汉鼎扶,孤忠欲向湘累吊"——苏州承天寺的"井中奇书"《心史》[J].古典文学知识,2015(06):131-137.

[231]马秀娟,李会敏.朱启钤对图书事业的贡献[J].经济研究导刊,2015,255(01):300-301.

[232]林家豪.沈德符史学思想探析——基于《万历野获编》的史料记载[J].嘉兴学院学报,2015,27(02):25-36.

[233]郝泽华.历代《论语》注释梳理与研究[J].赤峰学院学报(汉文哲学社会科学版),2016,37(08).

[234]康廷山.读《荀子版本源流考》劄记[J].中华文史论丛,2016(03):373-385+409.

[235]黄跃先.墨子墨家墨者《墨子》[J].西部皮革,2016,38(4):218.

[236]魏宏远.王世贞《艺苑卮言》的文本生成及文学观之演进[J].陕西师范大学学报(哲学社会科学版),2016,45(06):33-40.

[237]贾飞.《艺苑卮言》成书考释[J].文献,2016(06):140-151.

[238]董一平.十里春风雕琢丝中繁花——缂丝中的宋人书画[J].江苏丝绸,2016,243(05):35-38.

[239]向谦.《考槃余事》的编撰者及不同版本比较研究[J].浙江艺术职业学院学报,2016,14(01):26-32.

[240]胡世明.《元和郡县图志》校勘一则[J].中国历史地理论丛,2016,31(04):142.

[241]闫宁.日藏狩谷望之过录宋台州本《荀子》考述[J].诸子学刊,2017(02):210-219..

[242]莫艳梅.《诸蕃志》:中西文化交流与海上丝绸之路的志书[J].中国地方志,2017(05):52-58+64.

[243]朱丽芳,全相卿.北宋《幕府燕闲录》散见史料辨析[J].广东社会科学,2017(03):125-132.

[244]王景东.《渑水燕谈录》丧葬词汇考释[J].西昌学院学报（社会科学版），2017，29（03）：55-59+97.

[245]李欣.《燕翼诒谋录》版本价值之研究[J].法制与社会，2017（18）：288-289.

[246]陈晶.《梦粱录》中南宋临安市井手工艺店铺分布考[J].新美术，2017，38（11）：24-29.

[247]李强，李斌，曹孟莎.《齐东野语》中的纺织考辨[J].丝绸，2017，54（09）：80-86.

[248]杜学林.沈德符《万历野获编》原编卷数辨析[J].嘉兴学院学报，2017，29（05）：86-89+118.

[249]于莉娜.《酌中志略》考述[J].图书馆学刊，2017，39（06）：128-131.

[250]孙萌.《绣谱》与《雪宧绣谱》比较研究[J].装饰，2017（04）：128-129.

[251]高国金.《蚕桑合编》版本及流传考辨[J].中国农史，2017，36（05）：125-133.

[252]王凯佳，李甍.《天水冰山录》中的明代纺织服饰信息解析[J].丝绸，2017，54（11）：83-88.

[253]吴小洪，陈功文.《正统道藏》本《淮南子》考论[J].周口师范学院学报，2018：17-20+50.

[254]李欣.宋代笔记中的元丰官制记载研究——以《文昌杂录》为中心[J].洛阳理工学院学报（社会科学版），2018，33（05）：67-73.

[255]魏宏远.王世贞《艺苑卮言》实物印本考覈[J].兰州大学学报（社会科学版），2018，46（06）：60-71.

[256]秦跃宇，黄睿.《考槃余事》版本考辨[J].宁波大学学报（人文科学版），2018，31（02）：14-20.

[257]黄传星.陈仁锡著述刻书考略[J].斯文，2018（01）：191-218.

[258]王玉超.陶珽生平及交游考述[J].西南交通大学学报（社会科学版），2018，19（05）：115-121.

[259]龚红林，夏志强.《楚辞》版本六大谱系的考索——评《楚辞文献丛考》[J].三峡论坛（三峡文学·理论版），2018（04）：75-78.

[260]赵耿昊.《战国策》成书过程中非游士因素考[J].科学·经济·社会，2019，37（04）：113-118.

[261]李秀华.《淮南子》北宋本流传考辨[J].文献，2019：103-116.

[262]刘琪.从《明皇杂录》看唐代宫廷乐舞的盛衰[J].陇东学院学报，2019，30（03）：83-87.

[263]李欣.《文昌杂录》所见入阁仪与北宋文德殿视朝仪研究[J].殷都学刊，2019，40（04）：61-65.

[264]杜学林.《万历野获编》明刊本说释疑[J].中国典籍与文化，2019（02）：25-29.

[265]沈秋燕.《天中记》版本源流新考[J].图书馆杂志，2019，38（06）：112-120.

[266]陈彦姝.《蜀锦谱》研究[J].装饰，2019（12）：104-108.

[267]舒红霞.元代几位女性作家作品考辨[J].大连大学学报，2019，40（04）：9-14+61.

[268]廖章荣.任大椿年谱[J].扬州文化研究论丛，2019（01）：2-13.

[269]张丽娟.今存宋刻《周易》经注本四种略说——兼论十行本《周易兼义》的经注文本来源[J].历史文献研究，2020.

[270]关永礼.宋本《荀子》弥足珍[J].书屋,2020(11):72-76.

[271]王启才.明代《吕氏春秋》版本文献爬梳与辑补[J].阜阳师范大学学报(社会科学版),2020(06):64-68.

[272]郭彩萍,李金荣.《左传》的文本之争与文本流变[J].图书馆论坛,2020,40(06):128-135.

[273]李慧.宋敏求《春明退朝录》研究[J].闽西职业技术学院学报,2020,22(01):49-52.

[274]万方.中国古代疆域志典籍——《元和郡县志》[J].书屋,2020(01):1.

[275]樊宁.卢文弨校《周易注疏》所据版本补考[J].中国典籍与文化,2021:47-62.

[276]郑威.论《战国策》版本系统与嬗变源流[J].河南科技学院学报,2021,41(01):66-71.

[277]刘思亮.从元代曹善抄本《山海经》看今本中存在的问题[J].文史,2021:165-181.

[278]罗锦雯.从《教坊记》看盛唐音乐文化[J].大众文艺,2021(21):85-87.

[279]刘祖铭.从《萍洲可谈》看北宋的海外贸易[J].今古文创,2021(31):44-46.

[280]许建平,许在元.王世贞在明末清初文学演变过程中的价值与地位重估[J].上海交通大学学报(哲学社会科学版),2021,29(05):71-83.

[281]张莉,郝敬.《戒庵老人漫笔》万历丙午初刻考[J].古籍研究,2021(01):174-181.

[282]郭浩,齐亚洲.《管子》流传、定本考论[J].山东图书馆学刊,2022(05):113-118.

[283]鹿忆鹿.《山海经》的再发现——曹善抄本的文献价值考述[J].故宫学术季刊,2022.

[284]成运楼."三史"概念的产生及其内涵在唐代的重塑[J].史学理论研究,2022(03):90-100+159.

[285]佟雪.深衣图源流考[J].中国经学,2022(01):229-240.

[286]钱寅.论凌曙在学术发展史上的意义和价值[J].国际儒学论丛,2022(01):76-88.

[287]李松涛.尊尊之义:从丧服制度看中国传统政治伦理的情感原则[J].社会,2022,42(06):79-106.

[288]刘骏.《管子》中手工业的考古学观察[J].文物鉴定与鉴赏,2023(14):122-125.

[289]龙泽黯.葛洪《抱朴子内篇》版本探究及相关研究评述[J].惠州学院学报,2023,43(04):49-58.

[290]刘师健.由《松漠纪闻》看洪皓的思想与学术进退[J].天中学刊,2023,38(05):116-124.

[291]过琪文,魏宏远.《新刻增补艺苑卮言》伪书考[J].嘉兴学院学报,2023,35(01):97-104.

[292]欧阳宁,朱华,许建真.《本草纲目》的流传及版本分析[J].科技视界,2023(14):73-75.

[293]吉莉.江永深衣考及其书写嬗变[J].国际儒学论丛,2023(01):102-123.

[294]池万兴.《管子》研究[D].兰州:西北师范大学,2003.

[295]徐志林.《吕氏春秋》高诱注研究[D].合肥:安徽大学,2003.

[296]丁宏武.葛洪及其《抱朴子外篇》简论[D].兰州:西北师范大学,2003.

[297]漆子扬.刘安与《淮南子》[D].兰州:西北师范大学,2005.

[298]丁红旗.皇甫谧《高士传》研究[D].郑州:河南大学,2005.

[299]李晓丹.《封氏闻见记》史料价值考[D].长春:吉林大学,2006.

[300]郑宇.朱彧及其笔记《萍洲可谈》研究[D].上海：华东师范大学，2006.
[301]刘君花.二十世纪后半期的荀学研究[D].北京：首都师范大学，2007.
[302]赵红媛.《博物志》研究[D].长春：东北师范大学，2007.
[303]武锋.葛洪《抱朴子外篇》研究[D].上海：华东师范大学，2007.
[304]马睿.董仲舒《春秋繁露》研究[D].济南：山东师范大学，2008.
[305]安敏.《春秋左传正义》研究[D].武汉：华中师范大学，2008.
[306]付宗平.《鸡肋编》词汇研究[D].成都：四川大学，2008.
[307]卓洪艳.郑思肖《心史》研究[D].福州：福建师范大学，2008.
[308]曲鹏宇.《玉台新咏》研究[D].长春：东北师范大学，2008.
[309]安仲全.《春秋公羊解诂》研究[D].济南：山东师范大学，2009.
[310]李芳.《博物志》研究[D].重庆：西南大学，2009.
[311]王力.《世说新语》的小说价值及发现[D].郑州：河南大学，2009.
[312]徐中原.《水经注》研究[D].苏州：苏州大学，2009.
[313]祁承业.《东观汉记》研究[D].呼和浩特：内蒙古大学，2010.
[314]吕振宇.《世说新语》编撰体例与魏晋文化关系研究[D].广州：暨南大学，2010.
[315]阮怡.《老学庵笔记》研究[D].成都：四川师范大学，2010.
[316]李燕青.《艺苑卮言》研究[D].上海：上海大学，2010.
[317]王进常.李吉甫与《元和郡县图志》研究[D].石家庄：河北师范大学，2010.
[318]徐非.《山海经》神话分类及其文化意蕴探析[D].延边：延边大学，2011.
[319]方勇.周密《齐东野语》研究[D].广州：广州大学，2011.
[320]戴小珏.陆容《菽园杂记》研究[D].上海：华东师范大学，2011.
[321]董清花.《戒庵老人漫笔》研究[D].福州：福建师范大学，2011.
[322]邵茜.《夜航船》语义分类系统研究[D].桂林：广西师范学院，2011.
[323]李健胜.《论语》与现代中国[D].西安：陕西师范大学，2012.
[324]额尔德木图.周密《齐东野语》研究[D].新乡：河南师范大学，2012.
[325]梁艳萍.《玉台新咏》中的女性服饰风俗初探[D].青岛：中国海洋大学，2012.
[326]黄敏婕.《玉台新咏》研究[D].南京：南京师范大学，2012.
[327]衣淑艳.郭璞《山海经注》研究[D].长春：东北师范大学，2013.
[328]陈洁.《明皇杂录》研究[D].长春：东北师范大学，2013.
[329]崔兰海.唐代史料笔记研究[D].合肥：安徽大学，2013.
[330]姚铭.《野客丛书》研究[D].上海：上海师范大学，2013.
[331]于琴.《耻言》研究[D].大连：辽宁师范大学，2013.
[332]周晶晶.张岱《夜航船》研究[D].桂林：广西师范大学，2013.
[333]李华伟.《法苑珠林》研究[D].天津：南开大学，2014.
[334]田军.《长物志》的生活美学研究[D].上海：华东师范大学，2014.
[335]张荣进.谈迁《枣林杂俎》研究[D].福州：福建师范大学，2014.

[336]冯丽弘.李斗及其《扬州画舫录》研究[D].太原：山西师范大学，2014.
[337]张芳.《世说新语》史料价值研究[D].济南：山东大学，2015.
[338]周易.明清《世说新语》文献整理与研究[D].烟台：鲁东大学，2015.
[339]李健.王辟之《渑水燕谈录》研究[D].济南：山东师范大学，2015.
[340]庄妤.《邵氏闻见录》史料价值研究[D].上海：上海师范大学，2015.
[341]邓萨.王楙《野客丛书》考据研究[D].广州：暨南大学，2015.
[342]吕蒙.《艺苑卮言》版本考[D].上海：上海交通大学，2015.
[343]郭晓妍.顾起元与《客座赘语》初探[D].呼和浩特：内蒙古师范大学，2015.
[344]邢祥熹.《墨庄漫录》研究[D].长春：东北师范大学，2016.
[345]高金霞.《少室山房笔丛》研究[D].济南：山东大学，2016.
[346]李笑萍.丁佩《绣谱》与中国传统女性设计问题研究[D].上海：上海大学，2016.
[347]湛玉霞.皇甫谧《高士传》研究[D].重庆：重庆大学，2017.
[348]赵芬芬.论宋代"服妖"现象[D].杭州：浙江师范大学，2017.
[349]肖晶.《艺林汇考》研究[D].淮北：淮北师范大学，2017.
[350]石凝智.深衣结构研究[D].武汉：武汉纺织大学，2017.
[351]罗羽羚.《墨庄漫录》文学批评研究[D].广州：暨南大学，2018.
[352]周宗迪.南宋王栐《燕翼诒谋录》研究[D].西安：陕西师范大学，2018.
[353]李沛.《古今事文类聚》文体观研究[D].西安：西南交通大学，2018.
[354]史晓春.宋敏求《春明退朝录》研究[D].长春：东北师范大学，2019.
[355]李欣.《文昌杂录》研究[D].保定：河北大学，2019.
[356]韩骏.《说郛》收书与陶宗仪小说观研究[D].昆明：云南大学，2019.
[357]曹珍.潘自牧及其《记纂渊海》研究[D].兰州：西北大学，2019.
[358]刘烨.基于《全唐诗》的唐代服饰研究[D].武汉：华中师范大学，2019.
[359]陶禹琳.《孟子注疏解经》版本校勘研究[D].南京：南京师范大学，2020.
[360]王米雪.《山海经》版本研究[D].武汉：长江大学，2020.
[361]李甜甜.《石林燕语》研究[D].成都：四川师范大学，2020.
[362]张景润.凌曙学术思想研究[D].北京：中南民族大学，2020.
[363]向雨飞.《法苑珠林》异文研究[D].昆明：云南师范大学，2021.
[364]李国萍.《封氏闻见记》研究[D].桂林：广西师范大学，2022.
[365]李旭辉.《水东日记》文学史料价值研究[D].西安：西北大学，2022.
[366]王冠.文震亨《长物志》研究[D].南京：南京艺术学院，2022.
[367]李玉敏.余继登《典故纪闻》研究[D].长春：东北师范大学，2023.
[368]米兰.明蒋一葵《长安客话》研究[D].长春：东北师范大学，2023.
[369]刘晓莲.《事物异名录》动物词"同实异名"现象研究[D].武汉：华中师范大学，2023.
[370]闫小敏.《全唐诗》服饰与隐喻研究[D].武汉：湖北师范大学，2023.